"十四五"职业教育机电类专业系列教材

数控铣削编程基础与技能实训

主　编◎王明刚　董　璐
副主编◎刘振全　王亚男　郑增强

中国铁道出版社有限公司
CHINA RAILWAY PUBLISHING HOUSE CO., LTD.

内容简介

本书分为上下两篇，上篇在"学中做，做中学，理实一体"的教学原则下，以职业能力培养为主线，精心选择理论知识内容，结合中职学生特点和数控铣削教学内容的具体特点组织编写，主要讲述数控铣削编程与加工常识、介绍数控铣削工、夹、量具和冷却液及 CAXA 自动编程加工。

本书下篇精心选择实践项目，紧扣动手操作的要求所需，结合学生学习特点和数控铣削加工的具体特点组织编写。内容分为4部分，共包含22个项目，从数控铣床基本操作、手工编程基础入门、手工编程综合提高及自动编程加工四个层次来综合培养学生的数控铣削编程与动手加工能力。

本书适合中等职业学校数控技术应用、机械加工技术等相关专业的学生使用。

图书在版编目(CIP)数据

数控铣削编程基础与技能实训/王明刚，董璐主编. —北京：中国铁道出版社有限公司，2022.1（2025.7 重印）
"十四五"职业教育机电类专业系列教材
ISBN 978-7-113-28428-2

Ⅰ.①数… Ⅱ.①王… ②董… Ⅲ.①数控机床-铣床-程序设计-职业教育-教材 Ⅳ.①TG547

中国版本图书馆 CIP 数据核字(2021)第 199472 号

书　　名：数控铣削编程基础与技能实训
作　　者：王明刚　董　璐

策　　划：徐海英　　　　**编辑部电话**：(010)63560043
责任编辑：何红艳
封面设计：曾　程
责任校对：苗　丹
责任印制：赵星辰

出版发行：中国铁道出版社有限公司(100054，北京市西城区右安门西街8号)
网　　址：https://www.tdpress.com/51eds
印　　刷：三河市兴达印务有限公司
版　　次：2022年1月第1版　2025年7月第2次印刷
开　　本：787 mm×1 092 mm　1/16　**印张**：17.5　**字数**：460千
书　　号：ISBN 978-7-113-28428-2
定　　价：48.00元

前　言

随着数控技术的飞速发展，数控设备的应用日益广泛，因而需要大批既懂数控铣削加工、数控系统及数控机床基本知识，又熟悉数控铣床编程与操作的初、中级人才。同时，国家正大力发展职业教育，为此，结合中等职业学校的现状及长远发展，特编写本书。

本书充分考虑中等职业学校学生的特点，以数控加工编程和中级数控铣削操作技能考核要求为主线，结合社会企业需求，重点考虑学生动手操作能力的培养及加工工艺的分析和编程能力的训练。

本书上篇为编程理论，在"学中做，做中学，理实一体"的教学原则下，以职业能力培养为主线，精心选择理论知识内容，结合中职学生特点和数控铣削教学内容的具体特点组织编写。书中配有大量的实物图片，让学生更容易接受。内容分为三大部分，一是编程常识部分，二是加工常识部分，三是自动编程加工部分。编程常识部分根据学校现有的设备，整合数控机床的组成及功能、数控系统、坐标系、编程指令、对刀等理论内容，是学生学习编程的基础；加工常识部分整合了加工工艺、刀具、夹具、量具、附件、冷却液等，是学生动手操作之前必须掌握或了解的知识；自动编程加工部分是以"CAXA 制造工程师 2011"为载体，通过手把手教学生完成一个实例，使学生能对自动编程加工有一个深刻的了解，从而为学生能够顺利胜任数控加工岗位打下坚实基础。

本书下篇为技能实训，精心选择 22 个加工项目，并合理安排顺序，紧扣动手操作的要求，结合数控铣削技能教学的具体特点及企业对数控人才的需求组织编写而成。项目安排结构清晰，先手工编程加工再自动编程加工，内容层次性强，由易到难。内容分为四大部分，一是数控铣床基本操作部分，二是手工编程基础部分，三是手工编程提高部分，四是计算机自动编程部分。数控铣床基本操作部分分别对华中与 FANUC 两种系统的面板及基本操作进行讲解。基础操作部分按照"面—外轮廓—内轮廓—槽—孔(螺纹)—非圆曲线"的技术要点精心设计和安排了 6 个加工项目。提高部分重点是为学生工艺制定能力的提高、综合编程能力的增强和操作技能的提升进行设计和安排，包含了 10 个单件加工和2个配合件加工。自动编程部分主要是为学生快速适应企业数控加工的需求而安排,以"CAXA机械制造工程师2011"为例,安排了2个项目,分别对平面内、外轮廓的加工进行训练。

本书下篇中,除了项目一、项目二外,每个项目都有图纸、实训目标、工艺分析、注意事项、实训报告、评分标准、知识链接7部分。在实训报告中,有零件程序、问题分析、学习心得和教师评价等;在评分标准中,逐项列出每个项目所对应的考核要点、技术要求和评分标准;在知识链接部分,设计了学生完成项目加工时要用到的基本知识。让学生在完成项目的过程中将数控铣削加工的知识与技能有机地结合在一起,真正做到理实一体。

本书上篇的参考学时为94~123学时,建议采用"理论、实践一体化"教学模式。下篇的实训学时,需要根据实际情况合理安排。

本书由"山东省职业教育技艺技能传承创新平台(模具加工技能传承创新平台)"资助出版。

本书由王明刚、董璐任主编,刘振全、王亚男、郑增强任副主编,上篇第一~第四章由王明刚编写,上篇第五~第八章由董璐编写,上篇第九~第十章由王亚男编写,下篇项目一~项目四由郑增强编写,项目五~项目二十二由刘振全编写。

由于编者水平和经验有限,书中难免存在疏漏和不当之处,恳请广大读者批评指正。

编　者

2021年6月

目　录

上篇　编程理论

下篇　技能实训

上篇　编程理论

第一章　数控铣床概述

内容提要

本章主要介绍数控技术、数控机床、数控加工的定义；数控铣床的分类与组成；数控机床的应用范围；数控技术的发展趋势。数控铣床坐标系的确定原则，坐标轴的实际意义与确定方法，工件坐标系的定义与确定原则。

一、数控铣床的基本知识

1. 数控技术

数控技术（numerical control technology）是指用数字化的信息对某一对象进行控制的技术。控制的对象可以是位移、角度、速度、温度、压力、流量、声音等。数控技术是近来发展起来的一种自动控制技术，在现代机械加工中起着关键与决定性的作用。

2. 数控机床

将数控技术应用在机械加工机床上，即采用数字信号对机床的动作及加工过程进行控制的机床，或者说是装配了数控系统的机械设备称为数控机床（numerically controlled machine tool）。

常用的数控机床有数控车床（见图 1-1）、数控铣床（见图 1-2）、数控加工中心（见图 1-3）、数控雕刻机（见图 1-4）、数控电火花机（见图 1-5）、数控线切割机（见图 1-6 和图 1-7），其他数控设备还有数控磨床、数控冲剪机、数控压力机、数控弯管机、数控坐标测量机、数控绘图仪等。

3. 数控加工

数控加工（numerical control manufacturing）是指采用数字信息对零件加工过程及机床运动进行控制的自动化加工方法。

图 1-1　数控车床

图 1-2　数控铣床

图 1-3　数控加工中心

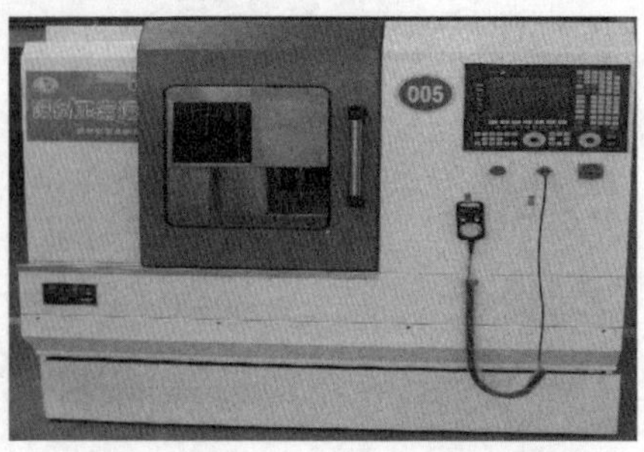

图 1-4　数控雕刻机

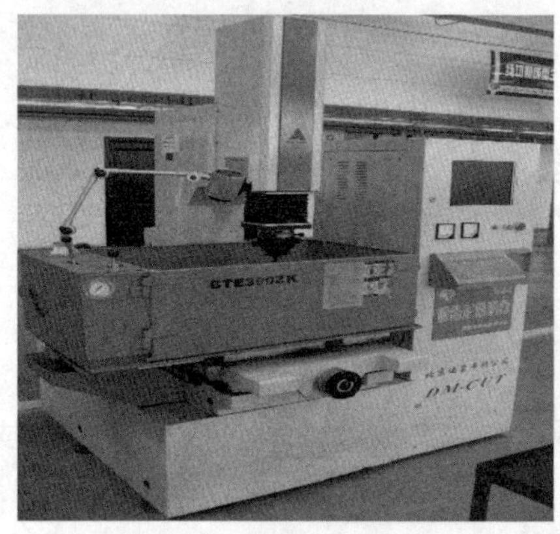

图 1-5　数控电火花机

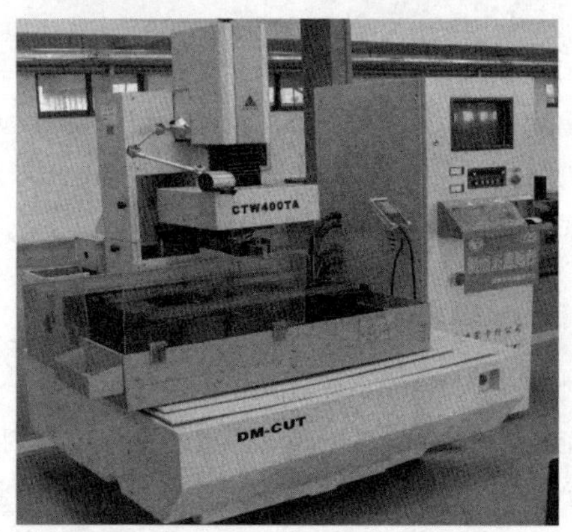

图 1-6　数控线切割机(快走丝)

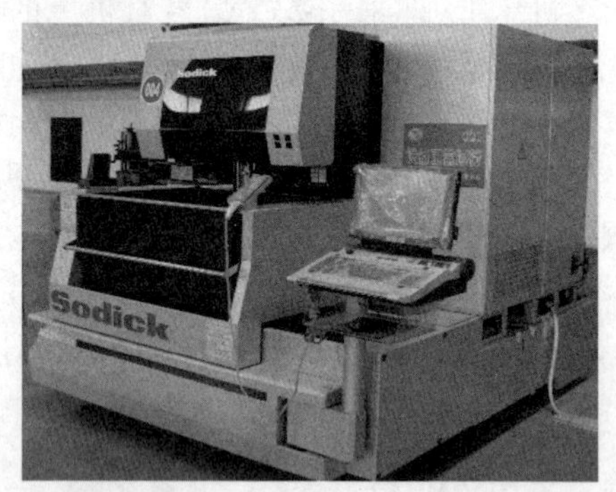

图 1-7　数控线切割机(慢走丝)

数控加工是一种高效率、高精度、高柔性的自动化加工方法,可有效解决普通机床无法解决的复杂、精密、多变等情况带来的问题。

4. 数控铣床的分类

(1)立式数控铣床

立式数控铣床是目前应用最广泛的数控机床之一,其中立式三轴铣床(见图 1-8)占大多数,可进行 3 个坐标联动加工,完成轮廓、平面、空间曲面等的加工。但也有部分机床只能进行 3 个坐标中的任意两个坐标联动加工(两轴半加工)。此外,还有机床主轴可以绕 X、Y、Z 坐标轴中的其中一个或两个轴做数控摆角运动，如立式四轴铣床和立式五轴铣床，如图 1-9 和图 1-10 所示。

(2)卧式数控铣床

卧式数控铣床如图 1-11 所示，其主轴轴线平行于水平面。为了扩大加工范围和扩充功能，通常通过增加数控转盘或万能数控转盘来实现四、五轴加工。这样，不但工件侧面上的连续回转轮廓可以加工出来，而且可以实现在一次安装中，通过转盘改变工位，进行 90°回转的四面加工。其加工能力明显强于立式铣床，但价格比立式铣床昂贵。

(3)立卧两用数控铣床

立卧两用数控铣床如图 1-12 所示。由于这类铣床的主轴方向可以更换，能达到在一台机床上既可以进行立式加工，又可以进行卧式加工，使用范围更广，功能更全，选择加工对象的余地更大，给用户带来不少方便。

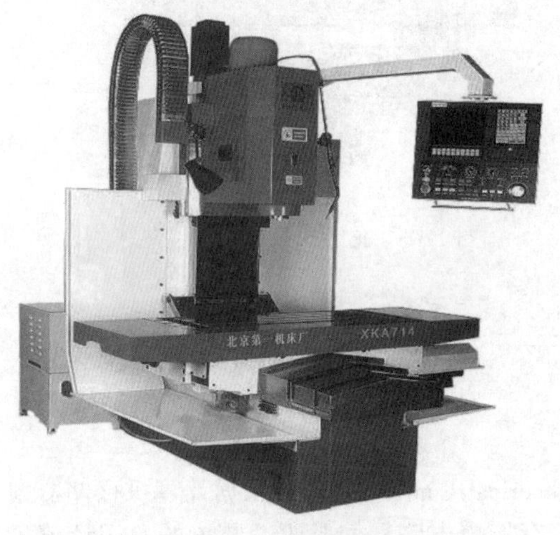

图 1-8　立式三轴铣床

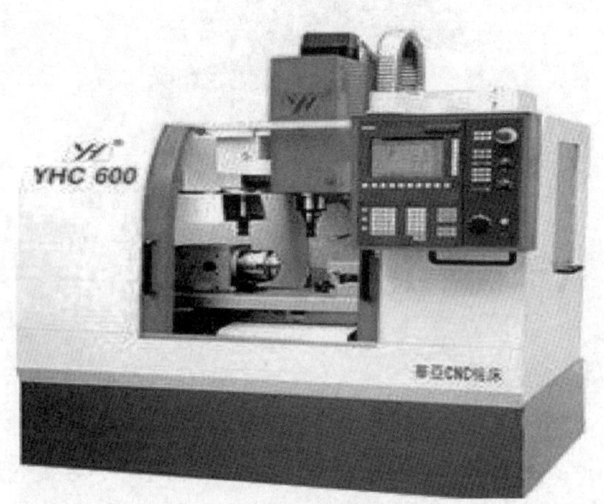

图 1-9　立式四轴铣床

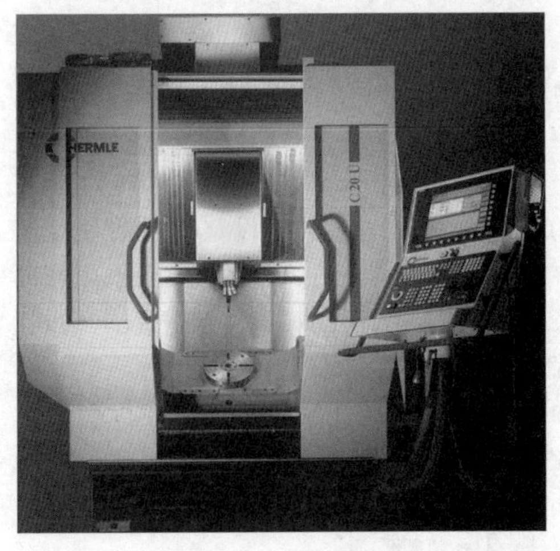

图 1-10　立式五轴铣床

图 1-11　卧式数控铣床

(4)龙门式数控铣床

龙门式数控铣床如图1-13所示,这类数控铣床主轴可以在龙门架的横向与垂直向溜板上运动,而龙门架则沿床身做纵向运动。大型数控铣床,因要考虑到扩大行程,缩小占地面积及刚性等技术上的问题,往往采用龙门架移动式。

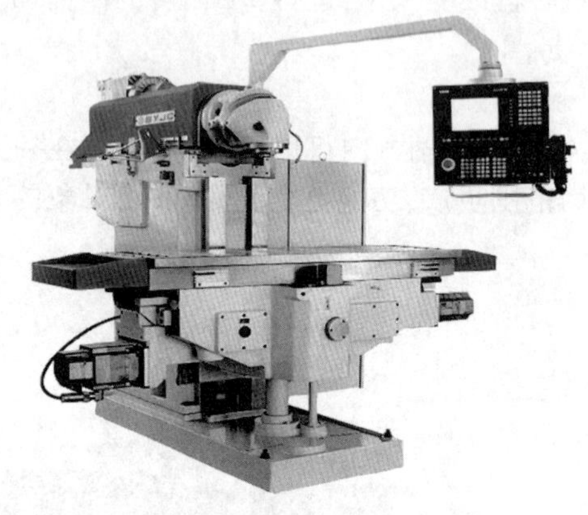

图1-12　立卧两用数控铣床

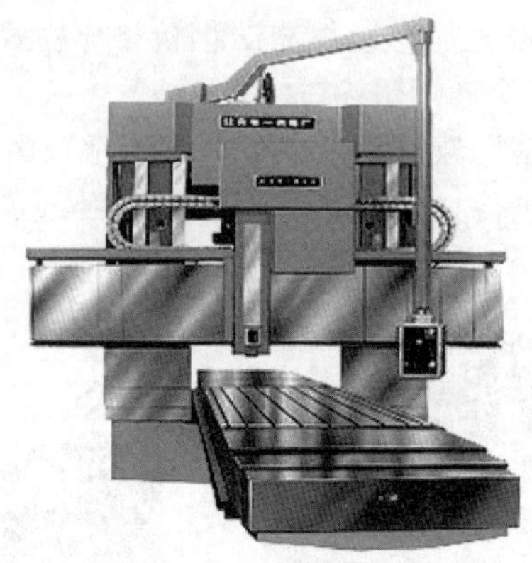

图1-13　龙门式数控铣床

5. 数控铣床的组成

数控铣床主要由数控系统、主传动系统、进给伺服系统、冷却润滑系统、检测反馈系统等几大部分组成。

(1)数控系统

数控系统是数字控制系统的简称,英文名称为Numerical Control System,根据计算机存储器中存储的控制程序,执行部分或全部数值控制功能,并配有接口电路和伺服驱动装置的专用计算机系统。通过利用数字、文字和符号组成的数字指令来实现一台或多台机械设备动作控制,它所控制的通常是位置、角度、速度等机械量和开关量。

(2)主传动系统

主传动系统是由主轴电动机经一系列传动元件和主轴构成的具有运动、传动联系的系统。主要包括主轴电动机、传动装置、主轴、主轴轴承、主轴定向装置。

(3)进给伺服系统

它由驱动系统、进给伺服电动机和进给执行机构组成,其作用是按照程序设定的进给速度实现刀具和工件之间的相对运动,从而加工出符合图样要求的零件。常见的驱动系统有脉冲宽度调制系统、晶体管调速系统和功率放大器。常用的伺服电动机有步进电动机、直流伺服电动机、交流伺服电动机等。常用的进给执行机构有滚珠丝杠副、涡轮蜗杆副等。

伺服系统的精度及动态决定了数控机床加工零件的表面质量和生产率,整个数控机床的性能主要取决于伺服系统。每个脉冲信号使机床移动部件产生的位移量称为脉冲当量,常用的脉冲当量为0.001 mm/脉冲。

(4)冷却润滑系统

机床冷却润滑系统包括储油池、油泵、磁性分离机、管路喷嘴、过滤装置等几部分组成。机床工作时使用油泵将油池中的切削油经分离机和过滤装置通过管路喷嘴注入加工部位。切削油起到清洗、冷却、润滑的作用,减少刀具与工件的直接摩擦,冷却刀具,并将碎屑一并带入到储油池进行循环使用。

(5)检测反馈系统

其作用是对机床的实际运动速度、方向、位移量以及加工状态加以检测,把检测结果转化为电信号反馈给数控装置。通过比较,计算出实际位置与指令位置之间的偏差,如有误差,数控装置将向伺服系统发出新的修正指令,并如此反复进行,直到消除其误差。

检测反馈系统可分为半闭环和闭环两种系统,常用的检测元件包括光栅尺、圆光栅、磁栅尺、圆磁栅、光电编码器、旋转变压器、测速发电机等。如果不带检测反馈装置,则称为开环系统。

①开环控制数控系统

开环控制数控系统如图 1-14 所示,是指不带反馈的控制系统,即系统没有位置反馈元件,通常用功率步进电动机或电液伺服电动机作为执行元件。

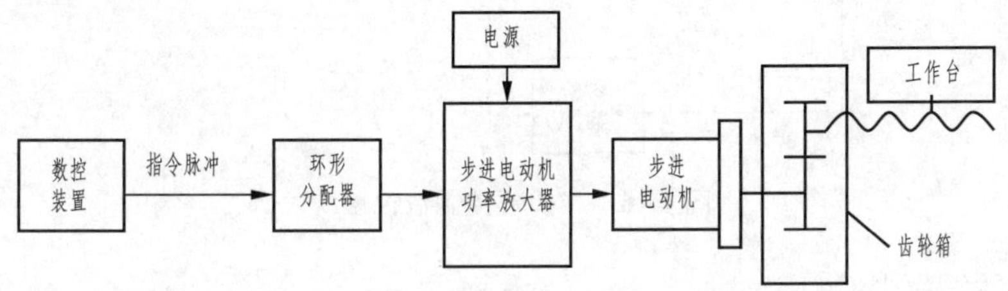

图 1-14　开环控制数控系统

开环控制数控系统具有结构简单、系统稳定、容易调试、成本低等优点。但是对位移部件的误差没有补偿和校正,所以精度低,一般适用于经济型数控机床和旧机床的数控化改造。

②闭环控制数控系统

闭环控制数控系统如图 1-15 所示,是在机床移动部件上装有位置检测装置,将测量结果直接反馈到数控装置中,把实际值与指令值进行比较,用得到的差值进行控制,使移动部件按照实际的要求运动,最终实现精确定位。该系统可以消除包括工作台传动链在内的运动误差,因而定位精度高、调节速度快。但闭环伺服系统复杂且成本高,故适用于精度要求很高的数控机床,如精密数控镗铣床、超精密数控车床等。

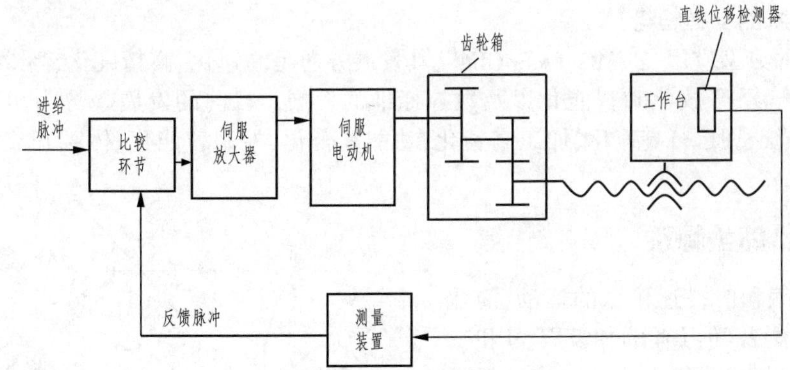

图 1-15　闭环控制数控系统

③半闭环控制数控系统

半闭环控制数控系统如图 1-16 所示,为了减少成本,获得稳定的控制特性,在丝杠上装有角位移检测装置(如感应同步器、光电编码器等),从而间接计算出移动部件的位移,然后反馈到数控系统中,由于机械传动不包括在检测范围之内,因而称作半闭环控制数控系统。半闭环控制数控系统机械传动环节的误差,可以用消隙补偿的方法消除,因此仍可获得满意的精度。中档数控机床广泛采用。

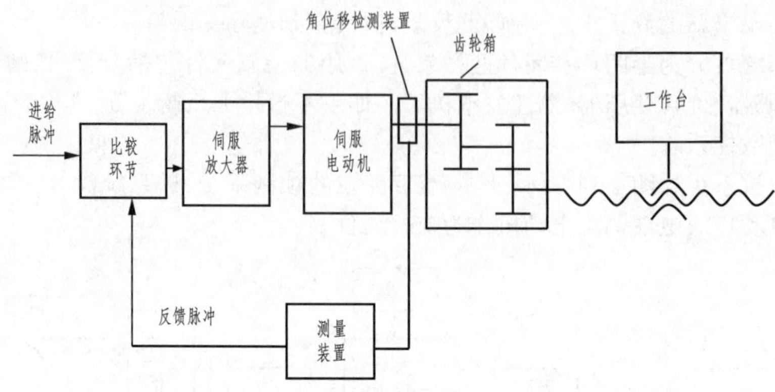

图 1-16　半闭环控制数控系统

6. 数控机床的应用范围

数控机床的应用范围非常广,具体如下:

①批量小而又多次重复生产的零件。

②几何形状、结构复杂的零件(如:工件上的曲线轮廓内、外形,特别是由数学表达式给出的非圆曲线与列表曲线等曲线轮廓、已给出数学模型的空间曲面)。

③在加工过程中必须进行多种加工的零件。

④切削余量大的零件。

⑤必须严格控制公差的零件。

⑥需要频繁改型的零件。

⑦加工过程中如果发生错误将会造成严重浪费的贵重零件。

⑧需要全部检验的零件。

7. 数控技术的发展趋势

数控技术的典型应用是 FMC/FMS/CIMS,其发展方向是高速化、高精度化、高效加工、多功能化、小型化、复合化、开放化和智能化以及数控标准的发展。目前的发展趋势为:开放式数控系统、高速加工系统,即运行高速化、加工高精化、功能复合化、控制智能化、体系开放化、驱动并联化、交互网络化。

二、数控铣床坐标系

为了便于编程时描述机床的运动,简化程序的编制方法及学习者的相互学习和交流,数控机床的坐标系和运动方向均已标准化,如图 1-17 所示。先看看铣床坐标系的确定规则。

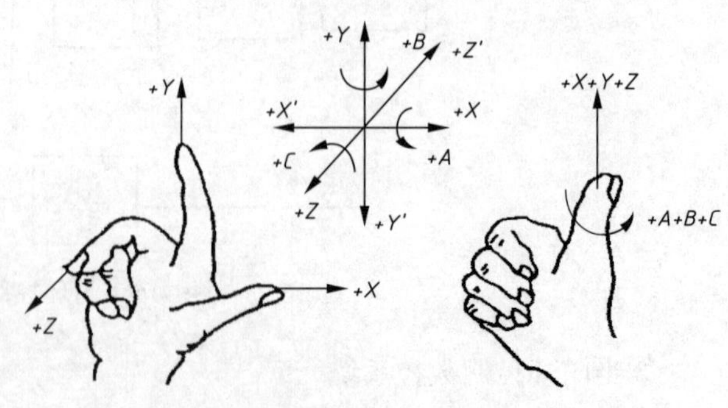

图 1-17　数控铣床坐标系与坐标轴

1. 坐标系的确定原则

ISO 组织 2001 年颁布了 ISO 2001 标准,

其中规定的命名原则如下：

(1)假设：工件固定，刀具相对工件运动

刀具相对于静止的工件而运动的原则使编程人员在不知道是刀具运动还是工件运动的情况下(不同的机床其运动形式也不一样，有些机床工件固定刀具移动，而有些机床却相反)，就可依据零件图样，确定机床的加工过程，并编制加工程序。

(2)标准：标准的机床坐标系是一个右手笛卡儿直角坐标系(拇指为 X 向，食指为 Y 向，中指为 Z 向)

基本坐标：X、Y、Z 轴由右手定则确定，并统一规定增大刀具与工件之间距离的方向为各坐标轴的正方向。

回转坐标：A、B、C 轴由右手螺旋法则确定。由于刀具与工件之间的运动是相对运动，所以规定工件相对于刀具正方向运动的反方向为 $+X'$、$+Y'$、$+Z'$。

2. 坐标轴的实际意义与确定方法

参照图 1-18 和图 1-19 理解各坐标轴如下：

(1)Z 轴

一般将产生切削力的主轴轴线作为 Z 轴，刀具远离工件的方向为正。

(2)X 轴

X 轴一般位于平行工件装夹面的水平面内。对于刀具做回转运动的机床(如铣床、镗床、铣削中心等)，当 Z 轴竖直时，人站在机床的正前方面对 Z 轴，向右为 X 轴正方向，当 Z 轴水平时(如卧式铣床)，则向左为 X 轴正方向。

(3)Y 轴

根据已经确定好的两轴，按照右手笛卡儿直角坐标系确定 Y 轴的方向。

(4)A、B、C 轴

A、B、C 轴为回转进给运动坐标轴(即第四轴)。根据确定的 X、Y、Z 轴，用右手螺旋定则确定其各自的方向。

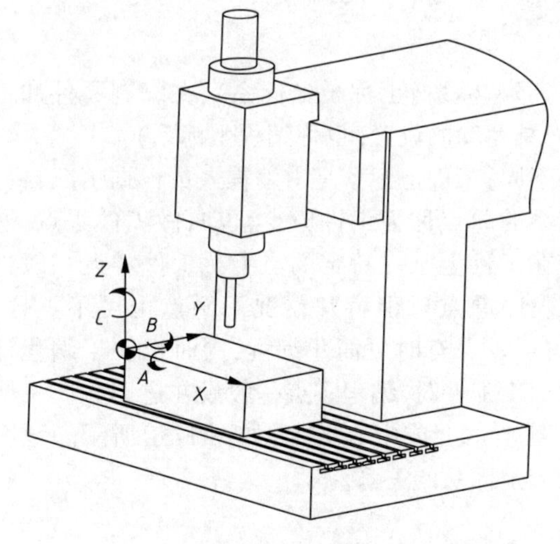

图 1-18　立式铣床坐标轴

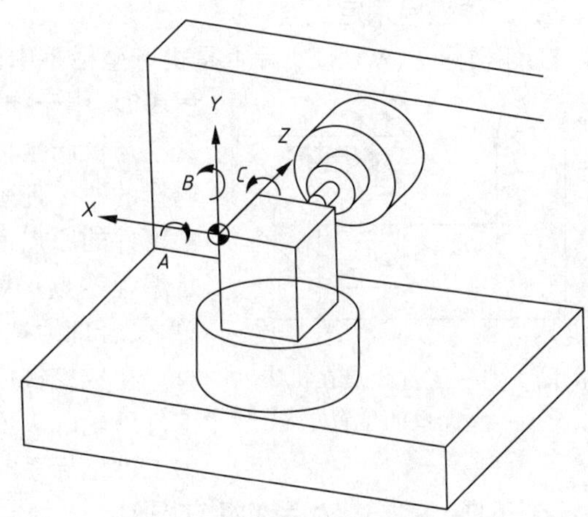

图 1-19　卧式铣床坐标轴

三、铣床坐标系

1. 机床原点

机床原点又称机械原点，它是机床坐标系(MCS)的原点。该点是机床上的一个固定点，其位置是由机床设计和制造单位确定的，通常不允许用户改变。机床原点是工件坐标系、机床参考点的基准点。机床坐标系(MCS)，是最基本的坐标系，它是用来确定工件坐标系的基本坐标系，是由机床原点为坐标系原点建立起来的 X、Y、Z 轴直角坐标系。

2. 机床参考点

机床参考点是设置机床坐标系的一个基准点，是机床上的一个固定不变的极限点，通常设置在机床各轴靠近正向的极限位置，其位置由机械挡块或行程开关来确定。通过回机械零点来确认机床坐标系。机床参考点与机床原点的相对位置由机床参数设定，数控机床每次开机后都必须先进行回机床参考点操作，让各坐标轴回到机床一个固定点上，这样才能确定机床原点的位置，从而建立起机床坐标系这一固定点即机床坐标系的原点或零点，也称机床参考点，使机床回到这一固定点的操作称为回机床参考点或回零操作。机床参考点已由机床制造厂家测定后通过参数设定，输入数控系统，一般不需要更改，特殊情况下更改时，必须注意该点与机床极限位置的安全距离。一般数控铣床的机床参考点位置如图 1-20 所示。当机床返回参考点时若坐标值显示为零或负数，则机床坐标系中的绝对坐标值均显示为负数，这是因为参考点的位置通常在机床坐标各轴的正向最远处(极限处)。

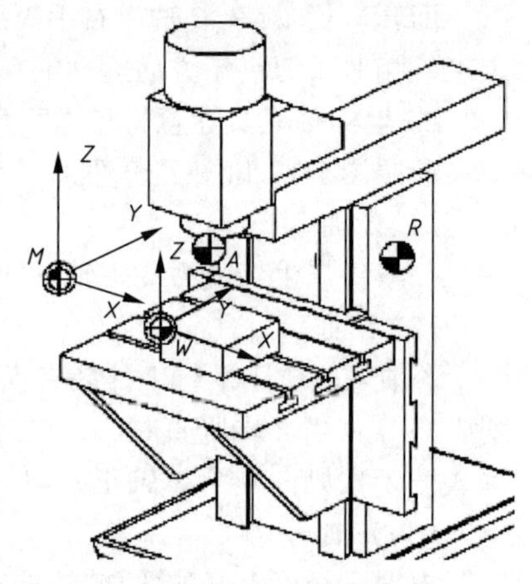

图 1-20　机床参考点

四、工件坐标系

1. 工件坐标系定义

工件坐标系(WCS)实际上是机床坐标系中的局部坐标系(也称子坐标系)，在编制零件加工程序时，用于描述刀具运动的位置(也称编程坐标系)。

与机床坐标系不同，工件坐标系是由编程人员根据情况自行选择的。工件坐标系的原点称为工件原点，也叫做工件零点，通常工件的原点设定在工件上某一特定的点上。工件零点一般也是编程零点(也称程序原点)，但特殊情况下两点也可不重合。总之，合理地选择编程零点有时可简化编程，同时也便于编程计算。在数控铣床上加工工件时，编程零点一般设在进刀方向一侧工件外轮廓表面的某个角上或中心线上，如图 1-21 所示。该图为工件坐标系与机床坐标系的关系。

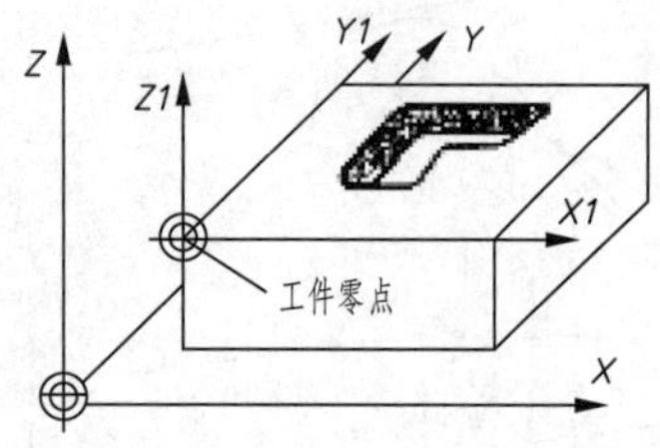

图 1-21　工件零点在机床坐标系的位置

2. 工件(编程)坐标系的建立原则

(1)工件零点应选在零件的尺寸基准上，这样便于坐标值的计算，并减少错误。

(2)工件零点尽量选在精度较高的工件表面，以提高被加工零件的加工精度。

(3)对于对称零件，工件零点设在对称中心上。

(4)对于一般零件,工件零点设在工件轮廓某一角上。

(5)Z 轴方向上零点一般设在工件表面。

(6)对于卧式加工中心最好把工件零点设在回转中心上,即设置在工作台回转中心与 Z 轴连线适当位置上。

(7)编程时,应将刀具起点和程序原点设在同一处,这样可以简化程序,便于计算。

思考与练习题一

1. 什么是数控加工?
2. 数控铣床的分类有哪些?
3. 数控铣床由哪几部分组成?
4. 数控机床的检测反馈装置有哪几种? 有什么区别?
5. 数控铣床坐标系的确定原则是什么?
6. 工件(编程)坐标系的建立原则是什么?

第二章 FANUC 系统数控铣削编程概述

内容提要

本章主要介绍零件的生产过程、零件程序的产生方法、主程序与子程序的结构和区别及调用、数控铣编程常用的 G 代码和简化编程的几个常用 G 代码，学习常用的 M 代码及 F、S、T 功能，简单介绍宏程序编写的基础知识。

一、一个零件的生产过程

由设计图纸变为产品，要经过一系列的制造过程。通常将原材料或半成品转变成为产品所经历的全部过程称作生产过程。数控加工中，一个零件的基本生产过程如图 2-1 所示。

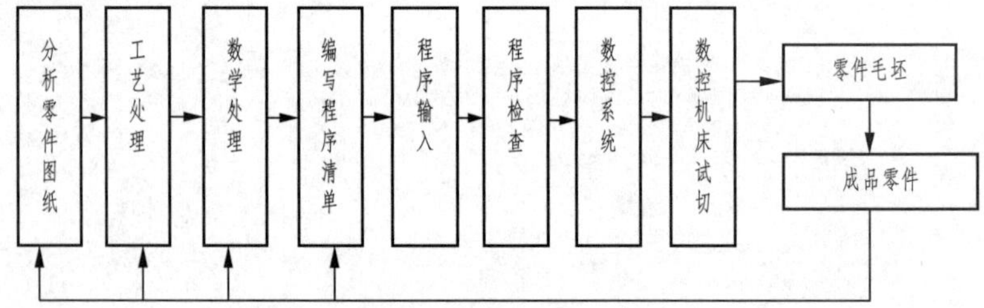

图 2-1 零件的生产过程

二、一个零件程序的产生方法

第一种方法是手工编程。手工编程是用人工完成程序编制的全部工作（包括计算机辅助进行数值计算），其内容有零件图样分析、工艺分析、制定工艺规程、根据编程手册编写程序清单、试切修改等。该方法比较简单，容易掌握，适用于中等复杂程度、无空间曲面、计算量不大的零件编程，对机床操作人员来讲必须掌握。手工编程的过程如图 2-2 所示。

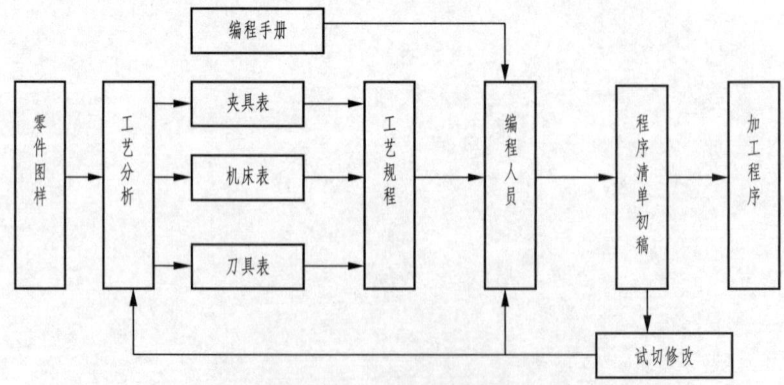

图 2-2 手工编程的过程

手工编程目前仍是广泛采用的编程方式,即使在计算机自动编程高速发展的今天,手工编程的重要地位也不可取代,它是自动编程的基础。在先进的自动编程的诸多方法中,许多参数的选择与路径的设定,其经验都来源于手工编程,并且不断丰富和推动自动编程的发展。对于刚刚踏入数控加工领域的操作者来说,应以掌握手工编程的基本知识为重点,在此基础上再学习自动编程,会容易得多。

第二种方法是自动编程。自动编程就是计算机辅助编程,其步骤如图 2-3 所示。它是利用通用计算机和相应处理软件,对工件源程序或 CAD 图形进行处理,得到加工路径,并借助相应的后处理功能转化并得到数控加工程序的一种方法。自动编程是计算机技术在机械制造业中的一个主要应用领域。

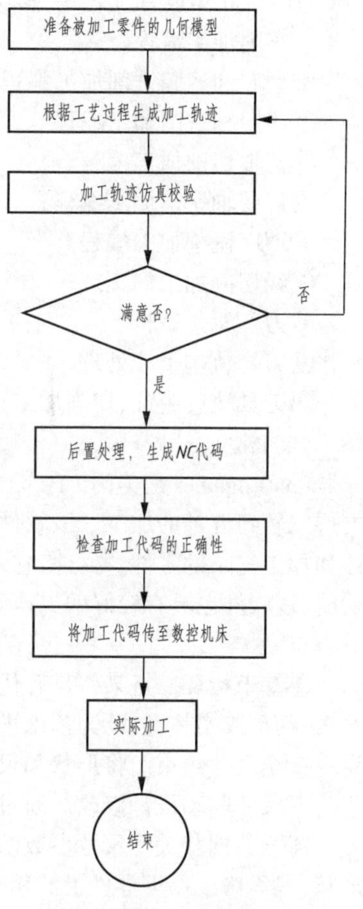

图 2-3 计算机辅助编程的步骤

根据编程信息的输入与计算机对信息的处理方式不同,分为以自动编程语言为基础的自动编程方法和以计算机绘图为基础的自动编程方法。前者的发展比较早,而后者的发展相对较晚,这主要是由于计算机图形技术发展相对落后。

1. APT 系统

最早出现的是 APT 系统,使用 APT 系统,编程人员仍然要从事烦琐的预编程工作。但是由于使用计算机代替程序编制人员完成了烦琐的数值计算工作,并省去了编写程序清单的工作量,因此可将编制数控程序的效率提高数十倍。

2. CAD/CAM 集成系统的数控编程

该技术已经很成熟,目前已成为数控加工自动编程的主流,大大减少了程序的出错率,提高了编程效率和编程可靠性,对于各种工件都能编制程序,简单零件可一次调试编制成功。

自动编程所用的零件图,是由设计者根据使用要求而设计的。在 CAD/CAM 集成系统中,它可由 CAD 软件产生,采用人机交互的方式对零件的几何模型进行绘制、编辑和维修,从而得到零件的几何模型。然后对机床和刀具进行定义和选择,并定义合适的毛坯,再确定刀具相对于零件表面的运动形式并设定合适的切削加工参数,最后生成刀具轨迹。现在的 CAD/CAM 软件中还有加工轨迹的模拟仿真功能,用于验证刀具轨迹的正确性,从而辅助刀具轨迹的编辑修改,直到正确为止,最后采用软件所带的适合所使用机床的后置处理,将轨迹路径转化为程序代码。使用这类软件会使加工程序的生成和修改都非常方便,大大提高了编程效率。对于大型的较为复杂的零件的编程,其效果显得更为突出,其编程时间大约为 APT 编程时间的几分之一,经济效益十分明显。现在的自动编程方法一般是指 CAD/CAM 的自动编程,狭义的 CAM 就是这种自动编程。

国内外常用的 CAM 编程软件有 UG、Pro/Engineer、CATIA、Cimatron、PowerMILL(PM)、MasterCAM、EdgeCAM、WorkNC、TopSolid、CAXA 制造工程师等。

(1)UG

UG是美国EDS公司出品的CAD/CAM/CAE一体化的大型软件,它最早由麦道航空公司研制开发,从二维绘图、三维造型、数控加工编程、曲面造型等功能发展起来。经过多年发展,该系统本身以曲面造型和数控加工功能见长,还具有管理复杂产品装配,进行多种设计方案的对比分析和优化等功能。该系统具有丰富的数控加工编程能力,是目前市场上数控加工编程能力最强的CAD/CAM集成系统之一,其功能包括:

①车削加工编程。

②型芯和型腔铣削加工编程。

③固定轴铣削加工编程。

④清根切削加工编程。

⑤可变轴铣削加工编程。

⑥顺序铣削加工编程。

⑦线切割加工编程。

⑧刀具轨迹编辑。

⑨刀具轨迹干涉处理。

⑩刀具轨迹验证、切削加工过程仿真与机床仿真,通用后置处理。

(2)Pro/Engineer

Pro/Engineer是美国PTC公司研制和开发的软件,它开创了三维CAD/CAM参数化的先河,支持三轴到五轴的加工。该软件具有基于特征、全参数、全相关和单一数据库的特点,可用于设计和加工复杂的零件。另外,它还具有零件装配、机构仿真、有限元分析、逆向工程、同步工程等功能,该软件也具有较好的二次开发环境和数据交换能力,Pro/Engineer系统的核心技术具有以下特点:

①基于特征。将某些具有代表性的平面几何形状定义为特征,并将其所有尺寸存为可变参数,进而形成实体,以此为基础进行更为复杂的几何形体的构建。

②全尺寸约束。将形状和尺寸结合起来考虑,通过尺寸约束实现对几何形状的控制。

③尺寸驱动设计修改。通过编辑尺寸数值可以改变几何形状。

④全数据相关。尺寸参数的修改导致其他模块中的相关尺寸得以更新。如果要修改零件的形状,只需修改一下零件上的相关尺寸。

Pro/Engineer已广泛应用于模具、工业设计、航天、玩具等行业,并在国际CAD/CAM/CAE市场上占有较大的份额。

(3)CATIA

CATIA是IBM下属的Dassault公司出品的CAD/CAM/CAE一体化大型软件,功能强大,支持三轴到五轴的加工,支持高速加工,是最早实现曲面造型的软件,它开创了三维设计的新时代,它的出现首次实现了计算机完整描述产品零件的主要信息,使CAM技术的开发有了现实的基础。目前CATIA系统已发展成从产品设计、产品分析、加工、装配和检验,到过程管理、虚拟运作等众多功能的大型CAD/CAM/CAE软件。在CATIA中与制造相关的模块有:

①制造基础框架。

②两轴半加工编程器。

③曲面加工编程器。

④多轴加工编程器。

⑤注模和压模加工辅助器。

⑥刀具库存取。

(4)Cimatron

Cimatron 是以色列的 CIMATRON 公司出品的 CAD/CAM 集成软件,相对于前面的大型软件来说,是一个中端的专业加工软件,支持三轴到五轴的加工,支持高速加工,它是一个集成的 CAD/CAM 产品,在一个统一的系统环境下,使用统一的数据库,用户可以完成产品的结构设计、零件设计、输出设计图纸,可以根据零件的三维模型进行手工或自动的模具分模,再对凸、凹模进行自动的 NC 加工,输出加工的 NC 代码。

Cimatron CAD/CAM 工作环境是专门针对工模具行业设计开发的。在整个工具制造过程中的每一阶段,用户都会得益于全新的、更高层次的针对注模和冲模设计与制造的迅速性和灵活性。

(5)PowerMILL(PM)

PowerMILL(PM)是英国的 DelcamPlc 公司出品的专业 CAM 软件,是目前唯一一个与 CAD 系统相分离的 CAM 软件(但自身有绘制二维图形的插件),是功能强大,加工策略非常丰富的数控加工编程软件,目前,支持三轴到五轴的铣削加工,支持高速加工。

(6)Master CAM

Master CAM 是由美国 CNC Software 公司推出的基于 PC 平台的 CAD/CAM 软件,它具有很强的加工功能,尤其在对复杂曲面自动生成加工代码方面,具有独到的优势。由于 Master CAM 主要针对数控加工,零件的设计造型功能不强,但对硬件的要求不高,且操作灵活、易学易用且价格较低,受到中小企业的欢迎。该软件被公认为是一个图形交互式 CAM 数控编程系统。用户数量最多,许多学校都广泛使用此软件来作为机械制造及 NC 程序编制的范例软件。

(7)EdgeCAM

EdgeCAM 是由英国 pathtrace 工程系统公司开发的一套智能数控编程系统;主要应用在数控铣、数控车和数控线切割等领域;该公司成立于 1982 年,总部位于英国伯克郡雷丁市,多年从事 CAD/CAM 软件系统的研发和技术服务,其产品 EdgeCAM 在模具加工、工具制造、机床生产等行业具有重要的影响力,被权威机构评为“世界上装机量和销售量增长最快的公司之一”,并且“在车削、车铣和多轴铣切编程技术开发方面处于世界领先地位,在模具行业也具有出色的表现”。pathtrace 公司在全球的许多地区建立了分公司和办事处,并且与多家 CAD 软件开发商建立战略伙伴关系,使产品具备了更为广泛的适用性。为配合中国市场的发展并满足中国客户的需要,pathtrace 公司在北京设立了中国办事处,进行 EdgeCAM 软件系统的本地化工作,以便更好地服务于中国市场。

(8)WorkNC

WorkNC 是由法国 Sescoi 公司于 1987 年研制开发的面向汽车、模具等加工行业的全自动计算机辅助制造(CAM)软件系统。其易学易用的操作性能,丰富的加工策略以及独特的高效率刀轨生成技术,使 WorkNC 软件一直处于 NC 编程技术革新的前沿,领导着智能化 CAM 的发展趋势。其主要的特点包括:

①卓越的自动化机能:加工残料的自动判别、经验参数的自动共享等智能化处理,完全排除了 NC 编程中的人为过失,使用户享受到真正意义上的“无人加工”和“全自动加工”。

②丰富的加工策略:从二轴到联动五轴,从粗加工到精加工,WorkNC 能满足所有 NC 控制系统及不同的机床性能,快速高效地生成能最大程度发挥 CNC 数控机床性能的加工程序。

③强大的粗加工及二次粗加工:使用特有的动态余量模型技术,对加工余量的大小及范围进行自动判断,并结合高速加工的切削动作,生成效率极高的粗加工刀轨,同时满足固定五轴二次开粗的效率和安全性要求。

④后台计算及批处理模式:对系统资源占用极少,符合并行工程的理念,可以使用多窗口、多工件的同步处理模式,提高计算机使用效率。

⑤实用的刀具库和刀把库:将与刀具相关的加工条件信息进行数据库化的管理和运用,计算最佳刀长,并可根据刀长设定分割刀轨,为加工现场提供安全高效的 NC 数据。

⑥面向加工工艺的 CAM 模版:将成熟的工艺路线进行简单再现,不依靠 CAD 数据的几何特征,简化编程工作的同时,可以排除人为过失,稳定程序质量。依托软件平台促进编程过程及加工工艺的规范化管理。

⑦由 WorkNC 独创的 Auto5 功能:自动将三轴程序按多种策略转换成安全、高效、实用的联动五轴程序,符合一般加工,特别是模具加工的思维模式,通过最简单的设定,可以生成无碰撞并满足机床运动学限制的高效刀轨,并可获得最高的切削品质。

(9)TopSolid

TopSolid 是运行于 Windows 环境下当代 CAD 产品。TopSolid 是 Missler Software 开发的集成系列软件解决方案中的核心产品,它为通用机械行业提供了一个从设计到制造的完整的集成的解决方案。该系列产品包括:

①TopSolid'Design:3D 设计和实体、曲面建模。

②TopSolid'Draft:2D 设计和平面绘图。

③TopSolid'Castor:有限元分析。

④TopSolid'Motion:动力学运动仿真。

⑤TopSolid'Mold:注塑模具设计。

⑥TopSolid'Progress:连续和冲压模具设计。

⑦TopSolid'Fold:钣金零件设计和展开。

⑧TopSolid'Cam:两到五轴的 2D/3D 数控铣、数控车。

⑨TopSolid'Wire:线切割。

⑩TopSolid'PunchCut:钣金冲裁和激光切割。

(10)CAXA 制造工程师

CAXA 制造工程师是北京北航海尔软件公司开发的基于 PC 平台的 CAD/CAM 软件,是我国自主产权的唯一一款软件。其功能与前面介绍的软件相比较,稍差一些,但价格便宜,而且比较容易掌握,比较适合学生的初学与自学,可以作为学生学习其他编程软件的基础。从机械制造工程师 CAXA 2008 版开始,其加工功能与加工策略较以前版本有了很大程度的提高,特别是开放了四轴与五轴加工方法,同时对宏加工有了很大的支持,可以加工倒圆与倒角并生成宏程序,机械制造工程师 CAXA 2008 还集成了编程助手小软件,为数控编程的学习及校验传输提供了一个有力的工具。它也被指定为 2009 年全国职业院校数控大赛的专用软件,作为国人应该对该软件了解和掌握并加以推广。

现在的 CAD/CAM 软件很多,还有 HyperMILL、SolidCAM、CAMWork 等,在此不再详述。

三、一个零件主程序的结构

一个完整的主程序由程序号、程序内容和程序结束三部分组成。

例如：

```
O1234   （华中% 1234）            （程序开始）
N01   G90 G54 G0 X0 Y0 Z50  ┐
N10   M03 S400              │
N20   G01 F200 Z-1          │    （程序内容）
N30   X20 F 50              │
N40   X50 Y20               ┘
N50   G00 Z50
N60   M30（M02）                  （程序结束）
```

1. 主程序开始

它是程序的开始部分，作为程序的开始标记。

2. 主程序内容

程序内容是整个程序的主要部分，它由许多程序段组成，每个程序段由若干个字组成。每个字又是由地址码和若干个数字组成。在程序中能做指令的最小单元是字。程序段中的顺序号可不按顺序编写（例如：N01、N10、N30 等），也可省略不编。

3. 主程序结束

程序结束一般用辅助功能代码 M02（主程序结束）和 M30（主程序结束，返回程序起点）等来表示。

四、子程序

1. 子程序定义

在编制加工程序中，有时会出现有规律、重复出现的程序段，在程序中把某些固定顺序或重复出现的程序段单独抽出来按一定格式命名供调用，称之为子程序。

2. 采用子程序的意义

采用子程序的意义如下：

①使复杂程序结构明晰。

②使程序简短。

③增强数控系统编程功能。

3. 主、子程序结构异同

（1）相同点

它们都是完整的程序，包括程序号、程序段、程序结束指令。

（2）不同点

①程序结束指令不同。

主程序：M02 或 M30。

子程序：M99。

②子程序不能单独运行，由主程序或上层子程序调用执行。

4. 子程序格式

格式与主程序相同，但结尾以 M99 结束（即子程序结束标志）。

例如：

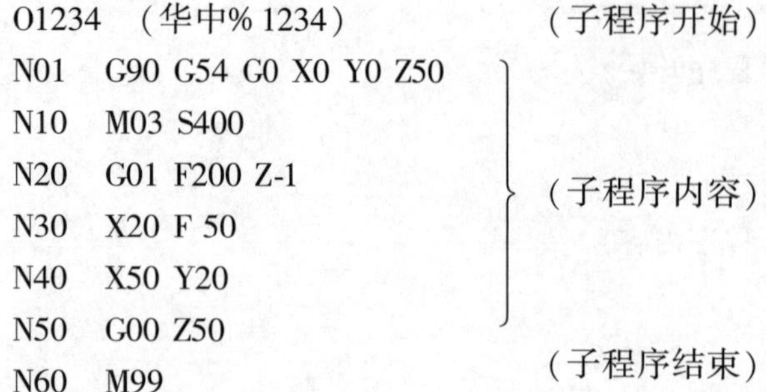

```
O1234  (华中% 1234)              (子程序开始)
N01  G90 G54 G0 X0 Y0 Z50
N10  M03 S400
N20  G01 F200 Z-1                 (子程序内容)
N30  X20 F 50
N40  X50 Y20
N50  G00 Z50
N60  M99                          (子程序结束)
```

子程序号是调用入口地址,必须和主程序中的子程序调用指令中所指向的程序号一致。

5. 子程序调用格式

(1)FANUC 系统

其调用格式为 M98P ××× ××××(前三位是调用次数,后四位为子程序号)。

(2)华中系统

①M98　P　　单次调用指令,P 后跟被调用的子程序号。

②M98　P　L　　重复调用子程序指令,L 后跟重复调用的次数。

G65 指令的功能和参数与 M98 相同。

6. 主、子程序结构书写

(1)FANUC 系统

FANUC 的主、子程序都单独书写,并各自独立。

(2)华中系统

华中系统写在一个文件中,主程序写在前,子程序写在后,两者之间可空几行作分隔。

7. 主、子程序结构应用关键

①找出重复程序段规律,确定子程序。

②将要变化的部分写在主程序,不变的部分作子程序。

③主、子程序接口:保证主程序调用和子程序返回正确的衔接。例如:从某点进入子程序,返回时也固定在该点。

8. 主、子程序调用关系

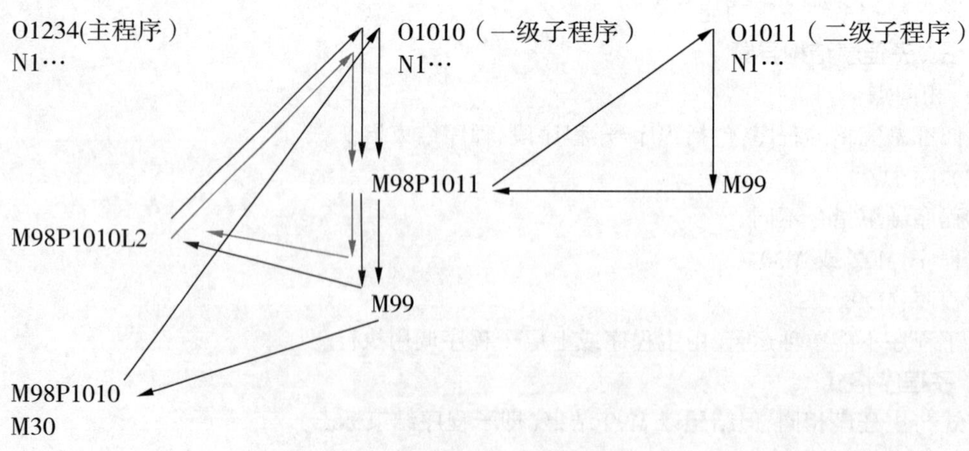

逐层调用,逐层返回,可以实现八层调用。

五、程序段格式

程序段格式是指一个程序段中的字、字符和输入字的书写规则。目前常使用的程序段格式多为字地址程序段。它由语句号字、输入字和程序段结束符组成。每个字的字首是一个英文字母,称为地址码,各字的排列顺序要求不严格,输入的位数可多可少,不需要的字以及与上一程序段相同的续效字可以不写。该格式的优点是程序简短、直观以及容易检测、修改,故该格式在目前广泛使用。

程序段中有很多指令时建议按如下顺序:

N G X Y Z F S T D M

说明:

N——程序段号,后跟 1 ~ 5 位数字。

G——指令代码,后跟 2 位数字。

X、Y、Z ±_._——进给坐标轴及进给量。

F——进给速度功能。

S——主轴功能。

T——刀具功能。

D——刀具半径补偿地址代码。

M——辅助功能代码,后跟 2 位数字。

;——程序段结束符。

字地址程序段格式如:N20 G1 X-20 Y50 Z10 F200 S500 D01 M03

六、数控铣削编程的几个常用 G 指令

准备功能 G 指令由 G 后 1 或 2 位数值组成,它用来规定刀具和工件的相对运动轨迹、机床坐标系、坐标平面、刀具补偿、坐标偏置等多种加工操作,常用的准备功能(G 代码)见表 2-1。

G 功能分为非模态 G 功能和模态 G 功能。

①非模态 G 功能:只在所规定的程序段中有效,程序段结束时被注销。

②模态 G 功能:一组可相互注销的 G 功能,这些功能一旦被执行则一直有效,直到被同一组的 G 功能注销为止。

1. 加工坐标系选择指令(G54 ~ G59)

编程格式:G54 G90 G00 (G01) X ~ Y ~ Z ~ (F ~);

该指令执行后,所有坐标值指定的坐标尺寸都是选定的工件加工坐标系中的位置。1 ~ 6 号工件加工坐标系是通过 CRT/MDI 方式设置的。

例如:在图 2-4 中,用 CRT/MDI 在参数设置方式下设置了两个加工坐标系。

G54:X-50 Y-50 Z-10

G55:X-100 Y-100 Z-20

这时,建立了原点在 O'的 G54 加工坐标系和原点在 O''的 G55 加工坐标系。若执行下述程序段:

N20 G54 G90 G01 X50 Y0 Z0 F100

N30 G55 G90 G01 X100 Y0 Z0 F100

表 2-1　准备功能(G 代码)一览表

代码	组	意　义	代码	组	意　义	代　码	组	意　义
＊G00	01	快速点定位	G28	00	回参考点	G52	00	局部坐标系设定
G01		直线插补	G29		参考点返回	G53		机床坐标系编程
G02		顺圆插补	＊G40	09	刀径补偿取消	＊G54～G59	11	工件坐标系 1～6 选择
G03		逆圆插补	G41		刀径左补偿			
G33		螺纹切削	G42		刀径右补偿	G92		工件坐标系设定
G04	00	暂停延时	G43	10	刀长正补偿	G65	00	宏指令调用
G07	00	虚轴指定	G44		刀长负补偿	G73～G89	06	钻、镗循环
＊G11	07	单段允许	＊G49		刀长补偿取消			
G12		单段禁止	＊G50	04	缩放关	＊G90	13	绝对坐标编程
＊G17	02	XY 加工平面	G51		缩放开	G91		增量坐标编程
G18		ZX 加工平面	G50.1（华中 G24）	03	镜像开	＊G94	14	每分钟进给方式
G19		YZ 加工平面	G51.1（华中＊G25）		镜像关	G95		每转进给方式
G20	08	英制单位	G68	05	旋转变换	G98	15	回初始平面
＊G21		公制单位	＊G69		旋转取消	＊G99		回参考平面

注:没有共同参数的不同组 G 代码可以放在同一程序段中,而且与顺序无关。例如,G90、G17 可与 G01 放在同一程序段,但 G24、G68、G51 等不能与 G01 放在同一程序段。标有＊的代码为上电时的初始状态。对于 G01 和 G00、G90 和 G91,上电时的初始状态由参数决定。

则刀尖点的运动轨迹如图 2-4 中 *AB* 所示。

2. G92:设置加工坐标系

编程格式:G92 X～ Y～ Z～

G92 指令是将加工原点设定在相对于刀具起始点的某一空间点上。若程序格式为 G92 X a Y b Z c,则将加工原点设定到距刀具起始点距离为 X = －a,Y = －b,Z = －c 的位置上。

例如:G92 X20 Y10 Z10

其确立的加工原点在距离刀具起始点 X = －20,Y = －10,Z = －10 的位置上,如图 2-5 所示。

注意:当执行程序段“G92 X 10 Y10”时,常会认为是刀具在运行程序后到达 X 10 Y 10 点上。

其实,G92 指令程序段只是设定加工坐标系,并不产生任何动作,这时刀具已在加工坐标系中的 X10 Y10 点上。

(1)G92 与 G54～G59 的区别

G92 指令与 G54～G59 指令都是用于设定工件加工坐标系的,但在使用中是有区别的。G92 指令是通过程序来设定、选用加工坐标系的,它所设定的加工坐标系原点与当前刀具所在的位置有关,这一加工原点在机床坐标系中的位置是随当前刀具位置的不同而改变的。二者在同一个程序中不能混用。

(2)G54 与 G55～G59 的区别

G54～G59 设置加工坐标系的方法是一样的,但在实际情况下,机床厂家为了用户的不同需要,在使用中有以下区别:利用 G54 设置机床原点的情况下,进行回参考点操作时机床坐标值显示为 G54 的设定值,且符号均为正;利用 G55～G59 设置加工坐标系的情况下,进行回参考点操作时机床坐标值显示零值。

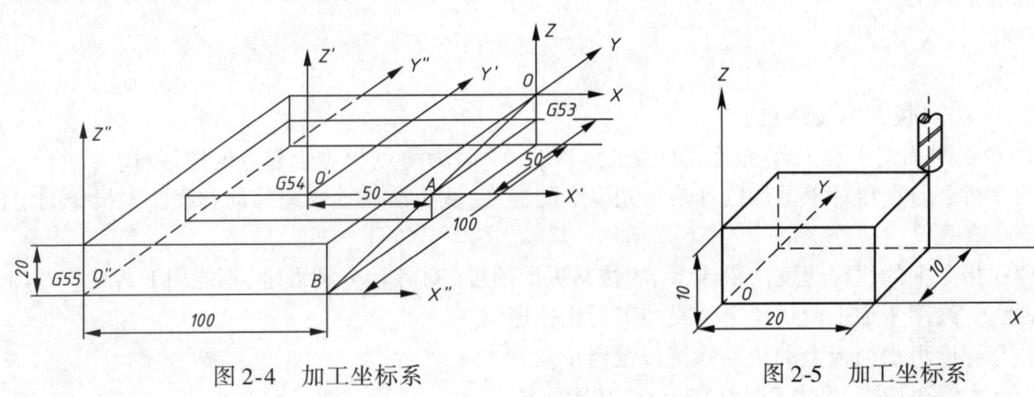

图 2-4　加工坐标系　　图 2-5　加工坐标系

3. 平面选择指令 G17、G18、G19

平面选择 G17、G18、G19 指令分别用来指定程序段中刀具的插补平面和刀具半径补偿平面。

G17:选择 *XY* 平面。

G18:选择 *ZX* 平面。

G19:选择 *YZ* 平面。

G17、G18、G19 为模态功能,可相互注销,G17 为缺省值。

注意:直线移动指令与平面选择无关,例如,指令 G17 G01 Z10 时,*Z* 轴照样会移动;圆弧插补及刀具的半径补偿功能才与平面选择有关。

4. 绝对值输入指令 G90、增量值输入指令 G91

G90 指令规定在编程时按绝对值方式输入坐标,即移动指令终点的坐标值 x、y、z 都是以工件坐标系坐标原点(程序零点)为基准来计算。

G91 指令规定在编程时按增量值方式输入坐标,即移动指令终点的坐标值 x、y、z 都是以起始点为基准来计算,再根据终点相对于起始点的方向判断正负,与坐标轴同向取正,反向取负。

G90、G91 为模态功能,可相互注销,G90 为缺省值。

编程实例:如图 2-6 所示,使用 G90 G91 编程要求刀具由原点按顺序移动到 1、2、3 点。

选择合适的编程方式可使编程简化,当图纸尺寸由一个固定基准给定时,采用绝对方式编程较为方便,而当图纸尺寸是以轮廓顶点之间的间距给出时,采用相对方式编程较为方便。

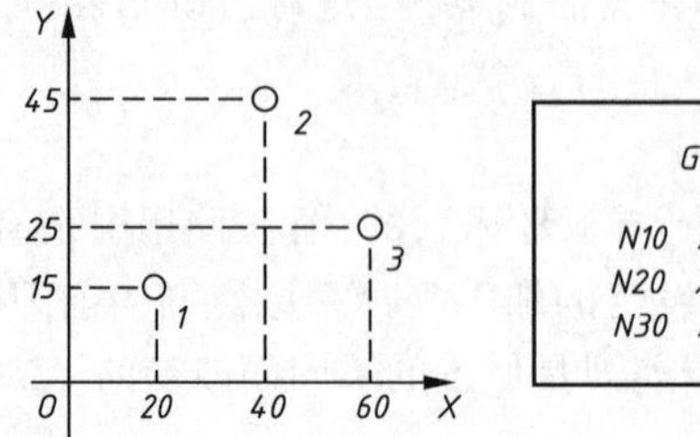

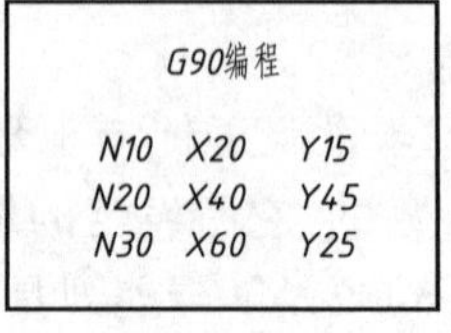

G91编程

N10 X20 Y15

N20 X20 Y30

N30 X20 Y-20

图 2-6 两种编程方式

5. 快速定位指令 G00

(1)功能

从所在点,按机床提供的快速进给速度移动到规定位置。

(2)指令格式

G00 X_Y_Z_A_

说明:

X、Y、Z、A:快速定位终点。

在 G90 时为终点在工件坐标系中的坐标;在 G91 时为终点相对于起点的位移量。

G00 指令刀具相对于工件以各轴预先设定的速度,从当前位置快速移动到程序段指令的定位目标点。

G00 指令中的快移速度由机床参数“快移进给速度”对各轴分别设定,不能用 F 规定。

G00 一般用于加工前快速定位或加工后快速退刀。

快移速度可由面板上的快速修调按键修正。

G00 为模态功能,可由 G01、G02、G03 功能注销。

注意:在执行 G00 指令时,由于各轴以各自速度移动,不能保证各轴同时到达终点,因而联动直线轴的合成轨迹不一定是直线,操作者必须格外小心,以免刀具与工件发生碰撞。常见的做法是,将 *Z* 轴移动到安全高度,再放心地执行 G00 指令。

①当 *Z* 轴按指令远离工作台时,先 *Z* 轴运动,再 *X*、*Y* 轴运动。当 *Z* 轴按指令接近工作台时,先 *X*、*Y* 轴运动,再 *Z* 轴运动。

②不运动的坐标可以省略,省略的坐标轴不做任何运动。

③目标点的坐标值可以用绝对值,也可以用增量值。

④G00 功能起作用时,其移动速度为系统设定的最高速度。

(3)编程实例

如图 2-7 所示,使用 G00 编程,要求刀具从 *A* 点快速定位到 *B* 点。

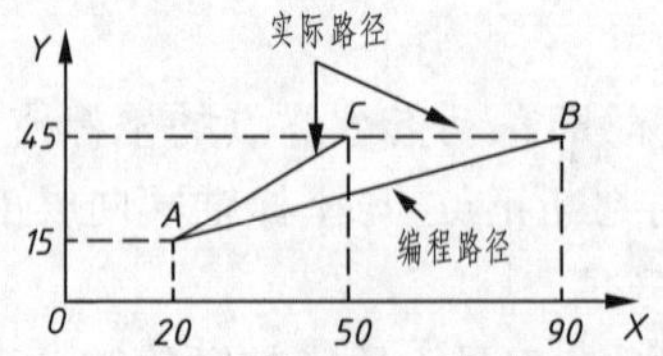

从A到B快速定位

绝对编程

G90 G00 X90 Y45

相对编程

G91 G00 X70 Y30

图 2-7 G00 编程

当 X 轴和 Y 轴的快进速度相同时,从 A 点到 B 点的快速定位路线为 ACB,即以折线的方式到达 B 点,而不是以直线方式从 A 到 B。

6. 插补指令

1)直线插补指令 G01

(1)功能

以给定的进给速度,采用直线插补方式进行切削加工。

(2)指令格式

G01 X__Y__Z__F__A

说明:

X Y Z A:线性进给终点。

在 G90 时为终点在工件坐标系中的坐标;在 G91 时为终点相对于起点的位移量。

F:进给速度,移动速度可由面板上的修调按键修正。

G01 指令刀具以联动的方式按 F 规定的合成进给速度从当前位置按线性路线(联动直线轴的合成轨迹为直线)移动到程序段指令的终点。

G01 是模态代码,可由 G00、G02、G03 功能注销。

G00 与 G01 的区别见表 2-2。

表 2-2 G00 与 G01 的区别

区 别	G01	G00
应用场合不同	直线加工	快速定位(非加工时的刀具移动)
速度控制不同	各轴联动,进给速度由 F 指令控制	各轴不联动,移动速度由机床参数控制

(3)编程实例(见图 2-8)

绝对值方式编程:

G90 G01 X40. Y30. F300

增量值方式编程:

G91 G01 X30. Y20. F300

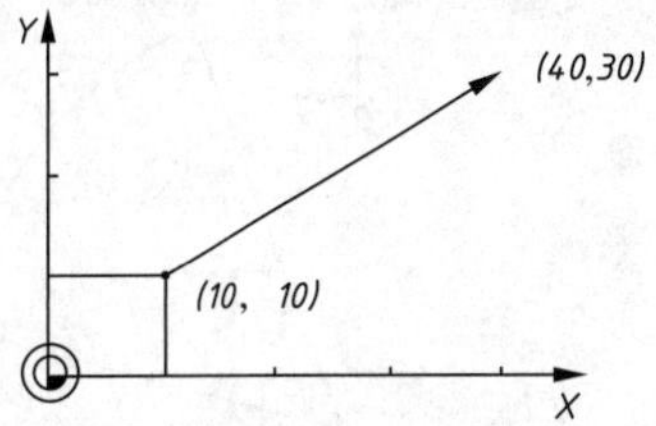

图 2-8 绝对与增量编程

2)顺时针圆弧插补指令 G02、逆时针圆弧插补指令 G03

(1)功能

使刀具在给定平面内,以给定的进给速度进行顺时针(逆时针)圆弧插补加工,切削出圆弧轮廓。

(2)G02、G03 的确定(见图 2-9)

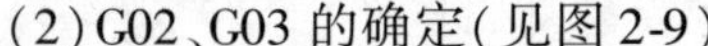

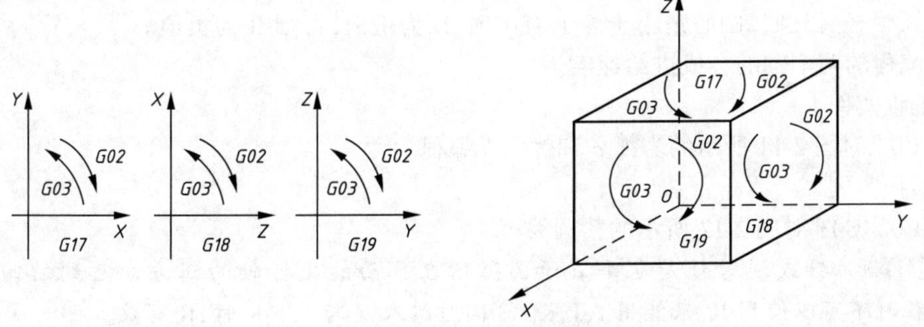

图 2-9 G02、G03 的确定

圆弧走向的顺逆应是从垂直于圆弧加工平面的第三轴的正方向看到的回转方向。

(3)指令格式

$$G17\begin{Bmatrix}G02\\G03\end{Bmatrix}X\text{-}Y\text{-}\begin{Bmatrix}I\text{-}J\text{-}\\R\text{-}\end{Bmatrix}F\text{-}$$

$$G18\begin{Bmatrix}G02\\G03\end{Bmatrix}X\text{-}Z\text{-}\begin{Bmatrix}I\text{-}K\text{-}\\R\text{-}\end{Bmatrix}F\text{-}$$

$$G19\begin{Bmatrix}G02\\G03\end{Bmatrix}Y\text{-}Z\text{-}\begin{Bmatrix}J\text{-}K\text{-}\\R\text{-}\end{Bmatrix}F\text{-}$$

说明:

G02:顺时针圆弧插补。

G03:逆时针圆弧插补。

G17:*XY* 平面的圆弧。

G18:*ZX* 平面的圆弧。

G19:*YZ* 平面的圆弧。

X,Y,Z:圆弧终点。在 G90 时为圆弧终点在工件坐标系中的坐标;在 G91 时为圆弧终点相对于圆弧起点的位移量。

I,J,K:圆心相对于圆弧起点的偏移值(等于圆心的坐标减去圆弧起点的坐标,在 G90/G91 时都是以增量方式指定),即 I、J、K 表示圆弧圆心的坐标,它是圆心相对起点在 *X*、*Y*、*Z* 轴方向上的增量值,也可以理解为圆弧起点到圆心的矢量(矢量方向指向圆心)在 *X*、*Y*、*Z* 轴上的投影,与前面定义的 G90 或 G91 无关,各参数如图 2-10 所示。

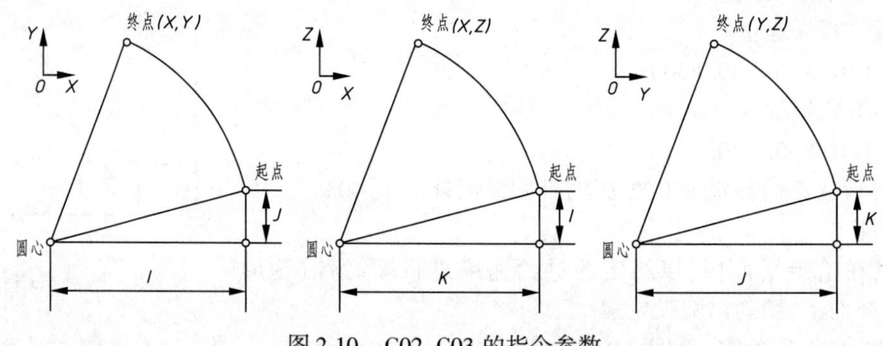

图 2-10 G02、G03 的指令参数

R:圆弧半径,当圆弧圆心角小于等于 180°时,R 为正值,否则 R 为负值。

F:被编程的两个轴的合成进给速度。

(4)编程实例 1

使用 G02 对图 2-11 所示的劣弧 *a* 和优弧 *b* 编程。

(5)编程实例 2

使用 G02/G03 对图 2-12 所示的整圆编程。

注意:①顺时针或逆时针是从垂直于圆弧所在平面的坐标轴的正方向看到的回转方向。②整圆编程时不可以使用 R,只能用 I、J、K。③同时编入 R 与 I、J、K 时,R 有效。

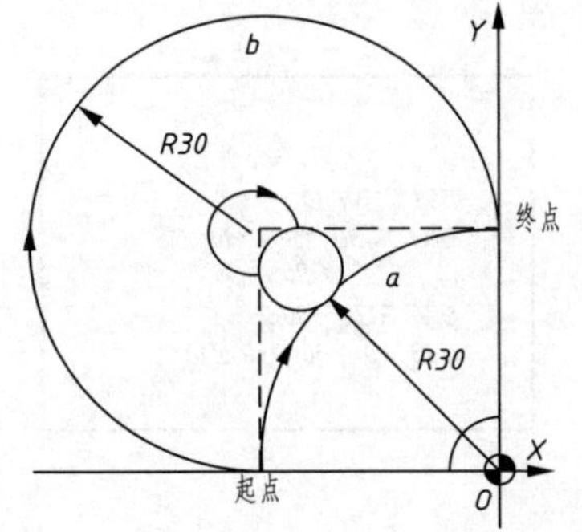


```
圆弧编程的4种方法组合
圆弧a
G91 G02 X30 Y30 R30 F300
G91 G02 X30 Y30 I30 J0 F300
G90 G02 X0 Y30 R30 F300
G90 G02 X0 Y30 I30 J0 F300
圆弧b
G91 G02 X30 Y30 R-30 F300
G91 G02 X30 Y30 I0 J30 F300
G90 G02 X0 Y30 R-30 F300
G90 G02 X0 Y30 I0 J30 F300
```

图 2-11　用 G02 编程优弧与劣弧

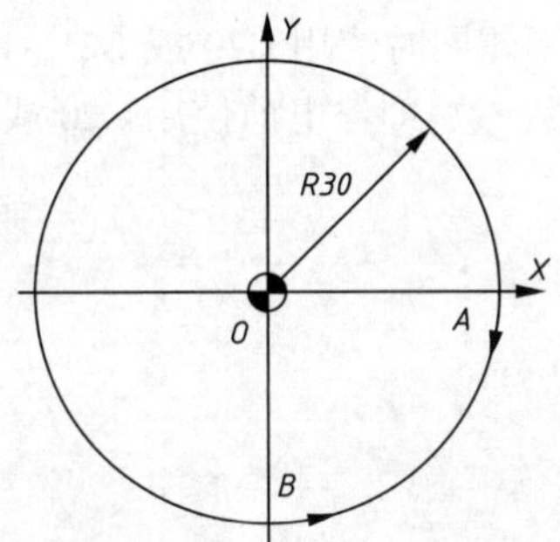


```
从A点顺时针一周时
G90 G02 X30 Y0 I-30 J0 F300
G91 G02 X0 Y0 I-30 J0 F300
从B点逆时针一周时
G90 G03 X0 Y-30 I0 J30 F300
G91 G03 X0 Y0 I0 J30 F300
```

图 2-12　G02/G03 编程整圆

3）螺旋线插补指令

（1）功能

螺旋线的形成是刀具做圆弧插补运动的同时与之同步地做轴向运动。

（2）指令格式

$$G17\begin{Bmatrix}G02\\G03\end{Bmatrix}X\text{-}Y\text{-}\begin{Bmatrix}I\text{-}J\text{-}\\R\text{-}\end{Bmatrix}Z\text{-}F\text{-}$$

$$G18\begin{Bmatrix}G02\\G03\end{Bmatrix}X\text{-}Z\text{-}\begin{Bmatrix}I\text{-}K\text{-}\\R\text{-}\end{Bmatrix}Y\text{-}F\text{-}$$

$$G19\begin{Bmatrix}G02\\G03\end{Bmatrix}Y\text{-}Z\text{-}\begin{Bmatrix}J\text{-}K\text{-}\\R\text{-}\end{Bmatrix}X\text{-}F\text{-}$$

说明：

X，Y，Z 中由 G17/G18/G19 平面选定的两个坐标为螺旋线投影圆弧的终点，意义同圆弧进给，第 3 坐标是与选定平面相垂直的轴终点；其余参数的意义同圆弧进给，如图 2-13 所示。

该指令对另一个不在圆弧平面上的坐标轴施加运动指令，对于任何小于 360°的圆弧，可附加任一数值的单轴指令。

7. 英制输入指令 G20、米制输入指令 G21、脉冲当量输入指令 G22

G20 和 G21、G22 是三个可以互相取代的代码。机床出厂前一般设定为 G21 状态，机床的各项参数均以米制单位设定，所以数控车床一般适用于米制尺寸工件加工，如果一个程序开始用 G20 指令，则表示程序中相关的一些数据均为英制（单位为 in，1in = 25.4 mm）；如果程序用 G21

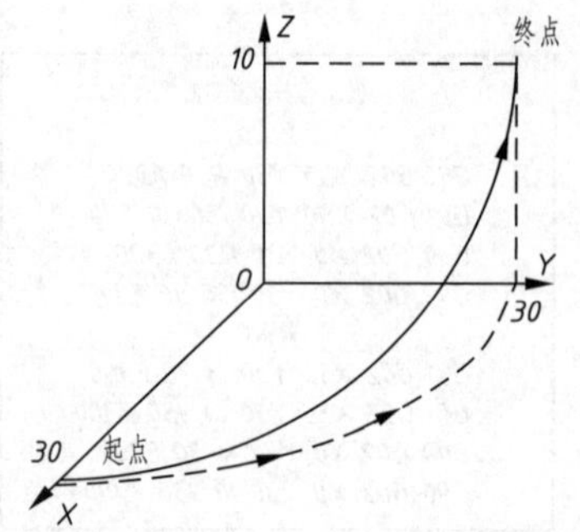


```
G91编程时
G91 G17 F300
G03 X-30 Y30 R30 Z10
G90编程时
G90 G17 F300
G03 X0 Y30 R30 Z10
```

图 2-13 螺旋线插补

指令,则表示程序中相关的一些数据均为米制(单位为 mm);如果程序用 G22 指令,则表示程序中相关的一些数据单位均为脉冲当量。在一个程序内,不能同时使用 G20 或 G21、G22 指令,且必须在坐标系确定前指定。G20 或 G21、G22 指令断电前后一致,即停电前使用 G20 或 G21、G22 指令,在下次后仍有效,除非重新设定。

8. 进给速度单位的设定指令 G94、G95

格式:G94 F_;

G95 F_;

说明:

G94:每分钟进给。

G95:每转进给。

G94 为每分钟进给。对于线性轴,F 的单位根据 G02/G21/G22 的设定为 mm/min,in/min 或脉冲当量/min;对于旋转轴,F 的单位为度/min 或脉冲当量/min。

G95 为每转进给,即主轴转一周时刀具的进给量。F 的单位根据 G02/G21/G22 的设定为 mm/r,in/r 或脉冲当量/r。这个功能只在主轴装有编码器时才能使用。

G94、G95 为模态功能,可相互注销,G94 为缺省值。

9. 暂停指令 G04

格式:G04 X(U)__(华中系统格式为 G04 P_)

说明:

X(U):暂停时间,后面的数字为带小数点的数,单位为 s。

P:暂停时间,后面的数字为整数,单位为 ms。

G04 在前一程序段的进给速度降到零之后才开始暂停动作。

在执行含 G04 指令的程序段时,先执行暂停功能。

G04 为非模态指令,仅在其被规定的程序段中有效。

图 2-14 所示为零件的钻孔加工程序。

G04 可使刀具作短暂停留,以获得圆整而光滑的表面。如对不通孔作深度控制时,在刀具进给到规定深度后,用暂停指令使刀具作非进给光整切削,然后退刀,保证孔底平整。

10. 参考点返回指令 G27、G28、G29、G30

(1)返回参考点校验功能 G27

程序中的这项功能,用于检查机床是否能准确返回参考点。

指令格式:G27 X__Y__

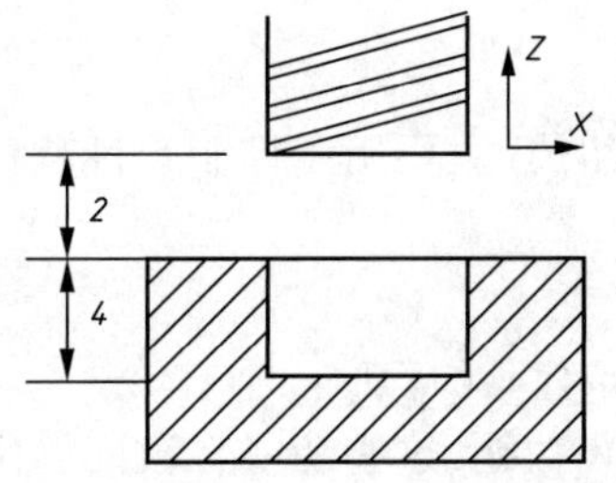


```
O1111
G92 X0 Y0 Z0
G91 F200 M03 S600
G43 G01 Z-6 H1
G04 X4
G49 G00 Z6
M05
```

图 2-14　G04 暂停

当执行 G27 指令后,返回各轴参考点指示灯分别点亮。当使用刀具补偿功能时,指示灯是不亮的,所以在取消刀具补偿功能后,才能使用 G27 指令。当返回参考点校验功能程序段完成,需要使机械系统停止,必须在下一个程序段后增加 M00 或 M01 等辅助功能或在单程序段情况下运行。

(2)自动返回参考点 G28

指令格式:

G90(G91)G28 X__Y__或

G90(G91)G28 Z__X__或

G90(G91)G28 Y__Z__

其中 X、Y、Z 为中间点位置坐标,指令执行后,所有的受控轴都将快速定位到中间点,然后再从中间点到参考点。

G28 指令一般用于自动换刀,所以使用 G28 指令时,应取消刀具的补偿功能。

(3)参考点自动返回指令 G29

指令格式:

G90(G91)G29 X__Y__或

G90(G91)G29 Z__X__或

G90(G91)G29 Y__Z__

这条指令一般紧跟在 G28 指令后使用,指令中的 X、Y、Z 坐标值是执行完 G29 后,刀具应到达的坐标点。它的动作顺序是从参考点快速到达 G28 指令的中间点,再从中间点移动到 G29 指令的点定位,其动作与 G00 动作相同。

(4)第二参考点返回指令 G30

指令格式:

G90(G91)G30 X__Y__或

G90(G91)G30 Z__X__或

G90(G91)G30 Y__Z__

G30 为第二参考点返回,该功能与 G28 指令相似。不同之处是刀具自动返回第二参考点,而第二参考点的位置是由参数来设定的,G30 指令必须在执行返回第一参考点后才有效。如 G30 指令后面直接跟 G29 指令,则刀具将经由 G30 指定的(坐标值为 x、y、z)的中间点移到 G29 指令的返回点定位,类似于 G28 后跟 G29 指令。通常 G30 指令用于自动换刀位置与参考点不同的场合,而且在使用 G30 前,同 G28 一样应先取消刀具补偿。

七、数控铣削编程的几个常用 M 代码

辅助功能由地址字 M 和其后的一或两位数字组成，主要用于控制零件程序的走向以及机床各种辅助功能的开关动作。

M 功能有非模态 M 功能和模态 M 功能两种形式。

非模态 M 功能（当段有效代码）：只在书写了该代码的程序段中有效。

模态 M 功能(续效代码)：一组可相互注销的 M 功能，这些功能在被同一组的另一个功能注销前一直有效。

另外，M 功能还可分为前作用 M 功能和后作用 M 功能两类。

前作用 M 功能：在程序段编制的轴运动之前执行。

后作用 M 功能：在程序段编制的轴运动之后执行。

常用的 M 代码见表 2-3。

表 2-3　常用 M 代码

代码	功能说明	代码	功能说明
M00	程序停止(非模态)	M03	主轴正转（CW)(模态)
M01	选择停止(非模态)	M04	主轴反转（CCW)(模态)
M02	程序结束(复位)(非模态)	M05	主轴停(模态)
M30	程序结束(复位)并回到开头(非模态)	M06	换刀(非模态)
		M07	切削液 1 开(模态)
M98	子程序调用(非模态)	M08	切削液 2 开(模态)
M99	子程序结束(非模态)	M09	切削液关(模态)
		M19	主轴定向停止(模态)

其中：M00、M02、M30、M98、M99 用于控制零件程序的走向，是 CNC 内定的辅助功能，不由机床制造商决定，也就是说与 PLC 程序无关。

1. CNC 内定的辅助功能

(1)程序暂停 M00

当 CNC 执行到 M00 指令时，将暂停执行当前程序，以方便操作者进行刀具和工件的尺寸测量、工件调头、手动变速等操作。

暂停时，机床的主轴、进给及冷却液停止，而全部现存的模态信息保持不变，若继续执行后续程序，重按操作面板上的循环启动键。M00 为非模态后作用 M 功能。

(2)程序结束 M02

M02 编在主程序的最后一个程序段中。

当 CNC 执行到 M02 指令时，机床的主轴、进给、冷却液全部停止，加工结束。

使用 M02 的程序结束后，若要重新执行该程序，就得重新调用该程序，或在自动加工子菜单下，按【F4】键，然后再按操作面板上的“循环启动”键。

M02 为非模态后作用 M 功能。

(3)程序结束并返回零件程序头 M30

M30 和 M02 功能基本相同，只是 M30 指令还兼有控制返回零件程序头(%)的作用。

使用 M30 的程序结束后，若要重新执行该程序，只需再次按操作面板上的“循环启动”键。

(4)子程序调用 M98 及从子程序返回 M99

M98 用来调用子程序。

M99 表示子程序结束,执行 M99,使控制返回主程序。

2. PLC 设定的辅助功能

(1)主轴控制指令 M03、M04、M05

M03:启动主轴以程序中编制的主轴速度顺时针方向(从 *Z* 轴正向朝 *Z* 轴负向看)旋转。

M04:启动主轴以程序中编制的主轴速度逆时针方向旋转。

M05:使主轴停止旋转。

M03、M04 为模态前作用 M 功能,M05 为模态后作用 M 功能。M05 为缺省功能。

M03、M04、M05 可相互注销。

(2)换刀指令 M06

M06 用于在加工中心上调用一个欲安装在主轴上的刀具,刀具将被自动地安装在主轴上。

M06 为非模态后作用 M 功能。

(3)冷却液打开、停止指令 M07(M08)、M09

M07(M08)指令将打开冷却液管道。

M09 指令将关闭冷却液管道。

M07(M08)为模态前作用 M 功能;M09 为模态后作用 M 功能,M09 为缺省功能。

八、主轴功能 S、进给功能 F 和刀具功能 T

1. 主轴功能 S

主轴功能 S 控制主轴转速,其后的数值表示主轴速度,单位为 r/min。

S 是模态指令,S 功能只有在主轴速度可调节时有效。

2. 进给速度 F

F 指令表示工件被加工时刀具相对于工件的合成进给速度。

F 的单位取决于 G94(每分钟进给量 mm/min)或 G95(每转进给量 mm/r)。

当工作在 G01、G02 或 G03 方式下,编程的 F 一直有效,直到被新的 F 值所取代,而工作在 G00、G60 方式下,快速定位的速度是各轴的最高速度,与所编 F 无关。

借助操作面板上的倍率按键,F 可在一定范围内进行倍率修调。当执行攻螺纹循环 G84、螺纹切削 G33 时,倍率开关失效,进给倍率固定在 100%。

3. 刀具功能(T 功能)——加工中心

T 代码用于选刀,其后的数值表示选择的刀具号。T 代码与刀具的关系是由机床制造厂规定的。

在加工中心上执行 T 指令,刀库转动选择所需的刀具,然后等待直到 M06 指令作用时自动完成换刀,即加工中心整个换刀过程包括选刀(T)与换刀(M06)两个动作。

T 指令同时调入刀补寄存器中的刀补值(刀补长度和刀补半径),T 指令为非模态指令,但被调用的刀补值一直有效,直到再次换刀调入新的刀补值。

九、刀具半径补偿指令 G40、G41、G42

1. 使用刀具半径补偿的原因

数控加工中,系统程序控制的总是让刀具刀位点行走在程序轨迹上。铣刀的刀位点通常是定在刀具中心上，若编程时直接按图纸上的零件轮廓线进行，又不考虑刀具半径补偿，则将使刀具中心（刀位点）行走轨迹和图纸上的零件轮廓轨迹重合，这样由刀具圆周刃口所切削出来的实际轮廓尺寸，就必然大于或小于图纸上的零件轮廓尺寸一个刀具半径值，因而造成过切或少切现象。

为了确保铣削加工出的轮廓符合要求，就必须在图纸要求轮廓的基础上，整个周边向外或向内预先偏离一个刀具半径值，做出一个刀具刀位点的行走轨迹，求出新的节点坐标，然后按这个新的轨迹进行编程[见图 2-15(a)]，这就是人工预刀补编程。这种人工预先按所用刀具半径大小，求算实际刀具刀位点轨迹的编程方法虽然能够得到要求的轮廓，但很难直接按图纸提供的尺寸进行编程，计算繁杂，计算量大，并且必须预先确定刀具直径大小；当更换刀具或刀具磨损后又需重新编程，使用起来极不方便。

2. 刀具半径补偿的原理

现在很多数控机床的控制系统自身都提供自动进行刀具半径补偿的功能，只需要直接按零件图纸上的轮廓轨迹进行编程，在整个程序中只在少数的地方加上几个刀补开始及刀补解除的代码指令。这样无论刀具半径大小如何变换，无论刀位点定在何处，加工时都只需要使用同一个程序或稍作修改，只需按照实际刀具使用情况将当前刀具半径值输入到刀具数据库中即可。在加工运行时，控制系统将根据程序中的刀补指令自动进行相应的刀具偏置，确保刀具刃口切削出符合要求的轮廓。利用这种机床自动刀补的方法，可大大简化计算及编程工作，并且还可以利用同一个程序、同一把刀具，通过设置不同大小的刀具补偿半径值而逐步减少切削余量的方法来达到粗、精加工的目的，如图 2-15(b)所示。

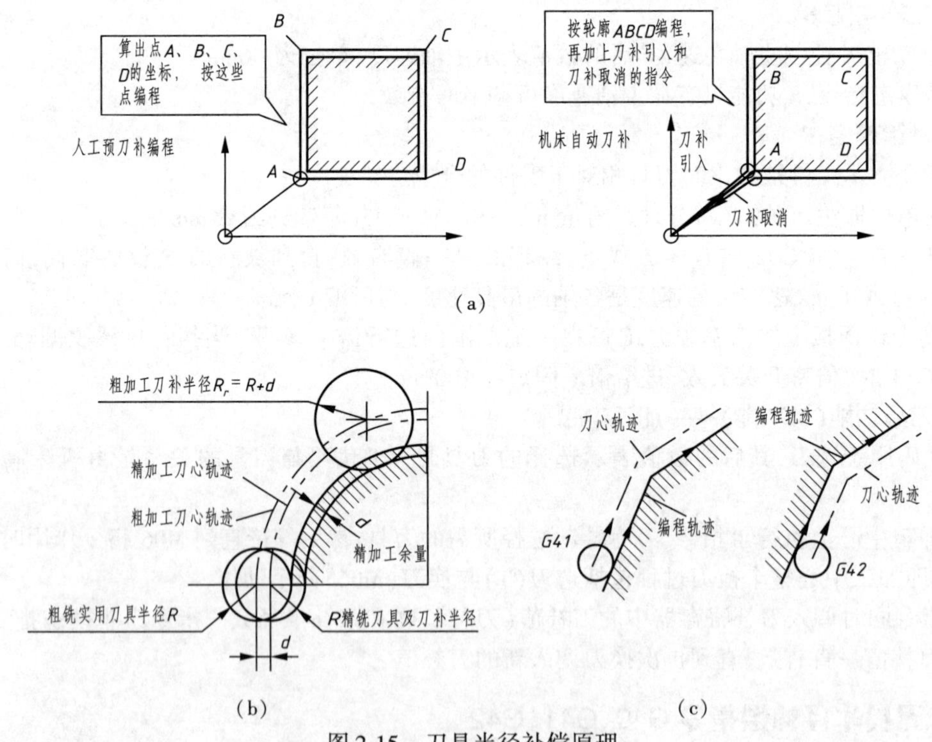

图 2-15　刀具半径补偿原理

3. 刀具半径补偿的实现（使用刀具半径补偿指令 G41、G42、G40）

(1)指令格式

$$\begin{Bmatrix} G17 \\ G18 \\ G19 \end{Bmatrix} \begin{Bmatrix} G41 \\ G42 \\ G40 \end{Bmatrix} \begin{Bmatrix} G00 \\ G01 \end{Bmatrix} X\_\_Y\_\_Z\_\_D$$

(2)指令说明

G40:取消刀具半径补偿。

G41:左刀补(在刀具前进方向左侧补偿)如图 2-15 (c)所示。

G42:右刀补(在刀具前进方向右侧补偿)如图 2-15 (c)所示。

G17:刀具半径补偿平面为 *XY* 平面。

G18:刀具半径补偿平面为 *ZX* 平面。

G19:刀具半径补偿平面为 *YZ* 平面。

X,Y,Z:G00/G01 的参数,即刀补建立或取消的终点,投影到补偿平面上的刀具轨迹受到补偿。

D:G41/G42 的参数,即刀补号码(D00 ~ D99),它代表了刀补表中对应的半径补偿值。

G40、G41、G42 都是模态代码,可相互注销。

注意:

①刀具半径补偿平面的切换必须在补偿取消方式下进行。②刀具半径补偿的建立与取消只能用 G00 或 G01 指令,不得是 G02 或 G03。

(3)左、右刀具补偿的判断

顺着刀具前进的方向看,如果刀具在铣削轮廓的左侧就是左补偿,如果刀具在铣削轮廓的右侧就是右补偿,如图 2-15(c)所示。

4. 举例

考虑刀具半径补偿编制图 2-16 所示零件的加工程序,要求建立图 2-16 所示的工件坐标系,按箭头所指示的路径进行加工,设加工开始时刀具距离工件上表面 50 mm,切削深度为 10 mm。

```
O1008
G54G17 G90
G00Z50
G00X-10Y-10
G42 G00 X4 Y10 D01
M03 S900
Z2
G01 Z-10 F100
X30
G03 X40 Y20 I0 J10
G02 X30 Y30 I0 J10
G01 X10 Y20
Y5
G00 Z50
G40 X-10 Y-10
M30
```

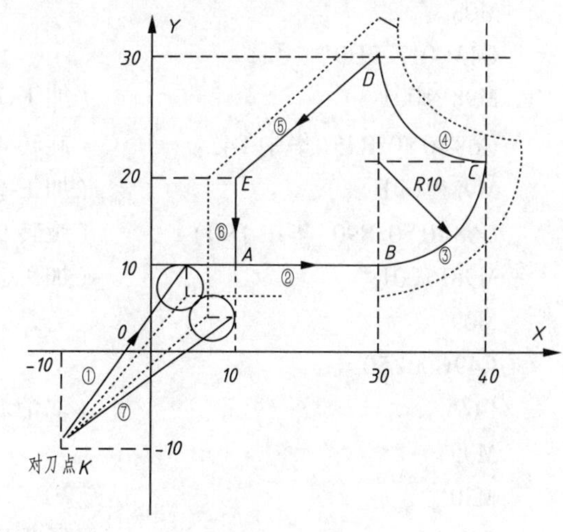

图 2-16　刀具补偿举例

注意:图中带箭头的实线为编程轮廓,不带箭头的虚线为刀具中心的实际路线。

十、简化编程指令

1. 旋转变换指令 G68、G69

(1)指令格式

G17 G68 X__Y__P__(G18 G68 X__Z__P__\ G19 G68 Y__Z__P__)

M98 P_

G69

说明:

G68:建立旋转。

G69:取消旋转。

X、Y、Z:旋转中心的坐标值。

P:旋转角度,单位是°(度,顺时针为负,逆时针为正),0≤P≤360°在有刀具补偿的情况下,先旋转后刀补(刀具半径补偿、长度补偿),在有缩放功能的情况下,先缩放后旋转。

G68、G69 为模态指令,可相互注销,G69 为缺省值。

(2)指令举例

使用旋转功能编制如图 2-17 所示轮廓的加工程序,设刀具起点距工件上表面 50 mm,切削深度 5 mm。

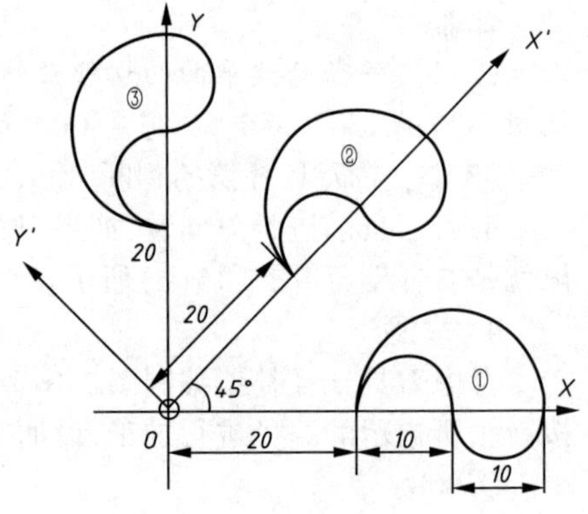

图 2-17　程序举例

```
O4441   (主程序)
G54G17G90
M03S600
G00Z100
X0Y0
G00Z2
M08
G43G01Z-5H01
M98P1001                    (加工①)
G68X0Y0 R45(华中 P45)       (旋转 45°)
M98P1001                    (加工②)
G68X0Y0 R90(华中 P90)       (旋转 90°)
M98P1001                    (加工③)
M09
G49G00Z50
G69                         (取消旋转)
M05
M30
01001                       (子程序,①的加工程序)
G41G01X20Y-5D02F300
Y0
G02X40I10
X30I-5
```

G00Y-6
G40X0Y0
M99

2. 镜像指令 G51.1、G50.1（华中系统：G24、G25）

当工件（或某部分）具有相对于某一轴对称的形状时，可以利用镜像功能和子程序的方法，简化编程。

镜像指令能将数控加工刀具轨迹沿某坐标轴做镜像变换而形成对称零件的刀具轨迹。

对称轴可以是 *X* 轴，*Y* 轴 或 *X*、*Y* 轴。

（1）指令格式

G51.1　X__Y__Z__　　　　（建立镜像）

被镜像的程序段
或
（M98　P_）

G50.1　X__Y__Z__　　　　（取消镜像）

说明：

建立镜像由指令坐标轴后的坐标值指定镜像位置（对称轴、线、点）。

G51.1、G50.1 为模态指令，可相互注销，G50.1 为缺省值。

有刀补时，先镜像，然后进行刀具长度补偿、半径补偿。

例如：当采用绝对编程方式时 G51.1 X－9.0 表示图形将以 *X*＝－9.0 的直线（//*Y* 轴的线）作为对称轴。G51.1 X6.0 Y4.0 表示先以 *X*＝6.0 对称，然后再以 *Y*＝4.0 对称，两者综合结果即相当于以点（6.0,4.0）为对称中心的原点对称图形。

G50.1 X0 表示取消前面的由 G51.1 X__产生的关于 *Y* 轴方向的对称。

（2）指令举例

镜像编程举例如图 2-18 所示。

主程序

O0008
G90 G54 G17 G00 Z100.0
M03S1000
M98 P100　　　　（加工①）
G51.1 X0　　　　（坐标变换）
M98 P100　　　　（加工②）
G51.1Y0
M98 P100　　　　（加工③）
G50.1 X0
M98 P100　　　　（加工④）
G50.1Y0
G00Z25.0
M05
M30

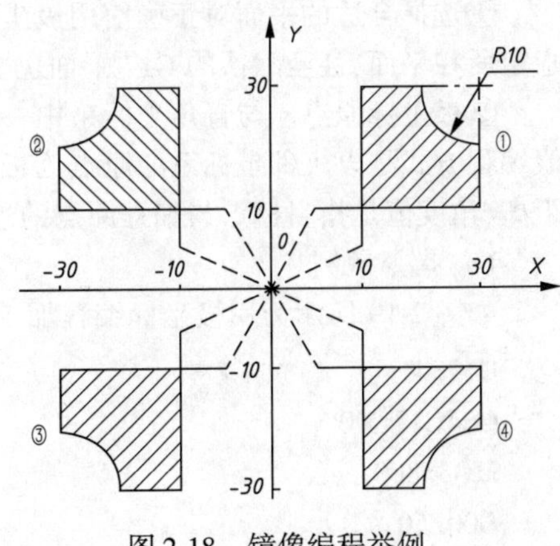

图 2-18　镜像编程举例

子程序

```
O100
G41 X10.0 Y4.0 D01
Y5.0
G01 Z-28.0 F200
Y30.0
X20.0
G03 X30.0 Y20.0 R10.0
G01 Y10.0
X5.0
G00 Z5.0
G40 X0 Y0
M99
```

3. 坐标变换——极坐标编程指令 G15、G16

当工件的轮廓尺寸是以半径和角度来标注时，要用数学方法来计算其坐标点的值，这时可使用另一种坐标点指定方式，即极坐标系，通过指定 G16 极坐标编程指令，可直接以半径和角度的方式指定编程。

(1)极坐标编程指令及格式

G16　　　　(极坐标系生效指令)

路径程序

G15　　　　(极坐标系取消指令)

注意：G16 指令生效后，路径程序中的 X 值是指编程点的极半径，Y 值指极角。

(2) 极点坐标系的原点和平面

①选择合适的平面对正确使用极坐标编程方式坐标指定非常关键，极坐标方式编程时必须指定所在平面，甚至默认的 G17 平面也要指定。

②极坐标原点。与直角坐标系中一样，极坐标原点也有绝对和增量两种指定方式，G90 绝对值编程方式是以工件坐标系的原点为极点，所有目标点位置的极半径是指目标点到编程原点的距离，角度值是指目标点与编程原点的连线与 $+X$ 轴的夹角。

(3)指令举例

如图 2-19 所示为用极坐标编程加工六边形外轮廓(下刀深度5 mm)。

```
O1234
G54G17G90
MO3S800
G00Z50
X40Y15
G00Z1
G1Z-5F50
G41X30D1F120
G16
G1X30YO
```

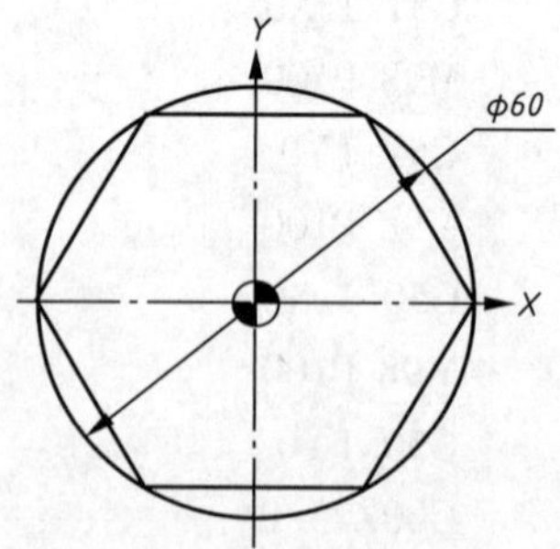

图 2-19　极坐标编程举例

```
G91Y-60
Y-60
Y-60
Y-60
Y-60
Y-60
G15
G40G90G1X50Y-10
G00Z100
X0Y0
M30
```

4. 孔加工固定循环指令

数控加工中，某些加工动作循环已经典型化。例如，钻孔、镗孔的动作是孔位平面定位、快速引进、工作进给、快速退回等一系列典型的加工动作已经预先编好程序，存储在内存中，可用称为固定循环的一个 G 代码程序段调用，从而简化编程工作。

孔加工固定循环指令有 G73、G74、G76、G81 ~ G89，通常由下述 6 个动作构成，如图 2-20 所示。

①*X*、*Y* 轴定位。

②定位到 *R* 点（定位方式取决于上次是 G00 还是 G01）。

③孔加工。

④在孔底的动作。

⑤退回到 *R* 点（参考点）。

⑥快速返回初始点。

固定循环的数据表达形式可以用绝对坐标（G90）和相对坐标（G91）表示，如图 2-21（a）是采用 G90 的表示，图 2-21（b）是采用 G91 的表示。

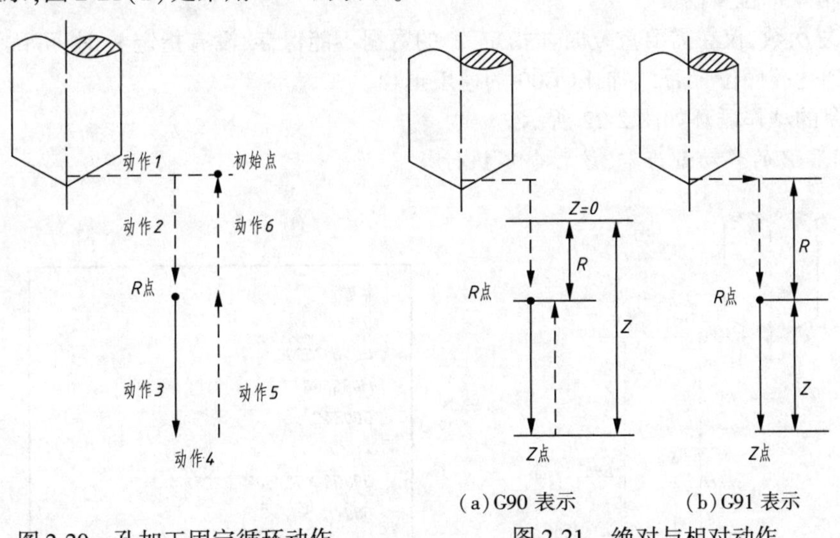

（a）G90 表示　（b）G91 表示

图 2-20　孔加工固定循环动作　图 2-21　绝对与相对动作

固定循环的程序格式包括数据形式、返回点平面、孔加工方式、孔位置数据、孔加工数据和循环次数。数据形式（G90 或 G91）在程序开始时就已指定，因此，在固定循环程序格式中可不注出。

固定循环的程序格式如下：

G98
G99 } G__X__Y__Z__R__Q__P__F__K__

说明：

G98：返回初始平面，为缺省方式。

G99：返回R点平面。

G__：固定循环代码G73、G74、G76和G81～G89之一。

X、Y：孔位坐标（G90）或加工起点到孔位的距离（G91）。

R：R点的坐标（G90）或初始点到R点的距离（G91）。

Q：每次的进给深度（G73/G83）或刀具在轴反向的位移量（G76/G87）。

P：刀具在孔底的暂停时间。

F：切削进给速度。

K：固定切削循环的次数。

固定循环代码G73、G74、G76和G81～G89、X、Y、Z、R、P、F、Q、K都是模态指令。G80、G01、G02、G03等代码可以取消固定循环。

1）G81钻孔循环（中心钻）

（1）指令格式

G98
G99 } G81X __Y __Z __R __F __K__

说明：

X__Y__：孔的位置，可以放在G81指令后面，也可以放在G81指令的前面。

Z__：孔底位置。

F__：进给速度，mm/min。

R__：参考平面位置高度。

K__：重复次数，仅在需要重复时才指定，K的数据不能保存，没有指定K时，可认为K＝1。

G81在到达孔底位置后，主轴以G00的速度退出。

G81指令的动作循环如图2-22所示。

注意：如果Z的移动量为零，该指令不执行。

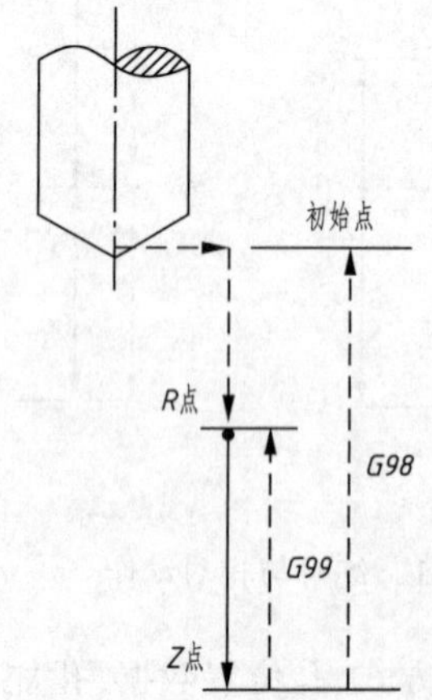

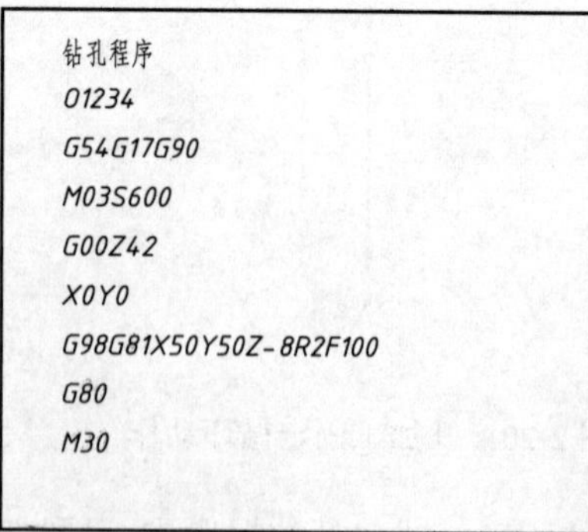

钻孔程序
```
O1234
G54G17G90
M03S600
G00Z42
X0Y0
G98G81X50Y50Z-8R2F100
G80
M30
```

图2-22 G81动作

(2)指令举例

使用 G81 指令编制钻孔加工程序:设刀具起点距工件上表面42 mm,距孔底 50 mm,孔心位置在 X50Y50D 处,在距工件上表面 2 mm 处(R 点)由快进转换为工进(其动作如图 2-22 所示,坐标系原点设在工件上表面)。

2)镗孔、铰孔循环指令 G85

(1)指令格式

$$\left.\begin{matrix}G98\\G99\end{matrix}\right\}G85X\_\_Y\_\_Z\_\_R\_\_F\_\_K\_\_$$

(2)指令说明

X__Y__:孔的位置,可以放在 G85 指令后面,也可以放在 G85 指令的前面。

Z__:镗孔、铰孔的 Z 向终点坐标。

F__:进给速度,mm/min。

R__:参考平面位置高度。

K__:循环次数。

该指令同样有 G98 和 G99 两种方式。与 G81 的区别是:G85 在到达孔底位置后,主轴以 F 的速度退出。用于表面粗糙度与精度较高的孔(无刀痕)。

3)右旋攻螺纹循环指令 G84

(1)指令格式

$$\left.\begin{matrix}G98\\G99\end{matrix}\right\}G84X\_\_Y\_\_Z\_\_R\_\_F\_\_K\_\_$$

(2)指令说明

X__Y__:孔的位置,可以放在 G84 指令后面,也可以放在 G84 指令的前面。

Z__:攻螺纹 Z 向终点坐标。

F__:攻螺纹进给速度(G94 时单位为 mm/min)(攻螺纹时速度倍率、进给保持等均不起作用)。

R__:参考平面位置高度,应选距工件表面 7 ~ 8 mm 处。

K__:循环次数。

用于普通螺纹的攻螺纹,主轴正转,孔底暂停后主轴反转,然后以 F 的速度退回。

(3)指令注意

①攻螺纹过程要求主轴转速与进给速度成严格的比例关系,否则就会乱扣,因此要求编程序时根据主轴转速计算进给速度

$$\underset{\substack{\text{(进给速度)}\\ \text{mm/min}}}{F} = \underset{\substack{\text{(主轴转速)}\\ \text{r/min}}}{S} \times \underset{\substack{\text{(螺距)}\\ \text{mm}}}{P}$$

②攻螺纹时,螺纹的底孔直径应稍大于螺纹小径,以防止攻螺纹时因挤压扭转作用而损坏丝锥。底孔直径通常根据经验公式来确定:

加工塑性金属时:$D_{底} = D - P$

加工脆性金属时:$D_{底} = D - 1.05P$

$D_{底}$——攻螺纹时钻螺纹的底孔直径(不等同于钻头直径),mm;

D——螺纹公称直径,mm;

P——螺纹螺距,mm。

③攻盲孔螺纹时,由于丝锥的头部有锥度,其牙型不完整,攻不出完整的螺纹,所以钻孔深度要大于螺纹的有效深度。

$$H = h + 0.7D$$

H——钻孔的底孔深度;

h——螺纹的有效(标称长度)深度;

D——螺纹的公称直径。

④在数控机床上攻螺纹时,应选择合适的螺纹导入长度和导出长度,一般导入长度取 2 ~ 3 倍的螺距;导出长度取 1 ~ 2 倍的螺距,对于大螺距和高精度的螺纹要取大值,加工通孔螺纹时,其导出量还要考虑丝锥端部锥角的影响。

十一、宏程序

随着我国现代制造技术的发展,数控机床应用的普及,从事数控加工的人员不断增加,数控加工越来越受到人们的重视。数控程序编制的效率和质量在很大程度上决定了产品的加工精度和生产效率,它既是数控技术的重要组成部分,也是数控加工的关键技术之一。在我国,有相当多数控铣床(包括加工中心)应用在模具行业,大部分模具厂都应用 CAD/CAM 软件,手工编程、宏程序应用的空间日趋缩小,究其原因就是大家对手工编程不重视,对宏程序不熟悉。其实手工编程是自动编程的基础,宏程序是手工编程的高级形式,是手工编程的精髓,也是手工编程的最大亮点和最后堡垒。同时编制简洁合理的数控宏程序,有着非常重大的现实意义,既能锻炼从业人员的编程能力,又能解决自动编程在生产实际工作中存在的不足。

宏程序(Macroprogram)是以变量的组合,通过各种算术和逻辑运算、转移和循环等命令,而编制的一种可以灵活运用的程序,只要改变变量的值,即可完成不同的加工和操作。宏程序可以简化程序的编制,提高工作效率。宏程序可以像子程序一样用一个简单的指令调用。

宏程序包括 A 类宏程序和 B 类宏程序两种。

1. A 类宏程序

(1)变量

为了使加工程序更加具有通用性、灵活性,在宏程序中设置了变量。

①变量表示方法:一个变量由“#”和变量序号组成。

②变量类型:变量分为局部变量、全局变量、系统变量和空变量 4 种。

③变量引用:将地址符后的数值用变量来代替的方法称为变量引用。

(2)运算指令

宏程序的运算指令通过 G65 的不同表达形式实现,其指令格式如下:

G65 Hxx P#xx Q#xx R#xx;

其中,Hxx 是基本指令,以实现算术或逻辑运算。

P#xx 是存放运算结果的变量。

Q#xx 是需要运算的变量 1,也可以是常数,如果是常数,“#xx”要变为“xx”。

R#xx 是需要运算的变量 2,也可以是常数,如果是常数,“#xx”要变为“xx”。

(3)实例

①G65 H02 P#100 Q#101 R#102;表示#100 = #101 + #102;

②G65 H27 P#100 Q#101 R#102;表示#100 = $\sqrt{(\#101)^2 + (\#102)^2}$;

③G65 H31 P#100 Q50 R#102;表示#100＝50×SIN(#102);

(4)说明

①变量值是微米级数值,是以数控系统的最小输入单位为其单位的值,其值后不带小数点。如设#101＝50,则 X#101 代表的值是 0.05 mm。

②变量值取整数,如果计算结果出现小数,小数点后的数值将被舍去。

③在使用宏程序运算指令时,如果变量以角度形式指定,其单位是 0.001。

④在各运算中如果必要的 Q、R 没有指定,系统自动将其值指定为"0"参与计算。

(5)转移指令

宏程序的转移指令和运算指令相似,是通过指令 G65 的不同表达形式来实现的。

2. B 类宏程序

(1)变量

B 类宏程序的变量表示方法和变量引用与 A 类宏程序的变量基本相似,但也存在差别。

①变量表示方法:B 类宏程序除可采用 A 类宏程序的变量表示方法外,还可以用表达式进行表示,但其表达式必须全部写在"[　]"中。

②变量引用:B 类宏程序除可采用 A 类宏程序的变量引用方法外,还可以用表达式进行表示。

③变量赋值:

(a)直接赋值:变量赋值可以在操作面板上用 MDI 方式直接赋值,也可在程序中用"＝"直接赋值,但"＝"左边不能用表达式。

其赋值规则如下:

赋值号两边内容不能随意互换,左边只能是变量,右边只能是表达式。

一个赋值语句只能给一个变量赋值。

可以多次向同一个变量赋值,新变量值取代原变量值。

赋值语句具有运算功能,它的一般形式为:变量＝表达式。

在赋值运算中,表达式可以是变量自身与其他数据的运算结果。

赋值表达式的运算顺序与数学运算顺序相同。

不能用变量代表的地址符有:O、N、:、/。

(b)宏程序中自变量赋值:

宏程序调用格式:

模态调用(G66):

G66 Pp Ll〈自变量指定〉;

　　程序点

　　G67;(取消模态)

例如:G66　P8000　L2　A10. B2. ;

　　G00 G90 Z-10.

　　X-5.

　　G67

一旦发出 G66 则指定模态调用,即指定沿移动轴移动的程序段后调用宏程序。移动到 Z-10,调用 2 次程序号 8000,移动到 X-5,再调用 2 次程序号 8000。

非模态调用:G65 P(宏程序号) L(重复次数)〈自变量指定〉。

其中〈自变量指定〉就是给自变量赋值。自变量指定有两种形式。

第一种是自变量指定Ⅰ。自变量指定Ⅰ使用除G、L、O、N和P以外的字母,每个字母指定一次,见表2-4。

表2-4　自变量指定Ⅰ

地址	变量号	地址	变量号	地址	变量号
A	#1	I	#4	T	#20
B	#2	J	#5	U	#21
C	#3	K	#6	V	#22
D	#7	M	#13	W	#23
E	#8	Q	#17	X	#24
F	#9	R	#18	Y	#25
H	#11	S	#19	Z	#26

注:任何自变量前必须指定G65。

不需要指定的地址可以省略,对应的省略地址的局部变量设为空。

地址不需要按字母顺序指定,但I、J、K需要按字母顺序指定。

例如:G65 B__A__D__J__K__是正确的,但G65 B__A__D__K__J__是不正确的。

第二种是自变量指定Ⅱ。自变量指定Ⅱ使用A、B、C各1次,I、J、K各10次,这种形式一般用于传递诸如三维坐标值的变量,见表2-5。

表2-5　自变量指定Ⅱ

地址	变量号	地址	变量号	地址	变量号
A	#1	I4	#13	I8	#25
B	#2	J4	#14	J8	#26
C	#3	K4	#15	K8	#27
I1	#4	I5	#16	I9	#28
J1	#5	J5	#17	J9	#29
K1	#6	K5	#18	K9	#30
I2	#7	I6	#19	I10	#31
J2	#8	J6	#20	J10	#32
K2	#9	K6	#21	K10	#33
I3	#10	I7	#22		
J3	#11	J7	#23		
K3	#12	K7	#24		

注:任何自变量前必须指定G65。

I、J、K的下标用于确定自变量指定顺序,在编程中不写。

例如:G65 A1.0 I2.3I4.5P1000;表示#1 =1.0、#4 =2.3、#7 =4.5。

第三种是自变量指定Ⅰ、Ⅱ混用。CNC 内部能自动识别自变量指定Ⅰ和自变量指定Ⅱ,如果两者混用指定,后指定的自变量类型有效。

(2)算术与逻辑运算

B 类宏程序算术与逻辑运算见表 2-6。

表 2-6　B 类宏程序算术与逻辑运算

功　能	格　式	备　注
定义	#I = #J	
加法 减法 乘法 除法	#I = #J + #k #I = #J - #k #I = #J * #k #I = #J/#k	
正弦 反正弦 余弦 反余弦 正切 反正切	#I = SIN[#J] #I = ASIN[#J] #I = COS[#J] #I = ACOS[#J] #I = TAN[#J] #I = ATAN[#J]/[#K]	角度以度指定,如 93° 30′表示为 93.5°
平方根 绝对值 舍入 上取整 下取整 自然对数 指数函数	#I = SQRT[#J] #I = ABS[#J] #I = ROUND[#J] #I = FIX[#J] #I = FUP[#J] #I = LN[#J] #I = EXP[#J]	
或 异或 与	#I = #J OR #k #I = #J XOR #k #I = #J AND #k	逻辑运算一位一位地按二进制数执行
从 BCD 转为 BIN 从 BIN 转为 BCD	#I = BIN[#J] #I = BCD[#J]	用于与 PMC 的信号交换

与 A 类宏程序的运算指令有很大区别,它的运算与数学运算非常相似。

①运算次序依次是函数运算(SIN、ASIN、COS 等)、乘和除运算(*、/、AND 等)、加和减运算(+、-、OR 等)。

②括号用于改变运算次序,包括函数内部的括号,括号可以使用 5 级。

例如:#1 = SIN[[[#2 + #3] * #4 + #5] * #6]

(3)转移和循环

在宏程序中,使用 GOTO 语句和 IF 语句改变控制的流向,有三种转移和 WHILE 循环操作可供使用。

①无条件转移。

编程格式:GOTO n;(n:程序段号(1-9999)

如 GOTO 100;当执行到该语句时,将无条件转移到 N100 程序段执行。

②条件转移:条件转移一般采用 IF 语句,IF 语句有两种格式。

格式一:IF [〈条件表达式〉] GOTO n;

如：

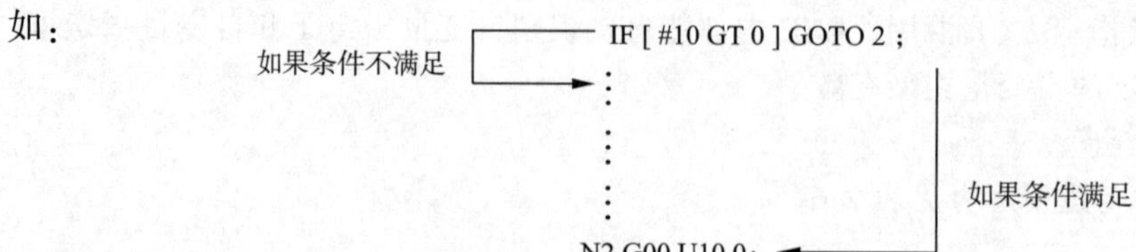

这种格式表示如果表达式指定的条件满足时，转移到标有顺序号 n 的程序段。如果指定的条件不满足，执行下个程序段。

格式二：IF[〈条件表达式〉] THEN…；

这种格式表示如果表达式指定的条件满足时，执行"THEN"后面的语句。

如：IF [#10EQ#2] THEN #3 = 10；表示当变量 10 和变量 2 相等时，变量 3 的值为 10。

③循环。

编程格式：WHILE [〈条件表达式〉] DO m；(m = 1,2,3)

如：

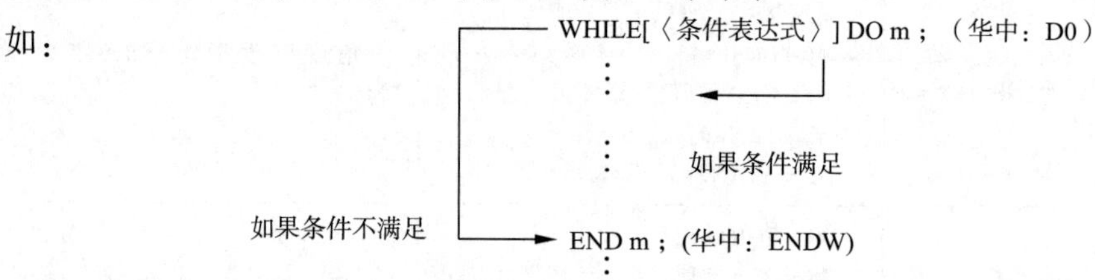

当指定的条件满足时，执行 WHILE 从 DO 到 END 之间的程序。否则转而执行 END 之后的程序段。DO 后的号和 END 后的号是指定程序执行范围的标号。

注意：在条件转移和循环宏程序中，经常要使用"条件表达式"，条件表达式必须包含运算符。运算符在两个变量中间或变量和常量中间，并且用"[ ]"封闭。表达式可以替代变量。条件表达式中的运算符见表 2-7。

表 2-7　条件表达式中的运算符

序　号	运　算　符	含　义	备　注
1	EQ	等于(=)	
2	NE	不等于(≠)	
3	GT	大于(>)	
4	GE	大于等于(≥)	
5	LT	小于(<)	
6	LE	小于等于(≤)	

(4)循环嵌套

在编制较复杂的宏程序时，往往采用循环嵌套，但一定要注意嵌套规则和要求。

①标号(1、2、3)可以根据要求多次使用。

```
WHILE[…] DO 1;
⋮
END1;
⋮
WHILE[…] DO 1;
```

```
  ⋮
 END1;
  ⋮
```

②DO 的范围不能交叉。

```
WHILE[…] DO 1;
  ⋮
WHILE[…] DO 2;
  ⋮
END1;
  ⋮
END2;
  ⋮
```

③DO 循环可以嵌套 3 次。

```
WHILE[…] DO 1;
    ⋮
  WHILE[…]DO 2;
        ⋮
    WHILE[…] DO 3;
          ⋮
    END3;
      ⋮
  END2;
    ⋮
END1;
  ⋮
```

④控制可以转到循环外面。

```
WHILE[…] DO 1;
  ⋮
IF[…]GOTO n;
  ⋮
END1;
  ⋮
Nn …;
  ⋮
```

⑤转移不能进入循环区内。

```
IF[…]GOTO n;
  ⋮
WHILE[…] DO 1;
  ⋮
Nn …;
```

```
⋮
END1;
```

3. 程序举例

(1)在圆周上钻、镗均匀分布的孔,在半径为 R 的圆周上均匀分布 n 个孔,如图 2-23 所示。

数学建模:n 个孔均匀分布,则第 i 个孔与编程坐标系 X 轴夹角为

$$\alpha_i = 360/n \times (i-1) \quad (1 \leqslant i \leqslant n)$$

第 i 个孔的孔中心在编程坐标系中 X、Y 值分别如下:

$$x_i = R\cos\alpha_i$$

$$y_i = R\sin\alpha_i$$

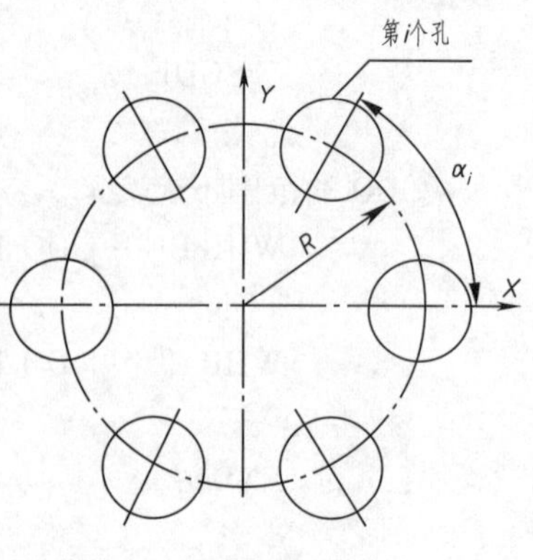

图 2-23 圆周钻孔举例

编程时变量的设置与对应的意义见表 2-8。

表 2-8 变量设置

变量名称	变量意义
#1	孔所在圆周半径 R
#2	均匀分布孔总个数 n
#3	第 i 个孔
#4	第 i 个孔的孔中心与编程坐标 X 轴夹角 α_i
#10	第 i 个孔的孔中心 X 坐标值 x_i
#11	第 i 个孔的孔中心 Y 坐标值 y_i
#6	孔深度
#7	R 平面高度

宏程序:

```
O8000
G54G17G90
MO3S800
G00Z100
X0Y0
#1 =50
#2 =6
#3 =1
#5 =3.14159/180
#6 =-20
#7 =5
WHILE[#3LE#2]  DO1
#4 =360/#2 * [#3-1] * #5
```

```
#10 = #1 * COS [#4]
#11 = #1 *  SIN [#4]
G90G98G81X[#10]Y[#10]Z[#6]R[#7]F30
F500
#3 = #3 + 1
END1
G80
G91G28Z0
M05
M30
```

上面的例子只是为了说明宏程序的使用方法，从加工的角度来说，使用极坐标编程会更简单。

(2)如图 2-24 所示，在一块 100 mm×100 mm 的板料上有一深为 3 mm、宽为 10mm 的正弦曲线槽，用直径为 10 mm 的键槽刀加工，请编写加工宏程序。

```
O8001
G54G17G90
M3S800
G00Z10
X-31.4Y0
Z1
G1Z-3F50
#1 = 0
WHILE[#1LE3600] DO1
#2 = #1/360 * 6.28
#3 = #2-31.4
#4 = 30 * SIN[#1/10]
G1X#3Y#4
#1 = #1 + 1
END1
G00Z100
M30
```

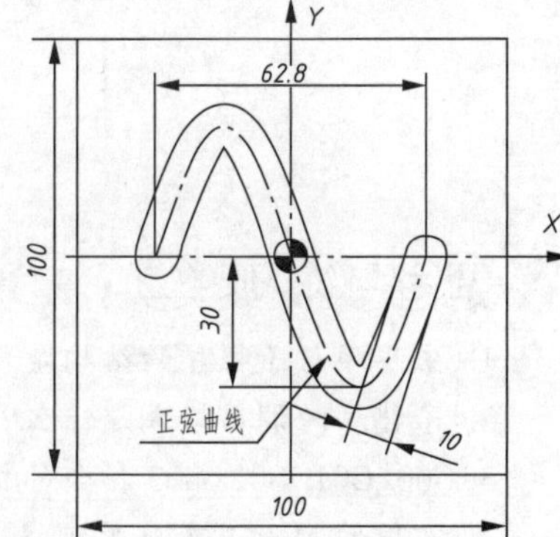

图 2-24　正弦曲线槽板

4. 椭圆编程举例

椭圆的解析方程：$\frac{X^2}{a^2}+\frac{Y^2}{b^2}=1$（$a$ 为长半轴，b 为短半轴）

椭圆的参数方程：$x = a\text{x}\cos t$

$y = b\text{x}\sin t$（t 为极角）

加工一椭圆如图 2-25 所示。

程序如下：

```
O0001
N10 G54 G17 G90 S1200 M03 ;                确定坐标系
```

N20　G01 G41 X50 D01 F100 ;	图 2-25 中 *OX* 距离
N30　#1 =0 ;	将角度设为自变量，赋初值为 0
N40　X[50 * COS[#1]] Y[25 * SIN[#1]] F200 ;	*XY* 轴联动的步距
N50　#1 =#1 +1 ;	自变量每次自加 1°
N60　IF[#1LT360] GOTO 40 ;	如果变量自加后不足 360°，则转到第 40 段执行，否则执行下一段；(40 前不用加行号 N)
N70　G00 G40 X0 ;	撤销刀补，回到起点
N80　G00Z100	提刀
N90　M30 ;	程序结束

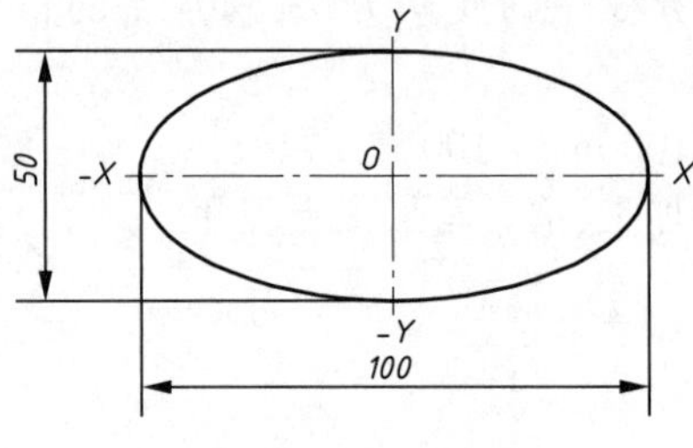

图 2-25　椭圆编程举例

思考与练习题二

1. 主程序与子程序的结构是什么？有什么区别？二者的关系是什么？
2. 子程序的调用格式是什么？
3. G00/G01/G02/G03 指令的格式与参数含义是什么？
4. 常用的 M 代码有哪些？各自的意义是什么？
5. 刀具半径补偿指令是什么？施加刀具半径补偿的注意事项有哪些？
6. 简化编程的常用指令有哪些？指令格式与参数含义是什么？
7. 什么是绝对坐标和相对坐标？其指令是什么？
8. 常用的孔加工指令有哪些？指令格式与参数含义是什么？
9. 用 G 代码描述编写图 2-26 所示的从 1 点到 6 点的走刀路径。

六个点的坐标如下所示：

第 1 个点坐标：$X=59.250$、$Y=9.977$；

第 2 个点坐标：$X=40.322$、$Y=9.977$；

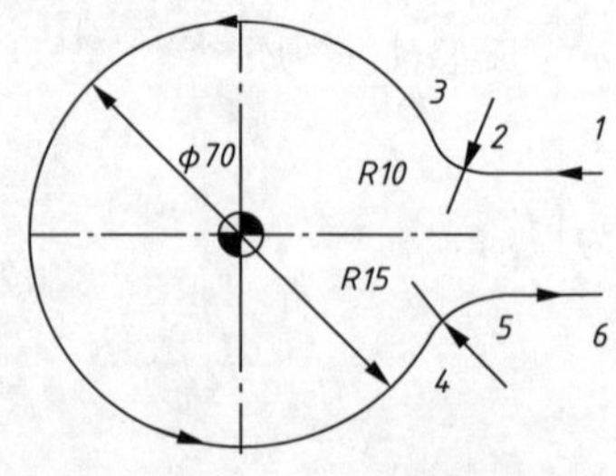

图 2-26　走刀路径

第 3 个点坐标：$X = 31.362$、$Y = 15.538$；

第 4 个点坐标：$X = 30.320$、$Y = -17.484$；

第 5 个点坐标：$X = 43.314$、$Y = -9.977$；

第 6 个点坐标：$X = 59.250$、$Y = -9.977$。

10. 根据图 2-27 编制加工程序。

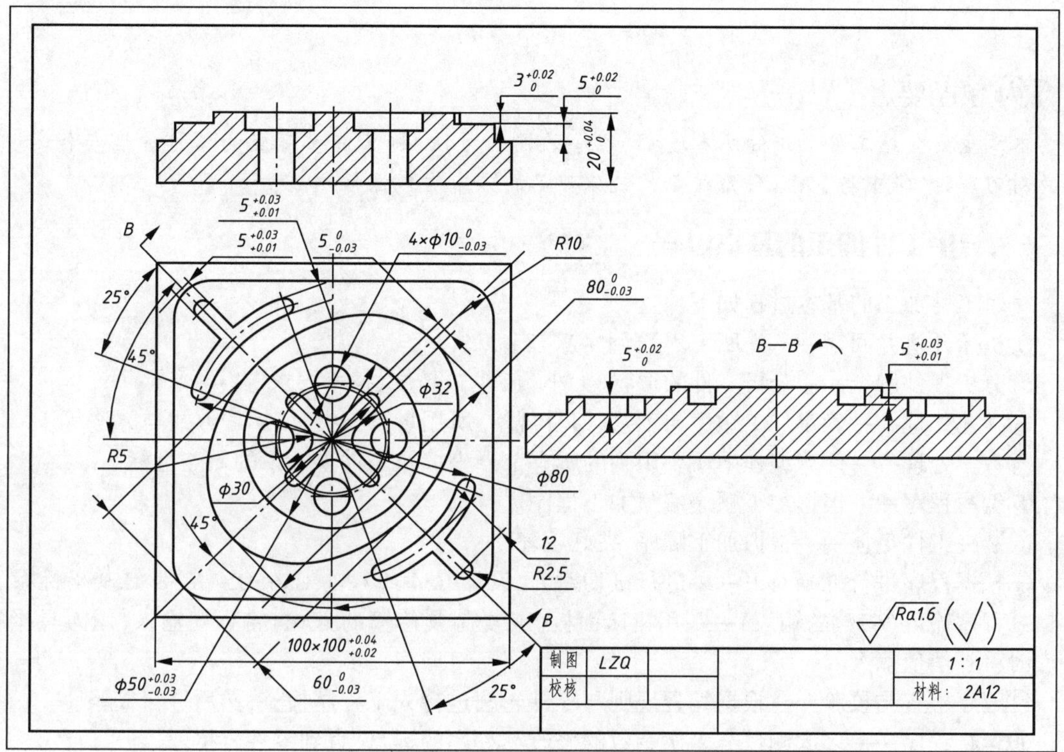

图 2-27　练习二

第三章 数控加工操作概述

内容提要

本章主要介绍工件加工的基本过程、程序的输入方法、机床回参考点的工作原理与操作、刀具的对刀理论、华中与FANUC系统数控铣床刀具的分中对刀操作方法。

一、一个工件加工的基本过程

一个工件加工的基本过程如下：

①机床开机并回零——先回 $+Z$、再回 $+X$ 与 $+Y$。

②分析零件图纸——分析零件的形状、大小(尺寸)、精度、技术要求等。

③工艺处理——确定加工顺序与工艺、刀具规格、所用量具与夹具、编程方式与方法等。

④数学处理——计算编程中所要用到的所有节点坐标及工件坐标系的原点坐标。

⑤编写程序——根据加工顺序编写加工程序。

⑥装夹工件毛坯——根据加工顺序,夹好毛坯。

⑦根据程序进行准确对刀——进行试切对刀,设计G54或G55、G56、G57、G58、G59坐标系。

⑧程序输入(参数的输入)——用机床面板(或复制及传输的方式)将程序输入,用刀具半径补偿时将补偿值输入。

⑨程序检查与校验——根据编程规则与零件轮廓进行人工程序检查,然后进行校验。

⑩运行程序——多次测量与多次参数的修改与程序的运行,直到零件合格。

二、程序的输入方法

用手工编程时,直接用机床面板或外接键盘输入;自动编程时,可以用软盘或者机床的网络接口、串口、USB接口及CF卡直接将程序传入或拷入机床。随着接口技术的发展,软盘已经很少使用。异地传递程序以前常用CF卡,但随着U盘接口技术的快速发展,现在U盘的使用越来越广泛,如广州数控机床华中数控机床,现在U盘接口已广泛采用,如图3-1所示。异地程序的传输可以采用网络接口,但网络功能并不只用于传递加工程序,还可以实现远程监控、诊断,也可用于生产管理。近距离程序的传输常用RS-232串口,RS-232串口不但可以实现程序的近距离传输,还可以方便地进行在线加工,提高加工效率,RS-232传输接口如图3-1所示。

图3-1　RS-232传输接口

三、机床回参考点(零)

1. 机床回零的工作原理

回参考点的方式因数控系统类型和机床生产厂家而异。目前,数控机床的回零方式根据采用的检测装置和检测方法可分为两种:一种是使用磁感应开关的磁开关法,另一种是使用脉冲编码器或光栅尺的栅格法。

①磁开关法回参考点(零):在机械本体上安装磁铁及磁感应原点开关,当磁感应原点开关检测到原点信号后,伺服电动机立即停止,该停止点被认作原点,其特点是软件及硬件简单,但原点位置随着伺服电动机速度的变化而成比例地漂移,即原点不确定。磁开关法由于存在定位漂移现象,较少使用。

②栅格法回参考点(零):根据检测元件的计量方式的不同又可分为绝对栅格法回零和增量栅格法回零。采用绝对栅格法回零的数控机床,在有后备存储器电池支持下,只需在机床第一次开机调试时进行回零操作调整,以后每次开机均记录有零点位置信息,因而不必再进行回零操作,而增量栅格法回零则每次开机均必须进行回零操作。在栅格法中,检测器随着电动机一转信号同时产生一个栅点或一个零位脉冲,在机械本体上安装一个减速撞块及一个减速开关后,数控系统检测到的第一个栅点或零位信号即为原点。栅格法回零的特点是如果接近原点速度小于某一固定值,则伺服电动机总是停止于同一点,也就是说,在进行回原点操作后,机床原点的保持性好。目前,几乎所有的数控机床都采用栅格法回零。而且多采用增量栅格法回零,采用增量栅格法回零的数控机床一般有以下四种回参考点方式:

a. 手动方式下坐标轴以较快速度 v_1 向零点靠近,接近零点后启动回零操作,数控系统控制坐标轴以低速 v_2 慢速向零点方向移动。当轴部压块压下零点开关后,系统开始寻找脉冲编码器或光栅尺上的零标志。当到达零标志时,便发出与零标志相对应的栅格脉冲控制信号,坐标轴在此信号作用下制动到为零,然后再前移参考点偏移量而停止,所处位置即为参考点。

b. 坐标轴先以较快速度 v_1 快速向零点靠近,当轴部压块压下零点开关后,在减速信号的控制下,减速到速度 v_2 并继续向前移动,当越过零点开关后,系统开始寻找零标志。当轴到达测量系统零标志发出栅格信号时,轴即制动到速度为零,然后再以 v_2 速度前移参考点偏移量而停止到参考点。

c. 坐标轴先以较快速度 v_1 快速向零点靠近,当轴部压块压下零点开关后,由数控系统控制坐标轴制动到速度为零,然后反向以速度 v_2 慢速移动,当到达测量系统零标志产生栅格信号时,轴即制动到速度为零,再前移参考点偏移量而停止到参考点,回零结束。

d. 坐标轴先以较快速度 v_1 快速向零点靠近,当坐标轴压下零点开关后,被制动到速度为零,再反向微动直至脱离零点开关,然后又沿原方向以速度 v_2 向零点慢速移动。当到达测量系统零标志产生栅格信号时,轴即制动到速度为零,再前移参考点偏移量而停止到参考点,回零结束。

2. 机床回参考点(零)的操作

机床开机并复位后,必须回零来建立机床参考坐标系;回零时必须保证回零指示灯亮,同时为了安全,一般先回 *Z* 轴,再回 *X*、*Y* 轴。操作过程会因为不同的机床生产厂家而有所不同,以 FANUC Series Oi Mate——MC 系统,宝鸡铣床为例说明回零的操作:

首先要旋转至“回零”模式,然后按下“+Z”键,*Z* 轴开始回零,直至“+Z”键灯亮为止。然后用同样的方式依次操作 *X*、*Y* 轴回零。在保证安全的情况下,也可依次按下“+Z”“+X”“+Y”,让三轴同时回零。

注意:回零点以前,尽量让各轴离机床原点远一些,进给不要太快,如果离原点太近而进给太快时,可能会出现超程报警。

四、刀具的对刀理论

刀具的对刀一般在 MDI 方式下,用试切方式进行。

1. 以毛坯孔或外形的对称中心为对刀位置点

利用装好的铣刀先后定位到工件正对的两侧表面，记下对应的 X_1、X_2、Y_1、Y_2 坐标值，则对称中心在机床坐标系中的坐标应是$((X_1+X_2)/2,(Y_1+Y_2)/2)$，如图 3-2 所示。

2. 以毛坯相互垂直的基准边线的交点为对刀位置点

(1)按 X、Y 轴移动方向键，使刀具圆周刃口接触工件的左(或右)侧面，记下此时刀具在机床坐标系中的 X 坐标 X_a。然后按 X 轴移动方向键使刀具离开工件左(或右)侧面。

(2)用同样的方法调整移动到刀具圆周刃口接触工件的前(或后)侧面，记下此时的 Y 坐标 Y_a；最后，让刀具离开工件的前(或后)侧面，并将刀具回升到远离工件的位置。

(3)如果已知刀具或寻边器的直径为 D，则基准边线交点处的坐标应为

$$X_a+D/2、\ Y_a+D/2$$

对刀操作时的坐标位置关系如图 3-3 所示。

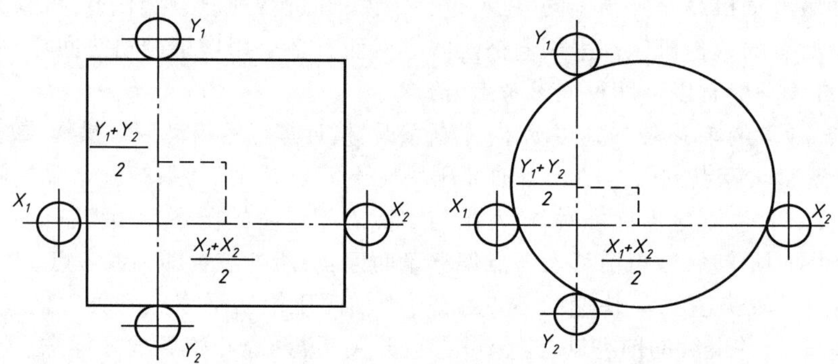

图 3-2　刀具对刀

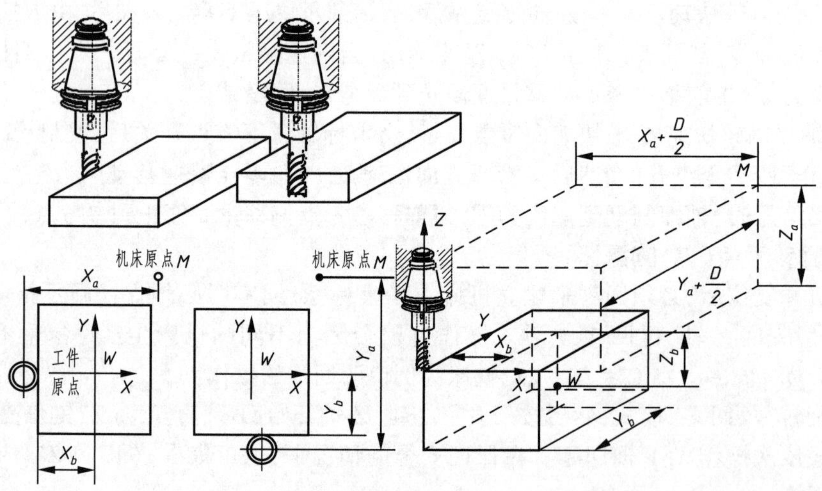

图 3-3　对刀操作时的坐标位置关系

3. Z 向对刀点

Z 向对刀点通常都是以工件的上下表面为基准的，若以工件上表面为 $Z=0$ 的工件零点，当刀具的对刀点与工件的上表面接触时，机床所显示的 Z 坐标值就是工件坐标系的原点在机床参考

坐标系中的 Z 值(即 G54 坐标系的 Z 值)。

五、刀具的分中对刀操作

1. 以 FANUC Series Oi Mate——MC 系统，宝鸡机床为例

(1)X 向对刀

①用刀具或寻边器触碰工件的左边，如图 3-4 所示。

图 3-4　工件的左边

②按下 POS 键，如图 3-5 所示。

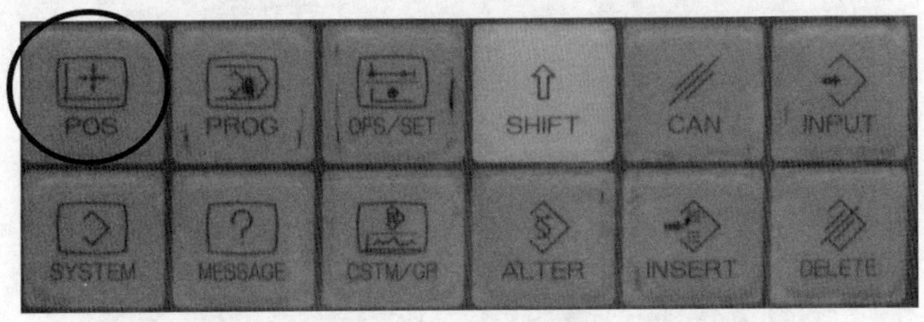

图 3-5　POS 键位置

出现图 3-6 所示的界面。

③然后按软键“综合”或“相对”，并继续按“操作”键，出现图 3-7 所示的界面。

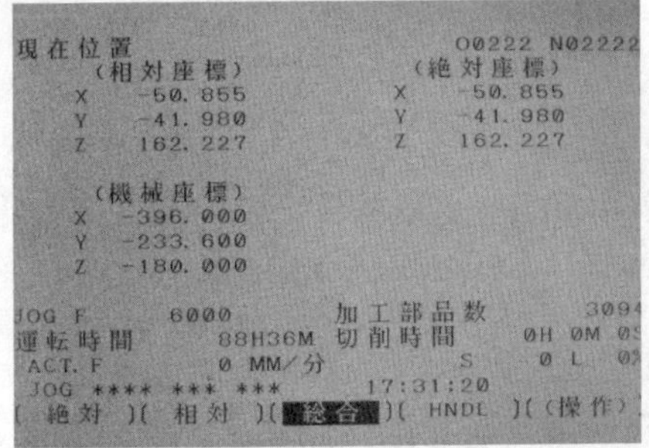

图 3-6　按 POS 键后的界面

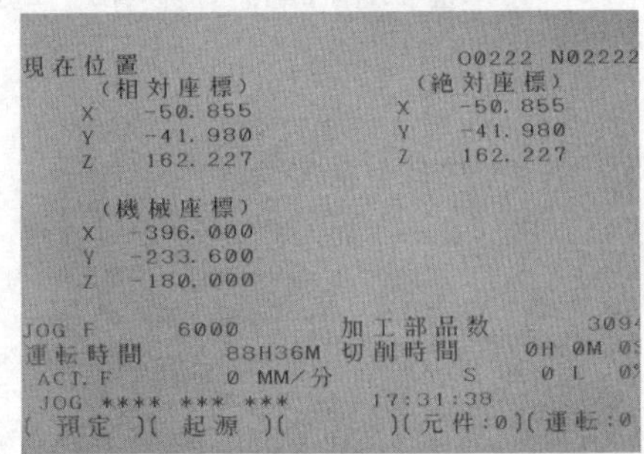

图 3-7　按“操作”键后的界面

④输入 X，然后按“起源”键，如图 3-8 所示。

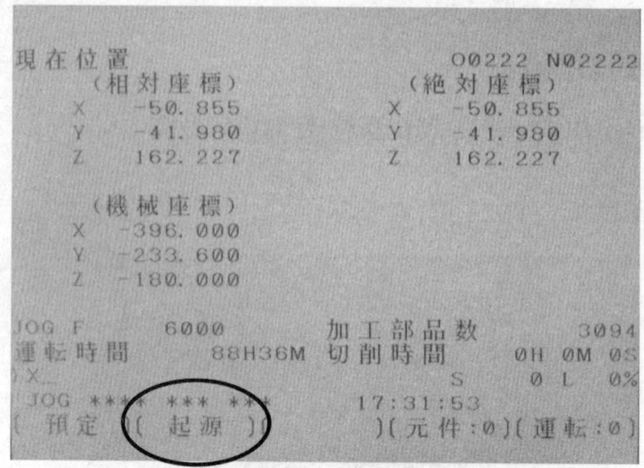

图 3-8 “起源”键的位置

出现图 3-9 所示的界面。

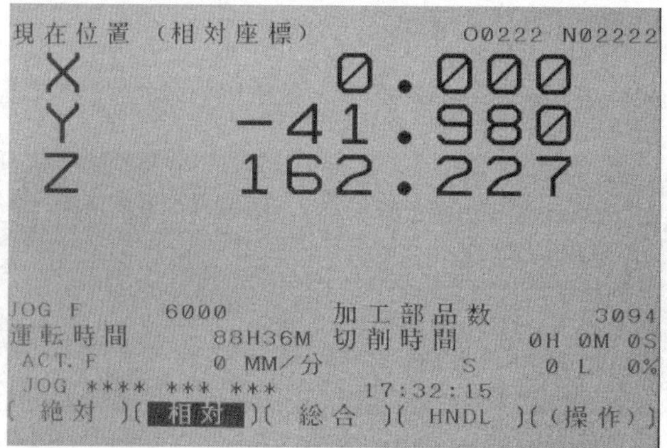

图 3-9 按“起源”键后的界面

此时 X 的相对坐标为 0。

⑤用手轮在 Y 轴不动的情况下控制刀具或寻边器触碰工件的右边，如图 3-10 所示。此时 X 的相对坐标变为图 3-11 所示。

图 3-10 刀具碰工件右边

图 3-11 刀具碰工件右边时的坐标

⑥人工计算 X 坐标值的一半(如:155.2/2=74.6),用手轮在 Y 轴不动的情况下将轴反向移动到 X 坐标值的一半处(如:74.6),如图 3-12 所示。

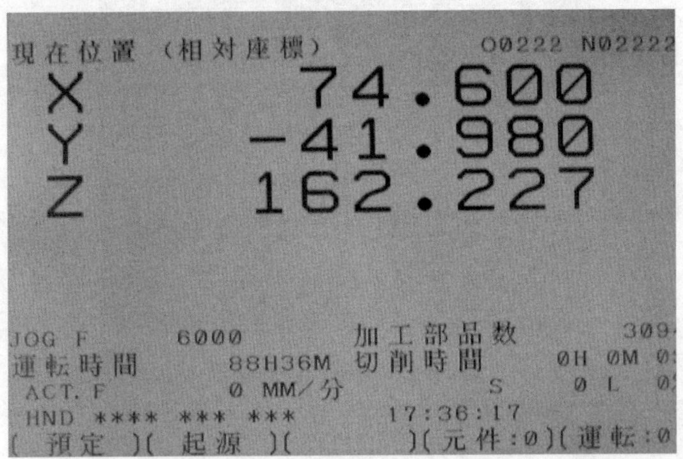

图 3-12　X 坐标的一半数值显示

⑦按下 OFS/SET 键,如图 3-13 所示。

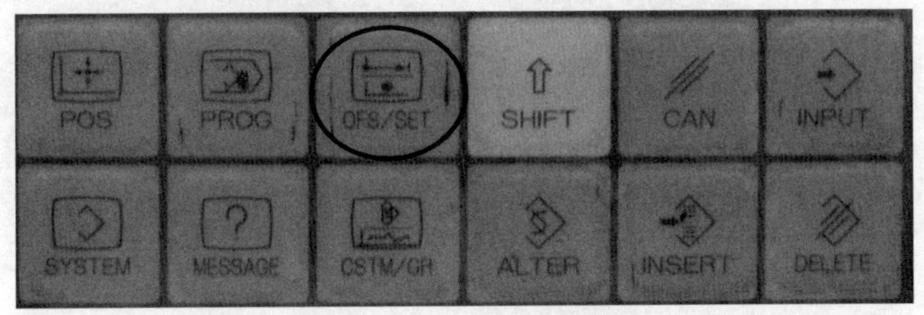

图 3-13　OFS/SET 键的位置

出现图 3-14 所示的界面。

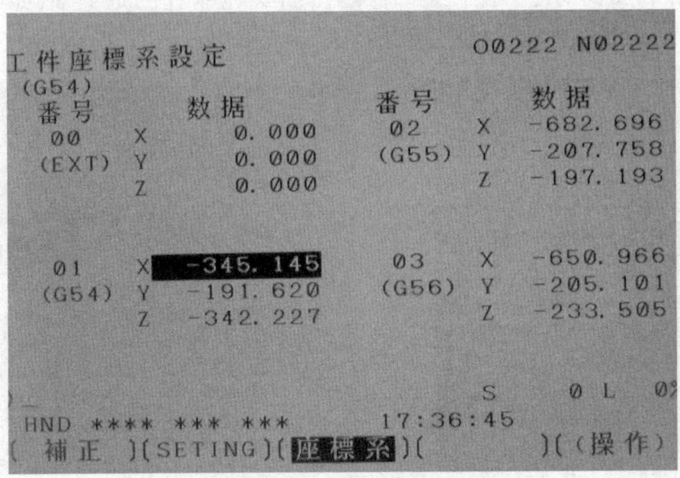

图 3-14　按 OFS/SET 键后的界面

⑧按下“坐标系”键，然后输入 X0 并按“测量”键，如图 3-15 所示。

工件座標系設定 O0222 N02222
(G54)
番号 数据 番号 数据
00 X 0.000 02 X -682.696
(EXT) Y 0.000 (G55) Y -207.758
Z 0.000 Z -197.193
01 X -345.145 03 X -650.966
(G54) Y -191.620 (G56) Y -205.101
Z -342.227 Z -233.505
X0_ S 0 L 0%
HND **** *** *** 17:36:53
NO検索 測量 C.輸入 +輸入 輸入

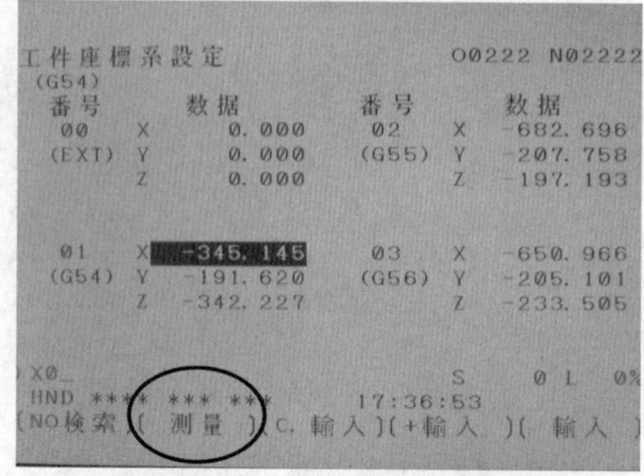

图 3-15 “测量”键的位置

得到图 3-16 所示的结果。

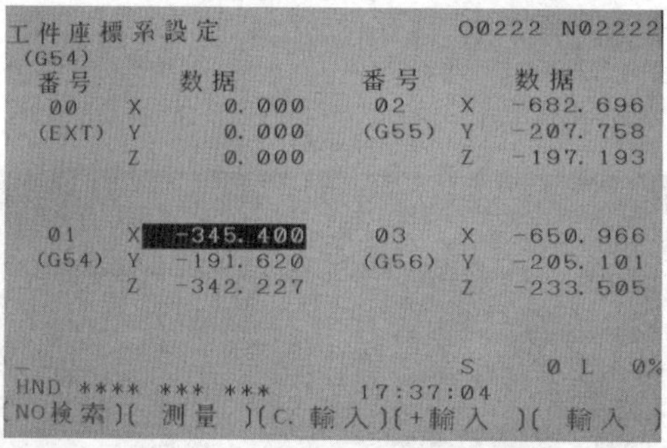

工件座標系設定 O0222 N02222
(G54)
番号 数据 番号 数据
00 X 0.000 02 X -682.696
(EXT) Y 0.000 (G55) Y -207.758
Z 0.000 Z -197.193
01 X -345.400 03 X -650.966
(G54) Y -191.620 (G56) Y -205.101
Z -342.227 Z -233.505
S 0 L 0%
HND **** *** *** 17:37:04
NO検索 測量 C.輸入 +輸入 輸入

图 3-16 按“测量”键所得结果

这就是 *X* 轴的分中对刀过程。

(2) *Y* 向对刀

Y 向的对刀操作和 *X* 向的对刀操作是一样的，只是对应操作的是 *Y* 轴，如第①步中碰工件的前边，如图 3-17 所示，第⑤步中碰工件的后边，如图 3-18 所示。

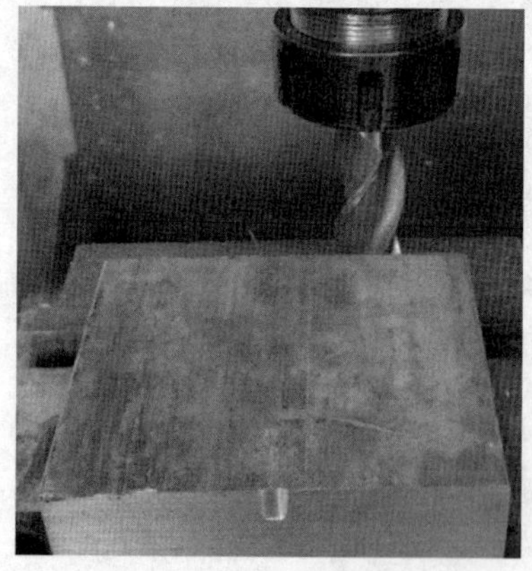

图 3-17 刀具碰工件的前边

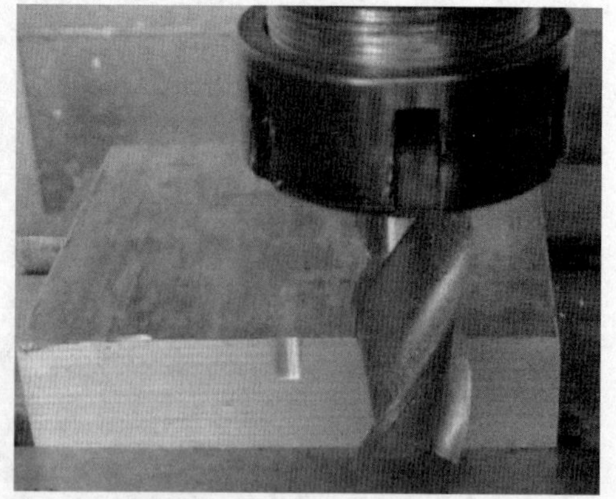

图 3-18 刀具碰工件的后边

第④步是输入 Y,然后按“起源”键,第⑧步输入 Y0,然后按“测量”键。

(3)*Z* 向对刀

Z 向对刀和 *X*、*Y* 轴的对刀不同,*Z* 向对刀要先进行第⑦步的操作,然后将刀具移动到编程(工件)零点处,最后在第⑧步中输入 Z0,然后按“测量”键。

2. 以华中系统世纪星 HNC-22M 系列云南机床为例

(1)X 向对刀

①用刀具或寻边器触碰工件的左边,如图 3-19 所示。

图 3-19　刀具碰工件的左边

②按下“设置”键,如图 3-20 所示。

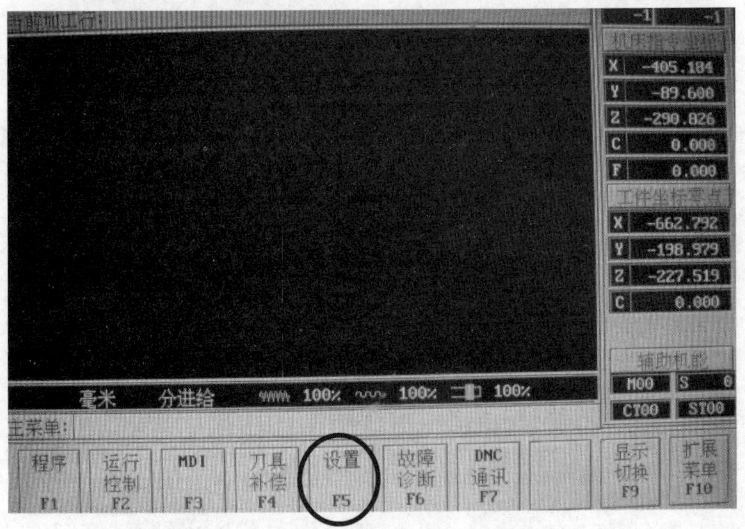

图 3-20　“设置”键的位置

出现如图 3-21 所示的界面。

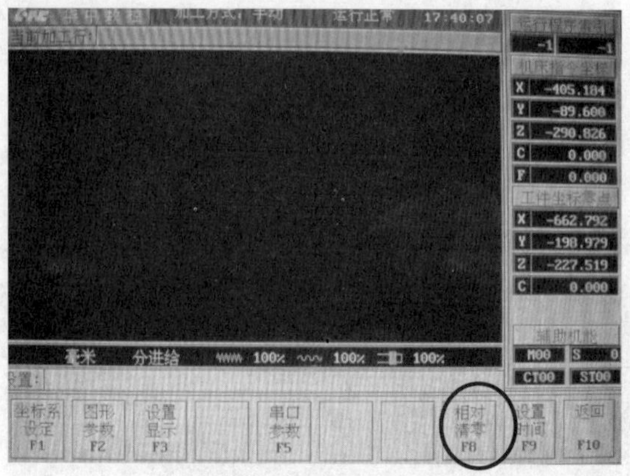

图 3-21　按“设置”键后的界面

③按下“相对清零”键，出现图 3-22 所示的界面。

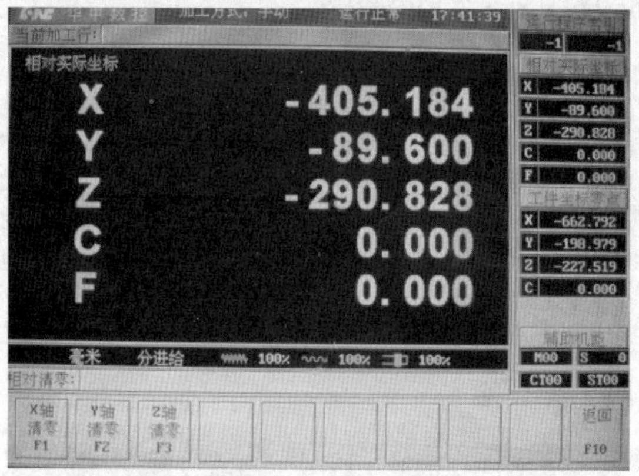

图 3-22　按下“相对清零”键后的界面

④按下“*X* 轴清零”键，出现图 3-23 所示的界面，*X* 轴的相对实际坐标变为“零”。

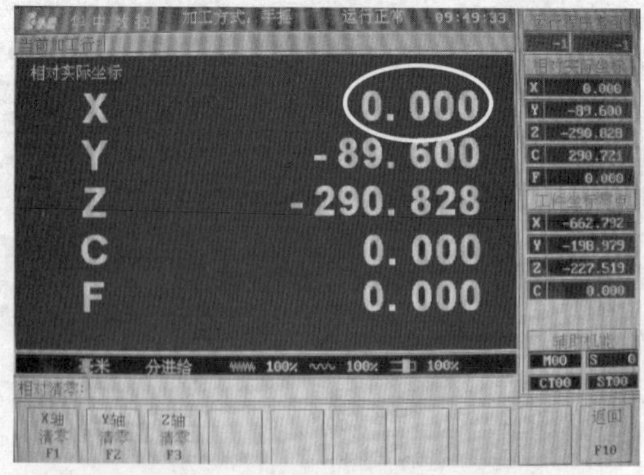

图 3-23　按下“*X* 轴清零”键

⑤用手轮在 Y 轴不动的情况下控制刀具或寻边器触碰工件的右边，如图 3-24 所示。

图 3-24 刀具碰工件右边

此时 X 的相对坐标变为图 3-25 所示。

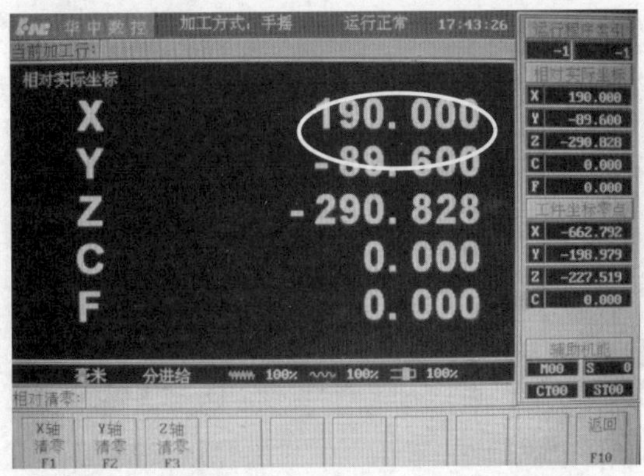

图 3-25 X 的相对坐标

⑥人工计算 X 坐标值的一半（如：190/2 = 95），用手轮在 Y 轴不动的情况下将轴反向移动到 X 坐标值的一半处（如：95），如图 3-26 所示。

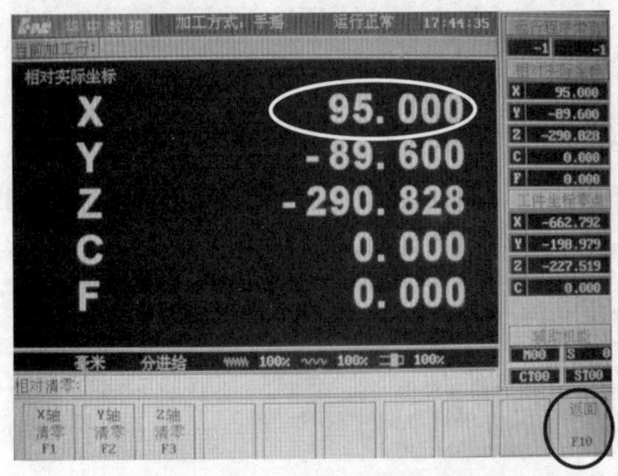

图 3-26 X 坐标值的一半

⑦按下“返回”键,如图 3-26 所示,出现图 3-27 所示的界面。

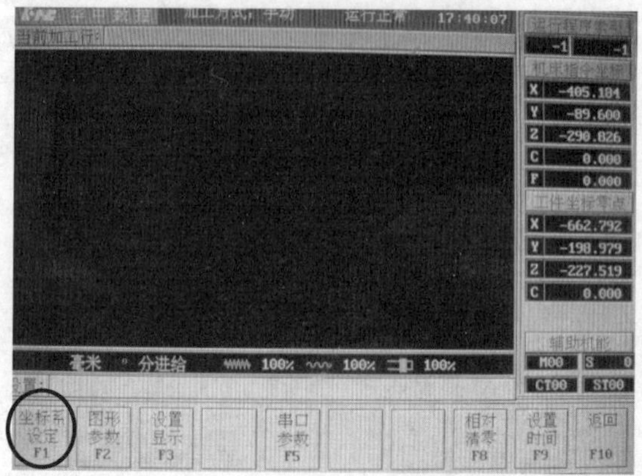

图 3-27　按下“返回”键后的界面

⑧按“坐标系设定”键,出现图 3-28 所示的界面。

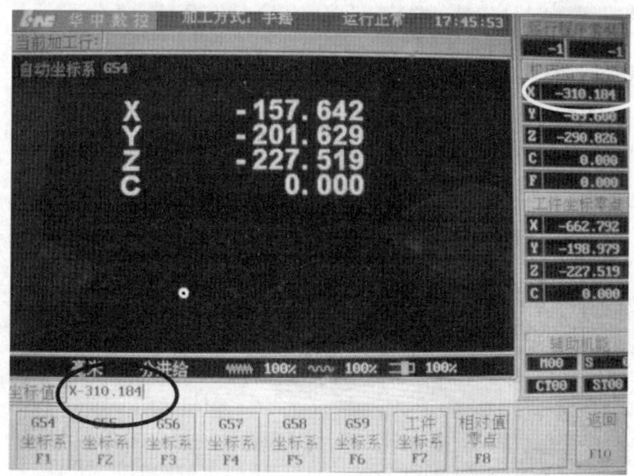

图 3-28　按“坐标系设定”键后的界面

⑨将此时机床机械坐标的 X 值输入机床并按“确认”键,出现图 3-29 所示的界面。

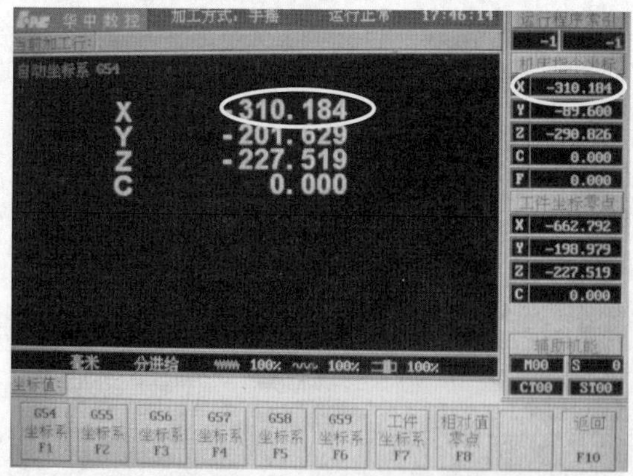

图 3-29　对刀后的界面

至此 X 轴的对刀就完成了。

(2) Y 向对刀

Y 向的对刀操作和 X 向的对刀操作是一样的，只是对应操作的是 Y 轴，如第④步是“Y 轴清零”，第⑨步将机床的机械坐标的 Y 值输入机床并按“确认”键。

(3) Z 向对刀

Z 向对刀和 X、Y 轴的对刀不同，Z 向对刀要先进行第②步的操作，然后将刀具移动到编程(工件)零点处，再进行第⑧步的操作，最后将机床机械坐标的 Z 值输入机床并按“确认”键。

六、程序的检查、校验与运行

程序输入后，首先根据编程规则和零件轮廓对程序进行人工检查，无误后输入刀补，再进行校验或不校验(以人工检查为主，不能依赖校验)，最后修调各倍率按键(快速倍率、进给倍率、主轴倍率)，运行程序加工工件。

思考与练习题三

1. 简述 FANUC 系统数控铣床分中对刀的基本过程。
2. 一个工件加工的基本过程是什么？

第四章 几个有关加工和生产的概念

内容提要

本章主要介绍什么是生产过程、工艺过程、生产纲领、生产类型、工艺规程。讲述制定工艺规程的方法与步骤、切削三要素、基准、加工工艺的相关知识，讲述什么是粗加工和精加工，什么是顺铣和逆铣以及热处理的相关常识等。

一、生产过程

生产企业的生产过程是指将原材料经过一系列的加工，直至机械产品生产出来的全部过程，也是指围绕完成机械产品生产的一系列有组织的生产活动的运行过程。生产企业作为一个系统，它的基本活动是供、产、销，其主要功能是生产合格的工业产品，创造产品的使用价值和增加价值，并作为商品出售以满足社会需求。所以生产企业的管理对象主要就是生产过程。

二、工艺过程

改变生产对象的形状、尺寸、相对位置和性质等，使其成为成品或半成品的过程称为工艺过程。工艺过程是生产过程中的主要部分，其余的劳动过程则为生产过程的辅助过程。工艺过程由以下几个部分组成。

1. 工序

一个或一组工人，在一个工作地对同一个或同时对几个工件所连续完成的那一部分工艺过程。

2. 安装

工件经一次装夹后所完成的那一部分工序。

3. 工步

在加工表面和加工工具不变的情况下，所连续完成的那一部分工序内容。

4. 工位

一次装夹工件后，工件与夹具或设备的可动部分一起相对刀具或设备的固定部分所占据的每一个位置。

5. 走刀

在一个工步内，若被加工表面需切去的金属层很厚，就可分几次切削，每切削一次为一次走刀。

三、生产纲领

1. 定义

生产纲领是指企业在计划期内应当生产产品的品种、规格及产量和进度计划。计划期通常为1年，所以生产纲领也通常称为年生产纲领或年产量。

2. 计算公式

对于零件而言,产品的产量除了制造机器所需要的数量之外,还要包括一定的备品和废品,因此零件的生产纲领应按下式计算:

$$N = Qn(1 + a\% + b\%)$$

式中　N——零件的年产量,件/年;

Q——产品的年产量,台/年;

n——每台产品中该零件的数量,件/台;

$a\%$——该零件的备品率,备品百分率;

$b\%$——该零件的废品率,废品百分率。

四、生产类型

1. 根据企业(或车间、工段、班组、工作地)生产专业化程度和生产纲领的大小及产品生产的组织形式的分类

(1)单件生产

少量地制造不同结构和尺寸的产品,且很少重复,如新产品试制、专用设备和修配件的制造等。

(2)成批生产

指在一定时期内重复轮换生产多种产品或产品数量较大,一年中分批地制造相同的产品,生产呈周期性重复。而小批生产接近于单件生产,大批生产接近于大量生产。根据各批产品数量的大小又可分为大批、中批、小批生产。

(3)大量生产

当一种零件或产品数量很大,较长时期内不断地重复生产该种产品,并在大多数工作地点经常是重复性地进行相同的工序。

2. 按产品生产的工艺过程特点,即产品生产工艺技术上能否间断的分类

(1)简单生产

指在生产工艺技术上不可间断,或是由于工作地点的限制只可能由一个企业独立完成,而不能由若干企业分工进行的生产。

(2)复杂生产

指在工艺技术上可以间断,可由一个企业(车间)独立完成,也可由几个企业(车间)分工进行的生产。复杂生产按其产品的加工方式,又可分为连续式生产和装配式生产。

五、工艺规程

1. 定义

规定产品或零部件制造工艺过程和操作方法等的工艺文件。

2. 作用

工艺规程的作用如下:

①指导生产的主要技术文件。

②组织生产和管理的基本依据。

③新建、扩建工厂(车间)的基本资料。

3. 制定工艺规程的基本要求

制定工艺规程的基本要求如下:

①在保证产品质量的前提下,能尽量提高生产率和降低成本。

②做到技术上的先进性、经济上的合理性,保证工人具有良好的劳动条件。

③制定工艺规程时,工艺人员必须认真研究原始资料,如产品图样、生产纲领、毛坯资料及生产条件的状况等。

④参照同行业工艺技术的发展,综合本部门的生产实践经验,进行工艺文件的编制。

4. 制定工艺规程的方法与步骤(见图4-1)

(1)零件图样的工艺分析

①读图和审图:分析零件图是否完整、正确;零件的技术要求分析;尺寸标注应符合数控加工的特点;定位基准可靠。

②零件结构工艺性:零件在满足使用要求的前提下,制造的可行性和经济性。它包括零件各个制造过程中的工艺性,如零件的铸造、锻造、冲压、焊接、热处理和切削加工工艺性等。好的工艺性会使零件加工容易,节省工时,降低消耗。

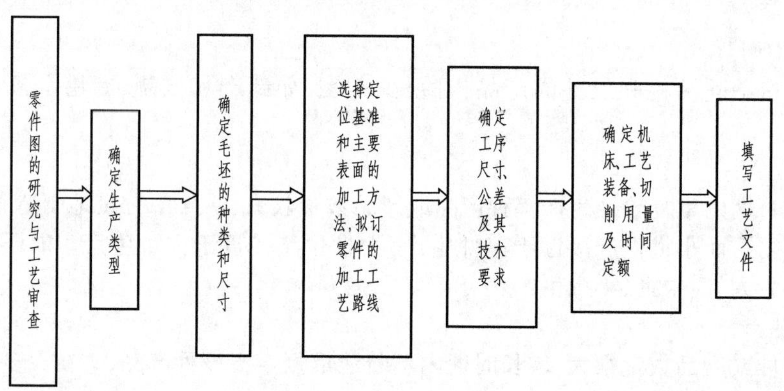

图4-1 制定工艺规程

(2)毛坯及加工余量

①毛坯的种类:

a. 铸件:适用于形状复杂的毛坯。薄壁零件不可用砂型铸造;尺寸大的铸件宜用砂型铸造;中、小型零件可用较先进的铸造方法。

b. 锻件:适用于强度较高、形状较简单的零件。尺寸大的零件一般用自由锻;中、小型零件选模锻;形状复杂的钢质零件不宜自由锻。

c. 型材:热轧型材的尺寸较大,精度低,多用作一般零件的毛坯;冷轧型材尺寸较小,精度较高,多用于毛坯精度要求较高的中、小零件,适用于自动机床加工。

d. 焊接件:对于大件来说,焊接件简单、方便,特别是单件小批生产可大大缩短生产周期。但焊接后变形大,需经时效处理。

e. 冷冲压件:适用于形状复杂的板料零件,多用于中、小尺寸件的大批大量生产。

②毛坯形状和尺寸的选择:减少肥头大耳,实现少、无屑加工。因此毛坯形状要力求接近成品形状,以减少机械加工的劳动量。

a. 特殊情况:采用锻件、铸件毛坯时,因锻模时的欠压量与允许的错模量的不等;铸造时也会因砂型误差、收缩量及金属液体的流动性差不能充满型腔等造成余量的不等。此外,锻造、铸造后,毛坯的挠曲与扭曲变形量的不同也会造成加工余量不充分、不稳定。因此,除板料外,不论是锻件、铸件还是型材,只要准备采用数控加工,其加工表面均应有较充分的余量。

b. 尺寸小或薄的零件:为便于装夹并减少夹头,可多个工件连在一起由一个毛坯制出。

c. 装配后形成同一工作表面的两个相关零件:为保证加工质量并使加工方便,常把两件合为一个整体毛坯,加工到一定阶段后再切开。

d. 对于不便装夹的毛坯:可考虑在毛坯上另外增加装夹余量或工艺凸台、工艺凸耳等辅助基准。

③加工余量:

a. 定义:加工过程中,所切去的金属层厚度。

b. 分类:加工余量分工序余量、加工总余量。

工序余量:相邻两工序的工序尺寸之差。

加工总余量:毛坯尺寸与零件图样的设计尺寸之差。

(3)粗加工与精加工

①粗加工:粗加工是指快速去除零件余量的工艺。粗加工主要考虑加工效率,一般主轴转速比较高而且刀具进给比较快,同时行距比较大而且切削深度也比较深,以便在较短的时间内切除尽可能多的切屑,所以会产生大量的切削热,从而要选用以冷却为主的切削液。粗加工对表面质量的要求不高。粗加工一般采用逆铣。

②精加工:精加工是指去除零件精加工余量(0.2~0.5)而保证零件精度和表面粗糙度的工艺。精加工主要考虑加工精度,所以要尽量减小刀具与工件加工表面之间的摩擦与磨损及加工震动,因而一般主轴转速比较高而刀具进给比较慢。精加工时通常要选用以润滑清洗为主的切削液。精加工一般采用顺铣。

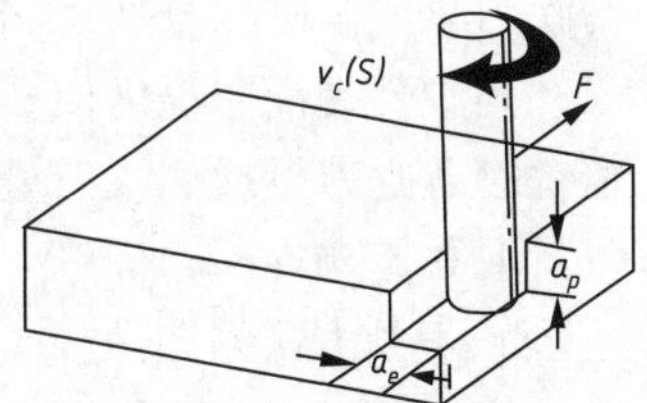

图 4-2　切削用量三要素示意图

(4)切削用量三要素(见图 4-2)

①主运动速度 v_c:主运动速度表示主运动的速度大小和方向,单位为 m/min。当主运动为旋转运动时,可按下式计算:

$$v_c = \frac{\pi D n}{1\,000}$$

式中　n——主轴转速,r/s 或 r/min;

D——铣刀直径,mm。

[例题] 主轴转速 350 r/min、铣刀直径 ϕ125 mm,求此时的切削速度。

解:

$\pi = 3.14$、$D_1 = 125$、$n = 350$ 代入公式

$v_c = (\pi \times D_1 \times n) \div 1\,000 = (3.14 \times 125 \times 350) \div 1\,000$

$= 137.4$(m/min)

切削速度为 137.4 m/min。

②进给量:

a. 每转进给量 f(mm/r)——$f = z \times f_z$

b. 每齿进给量 f_z(mm/z)——$f_z = v_f / zn$

注意:z 表示铣刀齿数,n 表示主轴转速。

[例题] 主轴转速 500 r/min、铣刀刃数 10 刃,工作台进给速度 500 mm/min,求此时每齿进给量。

解：由公式 $f_z = v_f \div (z \times n) = 500 \div (10 \times 500) = 0.1$ mm/z

c. 进给速度 v_f(mm/min)——每分钟工作台进给速度。

$$v_f = f \cdot n = f_z \cdot z \cdot n$$

[**例题**]每刃进给量0.1 mm/齿，铣刀刃数10齿、主轴转速500 r/min，求工作台进给速度。

解：

由公式 $v_f = f_z \times z \times n = 0.1 \times 10 \times 500 = 500$ mm/min

工作台进给速度为500 mm/min。

③背吃刀量 a_p 或侧吃刀量 a_e：背吃刀量 a_p 为平行于铣刀轴线测量的切削层尺寸，单位为mm。侧吃刀量 a_e 为垂直于铣刀轴线测量的切削层尺寸，单位为mm。

④切削用量三要素的选择：

a. 首先是背吃刀量 a_p 或侧吃刀量 a_e 的选择：背吃刀量或侧吃刀量的选取主要由加工余量和对表面质量的要求决定。

当工件表面粗糙度值要求为 $Ra = 12.5 \sim 25$ μm时，如果圆周铣削加工余量小于5 mm，端面铣削加工余量小于6 mm，粗铣一次进给就可以达到要求。但是在余量较大，工艺系统刚性较差或机床动力不足时，可分为两次进给完成。

当工件表面粗糙度值要求为 $Ra = 3.2 \sim 12.5$ μm时，应分为粗铣和半精铣两步进行。粗铣时背吃刀量或侧吃刀量选取同前。粗铣后留0.5~1.0 mm余量，在半精铣时切除。

当工件表面粗糙度值要求为 $Ra = 0.8 \sim 3.2$ μm时，应分为粗铣、半精铣、精铣三步进行。半精铣时背吃刀量或侧吃刀量取1.5~2 mm；精铣时，圆周铣侧吃刀量取0.3~0.5 mm，面铣刀背吃刀量取0.5~1 mm。

b. 其次是 f 的选择。

粗加工时，f 主要受刀柄、机床、工件等强度、刚度所承受的切削力限制，一般根据刚度来选。工艺系统刚度好时，可用大些的 f；反之，适当降低 f。

精加工、半精加工时，f 应根据工件的 Ra 要求选。Ra 要求小的，取较小的 f，但又不能过小，因为 f 过小，切削厚度过薄，Ra 反而增大，且刀具磨损加剧。若刀具的半径愈大，则 f 可选较大值。

c. 最后是 v_c 的选择。

v_c 主要根据工件材料、刀具材料和机床功率来选，刀具材料好，可选得高些；Ra 值要求小的，要避开积屑瘤、鳞刺产生的 v_c，高速钢刀取 $v_c < 50$ m/min，硬质合金取 $v_c = 130 \sim 160$ m/min；表面有硬皮或断续切削时，应适当降低；工艺系统刚性差的，应减小 v_c。

(5)基准

①基准的概念：零件是由若干表面组成，各表面之间都有一定的尺寸和相互位置要求。用以确定零件上点、线、面间的相互位置关系所依据的点、线、面称为基准。

②基准的分类(见图4-3)。

③粗基准：在起始工序中，只能选择未经加工的毛坯表面作定位基准。

粗基准的选择原则如下：

a. 非加工表面原则——为了保证加工面与不加工面之间的位置要求，应选不加工面为粗基准。如果工件上有多个不加工面，则应选其中与加工面位置要求较高的不加工面为粗基准，以便保证精度要求，使外形对称等。

b. 加工余量最小原则——以余量最小的表面作为粗基准。在没有要求保证重要表面加工余量均匀的情况下，如果零件上每个表面都要加工，则应选择其中加工余量最小的表面为粗基准，

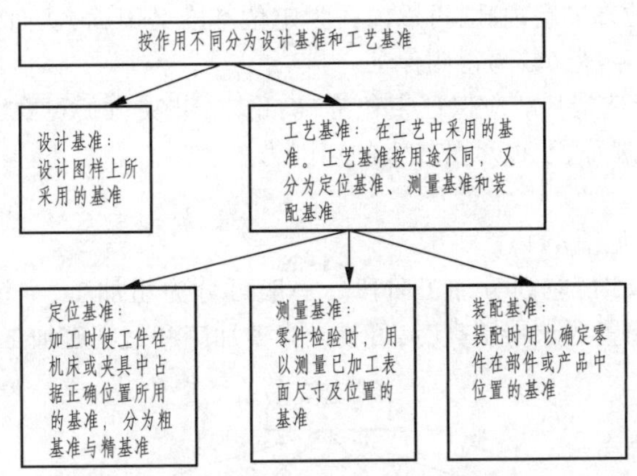

图 4-3　基准的分类

以避免该表面在加工时因余量不足而留下部分毛坯面，造成工件废品。

c. 重要表面原则——为保证重要表面的加工余量均匀，应选择重要加工面为粗基准。为保证工件上重要表面的加工余量小而均匀，则应选择该表面为粗基准。所谓重要表面一般是工件上加工精度以及表面质量要求较高的表面，如床身的导轨面，车床主轴箱的主轴孔，都是各自的重要表面。因此，加工床身和主轴箱时，应以导轨面或主轴孔为粗基准。

d. 不重复使用原则——粗基准原则上只能使用一次。粗基准在同一尺寸方向上只能使用一次，因为粗基准本身都是未经机械加工的毛坯面，其表面粗糙且精度低，若重复使用将产生较大的误差。

e. 便于工件装夹原则——作为粗基准的表面，应尽量平整光滑，没有飞边、冒口、浇口或其他缺陷，以便使工件定位准确、夹紧可靠。

实际上，无论精基准还是粗基准的选择，上述原则都不可能同时满足，有时还是互相矛盾的。因此，在选择时应根据具体情况进行分析，权衡利弊，保证其主要的要求。

④精基准：用加工过的表面作定位基准。

精基准的选择原则如下：

a. 基准重合原则：为了较容易地获得加工表面对其设计基准的相对位置精度要求，应选择加工表面的设计基准为其定位基准。这一原则称为基准重合原则。如果加工表面的设计基准与定位基准不重合，则会增大定位误差。

b. 基准统一原则：当工件以某一组精基准定位可以比较方便地加工其他表面时，应尽可能在多数工序中采用此组精基准定位，这就是“基准统一”原则。例如，轴类零件大多数工序都以中心孔为定位基准；齿轮的齿坯和齿形加工多采用齿轮内孔及端面为定位基准。采用“基准统一”原则可减少工装设计制造的费用，提高生产率，并可避免因基准转换所造成的误差。

c. 自为基准原则：当工件精加工或光整加工工序要求余量尽可能小而均匀时，应选择加工表面本身作为定位基准，这就是“自为基准”原则。例如，磨削床身导轨面时，就以床身导轨面作为定位基准。此外，用浮动铰刀铰孔、用拉刀拉孔、用无心磨床磨外圆等，均为自为基准的实例。

d. 互为基准原则：工件上两个相互位置要求很高的表面加工时，互相作为基准；为了获得均匀的加工余量或较高的位置精度，可采用互为基准反复加工的原则。例如，加工精密齿轮时，先以内孔定位加工齿形面，齿面淬硬后需进行磨齿。因齿面淬硬层较薄，所以要求磨削余量小而均匀。此时可用齿面为定位基准磨内孔,再以内孔为定位基准磨齿面,从而保证齿面的磨削余量均匀,且与齿面的相互位置精度又较易得到保证。

e. 便于装夹原则:所选精基准应保证定位准确;稳定,装夹方便可靠,夹具结构简单适用,操作方便灵活,足够大的接触面积,以承受较大的切削力。

(6)加工工艺简介

①加工阶段的划分(见图4-4)。

当加工质量要求较高时,应划分加工阶段。一般可分为粗加工、半精加工和精加工三个阶段。当加工精度和表面质量要求特别高时,可增设光整加工和超精密加工。

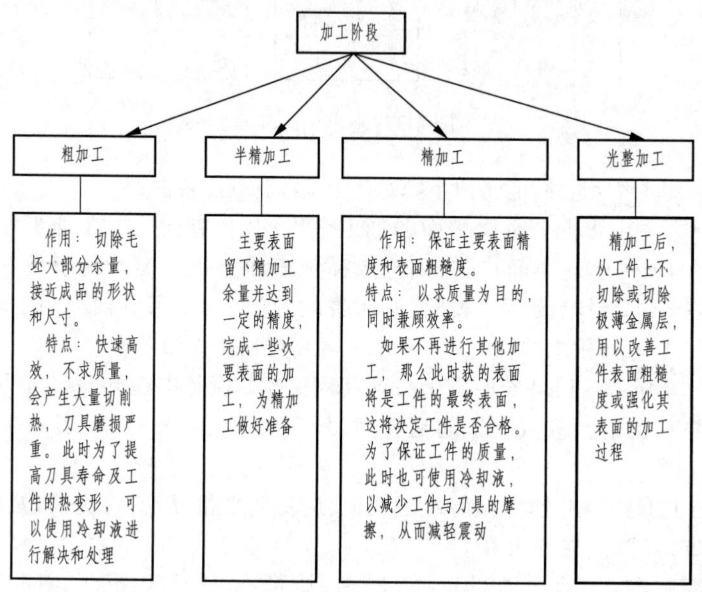

图4-4　加工阶段的划分

超精密加工技术是现代机械制造业最主要的发展方向之一。在提高机电产品的性能、质量和发展高新技术中起着至关重要的作用,并且已成为在国际竞争中取得成功的关键技术。超精密加工是指亚微米级(尺寸误差为0.3～0.03 μm,表面粗糙度 *Ra* 为0.03～0.005 μm)和纳米级(精度误差为0.03 μm,表面粗糙度 *Ra* 小于0.005 μm)精度的加工。实现这些加工所采取的工艺方法和技术措施,则称为超精加工技术。加之测量技术、环境保障和材料等问题,人们把这种技术总称为超精工程。

近年来,在传统加工方法中,金刚石刀具超精密切削、金刚石微粉砂轮超精密磨削、精密高速切削、精密砂带磨削等已占有重要地位;在非传统加工中,出现了电子束、离子束、激光束等高能加工、微波加工、超声加工、蚀刻、电火花和电化学加工等多种方法,特别是复合加工,如磁性研磨、磁流体抛光、电解研磨、超声珩磨等,在加工机理上均有所创新。

超精密加工是现代机械制造业最主要的发展方向之一,在提高机电产品的性能、质量和发展高新技术中起着至关重要的作用,并且已成为在国际竞争中取得成功的关键技术。我国制造业已进入了高速发展阶段,中国民营企业已具备足够的经济实力来使企业迈向现代化,先进设备的引进和大量专业人才的涌入使许多沿海地区的制造业水平迅速提高。随着国家决策的科学化、民主化进程不断深入,相信我国的制造业会更快速、健康地发展。

②安排加工工序的两个原则：对于同一个零件安排同样的加工内容，有工序集中和工序分散两个不同的原则。

a. 工序集中：将工件的加工内容集中在少数几道工序内完成，每道工序的加工内容较多。

工序集中的特点如下：

工序数目少、设备数量少，可相应减少操作工人人数和生产面积；工件装夹次数少，不但缩短了辅助时间，而且在一次装夹下加工的多个表面之间容易保证其较高的位置精度要求；有利于采用高效率的专用机床和工艺装备，从而提高生产效率；由于采用比较复杂的专用设备和专用工艺装备，因此生产准备工作量大，调整费时，对产品更新的适应性差。

工序集中有利于采用数控机床、高效专用设备及工装。

b. 工序分散：将工件的加工分散在较多的工序内进行，每道工序的加工内容很少。

工序分散的特点如下：

工序数目多，设备数量多，相应地增加了操作工人人数和生产面积；可以选用最有利的切削用量；机床、刀具、夹具等结构简单，调整方便；生产准备工作量小，改变生产对象容易，生产适应性好。

工序集中和工序分散各有其特点，必须根据生产类型、工厂的设备条件、零件的结构特点和技术要求等具体生产条件确定。在大批量生产中，趋向于采用高效机床、专用机床及自动化生产线等设备按工序集中原则组织工艺过程，但也可采用彻底的工序分散原则组织工艺过程，例如，轴承制造厂加工轴承外圈、内圈等，就是按工序分散原则组织工艺过程的。在成批生产中，既可按工序分散原则组织工艺过程，也可采用多刀半自动车床或转塔车床等高效通用机床按工序集中原则组织工艺过程。在单件小批生产中，宜采用通用机床按工序集中原则组织工艺过程。在现代制造中，由于数控机床等先进制造技术的使用，工艺过程的安排趋向于工序集中。工序分散使用的设备及工艺装备比较简单，调整和维修方便，操作简单，转产容易。

③安排加工顺序(见图 4-5)。

同时还要考虑：同一定位装夹方式或用同一把刀具的工序，最好相邻连接完成；上道工序应不影响下道工序的定位与装夹；安排工步时，应先安排对工件刚性破坏较小的工步等。

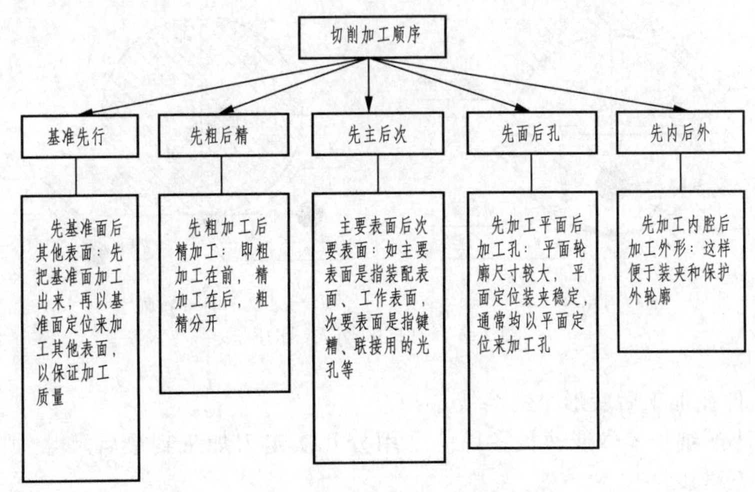

图 4-5　切削加工顺序

④确定走刀路线：走刀路线就是刀具在整个加工工序中的运动轨迹，它不但包括了工步的内

容,也反映出工步顺序。走刀路线是编写程序的依据之一。确定走刀路线时应注意以下几点:

a. 寻求最短加工路线(见图4-6)。

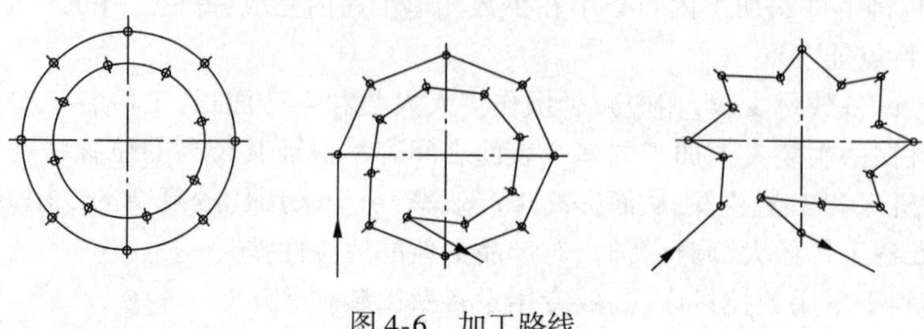

图4-6 加工路线

b. 最终轮廓一次走刀完成(见图4-7)。

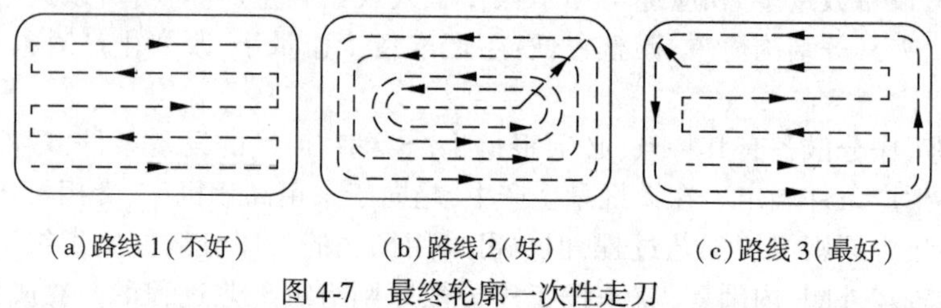

(a)路线1(不好) (b)路线2(好) (c)路线3(最好)

图4-7 最终轮廓一次性走刀

为保证工件轮廓表面加工后的粗糙度要求,最终轮廓应安排在最后一次走刀中连续加工出来。

c. 选择切入切出方向。

考虑刀具的进、退刀(切入、切出)路线时,刀具的切出或切入点应在沿零件轮廓的切线上,以保证工件轮廓光滑;应避免在工件轮廓面上垂直上、下刀而划伤工件表面;尽量减少在轮廓加工切削过程中的暂停以免留下刀痕,如图4-8所示。

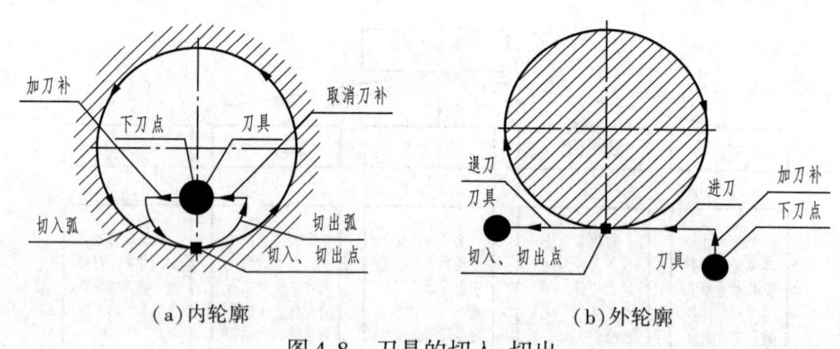

(a)内轮廓 (b)外轮廓

图4-8 刀具的切入、切出

d. 选择使工件在加工后变形小的路线。

对横截面积小的细长零件或薄板零件应采用分几次走刀加工到最后尺寸,或者采用对称去除余量法安排走刀路线。

e. 平面铣削中,通常会采用行切式走刀,粗加工时通常采用双向走刀,如图4-9(a)所示,而精加工通常采用单向走刀,如图4-9(b)所示。

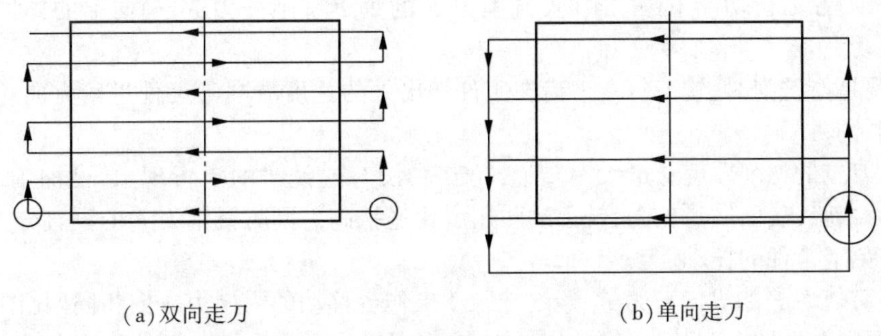

图 4-9　刀具的粗精加工走刀路线

注意：行切是指每次走刀的路径都相互平行的加工方式，包括往复行切与单方向行切及直线行切与曲线行切。而刀具相邻两次走刀中心线之间的最短距离称为行距，行距通常取刀具直径的 70%～80%。

f. 要充分发挥数控系统的指令功能，简化加工程序，间接缩短走刀路线。

g. 孔系加工时，通常会沿同一个方向加工所有孔，以免将滚珠丝杠的反向空程引入程序中，而影响孔距的精度。

⑤确定铣削方式：铣削方式一般有周铣和端铣。

a. 周铣：用圆柱铣刀的圆周齿进行铣削的方式，称为周铣，如图 4-10 所示。

周铣有逆铣[见图 4-11(a)]和顺铣[见图 4-11(b)]两种方式。

所谓逆铣是指铣削时，铣刀每一刀齿在工件切入处的速度方向与工件进给方向相反，这种铣削方式称为逆铣。

逆铣时，刀齿的切削厚度从零逐渐增大至最大值。刀齿在开始切入时，由于刀齿刃口有圆弧，刀齿在工件表面打滑，产生挤压与摩擦，使这段表面产生冷硬层，至滑行一定程度后，刀齿方能切下一层金属层。下一个刀齿切入时，又在冷硬层上挤压、滑行，这样不仅加速了刀具磨损，同时也使工件表面粗糙值增大。

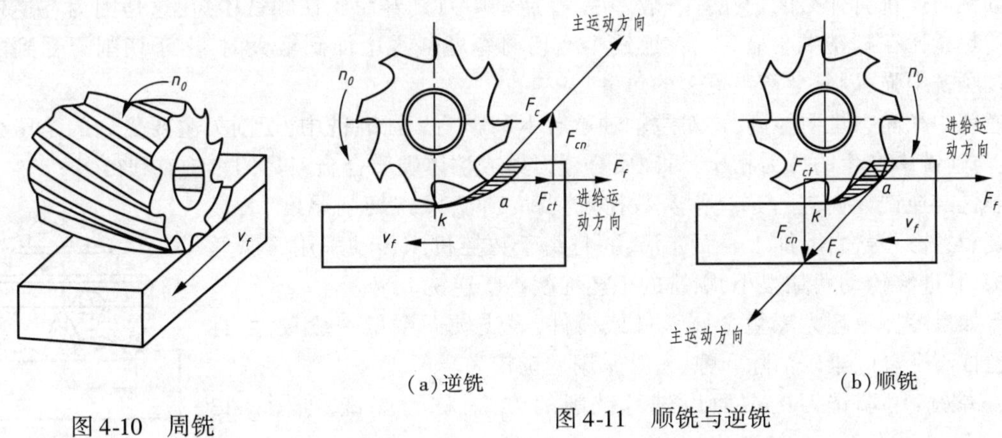

图 4-10　周铣

图 4-11　顺铣与逆铣

由于铣床工作台纵向进给运动是用丝杠螺母副来实现的，螺母固定，丝杠带动工作台移动[见图 4-12(a)]，逆铣时，铣削力 F 的纵向铣削分力 F_x 与驱动工作台移动的纵向力方向相反，这样使得工作台丝杠螺纹的左侧与螺母齿槽左侧始终保持良好接触，工作台不会发生窜动现象，铣削过程平稳。但在刀齿切离工件的瞬时,铣削力 F 的垂直铣削分力 F_z 是向上的,对工件夹紧不利,易引起振动。

所谓顺铣是指铣削时,铣刀每一刀齿在工件切出处的速度方向与工件进给方向相同,这种切削方式称为顺铣。

顺铣时,刀齿的切削厚度从最大逐步递减至零,没有逆铣时的滑行现象,已加工表面的加工硬化程度大为减轻,表面质量较高,铣刀的耐用度比逆铣高。同时铣削力 F 的垂直分力 F_z 始终压向工作台,避免了工件的振动。

顺铣时,切削力 F 的纵向分力 F_x 始终与驱动工作台移动的纵向力方向相同[见图4-12(b)]。如果丝杠螺母副存在轴向间隙,当纵向切削力 F_x 大于工作台与导轨之间的摩擦力时,会使工作台带动丝杠出现左右窜动,造成工作台进给不均匀,严重时会出现打刀现象。粗铣时,如果采用顺铣方式加工,则铣床工作台进给丝杠螺母副必须有消除轴向间隙的机构,否则宜采用逆铣方式加工。

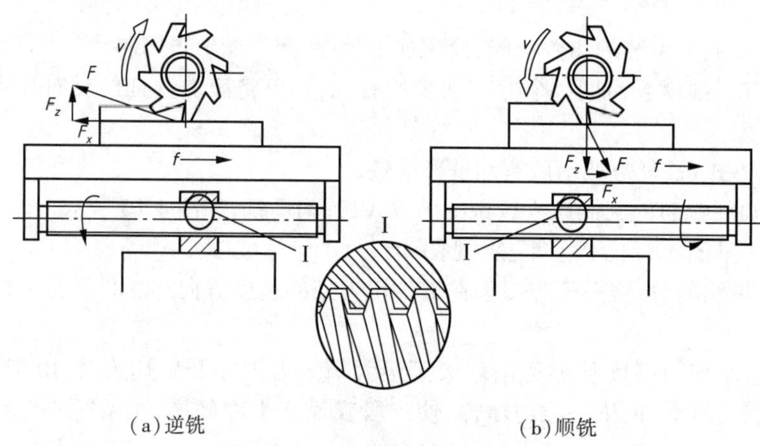

(a)逆铣　　(b)顺铣

图4-12　逆铣和顺铣的丝杆窜动

顺铣与逆铣有什么区别呢?一般来说,在逆铣中刀具寿命比在顺铣中短,这是因为在逆铣中产生的热量比在顺铣中明显高。在逆铣中当切屑厚度从零增加到最大时,由于切削刃受到的摩擦比在顺铣中强,因此会产生更多的热量。

逆铣中径向力也明显高,这对主轴轴承有不利影响。在顺铣中,切削刃主要受到的是压缩应力,这与逆铣中产生的拉力相比,对硬质合金刀具或整体硬质合金刀具的影响有利得多。

顺铣与逆铣如何进行选择呢?数控铣削加工时,顺铣切削厚度大,接触长度短,铣刀寿命长,加工表面光洁,而且由于数控机床传动采用滚珠丝杠结构,其进给传动间隙很小,顺铣的工艺性就优于逆铣。

但如果零件毛坯为黑色金属锻件或铸件,表皮硬而余量一般较大,且进给丝杠与螺母间难以消除间隙,这时采用逆铣较为合理。

b. 端铣:用端铣刀的端面齿进行铣削的方式,称为端铣,如图4-13所示。

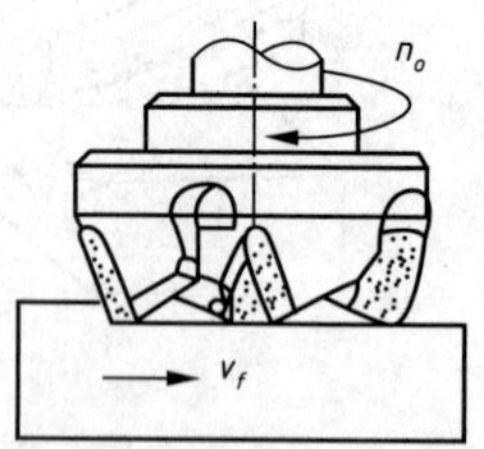

图4-13　端铣

铣削加工时,根据铣刀与工件相对位置的不同,端铣有对称铣、不对称逆铣与不对称顺铣三种方式。

第一种是对称铣,铣刀轴线位于铣削弧长的对称中心位置,铣刀每个刀齿切入和切离工件时切削厚度相等，称为对称铣，如图 4-14(a)所示。

对称铣削具有最大的平均切削厚度，可避免铣刀切入时对工件表面的挤压、滑行，铣刀耐用度高。

对称铣适用于工件宽度接近面铣刀的直径，且铣刀刀齿较多的情况。铣淬硬钢采用对称铣。

第二种是不对称逆铣，当铣刀轴线偏置于铣削弧长的对称位置，且逆铣部分大于顺铣部分的铣削方式，称为不对称逆铣，如图 4-14(b)所示。

不对称逆铣切削平稳，切入时切削厚度小，减小了冲击，从而使刀具耐用度和加工表面质量得到提高。

不对称逆铣适合于加工碳钢、低合金钢及较窄的工件。

第三种是不对称顺铣，其特征与不对称逆铣正好相反，如图 4-14(c)所示。

这种切削方式一般很少采用，但用于铣削不锈钢和耐热合金钢时，可减少硬质合金刀具剥落磨损。

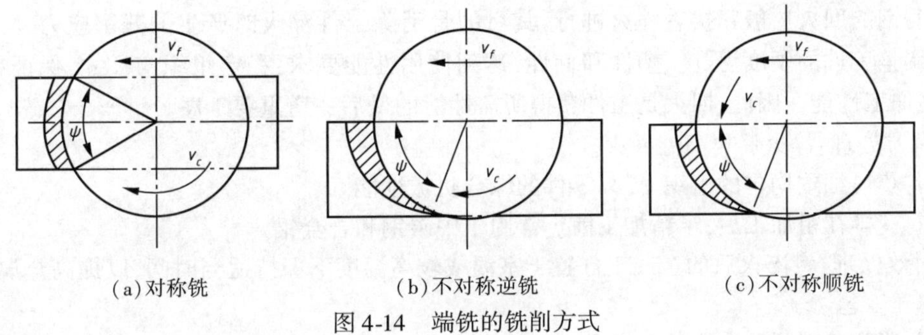

图 4-14　端铣的铣削方式

上述的周铣和端铣，是由于在铣削过程中采用不同类型的铣刀而产生的不同铣削方式，两种铣削方式相比，端铣具有铣削较平稳，加工质量及刀具耐用度均较高的特点，且端铣用的面铣刀易镶硬质合金刀齿，可采用大的切削用量，实现高速切削，生产率高。但端铣适应性差，主要用于平面铣削。周铣的铣削性能虽然不如端铣，但周铣能用多种铣刀，铣平面、沟槽、齿形和成形表面等，适用范围广，因此生产中应用较多。

⑥热处理工序。

热处理工序具体如图 4-15 所示。

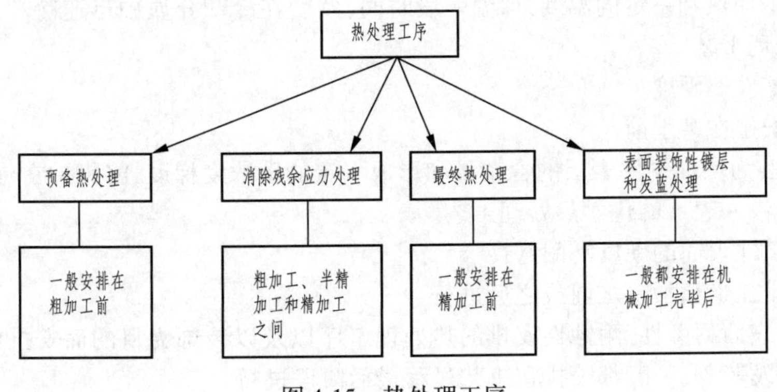

图 4-15　热处理工序

⑦常用热处理方法及作用。

a. 退火:将钢加热到一定的温度,保温一段时间,随后由炉中缓慢冷却的一种热处理工序。

作用:消除内应力,提高强度和韧性,降低硬度,改善切削加工性。

应用:高碳钢采用退火,以降低硬度;一般在粗加工前,毛坯制造出来以后。

b. 正火:将钢加热到一定温度,保温一段时间后从炉中取出,在空气中冷却的一种热处理工序。(注:加热到一定的温度,其与钢的含碳量有关,一般低于固相线200°左右)

作用:提高钢的强度和硬度,使工件具有合适的硬度,改善切削加工性。

应用:低碳钢采用正火,以提高硬度。一般在粗加工前,毛坯制造出来以后。

c. 回火:将淬火后的钢加热到一定的温度,保温一段时间,然后置于空气或水中冷却的一种热处理的方法。按回火温度范围,回火可分为低温回火、中温回火和高温回火。

作用:一般用于降低或消除淬火钢件中的内应力,稳定组织或降低其硬度和强度,降低脆性以提高其延性或韧性。

应用:钢的回火一般紧接着淬火进行,其目的是消除工件淬火时产生的残留应力,防止变形和开裂;调整工件的硬度、强度、塑性和韧性,达到使用性能要求;稳定组织与尺寸,保证精度;改善和提高加工性能。因此,回火是工件获得所需性能的最后一道重要工序。

d. 调质处理:淬火后再高温回火。

作用:获得细致均匀的组织,提高零件的综合机械性能。

应用:安排在粗加工后,半精加工前。常用于中碳钢和合金钢。

e. 时效处理:将淬火后的金属工件置于室温或较高温度下保持适当时间,以提高金属强度的金属热处理工艺。

作用:消除毛坯制造和机械加工中产生的内应力。

应用:安排在粗加工后,半精加工前。常用于中碳钢和合金钢。

将淬火后的金属工件置于室温下保持适当时间,以提高金属强度的金属热处理工艺是自然时效;用炉窑将金属结构件加热到一定温度,保温后控制降温,达到消除残余应力的目的,可以保证加工精度和防止裂纹产生,这种时效处理是人工时效(热时效)。在机械生产中,为了稳定铸件尺寸,常将铸件长时间露天放置(一般长达六个月至一年),利用环境温度的不断变化和时间效应使残余应力释放,然后才进行切削加工。这种措施也被称为时效。但这种时效不属于金属热处理工艺。

f. 淬火:将钢加热到一定的温度,保温一段时间,然后在冷却介质中迅速冷却,以获得高硬度组织的一种热处理工艺。

作用:提高零件的硬度。

应用:一般安排在磨削前。

g. 渗碳处理:为增加钢件表层的含碳量和形成一定的碳浓度梯度,将钢件在渗碳介质中加热并保温使碳原子渗入表层的化学热处理工艺。

作用:提高工件表面的硬度和耐磨性。

应用:可安排在半精加工之前或之后进行。

为提高工件表面耐磨性、耐蚀性安排的热处理工序以及以装饰为目的而安排的热处理工序,例如镀铬、镀锌、发蓝等,一般都安排在工艺过程最后阶段进行。

思考与练习题四

1. 什么是生产过程？什么是工艺过程？工艺过程由哪几部分组成？
2. 生产类型是如何分类的？
3. 什么是工艺规程？其作用是什么？制定工艺规程的基本要求是什么？
4. 毛坯的种类有哪些？
5. 什么是粗加工？什么是精加工？二者有什么区别？
6. 什么是切削用量三要素？如何选择？
7. 什么是基准？基准如何分类？什么是粗基准？什么是精基准？如何进行选择？
8. 安排加工工序的两个原则是什么？各自的特点是什么？
9. 数控铣削加工走刀路线如何确定？
10. 什么是顺铣？什么是逆铣？各自的特点是什么？二者如何选择？
11. 常用的热处理方法有哪些？各自的作用是什么？

第五章 数控加工刀具

内容提要

本章主要介绍了数控刀具的分类、数控刀具的要求与特点、数控刀具的材料、数控工具系统分类、常用刀柄、数控刀具中刀柄的应用知识、拉钉的应用常识。

一、数控刀具

1. 数控刀具的分类(见图5-1)

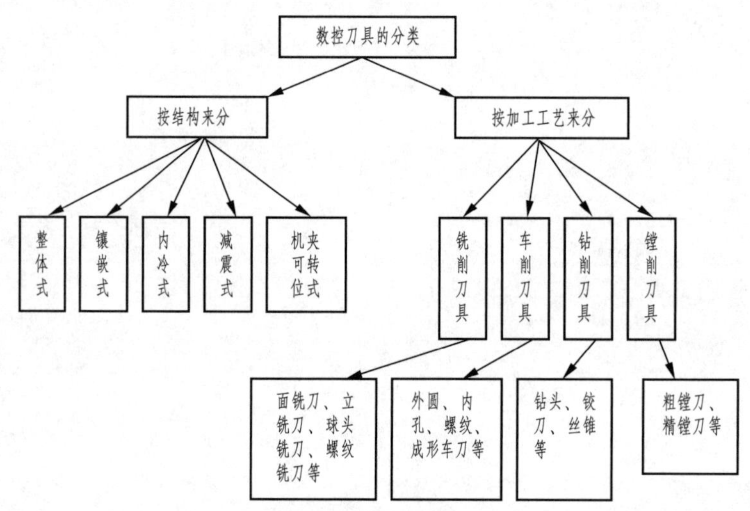

图5-1 数控刀具的分类

(1)面铣刀(见图5-2、图5-3、图5-4)

面铣刀的主要用途是加工较大面积的平面,特殊情况下也可代替立铣刀或飞刀进行分层开粗。其优点是:①生产效率高;②刚性好,能采用较大的进给量;③能同时多刀齿切削,工作平稳;④采用镶齿结构使刀齿刃磨、更换更为便利;⑤刀具的使用寿命长。

图5-2 45°面铣刀　　图5-3 90°方肩面铣刀

图 5-4　R 圆角面铣刀

（2）立铣刀（见图 5-5、图 5-6、图 5-7、图 5-8）

图 5-5　方肩铣刀（可转位立铣刀，俗称飞刀）

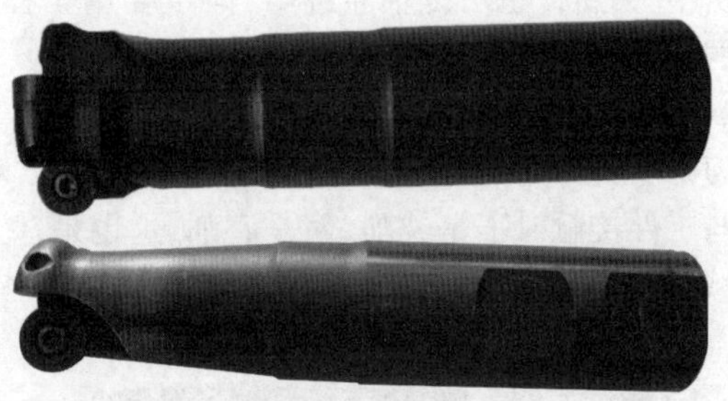

图 5-6　多功能圆刀片铣刀（仿形铣刀）

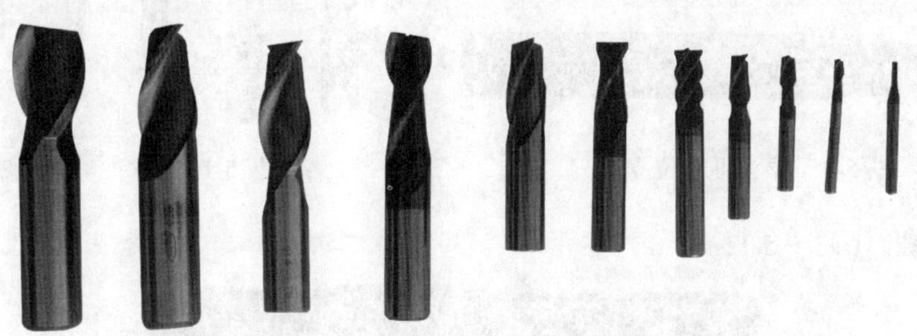

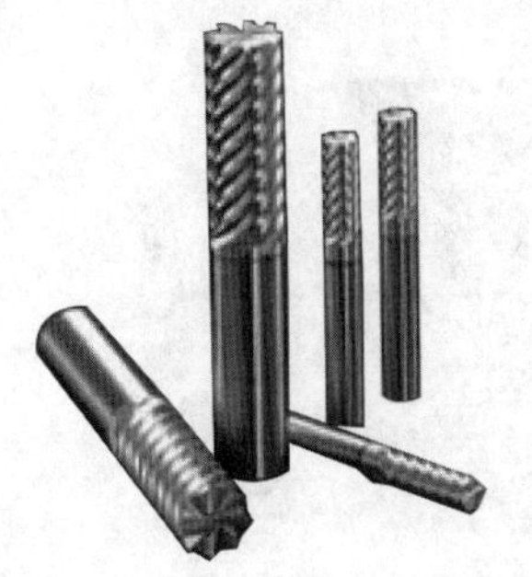

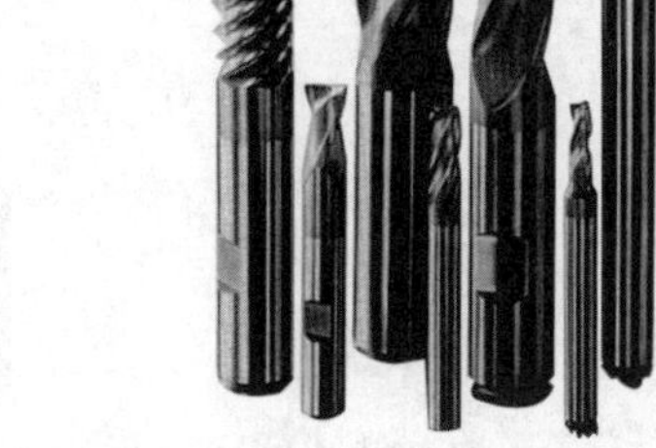

图 5-7　整体立铣刀

图 5-8　圆鼻刀

立铣刀的圆柱表面和端面上都有切削刃,它们可同时进行切削,也可单独进行切削。立铣刀圆柱表面的切削刃为主切削刃,铣削时为周铣;端面上的切削刃为副切削刃,铣削时为端铣。

立铣刀按结构分有整体立铣刀、镶齿立铣刀、可转位立铣刀,按端部形状分有端铣刀、球刀、圆鼻刀、成型刀等;按刃数分有二刃、三刃、四刃、五刃、六刃等立铣刀。二刃整体立铣刀也称键槽刀,可用于加工键槽,由于端部两切削刃横贯中心,可以直接轴向进给扎刀,它也可用于粗加工,但震动较大;而三~六刃立铣刀多用于精加工,由于刃数多而切削稳定,震动小;国产三刃立铣刀端部中心通常无切削刃,所以不能轴向进给而只能径向进给;四~六刃立铣刀的端部切削刃通常也是横贯中心,所以也可以轴向进给,但主要用于径向进给加工。可转位立铣刀俗称飞刀,常用于工件的分层开粗,也可用于底面的精加工。

(3)球刀(见图 5-9、图 5-10)

球刀是立铣刀的一种,多用于加工曲面,但是,无论转速多高,球刀的中心点总是静止的,当该部分与工件接触时不是铣削,而是磨削,这也是球刀的尖端特别容易磨损的原因。越是相对平坦的区域,用球刀加工出来的表面粗糙度越差。

图 5-9　球头可转位立铣刀

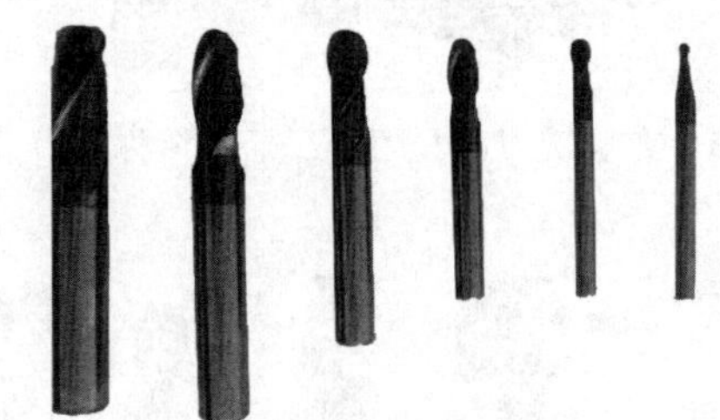

图 5-10　球头整体立铣刀

(4)螺纹铣刀(见图 5-11)

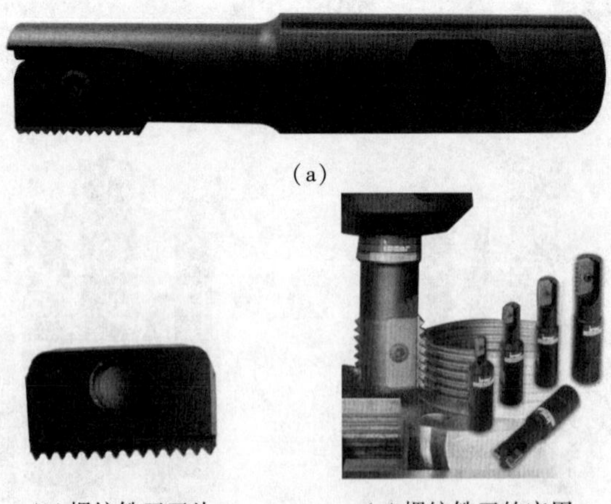

(a)

(b)螺纹铣刀刀片　　(c)螺纹铣刀的应用

图 5-11　螺纹铣刀

传统的螺纹加工方法主要为采用螺纹车刀车削螺纹或采用丝锥、板牙手工攻螺纹及套扣。随着数控加工技术的发展,尤其是三轴联动数控加工系统的出现,更先进的螺纹加工方式——螺纹的数控铣削得以实现。螺纹铣削加工与传统螺纹加工方式相比,在加工精度、加工效率方面具有极大优势,且加工时不受螺纹结构和螺纹旋向的限制,如一把螺纹铣刀可加工多种不同旋向的内、外螺纹。对于不允许有过渡扣或退刀槽结构的螺纹,采用传统的车削方法或丝锥、板牙很难加工,但采用数控铣削却十分容易实现。此外,螺纹铣刀的耐用度是丝锥的十多倍甚至数十倍,而且在数控铣削螺纹过程中,对螺纹直径尺寸的调整极为方便,这是采用丝锥、板牙难以做到的。由于螺纹铣削加工的诸多优势,目前发达国家的大批量螺纹生产已较广泛地采用了铣削工艺。

螺纹铣削是在三轴联动的机床上(加工中心)完成的。在 X、Y 轴用 G03/G02 走一圈时,Z 轴同步移动一个螺距 P 的量。

(5)倒角刀(见图 5-12、图 5-13、图 5-14)

倒角刀是装配于铣床、钻床、刨床、倒角机等机床上用于加工工件的 60°或 90°倒角与锥孔的刀具,属于立铣刀。倒角刀也称倒角器。倒角刀适用范围广,不仅适合普通机械加工件的倒角,更适合精密、难倒角加工件的倒角与去毛刺。例如:航空,军工,汽车工业用油、气、电动阀,发动机缸体,圆柱体,球体通孔,内壁孔。

倒角刀按结构分有整体式、可转位式;按刀刃分有单刃、两刃、三刃倒角器。

图 5-12　单刃可转位倒角刀

图 5-13　三刃可转位倒角刀

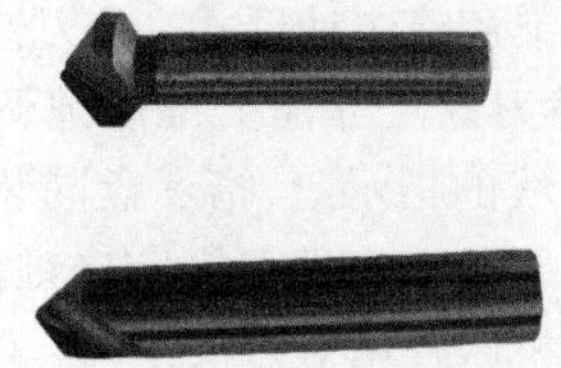

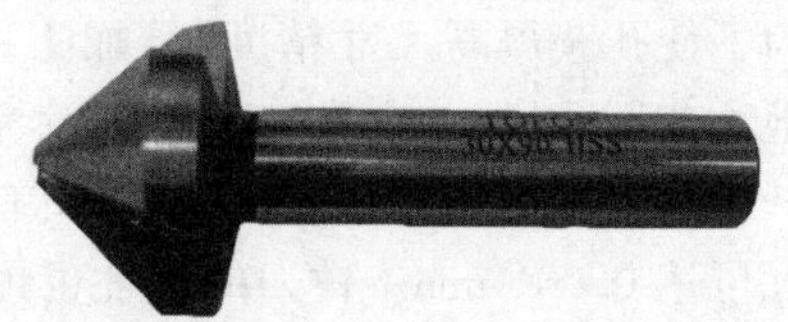

图 5-14　整体倒角刀(锪钻)

(6)铣槽刀(见图 5-15、图 5-16、图 5-17)

图 5-15　单刃可转位槽刀

图 5-16　四刃可转位槽刀

铣槽刀可以加工内、外环槽,如螺纹退刀槽、砂轮越程槽等。

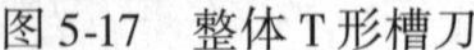

图 5-17　整体 T 形槽刀

图 5-18　粗镗刀

(7)镗刀(见图 5-18、图 5-19)

镗刀是镗削刀具的一种,一般是圆柄的,也有较大工件使用方刀杆,最常用的是内孔加工、扩孔、仿形等。有一个或两个切削部分、专门用于对已有的孔进行粗加工、半精加工或精加工的刀具。

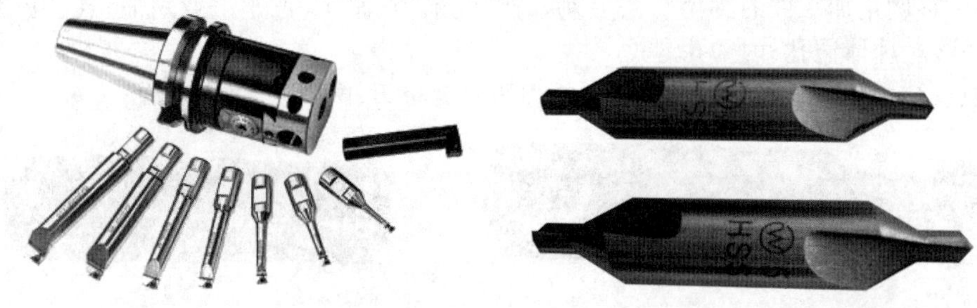

图 5-19　精镗刀

图 5-20　中心钻

因装夹方式的不同,端部有方柄、莫氏锥柄和 7:24 锥柄等多种形式。单刃镗刀切削部分的形状与车刀相似。为了使孔获得高尺寸精度,精加工用镗刀的尺寸需要准确地调整。微调镗刀可以在机床上精确地调节镗孔尺寸,它有一个精密游标刻线的指示盘,指示盘同装有镗刀头的心杆组成一对精密丝杆螺母副机构。当转动螺母时,装有刀头的心杆即可沿定向键做直线移动,借助游标刻度读数精度可达 0.001 mm。镗刀的尺寸也可在机床外用对刀仪预调。双刃镗刀有两个分布在中心两侧同时切削的刀齿,由于切削时产生的径向力互相平衡,可加大切削用量,生产效率高。双刃镗刀按刀片在镗杆上浮动与否分为浮动镗刀和定装镗刀。浮动镗刀适用于孔的精加工。它实际上相当于铰刀,能镗削出尺寸精度高和表面光洁的孔,但不能修正孔的垂直度偏差。为了提高重磨次数,浮动镗刀常制成可调结构。

为了适应各种孔径和孔深的需要并减少镗刀的品种规格,人们将镗杆和刀头设计成系列化的基本件——模块。使用时可根据工件的要求选用适当的模块,拼合成各种镗刀,从而简化了刀具的设计和制造。

(8)中心钻(见图 5-20)

中心钻是用于轴类等零件端面上的中心孔加工。用于孔加工的预制精确定位,引导麻花钻进行孔加工,减少误差。

其优点是切削轻快、排屑好。中心钻有两种:A 型即不带护锥的中心钻、B 型即带护锥的中心钻。加工直径 $d=1\sim10$ mm 的中心孔时,通常采用不带护锥的中心钻(A 型);工序较长、精度要求较高的工件,为了避免 60°定心锥被损坏,一般采用带护锥的中心锥(B 型)。

(9)麻花钻头(见图5-21、图5-22)

麻花钻头是在实体材料上钻削出通孔或盲孔,并能对已有的孔进行扩孔的刀具。因其容屑槽成螺旋状,形似麻花而得名。螺旋槽有两槽、三槽或更多槽,但以两槽最为常见。钻头有硬质合金的、高速钢的;有直柄的、锥柄的;有普通的、涂层的等。麻花钻头可被夹持在手动、电动的手持式钻孔工具或钻床、铣床、车床乃至加工中心上使用。钻头材料一般为高速工具钢或硬质合金。

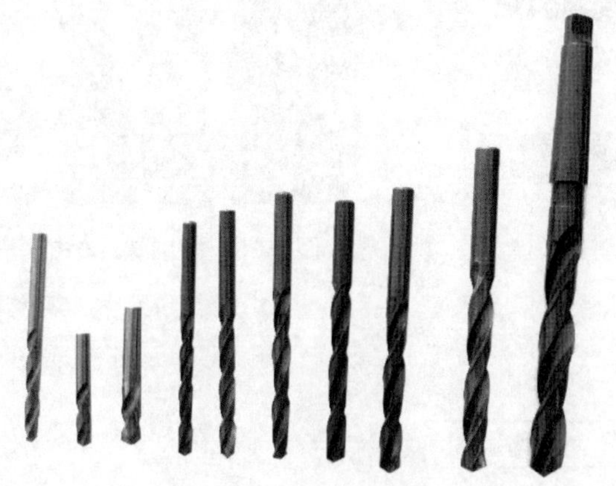

图5-21　硬质合金、高速钢、锥柄、直柄钻头

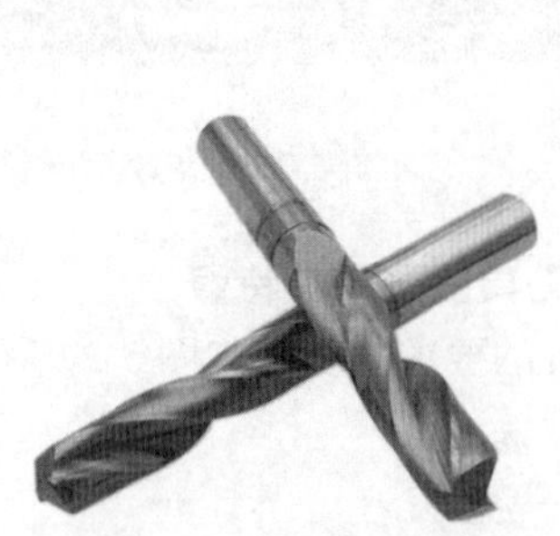

图5-22　涂层硬质合金钻头

标准麻花钻头由柄部、颈部和工作部分组成。工作部分的切削部有两个主切削刃和副切削刃,两个前面和后面,两个刃带和一个横刃组成,担负全部切削工作。工作部分的导向部起导向和备磨作用,容屑槽做成螺旋形以利导屑。

(10)铰刀(见图5-23、图5-24)

铰刀是具有一个或多个刀齿、用以切除已加工孔表面薄层金属的旋转刀具,具有直刀刃或螺旋刀刃的旋转精加工刀具,用于扩孔或修孔。经过绞刀加工后的孔可以获得精确的尺寸和形状。

图5-23　硬质合金螺旋铰刀

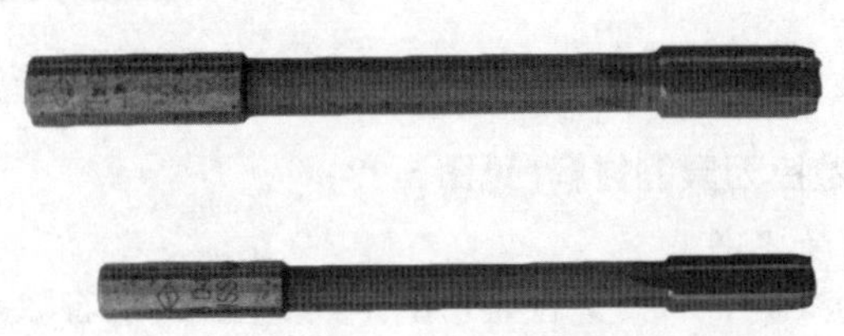

图5-24　高速钢直机铰刀

(11)丝锥(见图5-25、图5-26)

丝锥为一种加工内螺纹的刀具,沿轴向开有沟槽,也叫螺丝攻。丝锥根据其形状分为直槽丝锥,螺旋槽丝锥和螺尖丝锥;按照使用环境可以分为手用丝锥和机用丝锥;按照规格可以分为公制、美制和英制丝锥;按照产地可以分为进口丝锥和国产丝锥。

直槽丝锥加工容易,精度略低,产量较大,一般用于普通车床、钻床及攻丝机的螺纹加工用,切削速度较慢。螺旋槽丝锥多用于数控加工中心钻盲孔用,加工速度较快、精度高、排屑较好、对中性好。螺尖丝锥前部有容削槽,用于通孔的加工。现在的工具厂提供的丝锥大都是涂层丝锥,较未涂层丝锥的使用寿命和切削性能都有很大的提高。不等径设计的丝锥切削负荷分配合理,加工质量高,但制造成本也高。梯形螺纹丝锥常采用不等径设计。丝锥是目前制造业操作者加工螺纹的最主要工具。

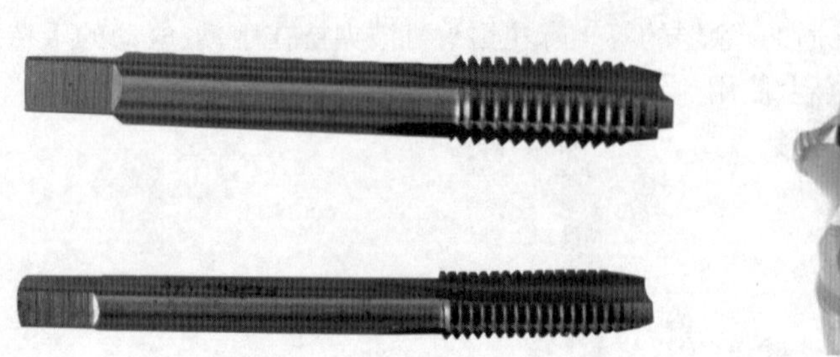

图 5-25 高速钢丝锥

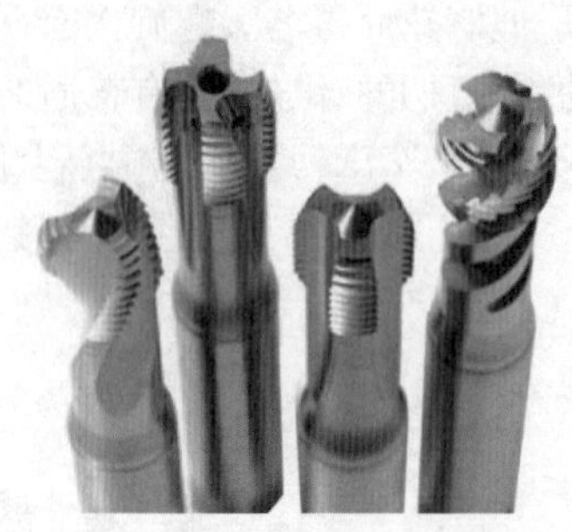

图 5-26 涂层螺旋丝锥

2. 数控刀具的要求与特点

数控刀具的要求与特点如图 5-27 所示。

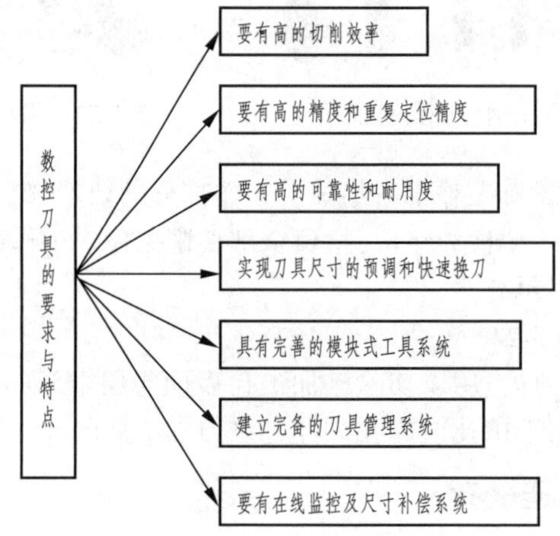

图 5-27 数控刀具的要求与特点

3. 数控刀具的材料(见图 5-28)

(1)高速钢

高速钢(HSS)刀具曾是切削工具的主流,随着数控机床等现代制造设备的广泛应用,大力开发了各种涂层和不涂层的高性能、高效率的高速钢刀具,高速钢凭借其在强度、韧性、热硬性及工艺性等方面优良的综合性能,在切削某些难加工材料以及在复杂刀具,特别是切齿刀具、拉刀和立铣刀制造中仍有较大的比重。但经过市场探索,一些高端产品已逐步被硬质合金工具代替。

(2)硬质合金

常用的硬质合金以 WC 为主要成分,根据是否加入其他碳化物分为以下几类:

①钨钴类(WC + Co)硬质合金(YG)

它由 WC 和 Co 组成,具有较高的抗弯强度的韧性,导热性好,但耐热性和耐磨性较差,主要用于加工铸铁和有色金属。细晶粒的 YG 类硬质合金(如 YG3X、YG6X),在含钴量相同时,其硬度、耐磨性比 YG3、YG6 高,强度和韧性稍差,适用于加工硬铸铁、奥氏体不锈钢、耐热合金、硬青铜等。

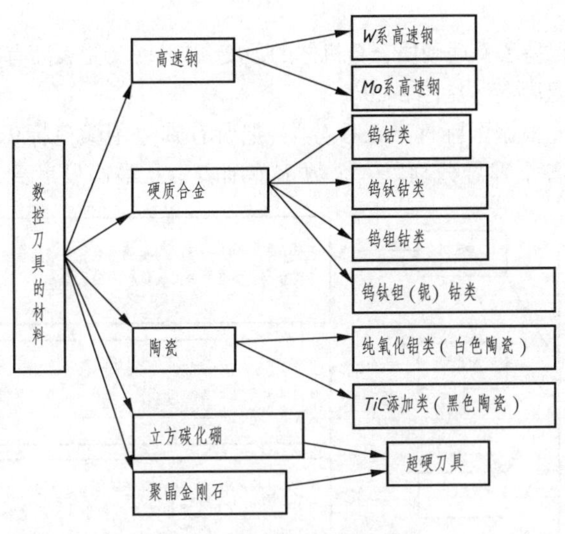

图 5-28　数控刀具的材料

②钨钛钴类(WC+TiC+Co)硬质合金(YT)

由于 TiC 的硬度和熔点均比 WC 高,所以和 YG 相比,其硬度、耐磨性、红硬性增大,黏结温度高,抗氧化能力强,而且在高温下会生成 TiO_2,可减少黏结。但导热性能较差,抗弯强度低,所以它适用于加工钢材等韧性材料。

③钨钽钴类(WC+TaC+Co)硬质合金(YA)

在 YG 类硬质合金的基础上添加 TaC(NbC),提高了常温、高温硬度与强度、抗热冲击性和耐磨性,可用于加工铸铁和不锈钢。

④钨钛钽钴类(WC+TiC+TaC+Co)硬质合金 (YW)

在 YT 类硬质合金的基础上添加 TaC(NbC),提高了抗弯强度、冲击韧性、高温硬度、抗氧化能力和耐磨性。它既可以加工钢,又可加工铸铁及有色金属,因此常称为通用硬质合金(又称为万能硬质合金)。目前主要用于加工耐热钢、高锰钢、不锈钢等难加工材料。

(3)陶瓷硬质合金(也称金属陶瓷)

TiC(N)基硬质合金,其性能介于陶瓷和硬质合金之间,陶瓷刀具不仅能对高硬度材料进行粗、精加工,也可进行铣削、刨削、断续切削和毛坯粗车等冲击力很大的加工;可加工传统刀具难以加工或根本不能加工的高硬材料;刀具耐用度比传统刀具高几倍甚至几十倍,减少了加工中的换刀次数;可进行高速切削或实现“以车、铣代磨”,切削效率比传统刀具高 3~10 倍。

(4)超硬刀具

超硬刀具是指比陶瓷材料更硬的刀具材料,它包括单晶金刚石、聚晶金刚石(PCD)、聚晶立方氮化硼(PCBN)和 CVD 金刚石等。超硬刀具主要是以金刚石和立方氮化硼为材料制作的刀具,其中,人造金刚石复合片(PCD)刀具及立方氮化硼复合片(PCBN)刀具占主导地位。许多切削加工概念,如绿色加工、以车代磨、以铣代磨、硬态加工、高速切削、干式切削等都因超硬刀具的应用而起,故超硬刀具已成为切削加工中不可缺少的重要工具。

(5)其他

硬质合金刀具除了上述普通硬质合金外还有新型硬质合金。

①超细晶粒硬质合金:粒径在 1 μm 以下,这种材料具有硬度高、韧性好、切削刀可靠性高等

优异性能。

②涂层硬质合金:它保持了普通硬质合金机体的强度和韧性,又使表面有很高的硬度和耐磨性。

4. **硬质合金的分类和标志**(见图 5-29)

切削刀具用硬质合金根据国际标准 ISO 分类,把所有牌号用颜色标识分成三大类,分别用 P、M、K 表示。每一种中的各个牌号分别以一个数字范围表示从最高硬度到最大韧性。

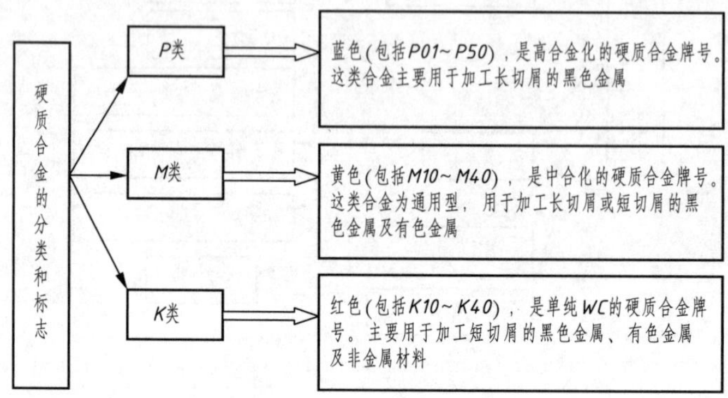

图 5-29　硬质合金的分类和标志

二、数控工具系统分类

1. **镗铣类整体式工具系统**(TSG)

这种刀柄直接夹住刀具,刚性好,但需针对不同的刀具分别配备,其规格、品种繁多,给管理和生产带来不便,如图 5-30 所示。

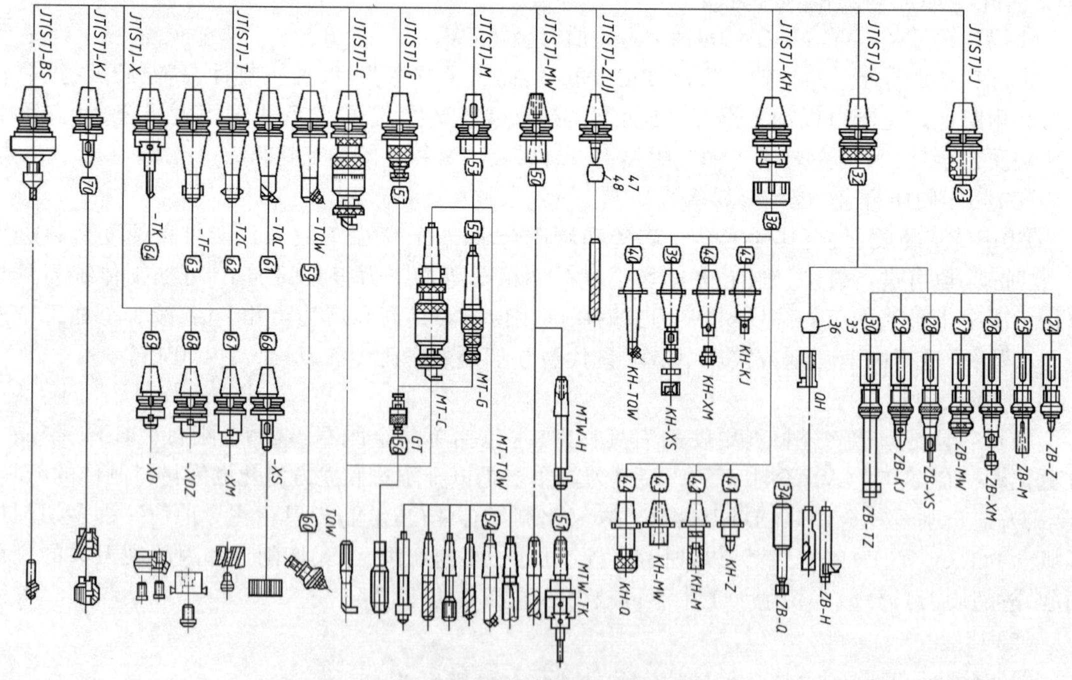

图 5-30　TSG82 工具系统配置图

图 5-30 TSG82 工具系统配置图(续)

2. 铣类模块式工具系统(TMG)

模块式刀柄比整体式多出中间连接部分,装配不同刀具时更换连接部分即可,克服了整体式刀柄的缺点,但对连接精度、刚性、强度等都有很高的要求,如图 5-31 所示。

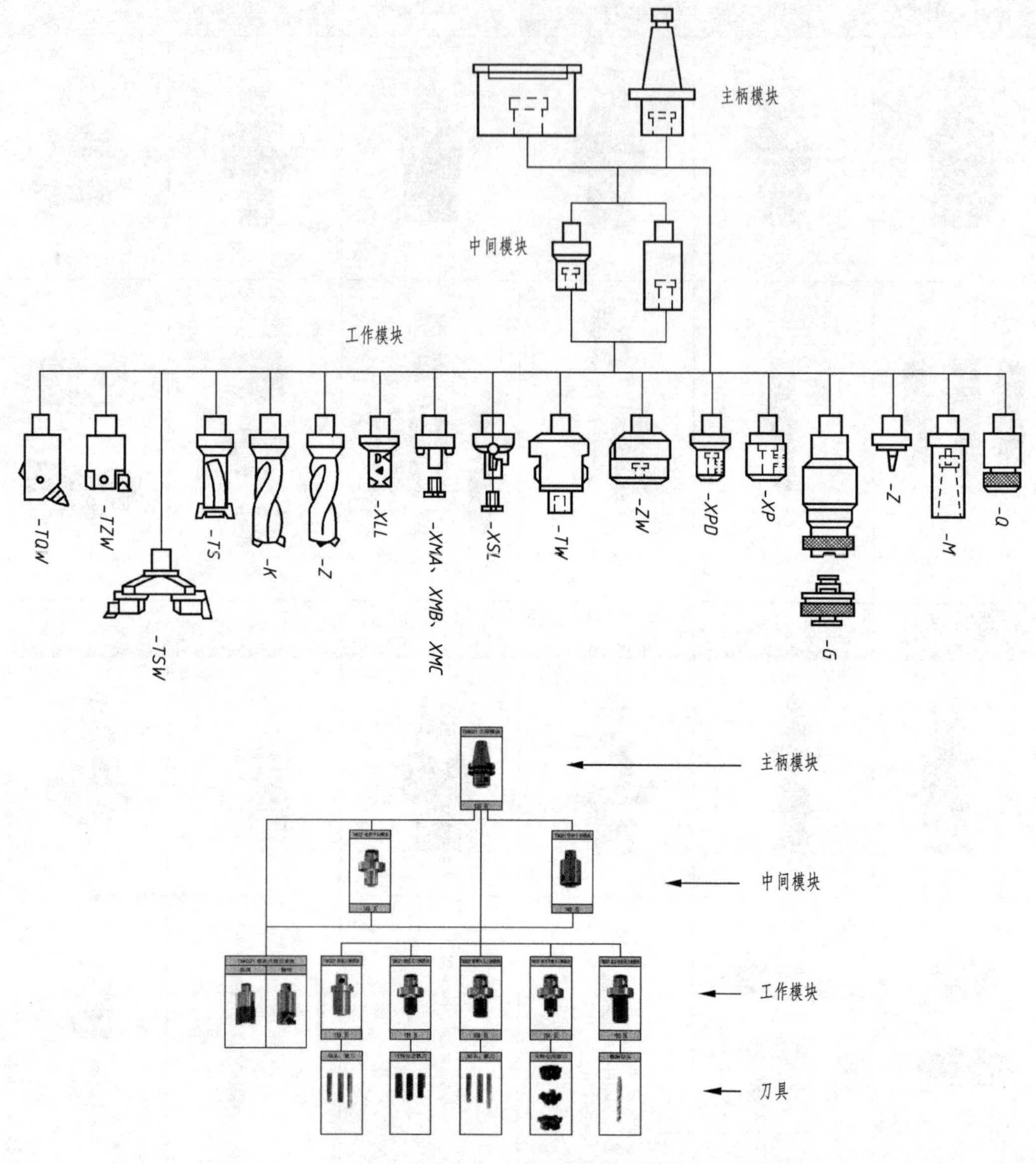

图 5-31　TMG21 工具系统配置图

三、常用刀柄(见图 5-32、图 5-33)

数控机床刀具刀柄的结构形式总体上分为整体式与模块式两种。整体式刀柄其装夹刀具的工作部分与它在机床上安装定位用的柄部是一体的。这种刀柄对机床与零件的变换适应能力较差。为适应零件与机床的变换,用户必须储备各种规格的刀柄,因此刀柄的利用率较低。模块式刀具系统是一种较先进的刀具系统,其每把刀柄都可通过各种系列化的模块组装而成。针对不同的加工零件和使用机床采取不同的组装方案,可获得多种刀柄系列,从而提高刀柄的适应能力和利用率。常用的刀柄实物如图 5-32、图 5-33 所示。

图 5-32　模块式刀柄

图 5-33　整体式刀柄

1. 整体式

(1)强力铣夹头刀柄(见图 5-34)

夹持范围在 $\phi4 \sim \phi32$ 之间,筒夹夹紧变形小,被夹刀具柄部要求为 h6 级精度,自锁性好,夹紧力大,可进行强力铣削加工,夹持精度高,可用于高精度铣铰孔加工。

注意:使用时务必将刀柄内孔及筒夹擦干净,切勿将油渍留于刀柄中。

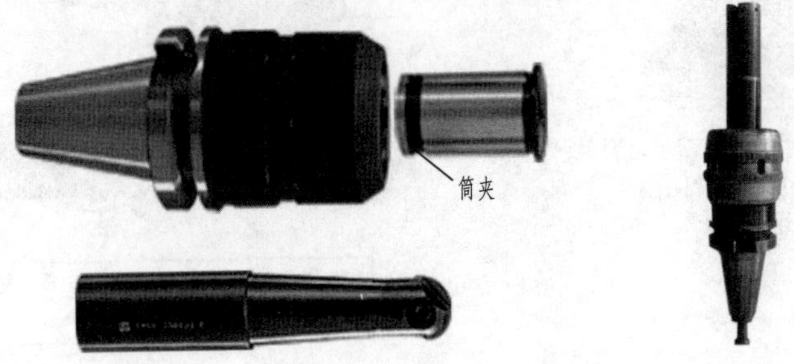

图 5-34　强力铣夹头刀柄

(2)ER 弹簧夹头刀柄(见图 5-35)

夹持范围在 $\phi0.5 \sim \phi26$,卡簧弹性变形量 1 mm,主要夹持小规格铣刀、钻头、丝锥;夹头锥角

16°，柔性高，夹头的夹紧范围是名义值到 －1 mm（对于 ER 08 与 ER 11 为 － 0.5 mm），ER 刀柄在刚性攻螺纹时，钢和铸铁推荐用于 M12 以下，铝合金刚性攻螺纹 M18 以下。尽量选择 ER25 或 ER32 的刀柄。

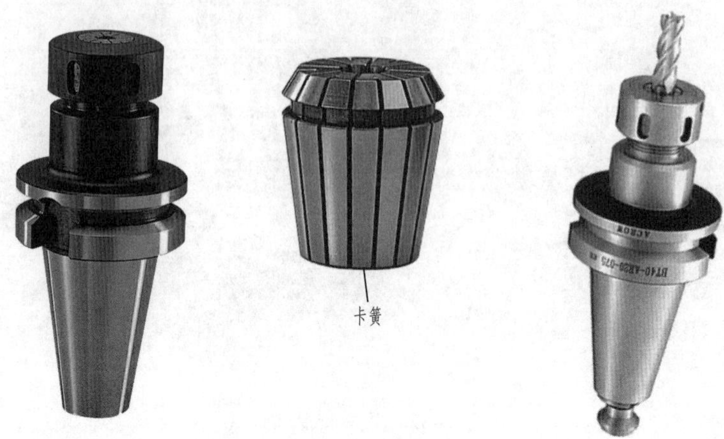

图 5-35 ER 弹簧夹头刀柄

关于 ER 卡簧的装夹建议：卡簧必须总是被插在螺母里；在将刀具放入卡簧之前，螺母必须拧在刀柄上；装入时，通过在 A 处施加轻的压力，把卡簧装到螺母里；取出时，松开后在 B 处施加径向压力，如图 5-36 所示。

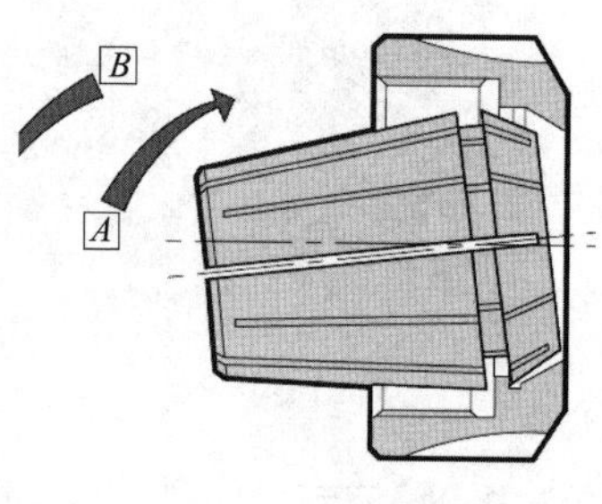

图 5-36 卡簧安装

注意：刀具没有放入时绝不能锁紧螺母。

（3）侧固式刀柄（见图 5-37）

侧固式刀柄是最佳的夹持铣刀的刀柄，尤其是粗加工铣刀，在美国等发达国家使用量与 ER 刀柄接近；在我国受刀具制造厂产品的限制，使用量偏小；刀柄孔公差按 H5 控制，径向跳动为 0.003～0.005 mm。

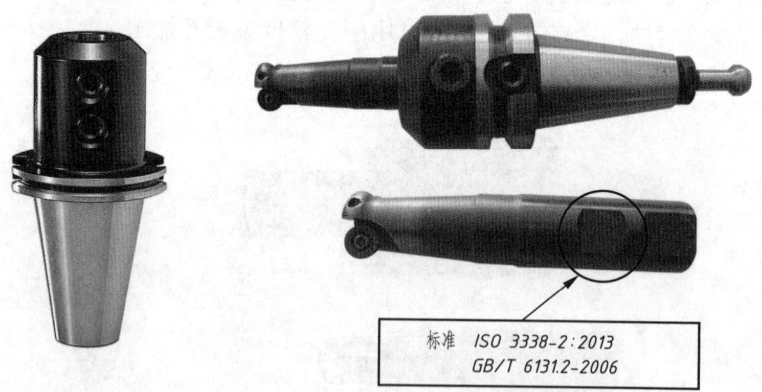

图 5-37 侧固式刀柄

（4）有扁尾莫式圆锥孔刀柄（见图 5-38）

该种刀柄主要用于带扁尾锥度钻头的夹持与加工，使用方便，但易出现冷焊而难以卸下的情况。

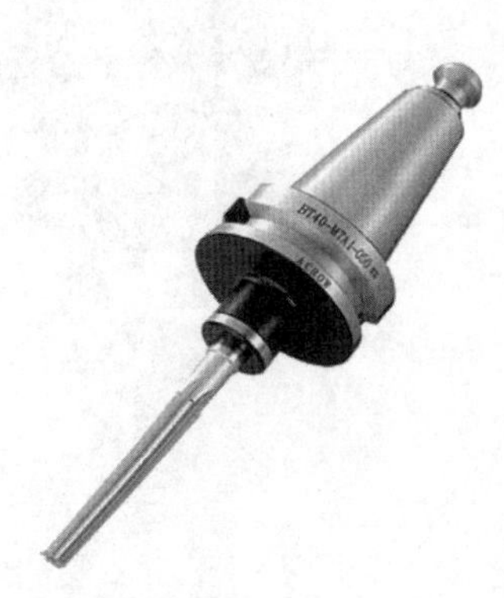

图 5-38　有扁尾莫式圆锥孔刀柄

(5)无扁尾莫氏圆锥孔刀柄(见图 5-39)

该种刀柄主要用于无扁尾锥度铣刀的夹持与加工,使用方便,但易出现冷焊而难以卸下的现象。

由于在使用时刀具和刀柄之间的冷焊现象导致刀具卸下困难,而且刀具制造商已经大量制造侧固式铣刀和可转位刀柄,主要采用侧固式、莫氏刀柄的刀具正在大幅度减少。

图 5-39　无扁尾莫氏圆锥孔刀柄

(6)套式立(面)铣刀刀柄(见图 5-40)

该种刀柄通过心轴定心,两个对称方键定位,内六角螺栓安装连接,适合中等直径面铣刀使用。

(7)面铣刀刀柄(见图 5-41)

在刀具标准中,该种刀柄作为 C 类面铣刀装夹使用,它通过心轴定位,法兰盘安装连接,适合大直径面铣刀使用。

图 5-40　套式立(面)铣刀刀柄

图 5-41　面铣刀刀柄

(8)三面刃铣刀刀柄(见图 5-42)

该三面刃铣刀刀柄主要用来夹持三面刃铣刀,用于加工平面、沟槽、齿条、齿轮等,该种刀柄用心轴定心,用键定位,用螺栓安装连接,夹持刀具的部分比其他种类的刀柄长,以方便加工。

图 5-42　三面刃铣刀刀柄

(9) 整体式钻夹头刀柄(见图 5-43)

整体式钻夹头刀柄也称快换夹头,其柄身和夹头一体设计,可避免出现钻头夹具脱落的危险;同时具有高精密度和安全性,适用 CNC 钻床、铣床机械使用;操作方便,对于小直径刀具用手就可以夹紧,如果用勾扳手直接转紧,更有夹持力;多层安全性设计,能提供给综合切削中心机使用。通常用于一般钻孔加工、小径螺牙的刚性攻螺纹加工。

图 5-43　整体式钻夹头刀柄

2. 模块式

(1)镗刀刀柄(见图 5-44、图 5-45)

刀具装卸方便,连接刚性好,重复定位精度高。模块结构,适应范围广,是很好的基础刀柄。

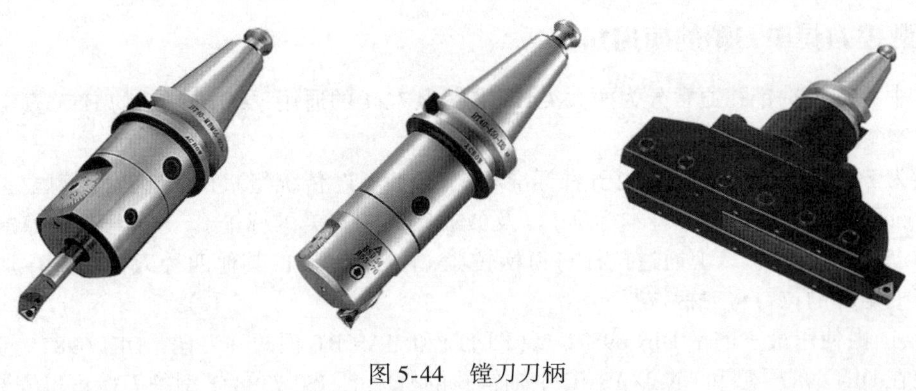

图 5-44 镗刀刀柄

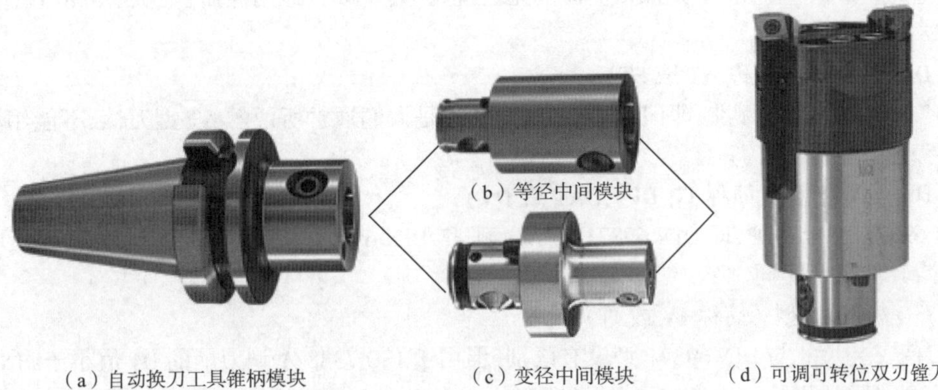

(a)自动换刀工具锥柄模块 (b)等径中间模块 (c)变径中间模块 (d)可调可转位双刃镗刀

图 5-45 可调可转位双刃镗刀模块刀柄

(2)钻夹头刀柄(见图 5-46)

可以方便地更换夹头,克服了整体式工具的不足之处,刀柄夹头切换工具快捷、灵活、经济,既可以用在加工中心和数控镗铣床,又适用于柔性加工系统(FMS 和 FMC)。

(3)快换式丝锥刀柄(见图 5-47)

可以方便地更换不同规格范围的丝锥夹头,以适应夹持不同直径的丝锥,有些还配有保护装置,以避免攻螺纹过程中因扭力过大而损坏丝锥。

图 5-46 钻夹头刀柄

图 5-47 快换式丝锥刀柄

四、数控刀具中刀柄的应用知识

加工中心的主轴锥孔通常分为两大类,即锥度为7:24的通用系统和1:10的HSK真空系统。

1. 7:24锥度的通用刀柄

锥度为7:24的通用刀柄通常有五种标准和规格,即NT(传统型)、DIN 69871(德国标准)、ISO 7388/1(国际标准)、MAS BT(日本标准)以及ANSI/ASME(美国标准)。NT型刀柄德国标准为DIN 2080,是在传统型机床上通过拉杆将刀柄拉紧,国内也称ST;其他四种刀柄均是在加工中心上通过刀柄尾部的拉钉将刀柄拉紧。

目前,国内使用最多的是DIN 69871型(即JT)和MAS BT型两种刀柄。DIN 69871型的刀柄可以安装在DIN 69871型和ANSI/ASME主轴锥孔的机床上,ISO 7388/1型的刀柄可以安装在DIN 69871型、ISO 7388/1和ANSI/ASME主轴锥孔的机床上,所以就通用性而言,ISO 7388/1型的刀柄是最好的。

(1)DIN 2080型(简称NT或ST)

DIN 2080型是德国标准,即国际标准ISO 2583,是人们通常所说的NT型刀柄,不能用机床的机械手装刀而用手动装刀。

(2)DIN 69871型(简称JT、DIN、DAT或DV)

DIN 69871型分两种,即DIN 69871 A/AD型和DIN 69871 B型,前者是中心内冷,后者是法兰盘内冷,其他尺寸相同。

(3)ISO 7388/1型(简称IV或IT)

其刀柄安装尺寸与DIN 69871型没有区别,但由于ISO 7388/1型刀柄的D4值小于DIN 69871型刀柄的D4值,所以将ISO 7388/1型刀柄安装在DIN 69871型锥孔的机床上没问题,但将DIN 69871型刀柄安装在ISO 7388/1型机床上则有可能会发生干涉。

(4)MAS BT型(简称BT)

BT型是日本标准,安装尺寸与DIN 69871、ISO 7388/1及ANSI完全不同,不能换用。BT型刀柄的对称性结构使其比其他三种刀柄的高速稳定性要好。

(5)ANSI B5.50型(简称CAT)

ANSI B5.50型是美国标准,安装尺寸与DIN 69871、ISO 7388/1类似,但由于少一个楔缺口,所以ANSI B5.50型刀柄不能安装在DIN69871和ISO 7388/1机床上,但DIN 69871和ISO 7388/1刀柄可以安装在ANSI B5.50型机床上。

2. 1:10的HSK真空刀柄

HSK刀柄是一种新型的高速锥型刀柄,其接口采用锥面和端面两面同时定位的方式,刀柄为中空,锥体长度较短,有利于实现换刀轻型化及高速化。加工中心由于采用端面定位,完全消除了轴向定位误差,使高速、高精度加工成为可能。这种刀柄在高速加工中心上应用很普遍。

(1)HSK刀柄的工作原理和性能特点

德国刀具协会与阿亨工业大学等开发的HSK双面定位型空心刀柄是一种典型的1:10短锥面刀具系统。HSK刀柄由锥面(径向)和法兰端面(轴向)共同实现与主轴的连接刚性,由锥面实现刀具与主轴之间的同轴度,锥柄的锥度为1:10。

这种结构的优点主要有:

①采用锥面、端面过定位的结合形式,能有效提高结合刚度。

②因锥部长度短和采用空心结构后质量较轻,故自动换刀动作快,可以缩短车床移动时间,

加快刀具移动速度,有利于实现 ATC 的高速化。

③采用 1:10 的锥度,与 7:24 锥度相比锥部较短,楔形效果较好,加工中心有较强的抗扭能力,且能抑制因振动产生的微量位移。

④有比较高的重复安装精度。

⑤刀柄与主轴间由扩张爪锁紧,转速越高,扩张爪的离心力(扩张力)越大,锁紧力越大,故这种刀柄具有良好的高速性能,即在高速转动产生的离心力作用下,车床刀柄能牢固锁紧。

这种结构也有弊端,具体如下:

①它与现在的主轴端面结构和刀柄不兼容。

②由于过定位安装,必须严格控制锥面基准线与法兰端面的轴向位置精度,与之相应的主轴也必须控制这一轴向精度,使其制造工艺难度较大。

③柄部为空心状态,装夹刀具的结构必须设置在外部,增加了整个刀具的悬伸长度,影响刀具的刚性。

④从保养的角度来看,HSK 刀柄锥度较小,加工中心锥柄近于直柄,加之锥面、法兰端面要求同时接触,使刀柄的修复重磨很困难,经济性欠佳。

⑤成本较高,刀柄的价格是普通标准 7:24 刀柄的 1.5 ~2 倍。

⑥锥度配合过盈量较小(是 KM 结构的 1/5 ~1/2),数据分析表明,按 DIN 公差制造的 HSK 刀柄在 8 000 ~20 000 r/min 运转时,由于主轴锥孔的离心扩张,会出现径向间隙。

⑦极限转速比 KM 刀柄低,且由于 HSK 的法兰也是定位面,加工中心一旦污染,会影响定位精度,所以采用 HSK 刀柄必须有附加清洁措施。

(2)HSK 刀柄的主要类型及其特点

HSK 真空刀柄的德国标准是 DIN69873,有六种标准和规格,即 HSK-A、HSK-B、HSK-C、HSK-D、HSK-E 和 HSK-F。常用的有三种:HSK-A (带内冷自动换刀)、HSK-C (带内冷手动换刀)和 HSK-E(带内冷自动换刀,高速型)。7:24 的通用刀柄是靠刀柄的 7:24 锥面与机床主轴孔的 7:24 锥面接触定位连接的,在高速加工、连接刚性和重合精度三方面有局限性。HSK 真空刀柄靠刀柄的弹性变形,不但刀柄的 1:10 锥面与机床主轴孔的 1:10 锥面接触,而且使刀柄的法兰盘面与主轴面也紧密接触,这种双面接触系统在高速加工、连接刚性和重合精度上均优于 7:24 的 HSK 刀柄有 A 型、B 型、C 型、D 型、E 型、F 型等多种规格,其中常用于加工中心(自动换刀)上的有 A 型、E 型和 F 型。

A 型和 E 型的最大区别如下:

①A 型有传动槽而 E 型没有。相对来说,A 型传递扭矩较大,可进行一些重切削。而 E 型传递的扭矩比较小,只能进行一些轻切削。

②A 型刀柄上除有传动槽之外,还有手动固定孔、方向槽等,相对来说平衡性较差。而 E 型没有,所以 E 型更适合于高速加工。

E 型和 F 型的机构完全一致,它们的区别在于:

同样名称的 E 型和 F 型刀柄(例如 E63 和 F63),F 型刀柄的锥部要小一号。也就是说,E63 和 F63 的法兰直径都是 ϕ63,但 F63 的锥部尺寸只和 E50 的尺寸一样。所以,与 E63 相比,F63 的转速会更快(主轴轴承小)。

五、拉钉(见图 5-48)

拉钉是带螺纹的零件,常固定在各种工具柄的尾端。机床主轴内的拉紧机构借助它把刀柄

(常见的柄部标准有 CAT 或 BT 标准)拉紧在主轴锥孔中。拉紧力的保持靠一组弹簧,拉紧后就可以防止刀柄及刀具从主轴中滑出。拉钉有不同的国家标准,常见的标准如图 5-48 所示。

(a)ISO 标准 A 型拉钉(配用 JT 型刀柄)

(b)ISO 标准 B 型拉钉(配用 JT 型刀柄)

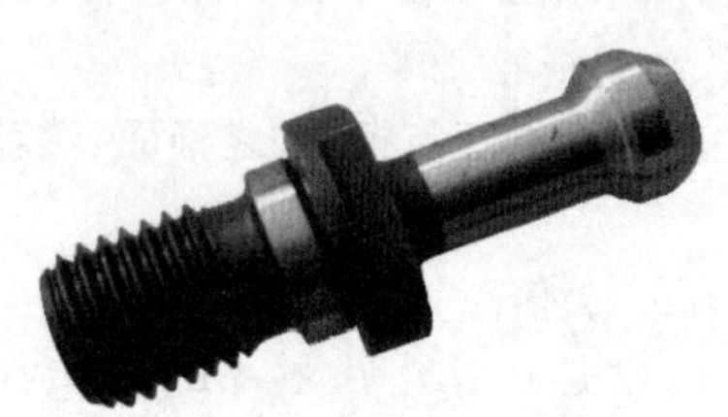

(c)日本标准 MAS 拉钉(配 BT 刀柄)

(d)德国标准 DIN 拉钉(配 JT 刀柄)

图 5-48　拉钉

思考与练习题五

1. 数控刀具的分类有哪些?
2. 数控刀具的要求与特点是什么?
3. 数控刀具的材料有哪些?
4. 数控铣床的工具系统有哪两种?常用的数控铣床加工刀柄有哪些?

第六章 部分数控机床附件

内容提要

本章主要介绍了数控加工中常用的机床附件，如回转工作台、数控分度头或第四轴、寻边器、Z 轴设定器、锁刀座。

一、回转工作台

回转工作台广泛地应用于各种数控铣床、镗床、各种立车以及立铣等机床。除了要求回转工作台能很好地承受工作重量外，还需要保证其在承载下的回转精度。回转工作台轴承，作为回转工作台的核心部件，在回转工作台运行过程中，不仅要有很高的承载能力，还需具备回转精度、高抗倾覆能力以及较高的转速能力等。

数控回转工作台可用于实现圆周进给运动，除此之外，还可以完成分离运动。而分度工作台的功用只是将工件转位换面和自动换刀装置配合使用，实现工作一次安装完成几个面的多种工序，因此，大大提高了工作效率。数控转台的外形和分度工作台没有多大差别，但在结构上具有一系列的特点。由于数控回转工作台能实现进给运动，所以它在结构上和数控机床的进给驱动机构有许多共同之处。不同点是驱动机械实现的是直线进给运动，而数控回转工作台实现的是圆周进给运动，如图 6-1 ~ 图 6-3 所示。

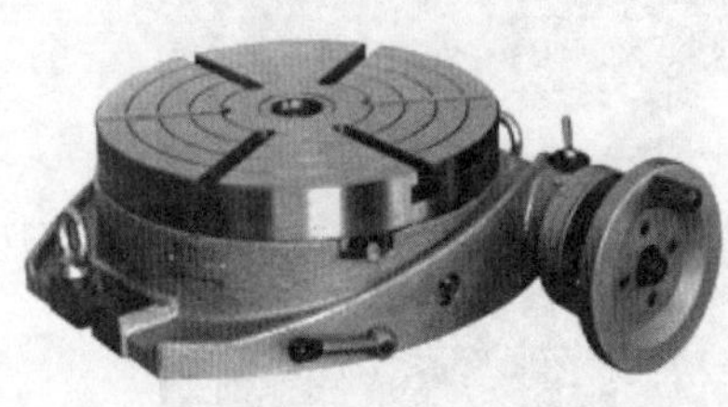

图 6-1　水平、倾斜回转工作台

图 6-2　竖直、水平回转工作台

图 6-3　回转工作台的应用

二、数控分度头或第四轴(见图 6-4)

数控分度头简称分度头,也称分度盘或第四轴。它广泛适用于铣床、钻床及加工中心。配合工作母机四轴操作界面,可作联动四轴加工。

图 6-4　数控分度头或第四轴

三、寻边器

寻边器是在数控加工中,为了精确确定被加工工件中心位置的一种检测工具。

寻边器的工作原理:首先在 X 轴上选定一边为零,再选另一边得出数值,取其一半为 X 轴中点,然后按同样方法找出 Y 轴原点,这样工件在 XY 平面的加工中心就得到了确定。

寻边器的种类:寻边器的种类很多,如光电式寻边器、机械式寻边器(找正器或分中棒)、3D 表寻边器等,如图 6-5 ~ 图 6-7 所示。

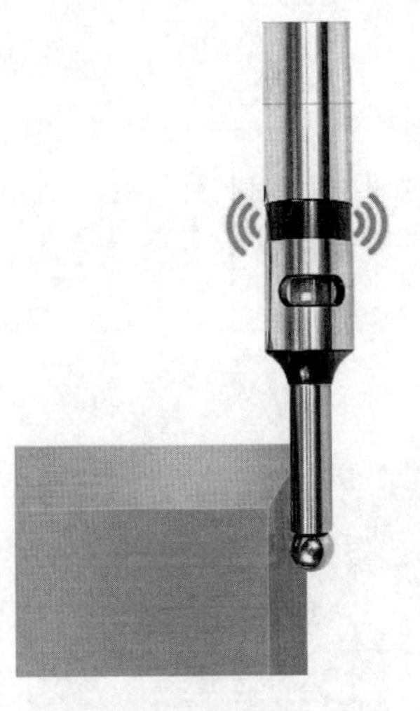
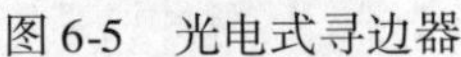

图 6-5　光电式寻边器

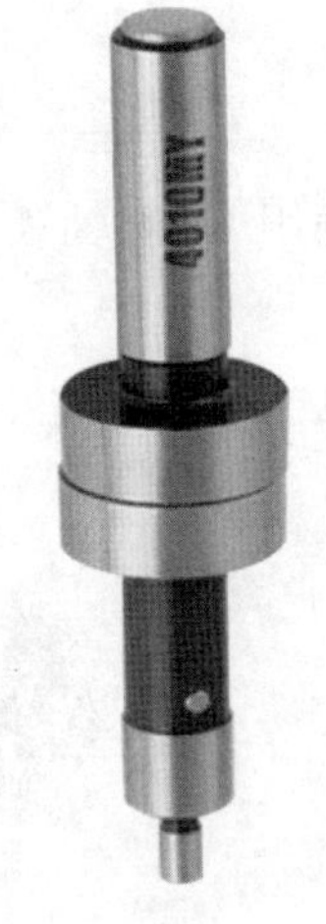

图 6-6　机械式寻边器

图 6-7　3D 表寻边器

1. 光电式寻边器

光电式寻边器又称分中棒，可以不旋转使用，但由于结构关系是测球通过弹簧连接，只能测量 *X*、*Y* 向，精度在 0.01 mm。

2. 机械式寻边器

机械式寻边器又称分中棒或找正器，需要旋转使用，测量 *X*、*Y* 向，精度在 0.01 mm。

3. 3D 表寻边器

3D 表寻边器也称为 3D 探测器或光电式 3D 探测器，通过读数来计算。

四、*Z* 轴设定器

Z 轴设定器是用于设定 CNC 数控机床工具长度的一种五金工具。设定高度为 50.00 ± 0.01 mm，如图 6-8 所示。

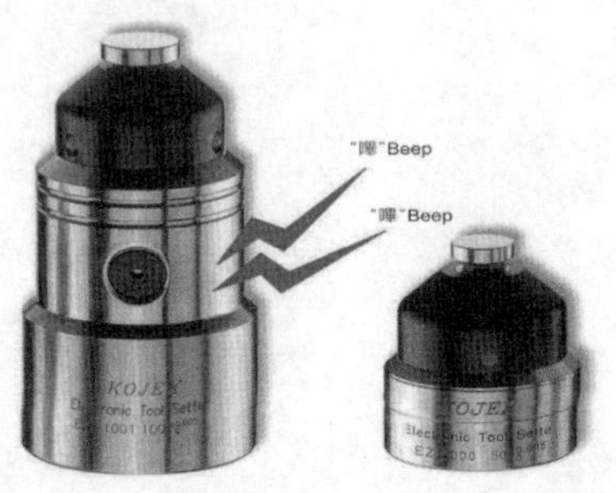

(a)光电式

(b)指针式

图 6-8　*Z* 轴设定器

Z 轴设定器包括圆形 *Z* 轴设定器、方形 *Z* 轴设定器、外附表型 *Z* 轴设定器、光电式 *Z* 轴设定器、磁力 *Z* 轴设定器等。

将设定器放置于工作台或工件的表面，移动推杆接触测量表面，小心阅读测定仪数字，当测定仪指示为 0 时，工具端与工作台的距离为 50 mm。然后对 50 mm 进行补偿运算，以获得 *Z* 轴对刀原点的位置。

五、锁刀座

锁刀座又称 BT 刀轴锁刀座、立横两用 BT 刀轴锁刀座，是用于 CNC 机床刀柄锁定的一种机床附件，如图 6-9 所示。

图 6-9　锁刀座

锁刀座特征：①操作简单，可以很容易锁定刀轴；②可以在立式、横式两种状态下使用；③无须调整角度即可使用。

思考与练习题六

1. 常用的数控机床附件有哪些？
2. 寻边器的工作原理是什么？有哪几类？
3. Z 轴设定器的工作原理是什么？

第七章 数控机床夹具

内容提要

本章主要介绍了数控加工中工件安装的内容与方法、夹具的分类、通用夹具的选用与专用夹具的相关常识，学习机床夹具的作用及组成，学习工件在夹具中的定位及在夹具中限制工件自由度的几种方式。

一、工件的安装

1. 工件安装的内容

工件安装的内容如图 7-1 所示。

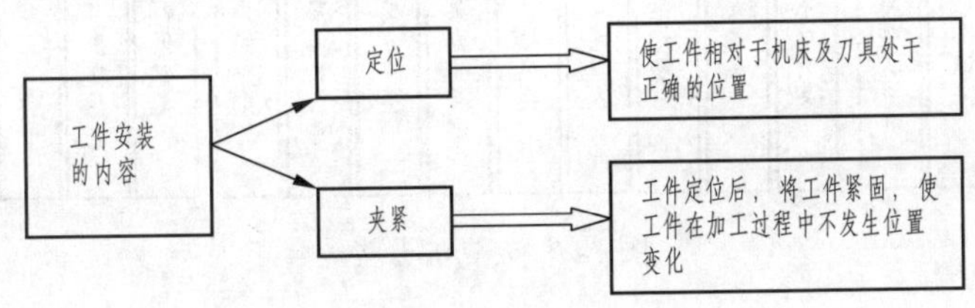

图 7-1　工件安装的内容

在机械加工过程中，为了保证加工精度，在加工前，应确定工件在机床上的位置，并固定好，以接受加工或检测。将工件在机床上或夹具中定位、夹紧的过程称为装夹。

工件的安装包含了定位和夹紧两个方面的内容：确定工件在机床上或夹具中正确位置的过程，称为定位。工件定位后将其固定，使其在加工中保持定位位置不变的操作，称为夹紧。

2. 工件安装的方法

工件安装的方法包括找正安装和夹具安装。

(1) 找正安装

①直接找正安装：用划针、百分表等工具直接找正工件位置并夹紧的方法称直接找正安装法。

特点：生产率低，精度取决于工人的技术水平和测量。

②划线找正安装：先用划针画出要加工表面的位置，再按划线用划针找正工件在机床上的位置并加以夹紧。

特点：费时，又需要技术高的划线工。

(2) 夹具安装：将工件直接安装在夹具的定位元件上的方法。

特点：①工件在夹具中的正确定位，是通过工件上的定位基准面与夹具上的定位元件相接触而实现的。因此，不再需要找正便可将工件夹紧。②由于夹具预先在机床上已调整好位置，因此，工件通过夹具相对于机床也就占有了正确的位置。③通过夹具上的对刀装置，保证了工件加工表面相对于刀具的正确位置。

二、机床夹具概述

机床夹具是在机床上用以装夹工件的一种装置，其作用是使工件相对于机床或刀具有一个正确的位置，并在加工过程中保持这个位置不变。在机械制造中，为完成需要的加工工序、装配工序及检验工序等，使用着大量的夹具。

1. 夹具的分类

夹具的分类如图 7-2 所示。

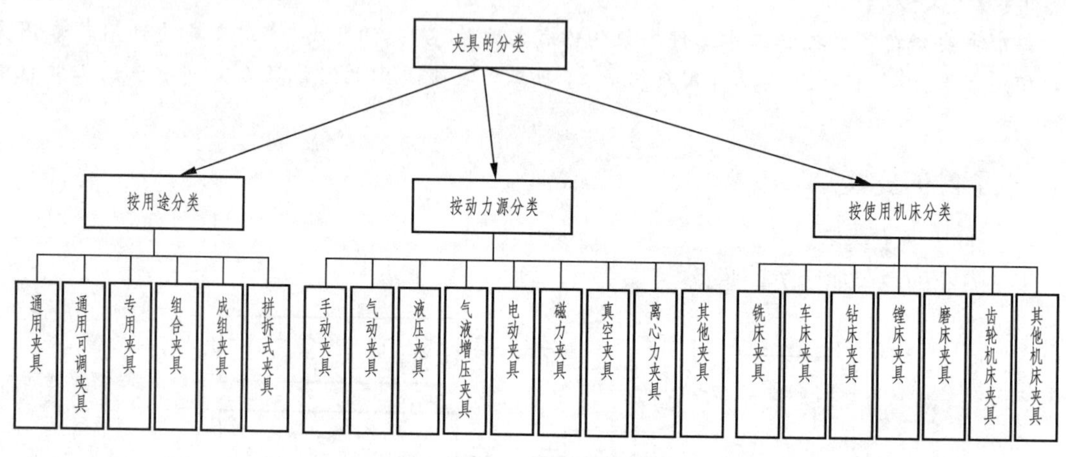

图 7-2　夹具的分类

2. 通用夹具的选用

通用夹具是指已经标准化、无需调整或稍加调整就可以用来装夹不同工件的夹具，如三爪卡盘、四爪卡盘、平口虎钳和万能分度头等。这类夹具主要用于单件小批量生产。

(1) 虎钳(平口钳)

虎钳是一种夹持工件的工具，如图 7-3 所示，它的夹持原理是利用螺杆或某机构使两钳口做相对移动而加紧工件。平口钳分固定侧与活动侧，固定侧与底面作为定位面，活动侧用于夹紧。虎钳分为钳工虎钳和机用虎钳。钳工虎钳呈拱形，钳口较高，钳身可在底座上任意转动并紧固。钳工虎钳安装在钳工工作台上，可夹持工件进行锯、锉等工作。机用虎钳是一种机床附件，它的钳口宽而低，夹紧力大，常采用液压、气动或偏心凸轮来驱动快速夹紧，精度要求高，机用虎钳也称平口钳，它可分为普通型和精密型。机用虎钳大多安装在钻床、牛头刨床、铣床和平面磨床等机床的工作台上使用。其中精密型主要用在镗床、平面磨床等精加工机床上。机用虎钳按结构可分为不带底座的固定式、带底座的回转式和可倾斜式等。

图 7-3　虎钳

图 7-4　正弦平口钳

(2)正弦平口钳

正弦平口钳通过钳身上的孔及滑槽来改变角度,可用于斜面零件的装夹,如图7-4所示。同时如果配以各种附件,可以大大扩展其装夹范围,提高其利用率,图7-5所示为各种平口钳附件。

图7-5　平口钳可选附件

(3)(液压)三爪(自定心)卡盘

三爪自定心卡盘适合夹紧圆形零件,夹紧后自动定心,(液压)三爪(自定心)卡盘用于回转工件的(自动)装卡,如图7-6所示。

(4)(液压)四爪卡盘

四爪单动卡盘可以用于方形、异形及非回转体或偏心件的装卡,可以方便地调整中心,如图7-7所示。

普通卡盘

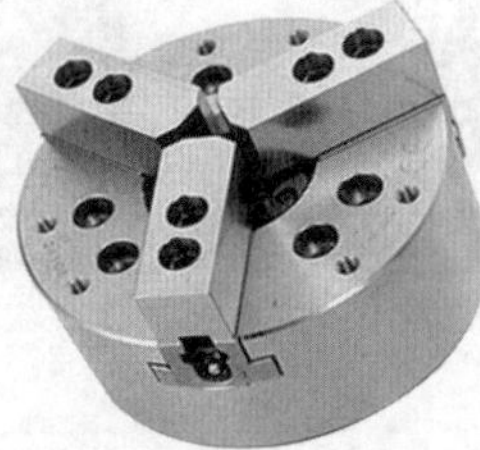

液压卡盘

图7-6　三爪自定心卡盘

(a)普通卡盘

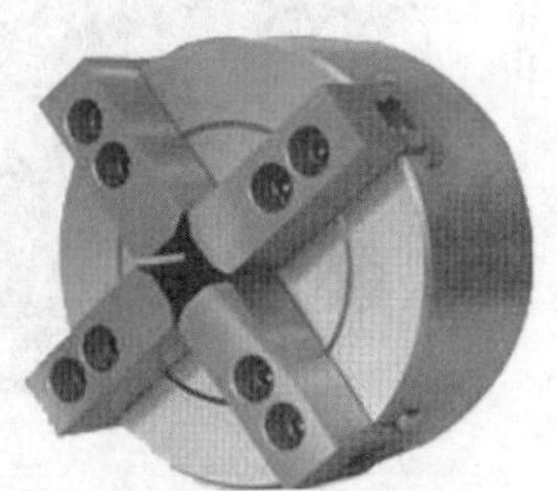

(b)液压卡盘

图7-7　四爪卡盘

3. 专用夹具

专用夹具是专为某一工件的某一加工工序而设计制造的夹具。结构紧凑,操作方便,主要用于固定产品的大批量生产。连杆加工专用夹具如图7-8所示。

该夹具靠工作台T形槽和夹具体上定位键确定其在数控铣床上的位置,并用T形螺栓紧固。

图7-8　连杆加工专用夹具

4. 组合夹具

(1)孔系组合夹具

孔系组合夹具的结构组成如图7-9所示,其生产应用实例如图7-10所示。

(2)蓝系组合夹具

蓝系组合夹具在操作平台上集成了

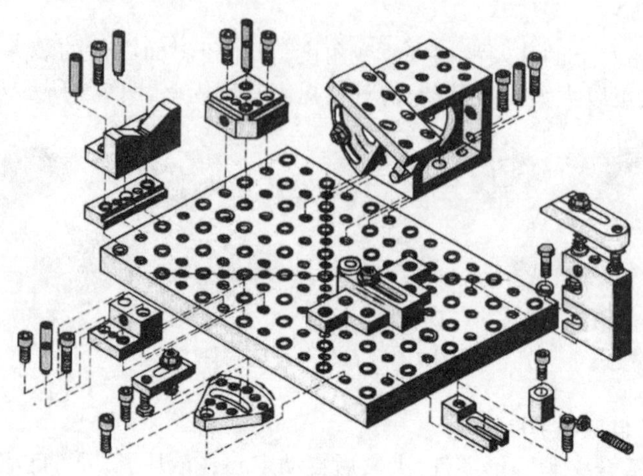

图 7-9　孔系组合夹具

图 7-10　孔系组合夹具应用实例

通用夹具、专用夹具、组合夹具的夹持特性；满足了三爪卡盘、虎钳、弯板、正弦台、分度头、回转盘、回转分度盘的夹具结构要求，还增添了五轴机床才能加工完成的空间复合角度功能，成为在车、铣、刨、磨、镗、钻、加工中心都能使用的柔性夹具系统。其典型结构有平面回转铣削单元、垂直回转铣削单元、角度回转铣削单元、平面定位车削单元、垂直定位车削单元、角度定位车削单元、平面钻削单元、角度钻削单元、复合角度钻削单元，如图 7-11 ~ 图 7-14 所示。

图 7-11　虎钳回转铣削单元

图 7-12　三爪卡盘回转分度铣削单元

图 7-13　角度钻、铣削单元

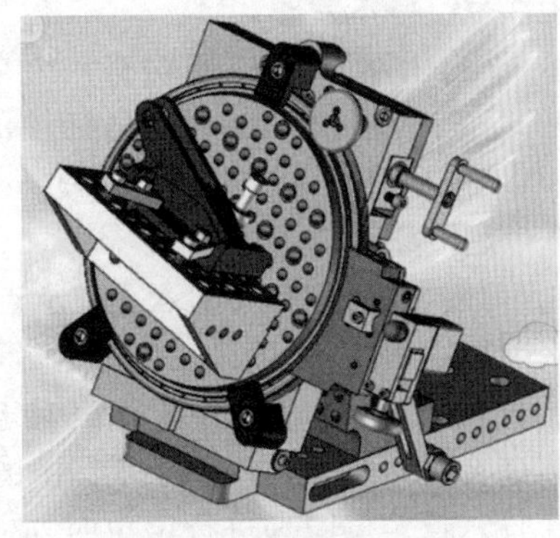

图 7-14　复合角度钻、铣削单元

5. 机床夹具的组成

机床夹具的组成如图 7-15 所示。

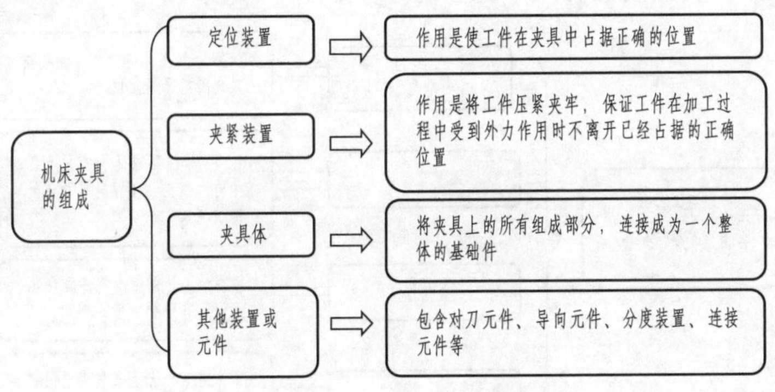

图 7-15　机床夹具的组成

6. 机床夹具作用

(1)保证加工精度

用机床夹具装夹工件，能准确确定工件与刀具、机床之间的相对位置关系，可以保证加工精度。

(2)提高生产效率

机床夹具能快速地将工件定位和夹紧，可以减少辅助时间，提高生产效率。

(3)减轻劳动强度

机床夹具采用机械、气动、液动夹紧装置，可以减轻工人的劳动强度。

(4)扩大机床的工艺范围

利用机床夹具，能扩大机床的加工范围，例如，在车床或钻床上使用镗模可以代替镗床镗孔，使车床、钻床具有镗床的功能。

三、工件在夹具中的定位

在机械加工中，要求加工出来的表面，对加工件的其他表面保持规定的位置尺寸。因为加工表面是由切削刀具和机床的综合运动形成，所以在加工时，必须使加工件上的规定表面(线、点)对刀具和机床保持正确的位置才能加工出合格的产品。

1. 工件定位基本原理

任何一个自由刚体,在空间均有六个自由度,即沿空间坐标轴 X、Y、Z 三个方向的移动和绕此三坐标轴的转动,如图 7-16 所示。工件定位的实质就是限制工件的自由度。

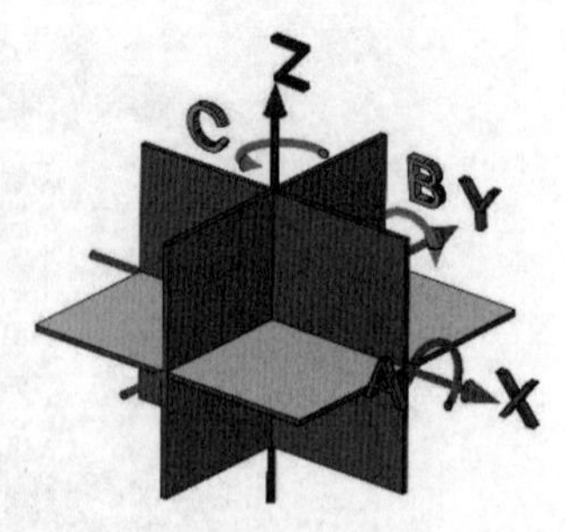

图 7-16　工件在夹具中的定位

2. 六点定位原则

工件定位时,用合理分布的六个支承点与工件的定位基准相接触来限制工件的六个自由度,使工件的位置完全确定,称为"六点定则"。六点定则是工件定位的基本法则对于任何形状工件的定位都适用,如果违背这个原理,工件在夹具中的位置就不能完全确定。然而,用工件六点定位原理进行定位时,必须根据具体加工要求灵活运用,工件形状不同,定位表面不同,定位点的布置情况会各不相同。要使用最简单的定位方法,使工件在夹具中迅速获得正确的位置。

3. 夹具中限制工件自由度的方式

在夹具中限制工件自由度的方式即定位的分类如图 7-17 所示。

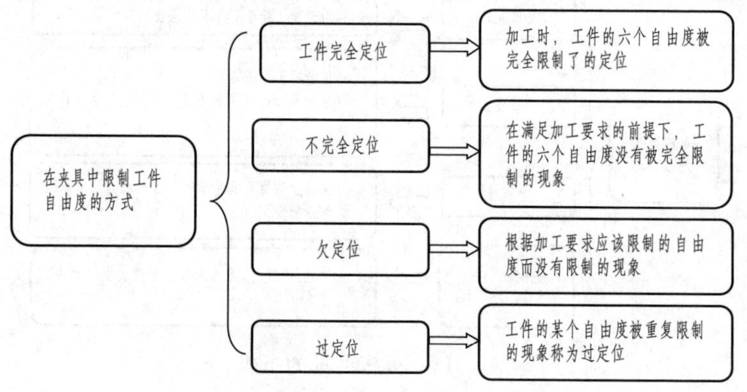

图 7-17　定位的分类

四、工件的夹紧

1. 夹紧力的确定

夹紧力的确定如图 7-18 所示。

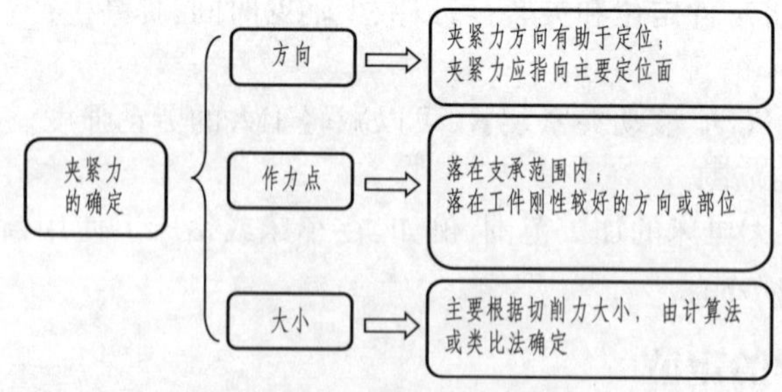

图 7-18　夹紧力的确定

2. 基本夹紧机构

基本夹紧机构的分类及特点如图 7-19 所示。

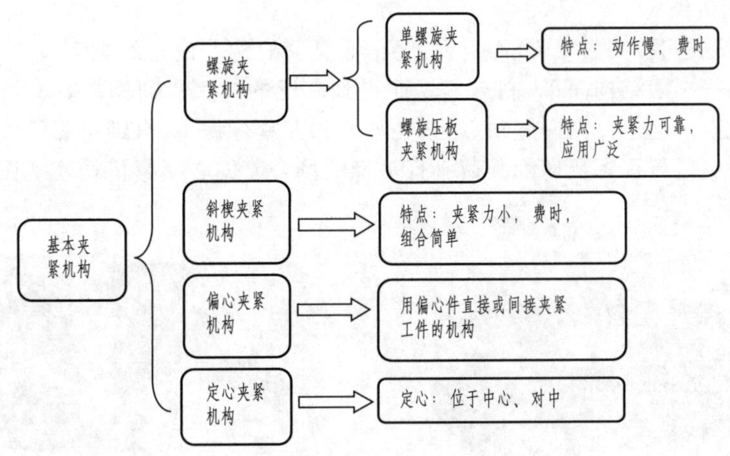

图 7-19　基本夹紧机构

(1)螺旋夹紧机构

螺旋夹紧机构的工作特点:①自锁性能好,通常采用标准的夹紧螺钉,螺旋升角 α 很小,如 M8 ~ M48 的螺钉,$\alpha = 3°10' \sim 1°50'$,远小于摩擦角,故夹紧可靠,保证自锁。②增力比大($i \approx 75$)。③夹紧行程调节范围大。④夹紧动作慢、工件装卸费时。螺旋夹紧机构如图 7-20 所示。

由于螺旋夹紧机构具有以上特点,很适用于手动夹紧,在机动夹紧机构中应用较少。针对其夹紧动作慢、辅助时间长的缺点,通常采用各种形式的快速夹紧机构,在实际生产中,螺旋—压板组合夹紧比单螺旋夹紧用得更为普遍。

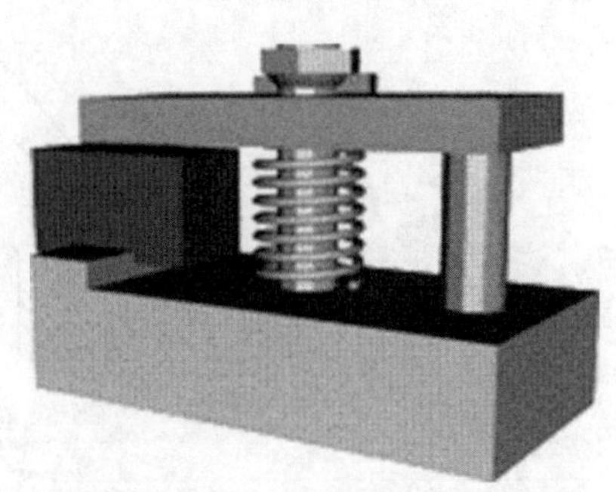

图 7-20　螺旋夹紧机构

(2)斜楔夹紧机构

斜楔夹紧机构是铣床夹具中使用最普遍的机械夹紧机构,斜楔夹紧机构主要是利用其斜面移动时所产生的压力夹紧工件。斜楔夹紧机构工作原理:将工件装入,敲击斜楔大头,夹紧工件;加工完毕,敲击斜楔小头,使工件松开。生产中很少单独使用斜楔夹紧机构,但由斜楔与其他机构组合而成的夹紧机构却在生产中得到广泛应用。斜楔夹紧是其中最基本的形式,螺旋、偏心等机构是斜楔夹紧机构的演变形式。斜楔夹紧机构如图 7-21 所示。

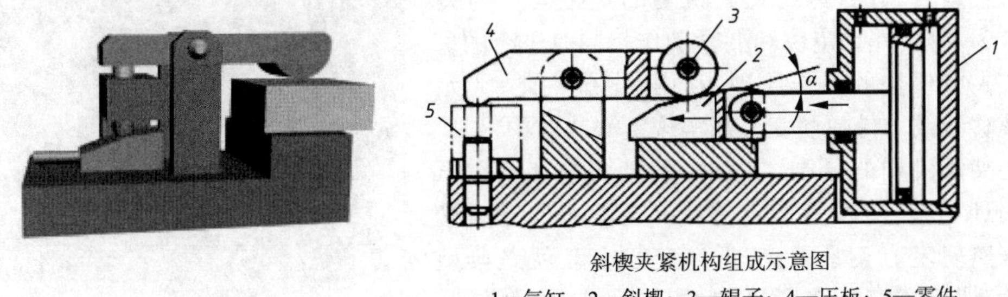

斜楔夹紧机构组成示意图

1—气缸;2—斜楔;3—辊子;4—压板;5—零件

(a)三维效果图　　(b)二维示意图

图 7-21　斜楔夹紧机构

(3)偏心夹紧机构

用偏心件直接或间接夹紧工件的机构称为偏心夹紧机构。偏心件类型有两种:圆偏心、曲线偏心,其中圆偏心机构因结构简单、制造容易而得到广泛的应用。圆偏心具有结构简单、操作方便、夹紧迅速等优点。但也存在一些缺点,如夹紧力和夹紧行程小、自锁可靠性差、结构抗冲击性较差,故一般用于夹紧行程短及切削载荷小且平稳的场合。偏心夹紧机构实物图、结构图分别如图 7-22、图 7-23 所示。

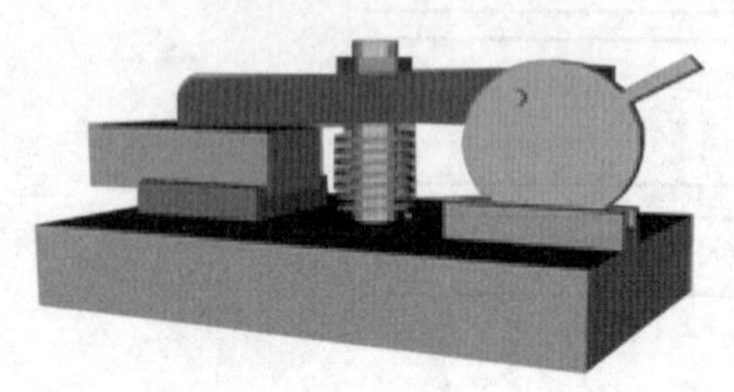

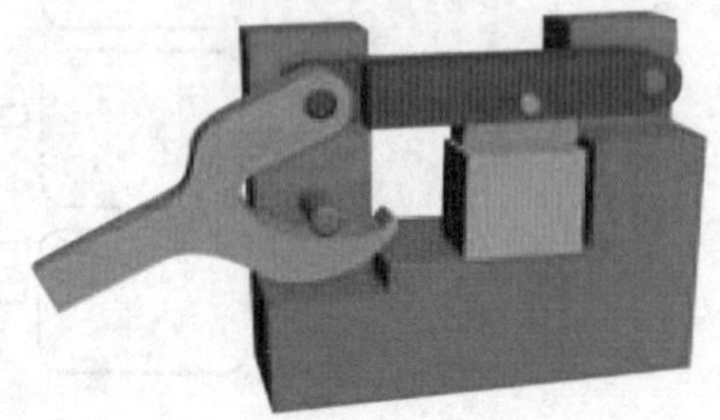

图 7-22　偏心夹紧机构实物图

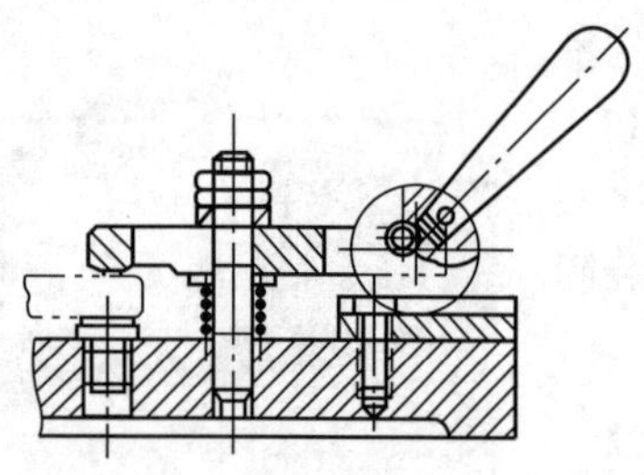

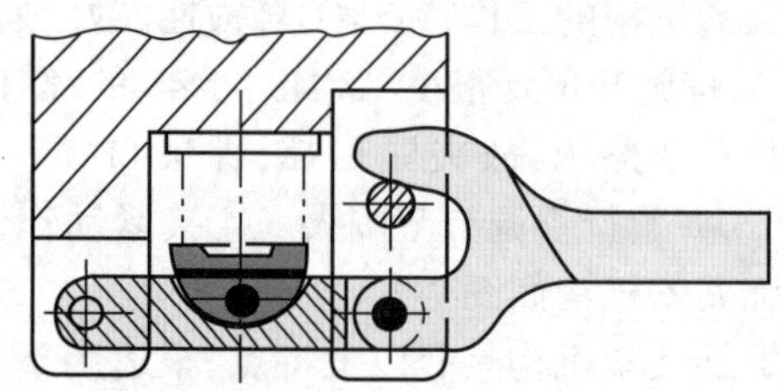

图 7-23　偏心夹紧机构结构图

偏心夹紧机构的优点:结构简单,操作方便,动作迅速。偏心夹紧机构的缺点:自锁性能较差,增力比较小,夹紧行程小,夹紧力不大。一般常用于切削平稳且切削力不大的场合。

(4)定心夹紧机构

定心夹紧机构是指能保证工件的对称点(或对称线、面)在夹紧过程中始终处于固定准确位置,定位和夹紧同时实现的夹紧机构。当工件被加工面以中心要素(轴线、中心平面等)为工序基准时,为使基准重合以减少定位误差,需采用定心夹紧机构,如图 7-24 所示。

图 7-24　定心夹紧机构

定心夹紧机构的特点:夹紧机构的定位元件与夹紧元件合为一体,并且定位和夹紧动作是同时进行的。

定心夹紧机构的工作原理:利用"定位—夹紧"元件的等速移动或均匀弹性变形来实现定心或对中。

定心夹紧机构的分类:定心夹紧机构按其工作原理分为两种类型,一种是按定位——夹紧元件等速移动原理来实现定心夹紧的,三爪自定心卡盘就是典型实例,还有螺栓式定心夹紧机构、楔式定心夹紧机构、杠杆式定心夹紧机构;另一种是按定位——夹紧元件均匀弹性变形原理来实现定心夹紧的机构,如弹簧筒夹式定心夹紧机构、膜片卡盘定心夹紧机构、波纹套定心夹紧机构、液性塑料定心夹紧机构。

思考与练习题七

1. 铣床夹具按用途分为哪几种？
2. 工件的安装方法有哪些？
3. 什么是六点定位原则？在夹具中限制工件自由度有哪几种方式？
4. 常用的机床夹具有哪些？
5. 基本夹紧机构有哪些？

第八章 数控加工量具

内容提要

本章主要介绍了机械加工常用量具的结构与使用方法，介绍了量具的使用注意事项与保养。常用的量具类别包括：外轮廓测量用量具、内轮廓测量用量具、深度测量用量具、测量找正用指示式量具、螺纹测量用量具。

量具的技术指标决定了量具的计量性能，是衡量量具质量的标准。了解某一量具的技术指标，才能合理、正确地选择和使用量具。

一、外轮廓测量用量具

1. 游标卡尺

根据读数和测量的原理不同，游标卡尺有机械游标卡尺（见图 8-1）、带表游标卡尺（见图 8-2）、数显游标卡尺（见图 8-3）三类。

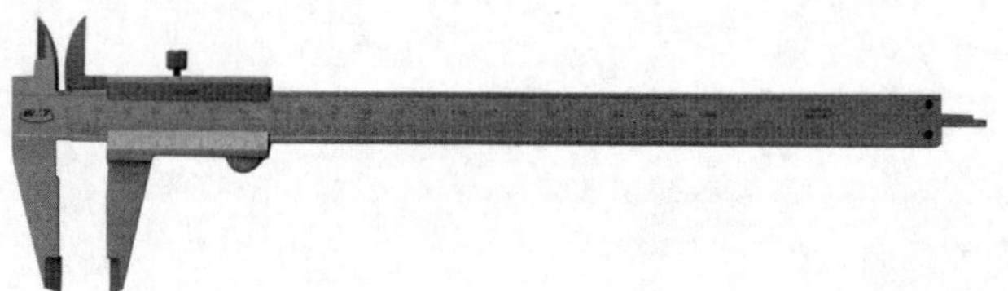

图 8-1 机械游标卡尺

图 8-2 带表游标卡尺

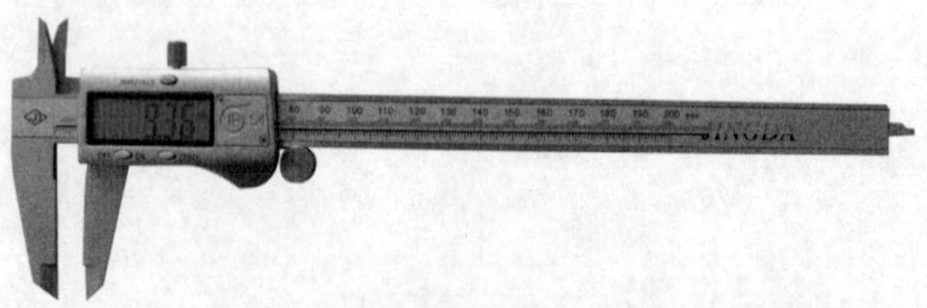

图 8-3 数显游标卡尺

量具的使用方法是否正确，直接影响测量精度，所以必须重视量具的正确使用。为了防止因量具有毛病而发生差错，使用前必须仔细检查。使用前检查方法和步骤如下：

①用干净棉纱或软布将游标卡尺及其测量面擦干净，然后拉动游框，游框在主尺上的滑动应灵活、平稳，不应有时松或卡住现象。

②检查零位。轻轻推动游框，使两个外测量爪的测量面合拢，检查两测量面接触情况，如有明显漏光，则应停止使用。如果没有漏光现象，再检查游标的零刻线和主尺上的零刻线是否对齐，游标的末端刻线是否与主尺上的相应刻线对齐。如果零位不对，则应送计量室调整。

③用紧固螺钉固定游框时，游标卡尺的读数不应发生变化。

使用过程中的注意事项如下：

①用游标卡尺测量工件时，用手慢慢推或拉游框，使量爪与被测零件表面轻轻接触，然后轻轻晃动卡尺或被测零件，使其接触良好。

②由于游标量具没有测力机构，测力主要由测量者的手感决定。如用力太大，则会引起游标框倾斜产生测量误差。

③圆弧内量爪的尺寸 $b=10$ mm。但修理后尺寸可能小于 10 mm，其实际尺寸一般刻在量爪的侧面上，或者填写在检定证书上，测量时应按其实际尺寸使用。

④测量时应根据被测零件的形状正确选用量爪。测平端面和圆柱外形尺寸，用量爪的平面形外测量面；测量沟槽及凹形弧面，用刀口形外测量面；圆弧形和刀口形内测量面用于测量内尺寸。

⑤测量大尺寸零件时，要用两手操作卡尺。

⑥用三用卡尺测量深度时，卡尺的深度尺应垂直放好，不要前、后、左、右倾斜，卡尺端面应与被测零件的顶面贴合，测深尺应与被测底面接触。

⑦不要用卡尺测量正在旋转的工件。

⑧读数时，视线应与刻线相垂直。

⑨卡尺不要在强磁场附近使用。

⑩卡尺使用完后，应擦净放在量具盒内。

游标卡尺日常的维护保养对其使用精度和寿命起着至关重要的作用，其维护注意事项如下：

①绝对禁止把游标卡尺的两个量爪当作扳手或划线工具使用。

②游标卡尺受到损伤后，绝对不允许用手锤、锉刀等工具自行修理，应交专门修理部门修理，经检定合格后才能使用。

③不可用砂布或普通磨料（金刚砂）来擦除刻度尺表面的锈迹和污物。

④不可在游标卡尺的刻线处打钢印或记号，否则将造成刻线不准确。必要时允许用电刻法或化学法刻蚀记号。

⑤游标卡尺不要放在磁场附近，以免卡尺感受磁性。

⑥游标卡尺应平放，避免造成变形。不要将游标卡尺与其他工具堆放，或在工具箱中随意丢放，使用完毕时，应放置在专用盒内，防止弄脏生锈。

(1) 机械游标卡尺

① 结构：机械游标卡尺的结构如图 8-4 所示。

②读数原理：游标卡尺的读数机构是由尺身刻线和游标刻线两部分组成。尺身与游标的刻线分度间隔不同，通常尺身刻线分度间隔为 1 mm，游标刻线则根据其测量精度不同分为以下几种形式：

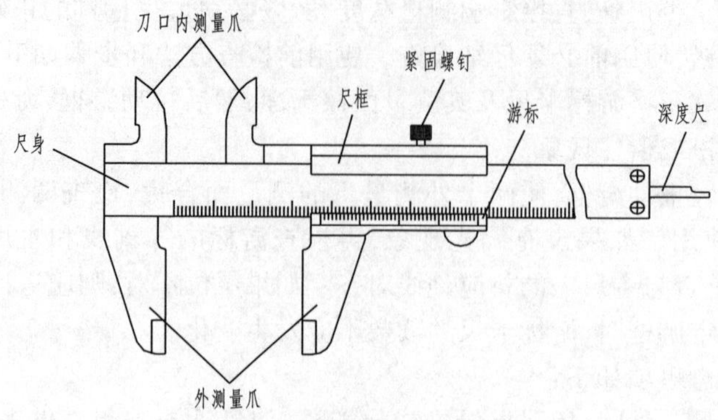

图 8-4　机械游标卡尺的结构

a. 分度值为 0.1 mm,游标分度间隔为 0.9 mm。

b. 分度值为 0.05 mm,游标分度间隔为 0.95 mm。

c. 分度值为 0.02 mm,游标分度间隔为 0.98 mm(见图 8-5)。

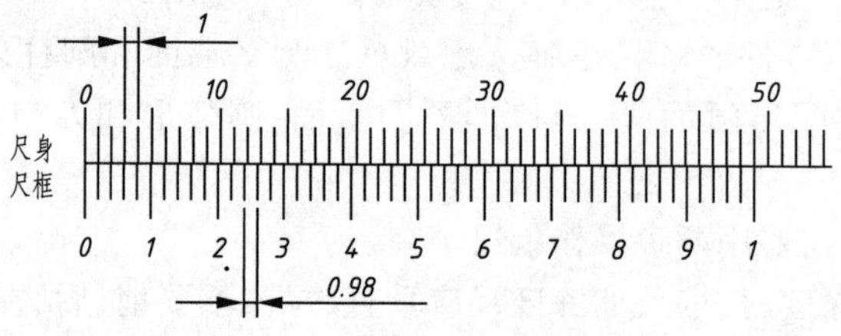

图 8-5　机械游标卡尺的精度

它的尺身刻线间隔为 1 mm,而游标刻线是在尺身 49 格刻线间隔间均分为 50 等分,故其刻线间距为 49 mm ÷ 50 = 0.98 mm,即尺身与游标刻线每格间相差 1 mm − 0.98 mm = 0.02 mm。

③读数:

a. 以游标零刻线位置为准,在主尺上读取整毫米数。

b. 看游标上哪条刻线与主尺上的某一刻线(不用管是第几条刻线)对齐,由游标上读出毫米以下的小数。

c. 总的读数为毫米整数加上毫米小数(见图 8-6)。

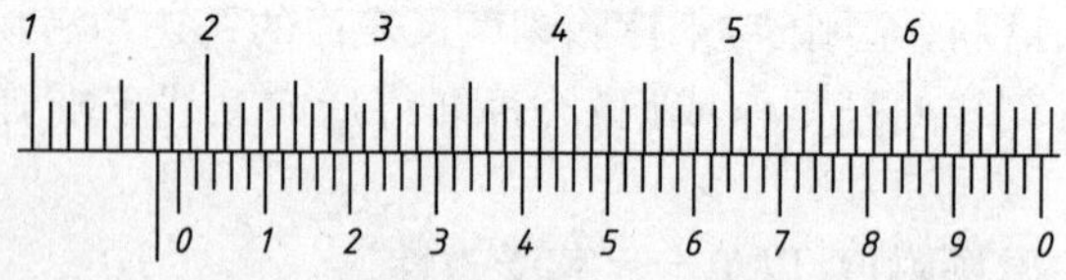

图 8-6　机械游标卡尺的读数

[**例题**]如图 8-7 所示被测尺寸(以分度值 0.02 为例),由尺身刻线读得 32 mm,再沿游标刻线找出与尺身刻线对齐位置“2”的右侧一格,即表示该被测尺寸为 32.22 mm。

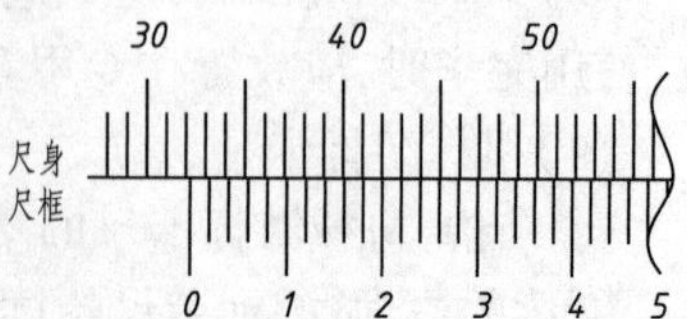

图 8-7　机械游标卡尺的读数举例

(2)带表游标卡尺

①结构:带表游标卡尺的结构如图 8-8 所示。

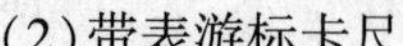

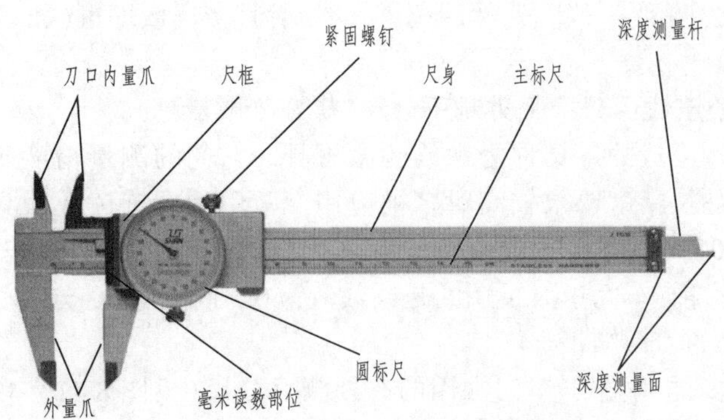

图 8-8　带表游标卡尺的结构

②读数：

a. 从尺身主刻度读取整毫米数。

b. 看表盘指示表读出毫米以下的小数。

c. 总的读数为毫米整数加上毫米小数(见图 8-9)。

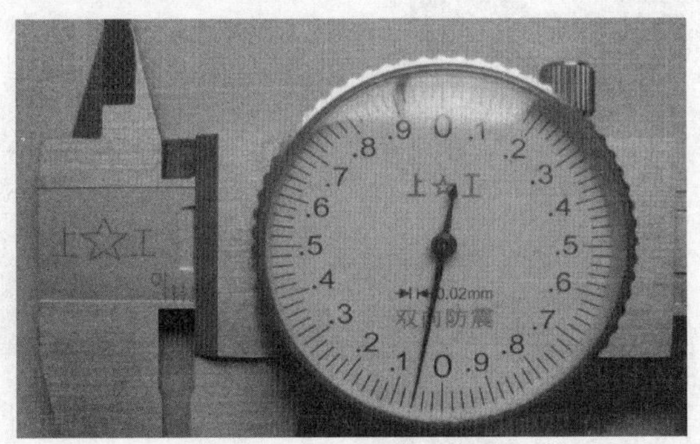

图 8-9　带表游标卡尺的读数

主尺读数为 3 mm，表上读数为 $3 \times 0.02\ \text{mm} = 0.06\ \text{mm}$，所以总读数为 $3\ \text{mm} + 0.06\ \text{mm} = 3.06\ \text{mm}$。

(3)数显游标卡尺

①结构：数显游标卡尺的结构如图 8-10 所示。

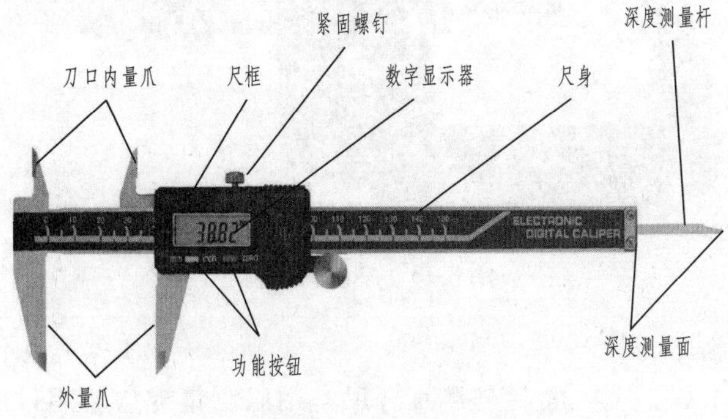

图 8-10　数显游标卡尺的结构

②读数:打开开关,调到 mm 状态,然后调零,测量后直接读数即可(数显游标卡尺的精度一般为0.01)。

2. 外测百分尺、公法线百分尺及外测千分尺(螺旋测微量具)

应用螺旋测微原理制成的量具称为螺旋测微量具。它们的测量精度比游标卡尺高,并且测量比较灵活,因此,当加工精度要求较高时多被应用。常用的螺旋读数量具有百分尺和千分尺。百分尺的读数值为0.01 mm,千分尺的读数值为0.001 mm。工厂习惯上把百分尺和千分尺统称为百分尺或分厘卡。目前,车间里大量用的是读数值为0.01 mm 的百分尺,现主要介绍这种百分尺,并适当介绍千分尺的使用知识。

百分尺的种类很多,机械加工车间常用的有外测百分尺(见图8-11)、内测百分尺、深度百分尺、螺纹百分尺、公法线百分尺(见图8-12)及数显百分尺(见图8-13)等,并分别测量或检验零件的外径、内径、深度、厚度以及螺纹的中径和齿轮的公法线长度等。

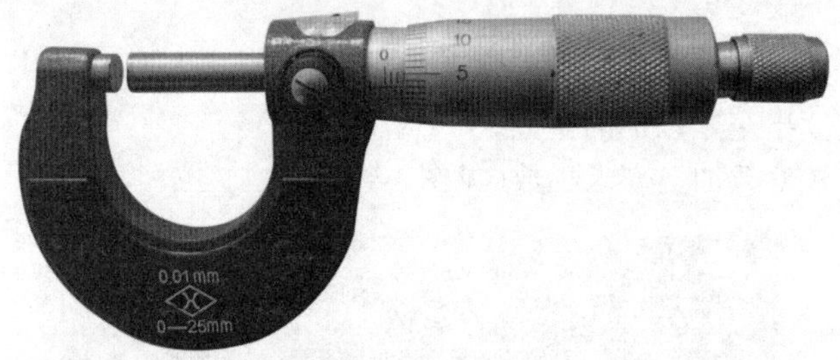

图8-11 外测百分尺

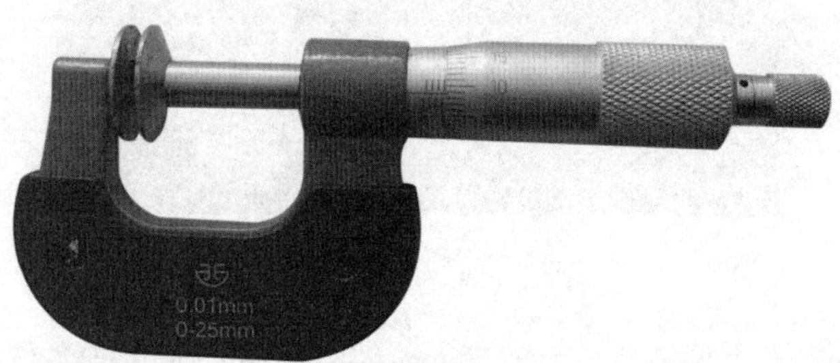

图8-12 公法线百分尺

图8-13 数显百分尺

(1)外测百分尺的结构

各种百分尺的结构大同小异,常用外测百分尺是用以测量或检验零件的外径、凸肩厚度以及板厚或壁厚等(测量孔壁厚度的百分尺,其量面呈球弧形)。百分尺由尺架、测微头、测力装置和制动器等组成。图 8-14 所示为测量范围为 0 ~ 25 mm 的外径百分尺。尺架 1 的一端装着固定测砧 2,另一端装着测微头。固定测砧 2 和测微螺杆 3 的测量面上都镶有硬质合金,以提高测量面的使用寿命。尺架 1 的两侧面覆盖着绝热板 12,使用百分尺时,手拿在绝热板上,防止人体的热量影响百分尺的测量精度。

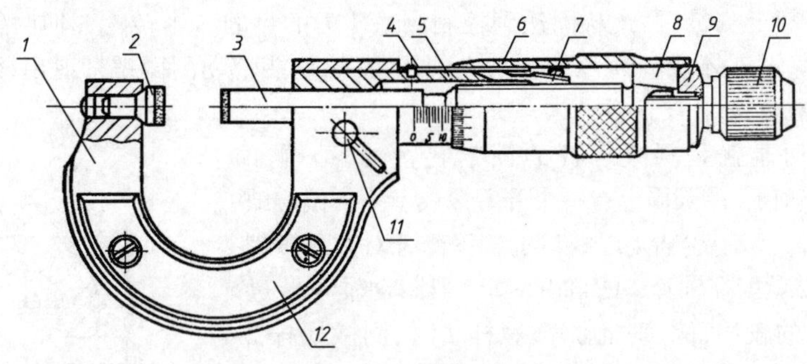

0 ~ 25 mm 外测百分尺

1—尺架;2—固定测砧;3—测微螺杆;4—螺纹轴套;5—固定刻度套筒;6—微分筒;7—调节螺母;8—接头;9—垫片;10—测力装置;11—锁紧螺钉;12—绝热板

图 8-14 外测百分尺的结构

①百分尺的测微头。

图 8-14 中的 3 ~ 9 是百分尺的测微头部分。带有刻度的固定刻度套筒 5 用螺钉固定在螺纹轴套 4 上,而螺纹轴套 4 又与尺架 1 紧配结合成一体。在固定刻度套筒 5 的外面有一带刻度的活动微分筒 6,它用锥孔通过接头 8 的外圆锥面再与测微螺杆 3 相连。测微螺杆 3 的一端是测量杆,并与螺纹轴套 4 上的内孔定心间隙配合;中间是精度很高的外螺纹,与螺纹轴套 4 上的内螺纹精密配合,可使测微螺杆 3 自如旋转而其间隙极小;测微螺杆 3 另一端的外圆锥与内圆锥接头 8 的内圆锥相配,并通过顶端的内螺纹与测力装置 10 连接。当测力装置 10 的外螺纹旋紧在测微螺杆 3 的内螺纹上时,测力装置 10 就通过垫片 9 紧压接头 8,而接头 8 上开有轴向槽,有一定的胀缩弹性,能沿着测微螺杆 3 上的外圆锥胀大,从而使微分筒 6 与测微螺杆 3 和测力装置 10 结合成一体。当用手旋转测力装置 10 时,就带动测微螺杆 3 和微分筒 6 一起旋转,并沿着精密螺纹的螺旋线方向运动,使百分尺两个测量面之间的距离发生变化。

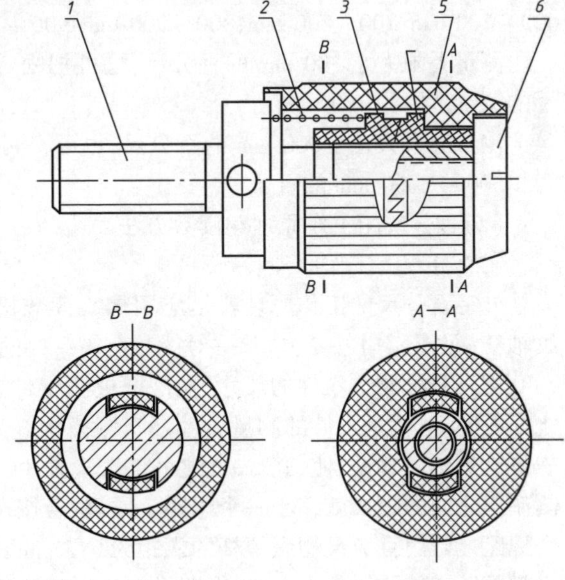

1—轮轴;2—压缩弹簧;

3、4—棘轮;5—转帽;6—螺钉

图 8-15 百分尺的测力装置的结构

②百分尺的测力装置。

百分尺的测力装置的结构如图 8-15 所示,主要依靠一对棘轮 3 和 4 的作用。棘轮 4 与转帽 5 连接成一体,而棘轮 3 可压缩弹簧 2 在轮轴 1 的轴线方向移动,但不能转动。压缩弹簧 2 的弹力是控制测量压力的,螺钉 6 使弹簧压缩 2 到百分尺所规定的测量压力。当手握转帽5顺时针旋转测力装置时，若测量压力小于压缩弹簧2的弹力，转帽5的运动就通过棘轮传给轮轴1（带动测微螺杆旋转），百分尺两测量面之间的距离继续缩短，即继续卡紧零件；当测量压力达到或略微超过压缩弹簧2的弹力时，棘轮3与4在其啮合斜面的作用下，压缩弹簧2使棘轮4沿着棘轮3的啮合斜面滑动，转帽5的转动就不能带动测微螺杆旋转，同时发出嘎嘎的棘轮跳动声，表示已达到了额定测量压力，从而达到控制测量压力的目的。当转帽5逆时针旋转时，棘轮4是用垂直面带动棘轮3，不会产生压缩弹簧2的压力，始终能带动测微螺杆退出被测零件。

③百分尺的制动器。

百分尺的制动器就是测微螺杆的锁紧装置，其结构如图8-16所示。制动轴4的圆周上有一个开着深浅不均的偏心缺口，对着测微螺杆2。当制动轴4以缺口的较深部分对着测微螺杆2时，测微螺杆2就能在轴套3内自由活动，当制动轴4转过一个角度，以缺口的较浅部分对着测微螺杆2时，测微螺杆2就被制动轴4压紧在轴套3内不能运动，达到制动的目的。

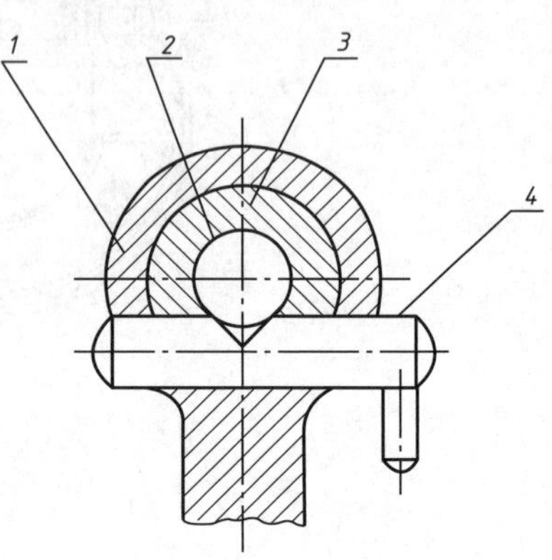

1—尺架；2—测微螺杆；
3—轴套；4—制动轴
图8-16　百分尺的制动器的结构

④百分尺的测量范围。

百分尺测微螺杆的移动量为25 mm，所以百分尺的测量范围一般为25 mm。为了使百分尺能测量更大范围的长度尺寸，以满足工业生产的需要，百分尺的尺架做成各种尺寸，形成不同测量范围的百分尺。目前，国产百分尺测量范围的尺寸分段为：0～25 mm；25～50 mm；50～75 mm；75～100 mm；100～125 mm；125～150 mm；150～175 mm；175～200 mm；200～225 mm；225～250 mm；250～275 mm；275～300 mm；300～325 mm；325～350 mm；350～375 mm；375～400 mm；400～425 mm；425～450 mm；450～475 mm；475～500 mm；500～600 mm；600～700 mm；700～800 mm；800～900 mm；900～1 000 mm。

测量上限大于300 mm的百分尺，也可把固定测砧做成可调式的或可换测砧，从而使此百分尺的测量范围为100 mm。

测量上限大于1 000 mm的百分尺，也可将测量范围制成为500 mm，目前国产最大的百分尺为2 500～3 000 mm的百分尺。

（2）百分尺的工作原理和读数方法

①百分尺的工作原理。

外径百分尺的工作原理就是应用螺旋读数机构，它包括一对精密的螺纹——测微螺杆与螺纹轴套（见图8-14中3、4）和一对读数套筒——固定套筒与微分筒（见图8-14中5、6）。

用百分尺测量零件的尺寸，就是把被测零件置于百分尺的两个测量面之间。所以两测砧面之间的距离，就是零件的测量尺寸。当测微螺杆在螺纹轴套中旋转时，由于螺旋线的作用，测量螺杆就有轴向移动，使两测砧面之间的距离发生变化。如测微螺杆按顺时针的方向旋转一周，两测砧面之间的距离就缩小一个螺距。同理，若按逆时针方向旋转一周，则两砧面的距离就增大一个螺距。常用百分尺测微螺杆的螺距为0.5 mm。因此，当测微螺杆顺时针旋转一周时，两测砧面之间的距离就缩小0.5 mm。当测微螺杆顺时针旋转不到一周时，缩小的距离就小于一个螺距，它的具体数值，可从与测微螺杆结成一体的微分筒的圆周刻度上读出。微分筒的圆周上刻有50个等分线，当微分筒转一周时，测微螺杆就推进或后退0.5 mm，微分筒转过它本身圆周刻度的一小格时，两测砧面之间转动的距离为：$0.5\div50=0.01$（mm）。

由此可知,百分尺上的螺旋读数机构,可以正确的读出 0.01 mm,也就是百分尺的读数值为 0.01 mm。

② 百分尺的读数方法。

在百分尺的固定套筒上刻有轴向中线,作为微分筒读数的基准线。另外,为了计算测微螺杆旋转的整数转,在固定套筒中线的两侧,刻有两排刻线,刻线间距均为 1 mm,上下两排相互错开 0.5 mm。

百分尺的具体读数方法可分为三步:

①读出固定套筒上露出的刻线尺寸,一定要注意不能遗漏应读出的 0.5 mm 的刻线值。

②读出微分筒上的尺寸,要看清微分筒圆周上哪一格与固定套筒的中线基准对齐,将格数乘 0.01 mm 即得微分筒上的尺寸。

③将上面两个数相加,即为百分尺上测得尺寸。

如图 8-17(a)所示,在固定套筒上读出的尺寸为 8 mm,微分筒上读出的尺寸为 27(格)× 0.01 mm = 0.27 mm,两数相加即得被测零件的尺寸为 8.27 mm;如图 8-17(b)所示,在固定套筒上读出的尺寸为 8.5 mm,在微分筒上读出的尺寸为 27(格)× 0.01 mm = 0.27 mm,两数相加即得被测零件的尺寸为 8.77 mm。

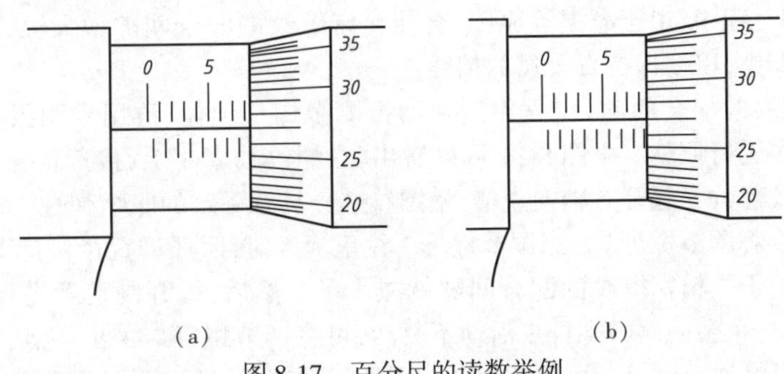

图 8-17　百分尺的读数举例

(3)百分尺的精度及其调整

百分尺是一种应用很广的精密量具,按其制造精度,可分为 0 级和 1 级两种,0 级精度较高,1 级次之。百分尺的制造精度,主要由其示值误差和测砧面的平面平行度公差的大小决定,小尺寸百分尺的精度要求,如表 8-1 所示。从百分尺的精度要求可知,用百分尺测量 IT6 ~ IT10 级精度的零件尺寸较为合适。

表 8-1　百分尺的精度要求(单位:mm)

测量上限	示值误差		两测量面平行度	
	0 级	1 级	0 级	1 级
15;25	±0.002	±0.004	0.001	0.002
50	±0.002	±0.004	0.001 2	0.002 5
75;100	±0.002	±0.004	0.001 5	0.003

百分尺在使用过程中,由于磨损,特别是使用不妥当时,会使百分尺的示值误差超差,所以应定期进行检查,进行必要的拆洗或调整,以便保持百分尺的测量精度。

①校正百分尺的零位。

百分尺如果使用不妥,零位就要走动,使测量结果不正确,容易造成产品质量事故。所以,在使用百分尺的过程中,应当校对百分尺的零位。所谓"校对百分尺的零位",就是把百分尺的两个测砧面擦干净，转动测微螺杆使它们贴合在一起(这是指0～25 mm的百分尺而言，若测量范围大于0～25 mm时，应该在两测砧面间放上校对样棒)，检查微分筒圆周上的"0"刻线，是否对准固定套筒的中线，微分筒的端面是否正好使固定套筒上的"0"刻线露出来。如果两者位置都是正确的，就认为百分尺的零位是对的，否则就要进行校正，使之对准零位。

如果零位是由于微分筒的轴向位置不对，如微分筒的端部盖住固定套筒上的"0"刻线，或"0"刻线露出太多，0.5的刻线搞错，必须进行校正。此时，可用制动器把测微螺杆锁住，再用百分尺的专用扳手，插入测力装置轮轴的小孔内，把测力装置松开(逆时针旋转)，微分筒就能进行调整，即轴向移动一点。使固定套筒上的"0"线正好露出来，同时使微分筒的零线对准固定套筒的中线，然后把测力装置旋紧。

如果零位是由于微分筒的零线没有对准固定套筒的中线，也必须进行校正。此时，可用百分尺的专用扳手，插入固定套筒的小孔内，把固定套筒转过一点，使之对准零线。

但当微分筒的零线相差较大时，不应当采用此法调整，而应该采用松开测力装置转动微分筒的方法来校正。

②调整百分尺的间隙。

百分尺在使用过程中，由于磨损等原因，会使精密螺纹的配合间隙增大，从而使示值误差超差，必须及时进行调整，以便保持百分尺的精度。

要调整精密螺纹的配合间隙，应先用制动器把测微螺杆锁住，再用专用扳手把测力装置松开，拉出微分筒后再进行调整。由图8-14可以看出，在螺纹轴套4上，接近精密螺纹一段的壁厚比较薄，且连同螺纹部分一起开有轴向直槽，使螺纹部分具有一定的胀缩弹性。同时，螺纹轴套4的圆锥外螺纹上，旋着调节螺母7。当调节螺母7往里旋入时，因螺母直径保持不变，就迫使外圆锥螺纹的直径缩小，于是精密螺纹的配合间隙就减小了。然后，松开制动器进行试转，看螺纹间隙是否合适。间隙过小会使测微螺杆3活动不灵活，可将调节螺母7松出一点，间隙过大则使测微螺杆3有松动，可将调节螺母7再旋进一点。直至间隙调整好后，再把微分筒6装上，对准零位后把测力装置10旋紧。

经过上述调整的百分尺，除必须校对零位外，还应当用检定量块检验百分尺的五个尺寸的测量精度，确定百分尺的精度等级后，才能移交使用。例如，用5.12、10.24、15.36、21.5、25等五个块规尺寸检定0～25 mm的百分尺，它的示值误差应符合要求，否则应继续修理。

(4)百分尺的使用方法

百分尺使用得是否正确，对保持精密量具的精度和保证产品质量的影响很大，指导人员和实习的学生必须重视量具的正确使用，使测量技术精益求精，获得正确的测量结果，确保产品质量。

使用百分尺测量零件尺寸时，必须注意下列几点：

①使用前，应把百分尺的两个测砧面擦干净，转动测力装置，使两个测砧面接触(若测量上限大于25 mm时，在两个测砧面之间放入校对量杆或相应尺寸的量块)，接触面上应没有间隙和漏光现象，同时微分筒和固定套筒要对准零位。

②转动测力装置时，微分筒应能自由灵活地沿着固定套筒活动，没有任何轧卡和不灵活的现象。如有活动不灵活的现象，应送计量站及时检修。

③测量前，应把零件的被测量表面擦干净，以免有脏污存在时影响测量精度。绝对不允许用百分尺测量带有研磨剂的表面，以免损伤测量面的精度。用百分尺测量表面粗糙的零件也是错误的，这样易使测砧面过早磨损。

④用百分尺测量零件时，应当手握测力装置的转帽来转动测微螺杆，使测砧表面保持标准的

测量压力,即听到嘎嘎的声音,表示压力合适,并可开始读数。要避免因测量压力不等而产生测量误差。

绝对不允许用力旋转微分筒来增加测量压力,使测微螺杆过分压紧零件表面,致使精密螺纹因受力过大而发生变形,损坏百分尺的精度。有时用力旋转微分筒后,虽因微分筒与测微螺杆间的连接不牢固,对精密螺纹的损坏不严重,但是微分筒打滑后,百分尺的零位移动了,就会造成质量事故。

⑤使用百分尺测量零件时,要使测微螺杆与零件被测量的尺寸方向一致。如测量外径时,测微螺杆要与零件的轴线垂直,不要歪斜。测量时,可在旋转测力装置的同时,轻轻地晃动尺架,使测砧面与零件表面接触良好,如图 8-18 所示。

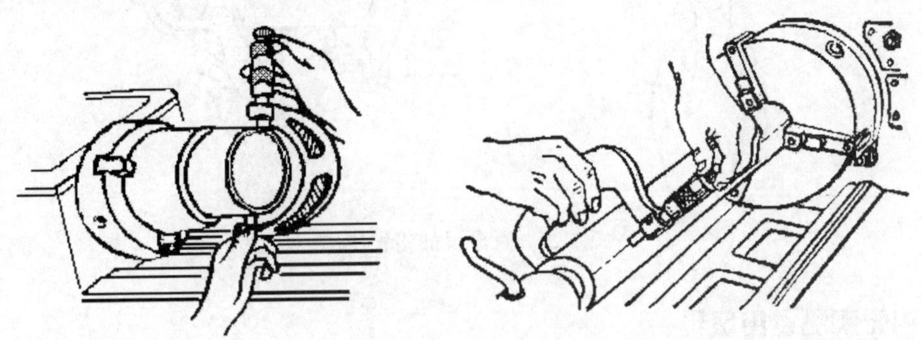

图 8-18　使用外径百分尺的方法

⑥用百分尺测量零件时,最好在零件上进行读数,放松后取出百分尺,这样可减少测砧面的磨损。如果必须取下读数时,应用制动器锁紧测微螺杆后,再轻轻滑出零件,把百分尺当卡规使用是错误的,这样做不但易使测量面过早磨损,甚至会使测微螺杆或尺架发生变形而失去精度。

⑦在读取百分尺上的测量数值时,要特别留心不要读错 0.5 mm。

⑧为了获得正确的测量结果,可在同一位置上再测量一次。尤其是测量圆柱形零件时,应在同一圆周的不同方向测量几次,检查零件外圆有没有圆度误差,再在全长的各个部位测量几次,检查零件外圆有没有圆柱度误差等。

⑨对于超常温的工件,不要进行测量,以免产生读数误差。

⑩用单手使用外径百分尺时,如图 8-19(a)所示,可用大拇指和食指或中指捏住活动套筒,小指勾住尺架并压向手掌上,大拇指和食指转动测力装置就可测量。用双手测量时,可按图 8-19(b)所示的方法进行。

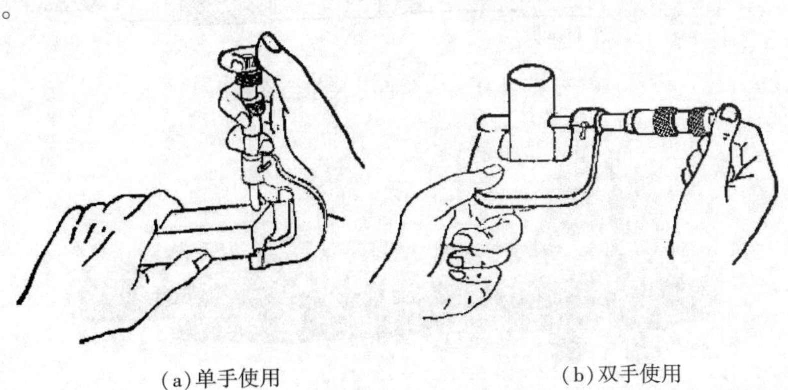

(a)单手使用　　(b)双手使用

图 8-19　百分尺的正确使用

值得提出的是几种使用外径百分尺的错误方法，例如用百分尺测量旋转运动中的工件，很容易使百分尺磨损，而且测量也不准确；又如贪图快一点得出读数，握着微分筒挥转（见图 8-20）等，这同碰撞一样，也会破坏百分尺的内部结构。

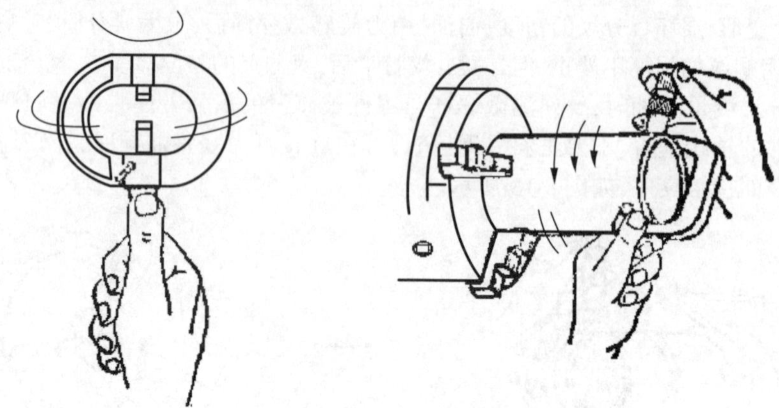

图 8-20 百分尺的错误使用

二、内轮廓测量用量具

1. 内测百分尺

内测百分尺示意图如图 8-21 所示，实物图如图 8-22 和图 8-23 所示，是测量小尺寸内径和内侧面槽的宽度。其特点是容易找正内孔直径，测量方便。国产内测百分尺的读数值为 0.01 mm，测量范围有 5～30 mm 和 25～50 mm 的两种，图 8-22 所示为 5～30 mm 的内测百分尺。内测百分尺的读数方法与外测百分尺相同，只是套筒上的刻线尺寸与外径百分尺相反，另外它的测量方向和读数方向也都与外径百分尺相反。

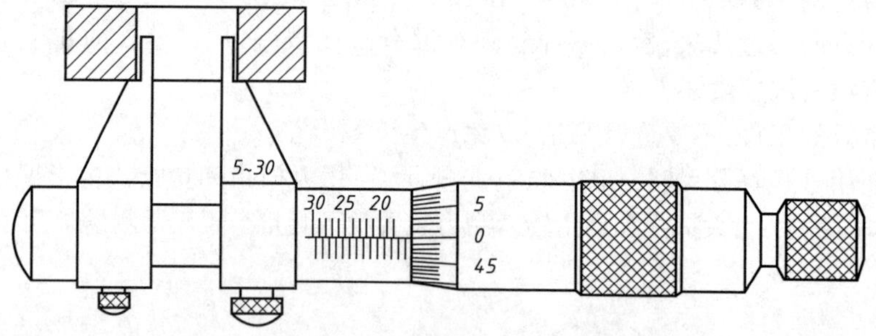

图 8-21 内测百分尺示意图

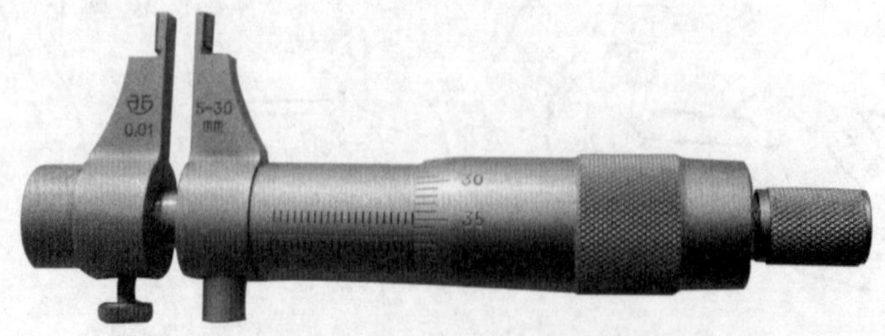

图 8-22 内测百分尺实物图

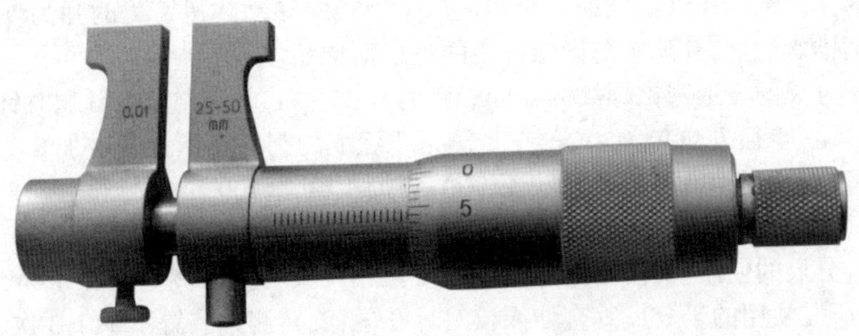

图 8-23　内测百分尺实物图

2. 三爪内径千分尺

三爪内径千分尺为自动定心，测量内径的量具，其实物图如图 8-24 所示，示意图如图 8-25 所示，其特点是测量精度高，示值稳定，使用简捷，并能测不通孔的零件。三爪内径千分尺适用于测量中小直径的精密内孔，尤其适用于测量深孔的直径。测量范围：6 ~ 8 mm、8 ~ 10 mm、10 ~ 12 mm、11 ~ 14 mm、14 ~ 17 mm、17 ~ 20 mm、20 ~ 25 mm、25 ~ 30 mm、30 ~ 35 mm、35 ~40 mm、40 ~ 50 mm、50 ~ 60 mm、60 ~ 70 mm、70 ~ 80 mm、80 ~ 90 mm、90 ~ 100 mm。三爪内径千分尺的零位，必须在标准孔内进行校对。它适用于高精度通孔与不通孔的内径测量，示值稳定，使用方便。

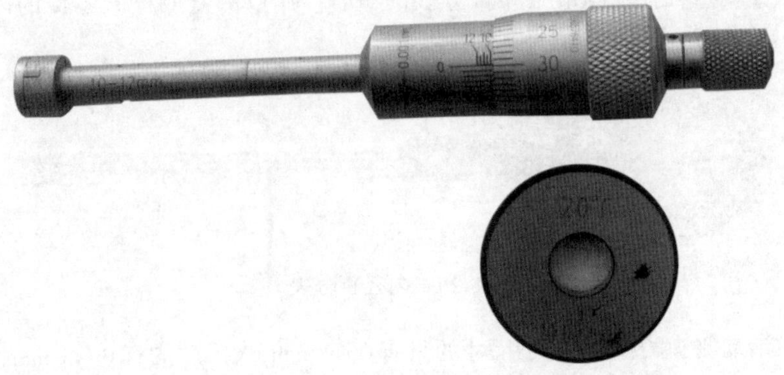

图 8-24　三爪内径千分尺实物图

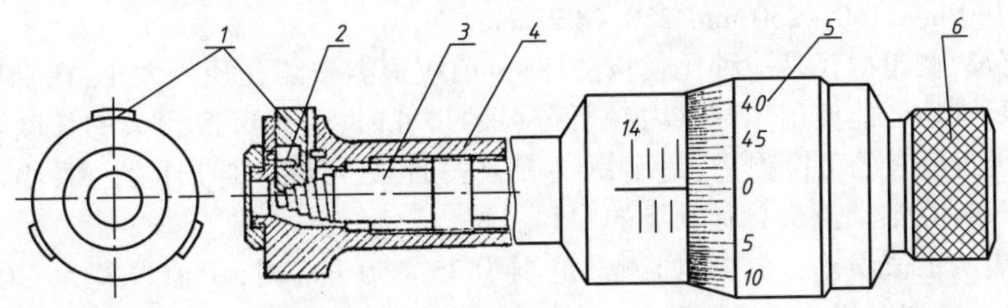

1—测量爪；2—扭簧；3—测微螺杆；4—螺纹轴套；5—微分筒；6—测力装置

图 8-25　三爪内径千分尺示意图

三爪内径千分尺的工作原理：图 8-25 所示为测量范围 11 ~ 14 mm 的三爪内径千分尺，当顺时针旋转测力装置 6 时，就带动测微螺杆 3 旋转，并使它沿着螺纹轴套 4 的螺旋线方向移动，于是测微螺杆 3 端部的方形圆锥螺纹就推动三个测量爪 1 做径向移动。扭簧 2 的弹力使测量爪 1 紧紧地贴合在方形圆锥螺纹上,并随着测微螺杆 3 的进退而伸缩。

三爪内径千分尺的方形圆锥螺纹的径向螺距为 0. 25 mm,即当测力装置顺时针旋转一周时测量爪 1 就向外移动(半径方向)0. 05 mm,三个测量爪组成的圆周直径就要增加 0. 1 mm,即微分筒旋转一周时,测量直径增大 0. 1 mm,而微分筒的圆周上刻着 100 个等分格,所以它的读数值为 0. 1 mm ÷ 100 = 0. 001 mm。

三爪内径千分尺的使用:①使用前先将千分尺及相应校对环的测量面擦干净,将校对环放在平台上,然后将所需使用的千分尺垂直伸入校对环孔内,旋转测力装置不少于 3 次,与校对环实际尺寸比较,如有差异时,将千分尺固定套筒上的螺钉旋松,刻线对准读数后,旋紧螺钉再重复校对一次即可使用。②测量时将测量爪轻置于孔内,使测量爪逐步接近孔壁,旋动测力装置不少于 3 次,使测量爪贴紧孔壁取得读数,注意测量时测量爪不应在孔内滑动,尺身不应晃动。③测量范围为 6 ~ 8 mm、8 ~ 10 mm、10 ~ 12 mm 的三爪内径千分尺,旋转微分筒使测量爪内缩时,注意不要旋至超出测量范围下限 1 mm,以免导向销脱出导向槽。三爪内径千分尺的测量范围:6 ~ 8 mm、8 ~ 10 mm、10 ~ 12 mm 为一套 3 件;11 ~ 14 mm、14 ~ 17 mm、17 ~ 20 mm 为一套 3 件;20 ~ 25 mm、25 ~ 30 mm、30 ~ 35 mm、35 ~ 40 mm 为一套 4 件;40 ~ 50 mm、50 ~ 60 mm、60 ~ 70 mm、70 ~ 80 mm、80 ~ 90 mm、90 ~ 100 mm 为一套 6 件。

3. 内径百分表

内径百分表是内量杠杆式测量架和百分表的组合。用以测量或检验零件的内孔、深孔直径及其形状精度,如图 8-26 所示。

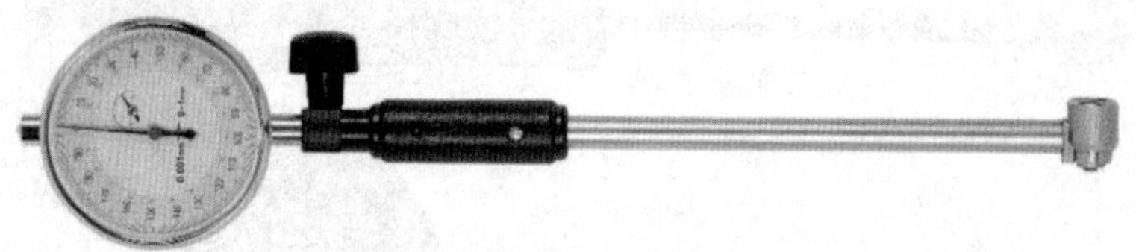

图 8-26　内径百分表

内径百分表活动测头的移动量,小尺寸的只有 0 ~ 1 mm,大尺寸的有 0 ~ 3 mm,它的测量范围是由更换或调整可换测头的长度来达到的。因此,每个内径百分表都附有成套的可换测头。国产内径百分表的读数值为 0. 01 mm,测量范围有 10 ~ 18 mm、18 ~ 35 mm、35 ~ 50 mm、50 ~ 100 mm、100 ~ 160 mm、160 ~ 250 mm、250 ~ 450 mm。

用内径百分表测量内径是一种比较量法,测量前应根据被测孔径的大小,在专用的环规或百分尺上调整好尺寸后才能使用。调整内径百分尺的尺寸时,选用可换测头的长度及其伸出的距离(大尺寸内径百分表的可换测头,是用螺纹旋上去的,故可调整伸出的距离,小尺寸的不能调整),应使被测尺寸在活动测头总移动量的中间位置。

内径百分表的示值误差比较大,如测量范围为 35 ~ 50 mm 时,示值误差为 ± 0. 015 mm。为此,使用时应当经常在专用环规或百分尺上校对尺寸(习惯上称校对零位),必要时可在由块规附件装夹好的块规组上校对零位,并增加测量次数,以便提高测量精度。

内径百分表的指针摆动读数,刻度盘上每一格为 0. 01 mm,盘上刻有 100 格,即指针每转一圈为 1 mm。

内径百分表的使用方法:内径百分表用来测量圆柱孔,它附有成套的可调测量头,使用前必须先进行组合和校对零位,如图 8-27 所示。组合时,将百分表装入连杆内,使小指针指在 0 ~ 1 的位置上,长指针和连杆轴线重合,刻度盘上的字应垂直向下,以便于测量时观察,装好后应予紧固。粗加工时,最好先用游标卡尺或内卡钳测量。因内径百分表同其他精密量具一样属贵重仪器,其好坏与精确直接影响到工件的加工精度和其使用寿命。粗加工时工件加工表面粗糙不平而测量不准确,也使测头易磨损。因此,须加以爱护和保养,精加工时再进行测量。测量前应根据被测孔径大小用外径百分尺调整好尺寸后才能使用,如图 8-28 所示。在调整尺寸时,正确选用可换测头的长度及其伸出距离,应使被测尺寸在活动测头总移动量的中间位置。

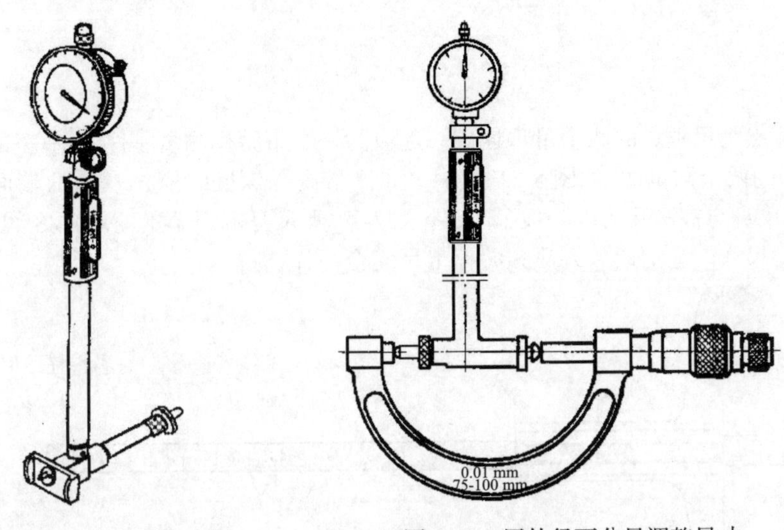

图 8-27 内径百分表图　　图 8-28 用外径百分尺调整尺寸

测量时,连杆中心线应与工件中心线平行,不得歪斜,同时应在圆周上多测几个点,找出孔径的实际尺寸,看是否在公差范围内,如图 8-29 所示。

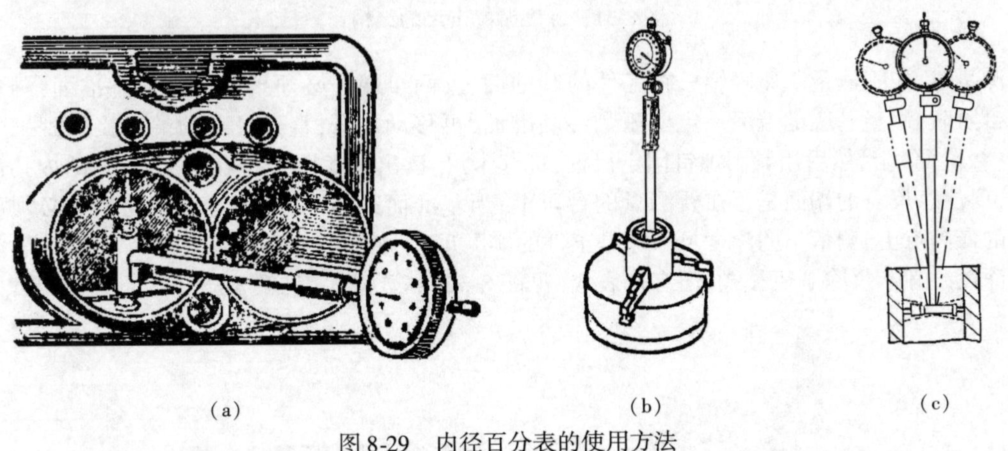

(a)　(b)　(c)

图 8-29 内径百分表的使用方法

三、深度测量用量具

1. 深度游标卡尺

深度游标卡尺用于测量零件的深度尺寸、台阶高低和槽的深度,深度游标卡尺实物图如图 8-30 所示。

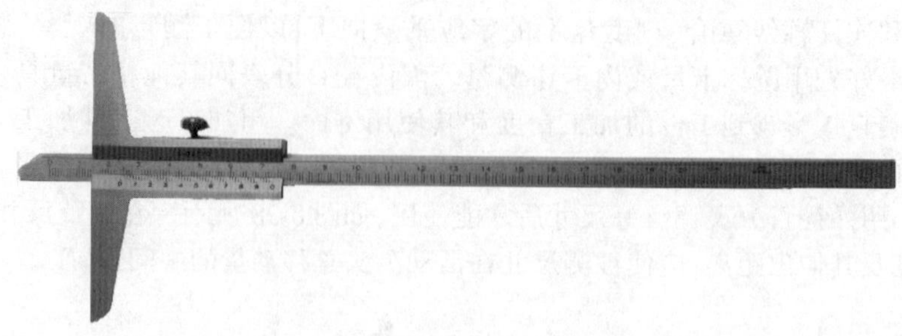

图 8-30　深度游标卡尺实物图

它的结构特点是尺框 3 的两个量爪连成一起成为一个带游标测量基座 1,基座的端面和尺身 4 的端面就是它的两个测量面,如图 8-31 所示。如测量内孔深度时应把基座的端面紧靠在被测孔的端面上,使尺身与被测孔的中心线平行,伸入尺身,则尺身端面至基座端面之间的距离,就是被测零件的深度尺寸。它的读数方法和游标卡尺完全一样。

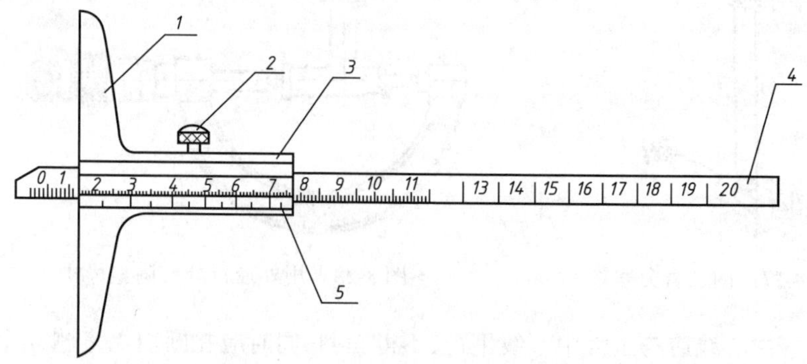

1—测量基座;2—紧固螺钉;3—尺框;4—尺身;5—游标

图 8-31　深度游标卡尺的结构

测量时,先把测量基座轻轻压在工件的基准面上,两个端面必须接触工件的基准面;测量轴类等台阶时,测量基座的端面一定要压紧在基准面,再移动尺身,直到尺身的端面接触到工件的量面(台阶面)上,然后用紧固螺钉固定尺框,提起卡尺,读出深度尺寸;多台阶小直径的内孔深度测量,要注意尺身的端面是否在要测量的台阶上;当基准面是曲线时,测量基座的端面必须放在曲线的最高点上,测量出的深度尺寸才是工件的实际尺寸,否则会出现测量误差。

深度游标卡尺除了机械式,还有带表式(见图 8-32)和数显式(见图 8-33)。

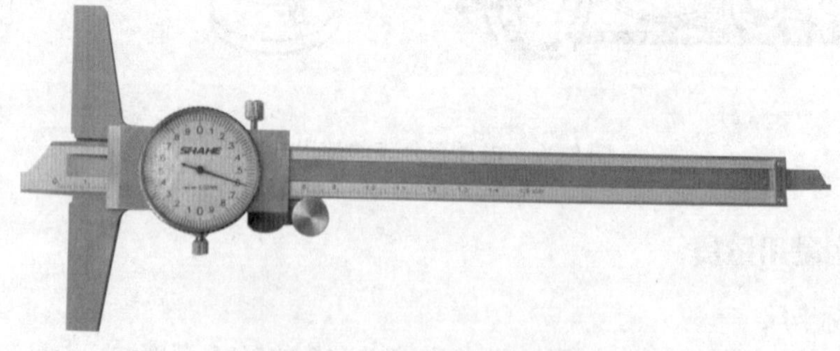

图 8-32　带表深度游标卡尺

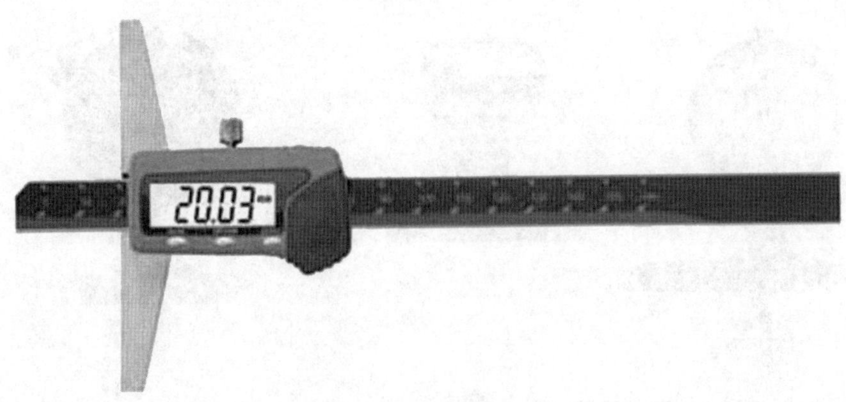

图 8-33　数显游标卡尺

2. 深度百分尺

深度百分尺用以测量孔深、槽深和台阶高度等。它的结构除用基座代替尺架和测砧外，与外测百分尺没有区别。深度百分尺的读数范围：0 ~ 25 mm、25 ~ 100 mm、100 ~ 150 mm，读数值为 0. 01 mm。它的测量杆 6 制成可更换的形式，更换后，用锁紧装置 4 锁紧，如图 8-34 所示。

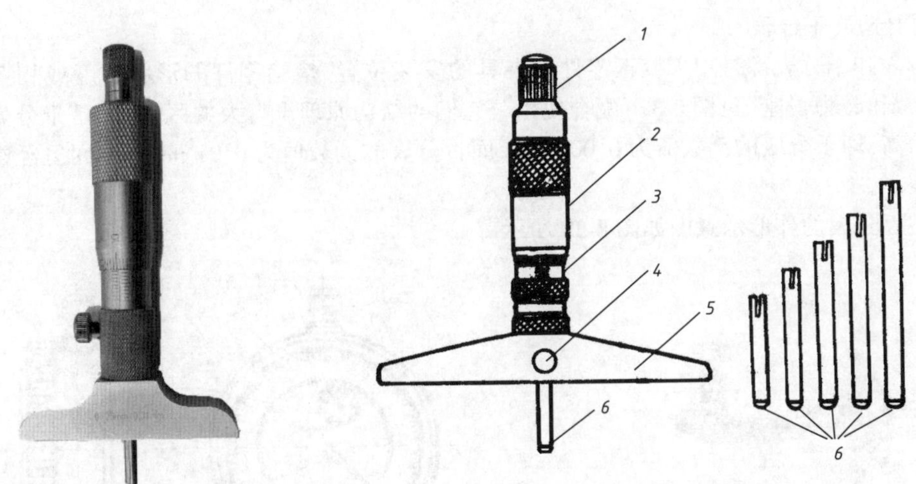

1—测力装置；2—微分筒；3—固定套筒；4—锁紧装置；5—基座；6—测量杆

图 8-34　深度百分尺的结构

深度百分尺校对零位可在精密平面上进行，即当基座端面与测量杆端面位于同一平面时，微分筒的零线正好对准。当更换测量杆时，一般零位不会改变。

深度百分尺测量孔深时，应把基座 5 的测量面紧贴在被测孔的端面上。零件的这一端面应与孔的中心线垂直，且应当光洁平整，使深度百分尺的测量杆与被测孔的中心线平行，保证测量精度。此时，测量杆端面到基座端面的距离，就是孔的深度。

深度百分尺除了机械式，还有带表式（图 8-35）和数显式（图 8-36）。

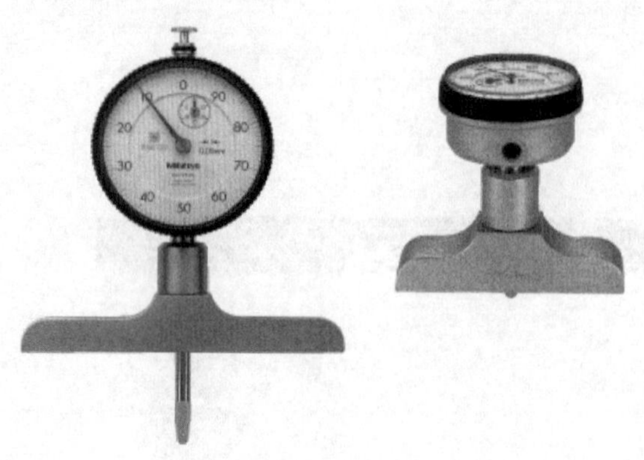

图 8-35　带表深度百分尺

图 8-36　数显深度百分尺

四、测量找正用指示式量具

指示式量具是以指针指示出测量结果的量具。车间常用的指示式量具有:百分表、千分表、杠杆百分表和内径百分表等。主要用于校正零件的安装位置,虎钳等夹具的找正,检验零件的形状精度和相互位置精度,以及测量零件的内径等。

1. 百分表、千分表

百分表和千分表都是用来校正零件或夹具的安装位置、检验零件的形状精度或相互位置精度的,经常和磁力表座(见图 8-37)配合使用。它们的结构原理没有大的区别,只是千分表的读数精度比较高,即千分表的读数值为 0. 001 mm,而百分表的读数值为 0. 01 mm。车间里经常使用的是百分表。

机械百分表的外形示意图如图 8-38 所示。

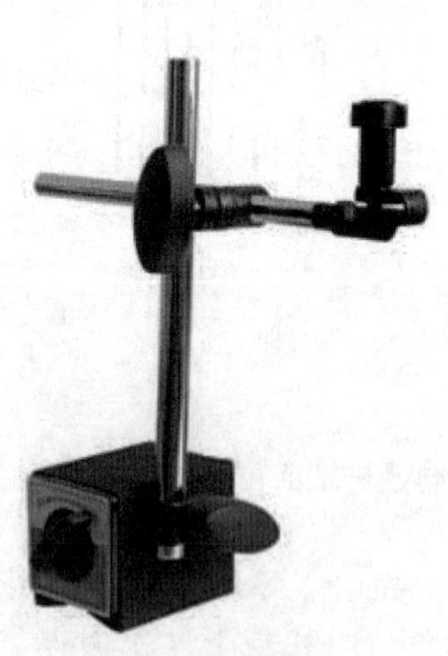

图 8-37　磁力表座

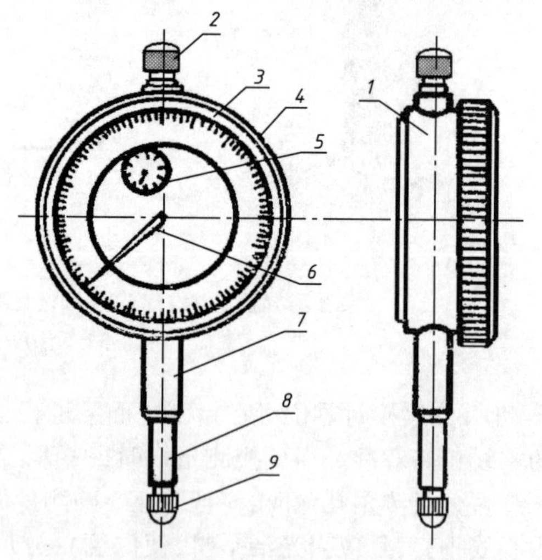

1—表体; 2—手提圆头;3—表盘;4—表圈;5—转数指示盘;
6—指针;7—套筒;8—测量杆;9—测量头

图 8-38　机械百分表外形示意图

表盘 3 上刻有 100 个等分格,其刻度值(即读数值)为 0. 01 mm。当指针转一圈时,小指针即转动一小格，转数指示盘 5 的刻度值为 1 mm。用手转动表圈 4 时，表盘 3 也跟着转动，可使指针对准任一刻线。测量杆 8 是沿着套筒 7 上下移动的，套筒 7 可作为安装百分表用。9 是测量头，2 是测量杆用的手提圆头。

机械百分表的实物图如图 8-39 所示，除了机械百分表外还有数显百分表（见图 8-40）等。

由于百分表和千分表的测量杆是做直线移动的，可用来测量长度尺寸，所以它们也是长度测量工具。目前，国产百分表的测量范围（即测量杆的最大移动量），有 0 ~ 3 mm、0 ~ 5 mm、0 ~ 10 mm三种。读数值为 0. 001 mm 的千分表，测量范围为 0 ~ 1 mm。

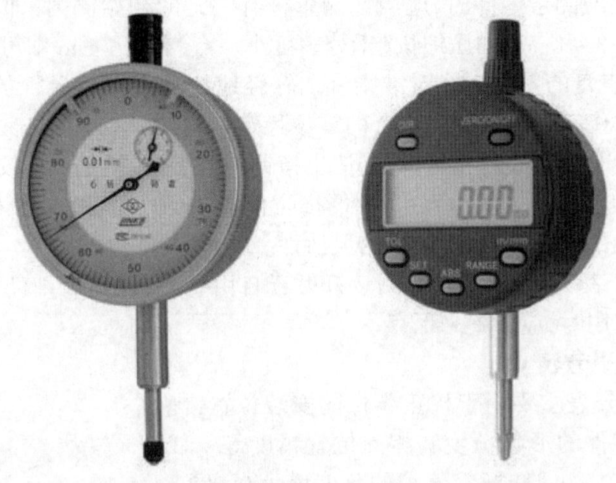

图 8-39　机械百分表　　　　图 8-40　数显百分表

百分表和千分表的使用方法：由于千分表的读数精度比百分表高，所以百分表适用于尺寸精度为 IT6 ~ IT8 级零件的校正和检验；千分表则适用于尺寸精度为 IT5 ~ IT7 级零件的校正和检验。百分表和千分表按其制造精度，可分为 0、1 和 2 级三种，0 级精度较高。使用时，应按照零件的形状和精度要求，选用合适的百分表或千分表的精度等级和测量范围。

使用百分表和千分表时，必须注意以下几点；

（1）使用前，应检查测量杆活动的灵活性，即轻轻推动测量杆时，测量杆在套筒内的移动要灵活，没有任何轧卡现象，且每次放松后，指针能恢复到原来的刻度位置。

（2）使用百分表或千分表时，必须把它固定在可靠的夹持架上（如固定在万能表架或磁性表座上，如图 8-41 所示），夹持架要安放平稳，以免测量结果不准确或摔坏百分表。

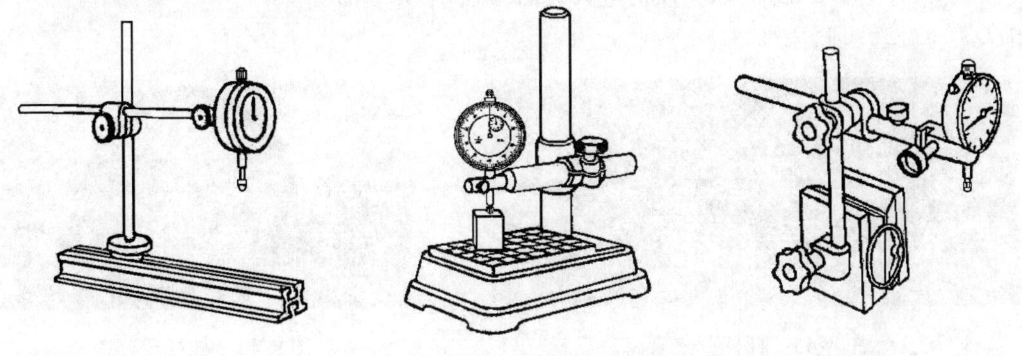

图 8-41　安装在专用夹持架上的百分表

用夹持百分表的套筒来固定百分表时,夹紧力不要过大,以免因套筒变形而使测量杆活动不灵活。

(3)用百分表或千分表测量零件时,测量杆必须垂直于被测量表面,即使测量杆的轴线与被测量尺寸的方向一致,否则将使测量杆活动不灵活或测量结果不准确。

(4)测量时,不要使测量杆的行程超过其测量范围;不要使测量头突然撞在零件上;不要使百分表和千分表受到剧烈的振动和撞击,也不要把零件强迫推入测量头下,以免损坏百分表和千分表的零件而失去精度。因此,用百分表测量表面粗糙或有显著凹凸不平的零件是错误的。

(5)用百分表校正或测量零件时,应当使测量杆有一定的初始测力,即在测量头与零件表面接触时,测量杆应有0.3～1 mm的压缩量(千分表可小一点,有0.1 mm即可),使指针转过半圈左右,然后转动表圈,使表盘的零位刻线对准指针。轻轻地拉动手提测量杆的圆头,拉起和放松几次,检查指针所指的零位有无改变。当指针的零位稳定后,再开始测量或校正零件的工作。如果是校正零件,此时开始改变零件的相对位置,读出指针的偏摆值,就是零件安装的偏差数值。

(6)在使用百分表和千分表的过程中,要严格防止水、油和灰尘渗入表内,测量杆上也不要加油,以免粘有灰尘的油污进入表内,影响表的灵活性。

(7)百分表和千分表不使用时,应使测量杆处于自由状态,以免表内的弹簧失效。如内径百分表上的百分表,不使用时,应拆下来保存。

2. 杠杆百分表和千分表

杠杆百分表和千分表主要用于校正零件的安装位置,虎钳等夹具的找正,检验零件的形状精度和相互位置精度等。杠杆百分表的分度值为0.01 mm,杠杆千分表的分度值为0.002 mm或0.001 mm。一般夹在刀柄或磁力表座上使用。杠杆百分表的组成如图8-42所示,实物图如图8-43所示。杠杆千分表的实物图如图8-44所示。

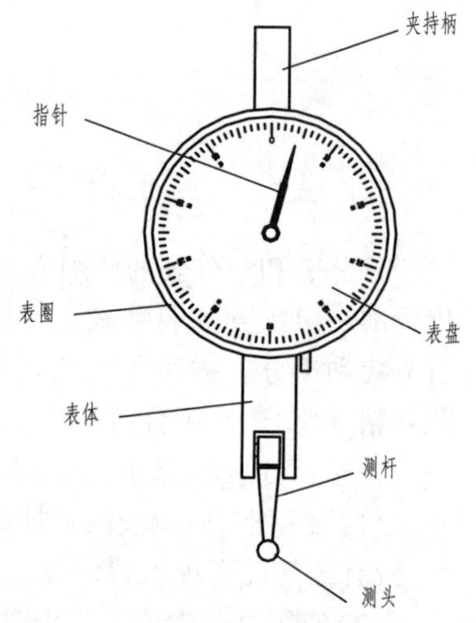

图8-42 杠杆百分表的组成

使用注意事项:

(1)千分表应固定在可靠的表架上,测量前必须检查千分表是否夹牢,并多次提拉千分表测量杆与工件接触,观察其重复指示值是否相同。

(2)测量时,不准用工件撞击测头,以免影响测量精度或撞坏千分表。为保持一定的起始测量力,测头与工件接触时,测量杆应有0.3～0.5 mm的压缩量。

(3)测量杆上不要加油,以免油污进入表内,影响千分表的灵敏度。

图8-43 杠杆百分表

图8-44 杠杆千分表

(4)千分表测量杆与被测工件表面必须垂直,否则会产生误差。

(5)杠杆千分表的测量杆轴线与被测工件表面的夹角越小,误差就越小。测量杆轴线相对于表体的倾斜角度一般要小于等于15°。

五、螺纹检测用量具

1. 内螺纹检测

普通螺纹是多参数要素,有两类检测方法:综合检验和单项检验。

综合检验就是用量规对影响螺纹互换性的几何参数偏差的综合结果进行检验。其中包括:使用普通螺纹通规(通端)和止规(止端)(见图8-45)分别对被测螺纹的作用中径(含底径)和单一中径进行检验;使用光滑极限量规(见图8-46)对被测螺纹的实际顶径进行检验。

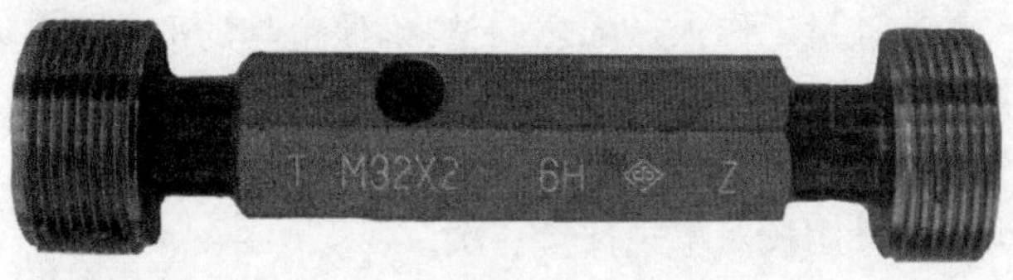

图8-45 普通螺纹通止规

图8-46 光滑极限量规

内螺纹量规又称螺纹塞规。

检验方法:如果被测螺纹能够与螺纹通规旋合通过,且与螺纹止规不完全旋合通过(螺纹止规只允许与被测螺纹两段旋合,旋合量不得超过两个螺距),就表明被测螺纹的作用中径没有超过其最大实体牙型的中径,且单一中径没有超出其最小实体牙型的中径,那么就可以保证旋合性和连接强度,则被测螺纹中径合格,否则不合格。

2. 外螺纹检测

(1)环通规(见图8-47)

使用前:应经相关检验计量机构检验计量合格后,方可投入生产现场使用。

图8-47 环通止规

使用时:应注意被测螺纹公差等级及偏差代号与环规标识的公差等级、偏差代号相同(如M24×1.5-6 h与M24×1.5-5 g两种环规外形相同,其螺纹公差带不相同,错用后将产生批量不合格品)。

检验测量过程:首先要清理干净被测螺纹油污及杂质,然后在环规与被测螺纹对正后,用大拇指与食指转动环规,使其在自由状态下旋合通过螺纹全部长度判定合格,否则以不通判定。

(2)环止规(见图8-47)

使用前:应经相关检验计量机构检验计量合格后,方可投入生产现场使用。

使用时:应注意被测螺纹公差等级及偏差代号与环规标识公差等级、偏差代号相同。

检验测量过程:首先要清理干净被测螺纹油污及杂质,然后在环规与被测螺纹对正后,用大拇指与食指转动环规,旋入螺纹长度在2个螺距之内为合格,否则判为不合格品。

(3)维护与保养

量具(环规)使用完毕后,应及时清理干净测量部位附着物,存放在规定的量具盒内。生产现场在用量具应摆放在工艺定制位置,轻拿轻放,以防止磕碰而损坏测量表面。严禁将量具作为切削工具强制旋入螺纹,避免造成早期磨损。

可调节螺纹环规严禁非计量工作人员随意调整,确保量具的准确性。环规长时间不用,应交计量管理部门妥善保管。

(4)注意事项

在用量具应在每个工作日用校对塞规计量一次。

经校对塞规计量超差或者达到计量器具周检期的环规,由计量管理人员收回作相应的处理措施。

可调节螺纹环规经调整后,测量部位会产生失圆,此现象由计量修复人员经螺纹磨削加工后再次计量鉴定,各尺寸合格后方可投入使用。

报废环规应及时处理,不得流入生产现场。

总之,螺纹通规具有完整的牙型,螺纹长度等于被测螺纹的旋合长度;螺纹止规具有截短牙型,螺纹长度为2~3个螺距。螺纹通规用来模拟被测螺纹的最大实体牙型,检验被测螺纹的作用中径的实际尺寸;螺纹止规用来检验被测螺纹的单一中径。

被测螺纹如果能够与螺纹通规自由旋合通过,与螺纹止规不能旋入或者旋合不超过2个螺距,则表明被测螺纹的作用中径没有超出其最大实体牙型的中径。单一中径没有超出其最小实体牙型的中径,被测螺纹合格。

思考与练习题八

1. 常用的外轮廓测量量具和内轮廓测量量具有哪些?常用的深度测量量具有哪些?

2. 如图8-48所示是什么刀具?有什么作用?

图8-48　刀具

3. 如图 8-49 所示可能是什么量具？示值分别是多少？

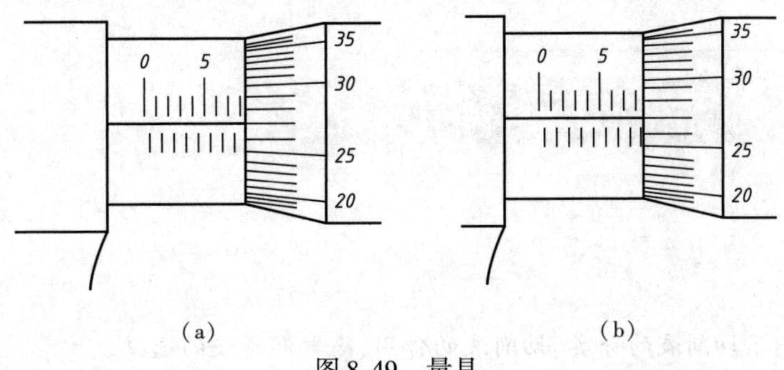

（a）　　（b）

图 8-49　量具

第九章 数控加工冷却液

内容提要

本章主要介绍了切削液的分类、切削液的作用、冷却润滑液的选择。

数控加工过程中合理选用冷却润滑液，可以有效地减小切削过程中的摩擦，改善散热条件，而降低切削力、切削温度和刀具磨损，提高刀具耐用度、切削效率和已加工表面质量及降低产品的加工成本。随着科学技术和机械加工工业的不断发展，特别是大量的难切削材料的应用和对产品零件加工质量要求越来越高，这就给切削加工带来了难题。为了使这些难题获得解决，除合理选择别的切削条件外，合理选择切削液也尤为重要。

一、切削液的分类

1. 水溶液

其主要成分是水。由于水的导热系数是油的导热系数的三倍，所以它的冷却性能好。在其中加入一定量的防锈和油性添加剂，还能起到一定的防锈和润滑作用。

2. 乳化液

(1)普通乳化液

它是由防锈剂、乳化剂和矿物油配制而成。清洗和冷却性能好，兼有防锈和润滑性能。

(2)防锈乳化液

在普通乳化液中，加入大量的防锈剂，用于防锈要求严格的工序和气候潮湿的地区。

(3)极压乳化液

在乳化液中，添加含硫、磷、氯的极压添加剂，能在切削时的高温、高压下形成吸附膜，起润滑作用。

3. 切削油

(1)矿物油

矿物油 5#、7#、10#、20#、30#机械油和柴油，煤油等，适用于一般润滑。

(2)动物、植物油及复合油

有豆油、菜籽油、棉籽油、蓖麻油、猪油等。复合油是将动物、植物、矿物三种油混合而成。它具有良好的边界润滑。

(3)极压切削油

它是以矿物油为基础，加入油性、极压添加剂和防锈剂而成，具有动物油、植物油良好的润滑性能和极压润滑性能。

二、切削液的作用

1. 冷却作用

它可以降低切削温度，提高刀具耐用度和减小工件热变形，保证加工质量。一般的情况下，可降低切削温度50～150 ℃。

2. 润滑作用

它可以减小切屑与前刀面，工件与刀具后刀面的摩擦，以降低切削力、切削热和限制积屑瘤、鳞刺的产生。一般的切削油在200 ℃左右就失去润滑能力。如加入极压添加剂，就可以在高温（600～1 000 ℃）、高压（1 470～1 960 MPa）条件下起润滑作用。这种润滑称为极压润滑。

3. 清洗作用

它可以将黏附在工件、刀具和机床上的切屑粉末，在一定压力的切削液作用下冲洗干净。

4. 防锈作用

它防止机床、工件、刀具受周围介质（水分、空气、手汗）的腐蚀。

三、冷却液的选择

1. 根据工件材料选择

（1）铸铁、青铜在切削时，一般不用切削液。精加工时，用煤油。

（2）切削铝时，用煤油。

（3）切削有色金属时，不宜用含硫的切削液。

（4）切削镁合金时，用矿物油。

（5）切削一般钢时，采用乳化液。

（6）切削难切削材料时，应采用极压切削液。

2. 根据工艺要求和切削特点选择

（1）粗加工时，应选冷却效果好的切削液。

（2）精加工时，应选润滑效果好的切削液。

（3）加工孔时，应选用浓度大的乳化液或极压切削液。

（4）深孔加工时，应选用含有极压添加剂浓度较低的切削液。

（5）磨削时，应选用清洗作用好的切削液。

（6）用硬质合金、陶瓷和聚晶金刚石（PCD）、聚晶立方氮化硼（PCBN）刀具切削时，一般不用切削液。要用时，必须自始至终地供给。PCBN刀具在切削时，不能用水质切削液。因为PCBN在1 000 ℃以上高温时，会与水起化学反应而被消耗。

思考与练习题九

1. 冷却液是如何分类的？

2. 冷却液的作用是什么？其选择原则有哪些？

第十章 自动编程

内容提要

本章主要介绍了什么是自动编程、了解 CAXA 制造工程师的功能及特点、学习 CAXA 制造工程师的基本操作,通过实例学习 CAXA 制造工程师的使用方法。

学生在学校期间,学习数控铣削编程与加工,主要以手工编程序为主,但随着社会的不断进步,科学技术的不断提高,各种新研究领域的不断涉及,对产品的性能及外观等方面的要求越来越高,机器零件中会出现各种曲面,这时仅靠手工编程是很难完成加工要求的。同时,企业生产中数控加工自动编程的使用也非常普遍,所以,为了学生就业后能够与企业数控人才的要求快速接轨甚至是零过渡,学生在校期间除了学习手工编程外,学习自动编程也是必须的。

一、计算机自动编程基本知识

1. 什么是自动编程

自动编程是一个使用计算机利用编程软件辅助编制数控加工程序的过程。编程人员根据零件的设计要求和现有工艺,利用自动编程软件生成刀位数据文件,再进行后置处理,生成加工程序,通过通信接口(如 RS232 串口)、CF 卡、键盘、软盘、U 盘等介质和设备,将加工程序输出至数控机床执行加工。自动编程软件有很多,如 CAXA、UG、Pro/E、CATIA、PM、FeatureCam、Cimatron、MasterCAM、中望 CAD 等,每种软件都有自己的独到之处,前面章节对部分软件进行了简单的介绍。

2. CAXA 制造工程师的功能及特点

CAXA 制造工程师是在 Windows 环境下运行 CAD/CAM 一体化的数控加工编程软件。它集成了数据接口、几何造型(线、面、体)、加工轨迹生成、加工过程仿真检验、数控加工 G 代码生成、加工工艺清单生成等一整套面向复杂零件和模具的数控加工自动编程功能。应用 CAXA 制造工程师软件可实现无图纸化制造。

CAXA 制造工程师软件可方便地进行曲线、曲面、实体、曲面实体复合造型。实体造型主要方法是基于草图的特征生成。它不但可以直接对曲线轮廓、曲面、实体进行 2.5 轴和三轴加工,还对加工对象提供了四轴、五轴加工方案。

CAXA 制造工程师是 CAD 模型与 CAM 加工技术无缝集成,可直接对曲线轮廓、曲面、实体模型进行一致的加工操作,为数控加工行业提供从造型到加工代码生成、检验一体化的无图纸化制造的全面解决工具。它主要可完成:参数化轨迹编辑和轨迹批处理、加工工艺控制、加工轨迹的仿真、后置处理直接生成数控加工代码。

CAXA 制造工程师提供知识加工功能,使数控加工编程智能化、自动化,即针对复杂曲面的加工,软件可提供一种零件整体加工思路。其知识加工技术可应用知识模板(知识库)提供的编程、工艺和加工参数进行零件的数控编程和加工。知识模版(知识库)是指由有经验的老工程师讲零件的数控编程、工艺和加工参数分门别类地设置或固化成计算机知识。对于初级编程人员,可通过知识模板快速编制出数控代码,同时可通过知识模板学习数控加工的知识,积累工艺经验。

CAXA 制造工程师是一个开放的设计加工工具,具有丰富的数据接口,它包括可直接读取其他 CAD 软件如 CATIA、Pro/E 等的数据接口;给予曲面的 DXF 和 IGES 标准图形接口;给予实体的 STEP 标准数据接口;给予 Parasolid 几何核心的 X_T、X_b 格式文件;基于 ACIS 几何核心的 SAT 格式文件;面向快速成型设备的 STL 以及面向 Internet 和虚拟现实的 VRML(虚拟现实标准语言)接口。这些接口保证了与目前流行的 CAD 软件进行双向数据交换,使企业可以跨平台地域与合作伙伴实现虚拟产品的开发与生产。

二、认识 CAXA 制造工程师

1. CAXA 制造工程师界面

CAXA 制造工程师 2011 版的试用版可以到 CAXA 的官方网站进行下载,下载解压后双击 setup.exe 文件进行安装,安装过程中一直单击"下一步"按钮,直到安装完成。安装完成后双击桌面上的"CAXA 制造工程师 2011"快捷方式 CAXA制造工程师2011 快捷方式 1 KB 进行启动,启动后的界面如图 10-1 所示。

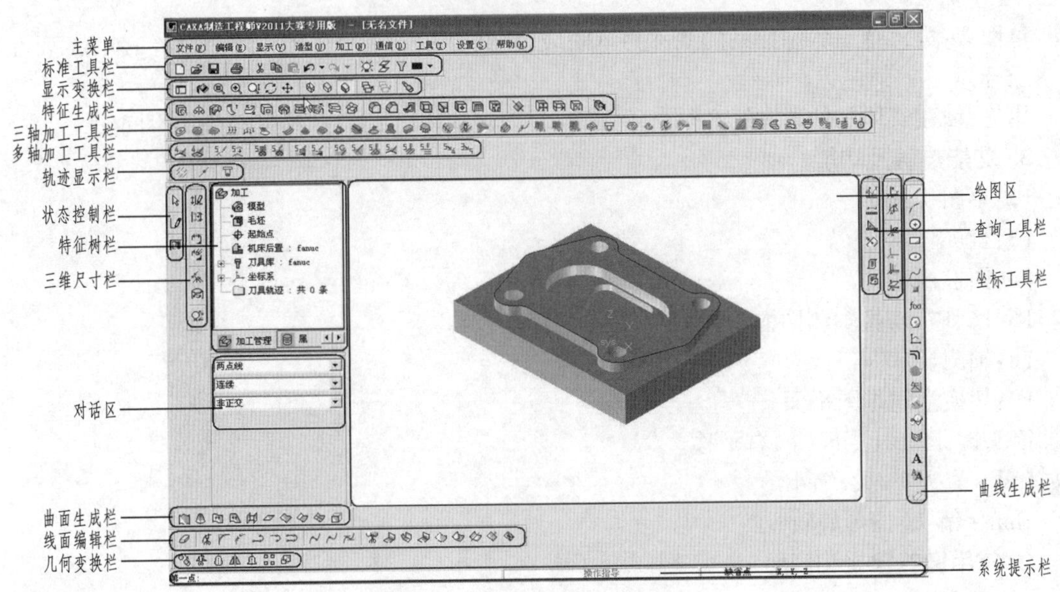

图 10-1 CAXA 制造工程师界面

(1)主菜单

包含该软件的全部指令。

(2)特征树栏

记录基准面、草图和实体特征的创建过程和参数。

(3)绘图区

主要工作区,直角坐标系(世界坐标系)。

(4)对话区

以对话框的形式出现,输入参数或进行操作选择。

(5)系统提示栏

指导下一步的操作、显示当前光标位置和操作状态。

(6)工具条

将主菜单中的大部分指令,以图标的形式放置在界面的四周。

2. 几对基本概念

(1)坐标系

绝对坐标系:世界坐标系,系统零点,不能删除,不能移动,可以隐藏工作坐标系——用户为绘图方便自己建立的坐标系,可以删除和隐藏。

当前坐标系:正在使用的坐标系,为红色。

(2)平面

作图平面:决定在哪个平面上画图。

视图平面:决定朝哪个方向看图。

当前平面:当前工作坐标系下的作图平面。

(3)线

空间线:没有进入草图状态绘制的线称为空间线,细线显示。F5、F6、F7、F9 转换作图平面(三个主平面 *XY*、*YZ*、*ZX*)。

草图线:进入草图状态绘制的线称为草图线,粗线显示。三个作图主平面 *XY*、*YZ*、*ZX* 要在特征树上选择。

用途:创建实体用的轮廓线必须是草图线,而创建片体(曲面)和线框必须用空间线。

3. 功能热键及功能

F2:草图切换。

F3:全屏显示。

F4:图形刷新。

F5、F6、F7:切换轴测图的作图平面,并正向显示。

F8:轴测显示。

F9:切换空间作图平面。

箭头键:图形上、下、左、右平移。

Ctrl + 箭头:放大、缩小。

Shift + 箭头:图形旋转。

4. 常用键的含义和使用

(1)回车键

①弹出坐标输入条。②接受输入的数值。

(2)空格键

弹出工具菜单

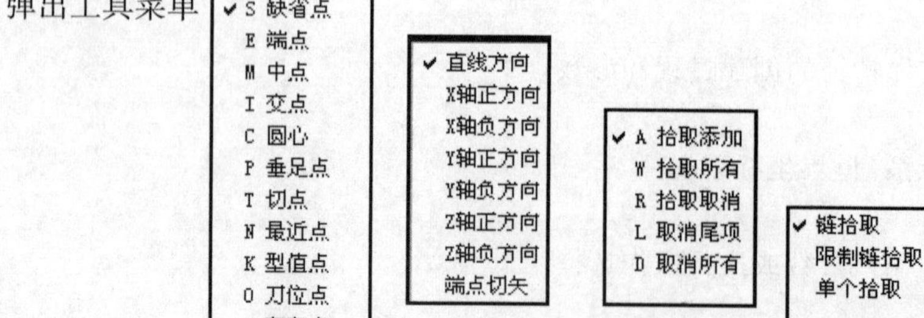

5. 点的输入方法

(1)任意点

单击鼠标左键确定。

(2)坐标点

①按回车键弹出输入条,顺序输入 X , Y , Z 的坐标值,数值间用“,”分开,输入完成必须按回车。

②输入相对坐标时,前面加“ @ ”号。

③输入点坐标前,关闭汉字输入法或设置半角状态。

(3)特征点

①鼠标捕捉法。

②按空格键弹出捕捉菜单。

③直接输入快捷键字母。

注意:点捕捉通常要置于缺省(S)状态,否则导致选择失败,此时按【S】键恢复默认状态。

6. 鼠标的使用

(1)左键(MB1)

①单击点菜单。

②在屏幕上确定点的位置。

③拾取元素。

(2)中键(MB2)

①转动滚轮进行图形缩放。

②按住滚轮拖动进行图形旋转。

(3)右键(MB3)

①确认。

②结束命令或命令重复。

③弹出右键菜单。

CAXA 制造工程师是目前唯一的国产软件,全中文界面,虽然功能不是很强大,智能化与可控性弱一些,但操作简单,易学易用,容易上手。下面以讲解与图示相结合的方式让同学们来感受 CAXA 的应用操作,希望能以此为契机,激发学习计算机编程的兴趣,为以后走上工作岗位及自学打下基础。

三、CAXA 制造工程师 2011 的 CAD/CAM 功能训练一

1. 读图

阅读图纸,如图 10-2 所示。

2. 外轮廓编程

双击桌面上的 CAXA制造工程师2011 快捷方式 1 KB ,进入编程操作界面,如图 10-3 所示。

外轮廓如图 10-4 所示(用 $\phi10$ 的立铣刀)。

(1)CAD 造型

单击“直线”按钮 ,设置好对话框,如图 10-5 所示。单击坐标系原点,得到如图 10-6 所示。

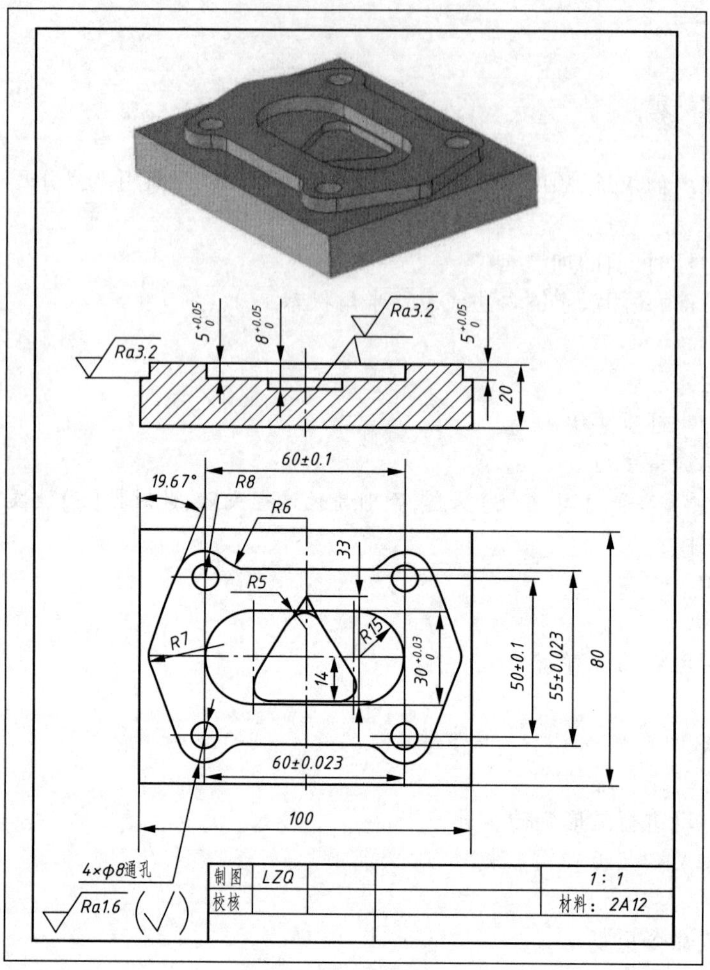

图 10-2　零件图

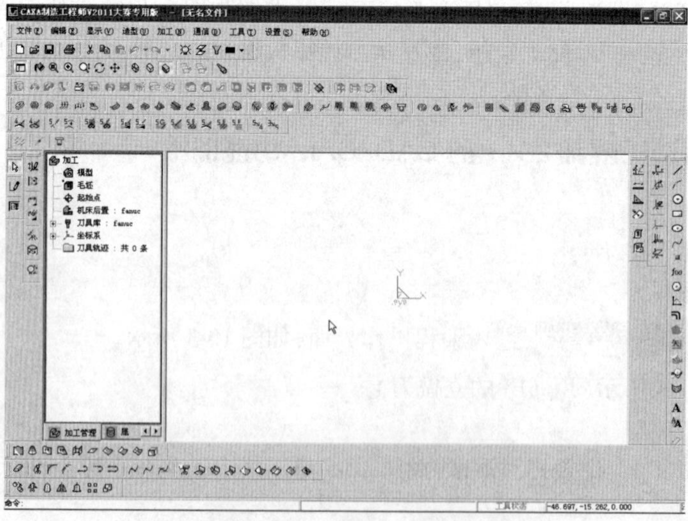

图 10-3　CAXA 编程操作界面

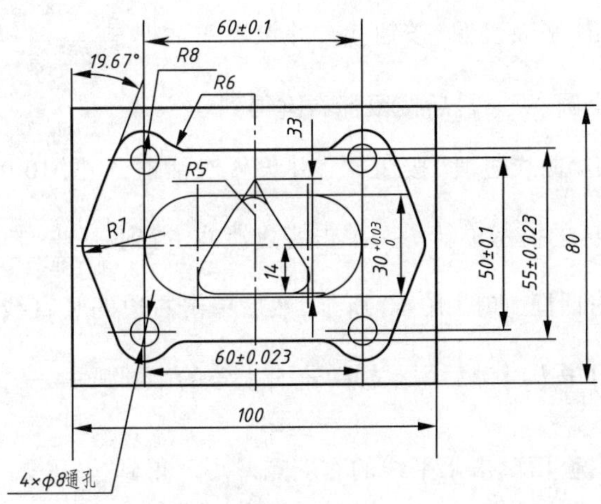

图 10-4　外轮廓

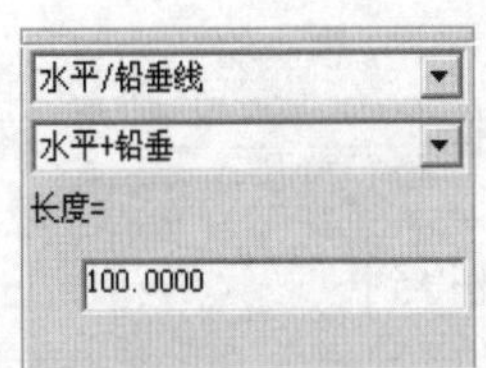

图 10-5　直线设置

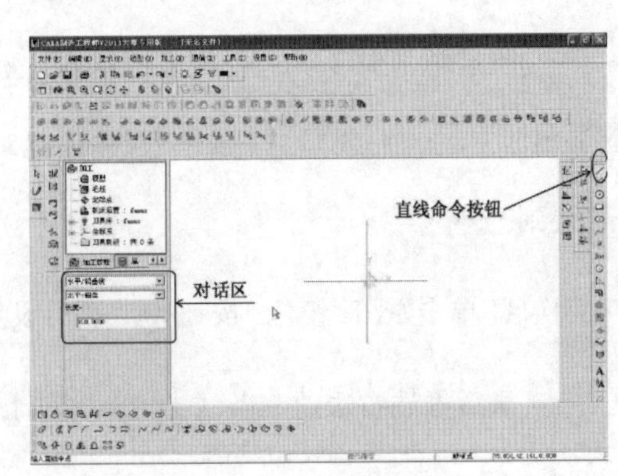

图 10-6　水平铅垂直

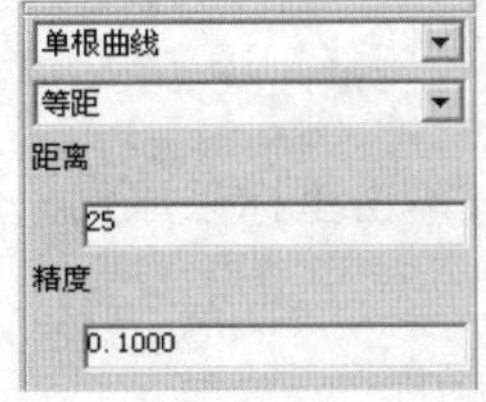

图 10-7　等距线设置

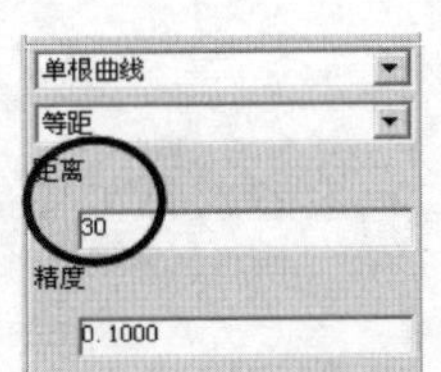

图 10-8　等距线设置

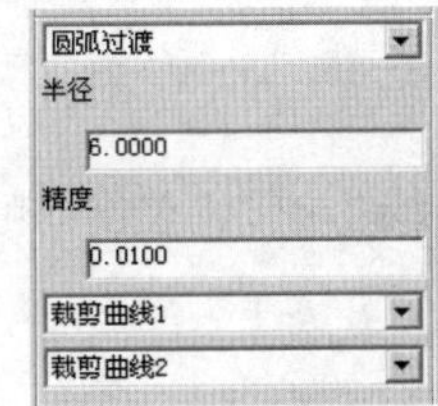

图 10-9　过渡设置

单击"等距线"按钮，并设置好对话框，如图 10-7 所示。单击水平线并拾取向上的箭头，得到，然后单击水平线并拾取向下的箭头，得到，修改对话框，如图 10-8 所示。单击竖直线并单击向左的箭头得到，单击竖直线并单击向右的箭头得到；单击"整圆"按钮，并设置对话框 圆心_半径 ，单击右上角交点，然后输入 8 并回车，得到，然后单击鼠标右键结束；单击左上角的交点，然后输入 8 并回车，得到，然后单击鼠标右键结束。

在“几何变换区”单击“平面镜像”按钮，并设置对话框，然后分别单击点1和点2，再单击两个圆，最后按鼠标右键得到。

在“线面编辑区”单击“曲线过渡”按钮，并设置对话框，如图10-9所示，然后根据系统提示区的提示进行一一单击各过渡线，得到，单击“直线”按钮，设置对话框，如图10-10所示，然后单击右边的竖直线，在英文输入状态下按【T】键后用鼠标单击右上角的半圆弧，

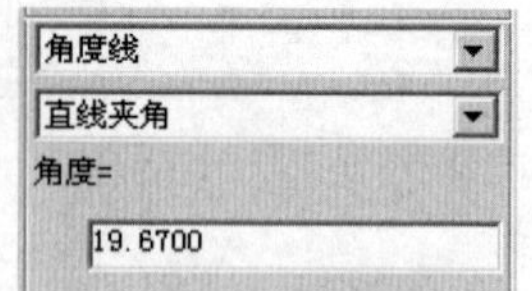

图10-10　角度线设置

然后在英文状态下按【S】键，再单击水平线的右端点，得到。

在“几何变换区”单击“平面镜像”按钮，并设置对话框，然后分别单击点1和点2，然后单击斜线，最后按鼠标右键得到。

在“线面编辑区”单击“曲线过渡”按钮并设置对话框，如图10-11所示，然后分别点取两条斜线，得到。

在“几何变换区”单击“平面镜像”按钮，然后设置对话框，然后分别单击点1和点2，最后框选右边的三条线，单击鼠标右键得到。

在“线面编辑区”单击“曲线裁剪”按钮，然后依次单击多余线条得到。

在“线面编辑区”单击“删除”按钮，然后依次拾取三条竖直线和一条水平线，单击鼠标右键得到。

在“曲线生成栏”单击“矩形”按钮，设置对话如图10-12所示，单击坐标系原点，得到。

至此该外轮廓计算机编程的CAD造型就完成了。

(2)CAM编程

第一步：粗加工。

①首先定义毛坯。

在“特征树栏”的下方单击左右箭头，调到“加工管理”栏，如图10-13所示，双击毛坯图标毛坯，弹出“定义毛坯”对话框，并选择“两点方式”单击按钮，选择“显示毛坯”复选框，如图10-14所示。单击“拾取两点”按钮拾取两点，分别点取左上角与右下角两个点，返回到“定义毛坯”对话框，并设置“Z”值与“高度”，如

图 10-15 所示，单击下方的“确定”按钮后返回到“绘图区”，按键盘上的【F8】键，绘图区显示为。

图 10-11　过渡线设置

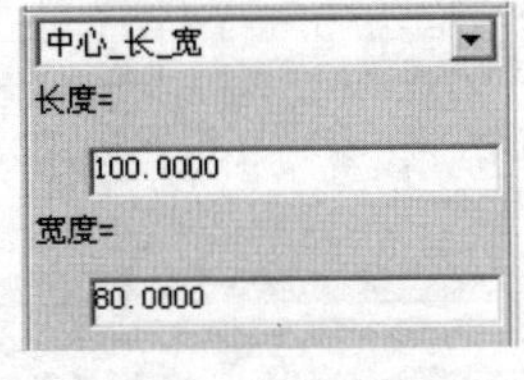

图 10-12　矩形设置

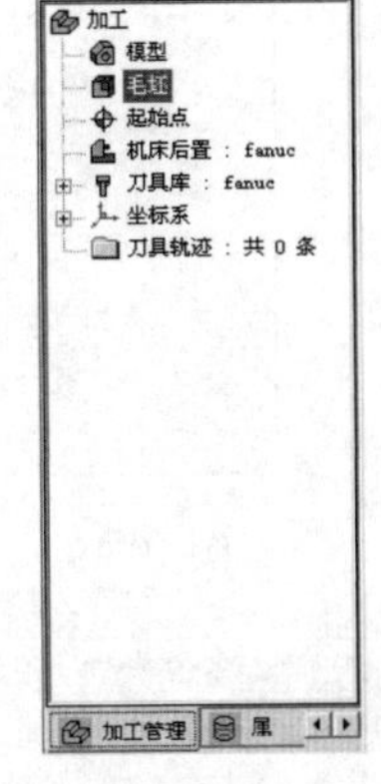

图 10-13　加工管理区

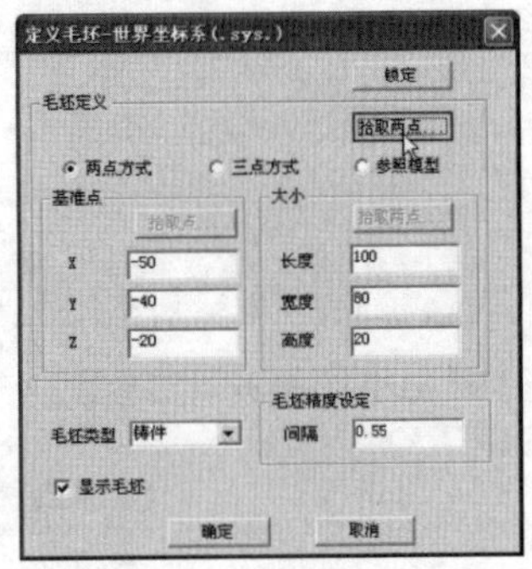

图 10-14　毛坯设置

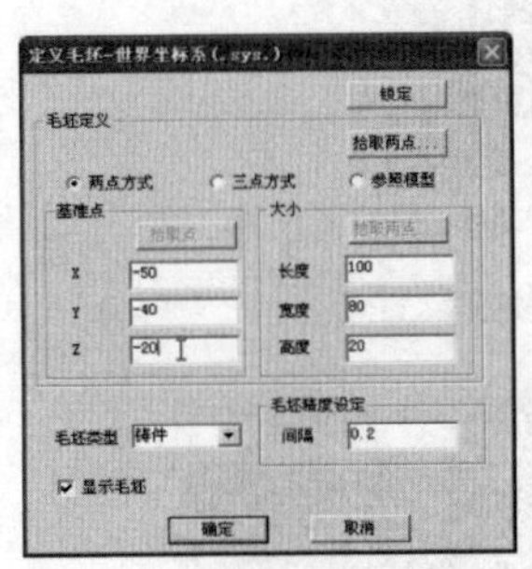

10-15　毛坯定义设置

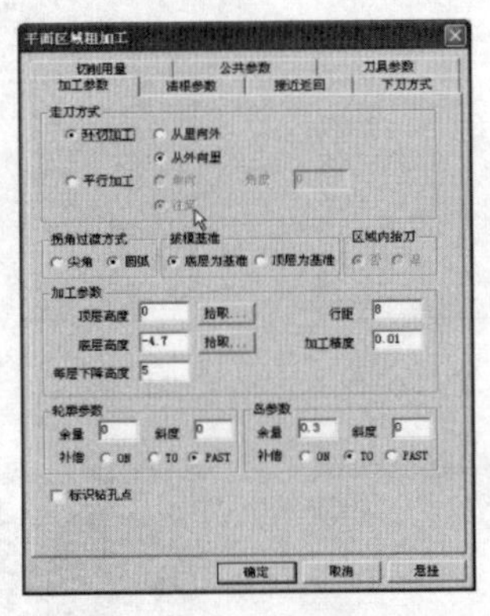

图 10-16　加工参数设置

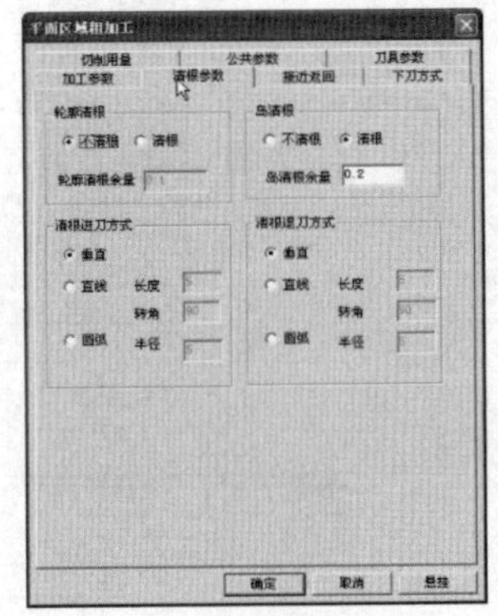

图 10-17　清根参数设置

②生成程序。

按键盘上的【F5】键，在“三轴加工工具栏”中单击“平面区域粗加工”按钮，打开“平面区域粗加工”参数设置框，并对其中的“加工参数”选项卡进行设置，如图 10-16 所示，依次设置“清根参数”选项卡如图 10-17 所示，设置“接近返回”选项卡如图 10-18 所示，设置“下刀方式”选项卡如图 10-19 所示，设置“切削用量”选项卡如图 10-20 所示，设置“公共参数”选项卡如图 10-21 所示，设置“刀具参数”选项卡如图 10-22 所示，单击“确定”按钮，再单击拾取方轮廓，然后单击拾取岛轮廓，单击鼠标右键，生成程序轨迹为，按【F8】键，显示。在“加工管理”栏中的“平面区域粗加工”上单击右键并选取“实体仿真”项，如图 10-23 所示，然后进入实体仿真界面，如图 10-24 所示，单击“仿真加工”按钮，出现界面如图 10-25 所示，在“仿真加工”控制框中单击“播放”按钮，仿真结果如图 10-26 所示，关闭“仿真加工”控制框，然后关闭“CAXA 轨迹仿真”界面并回到初始界面；在“加工管理”栏中的“平面区域粗加工”上单击右键并选取“后置处理”项中的“生成 G 代码”，如图 10-27 所示，从而出现“生成后置代码”对话框，如图 10-28 所示。

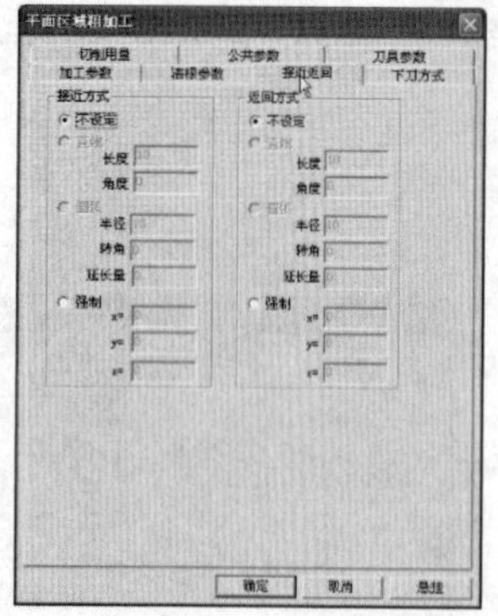

图 10-18　接近返回参数设置

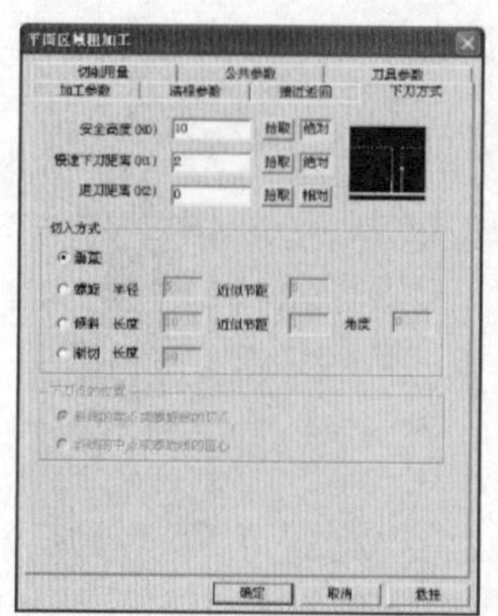

图 10-19　下刀方式设置

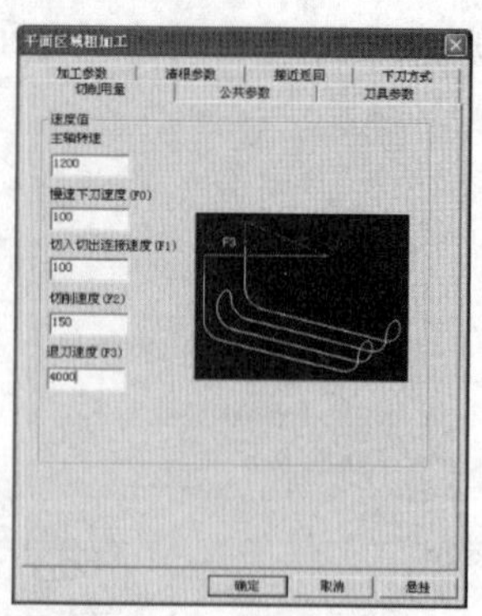

图 10-20　切削用量设置

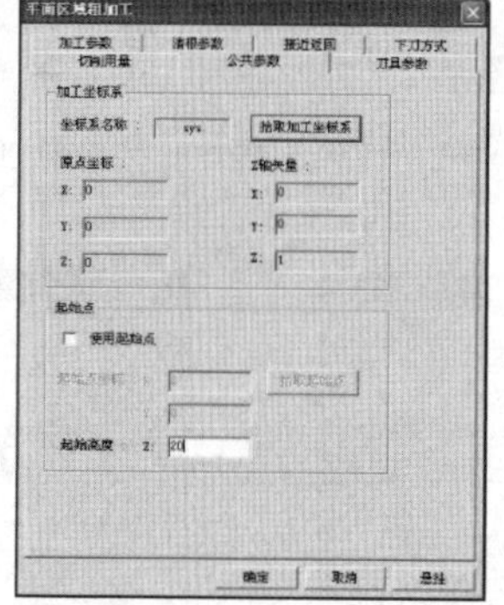

图 10-21　公共参数设置

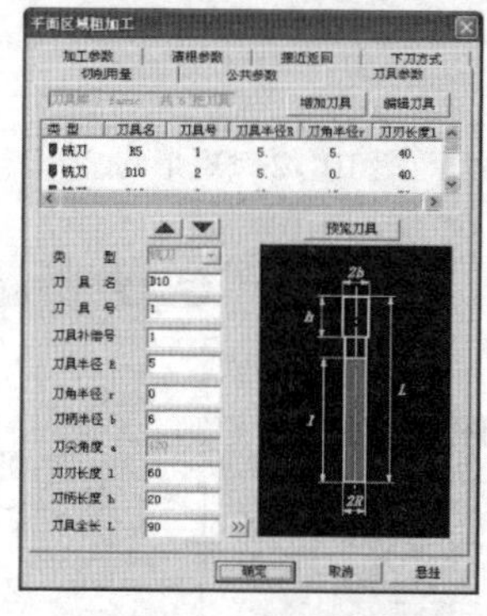

图 10-22　刀具参数设置

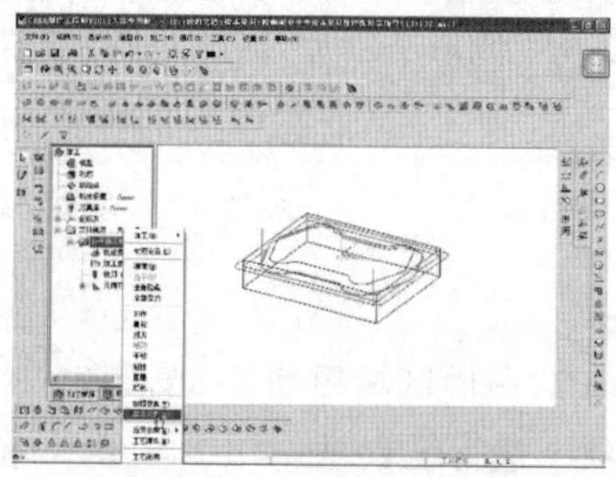

图 10-23　实体仿真选择

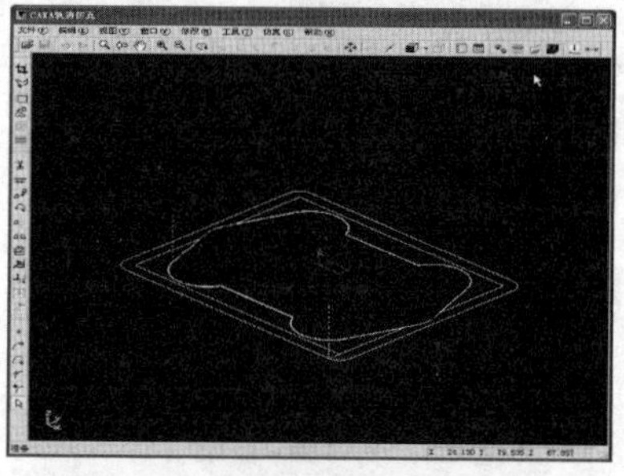

图 10-24　实体仿真界面

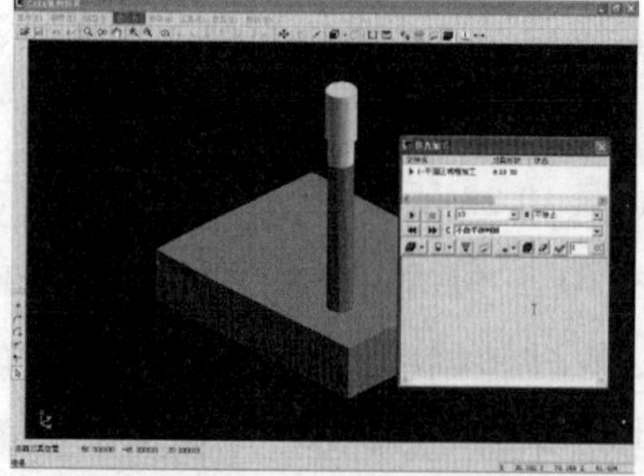

图 10-25　实体仿真操作

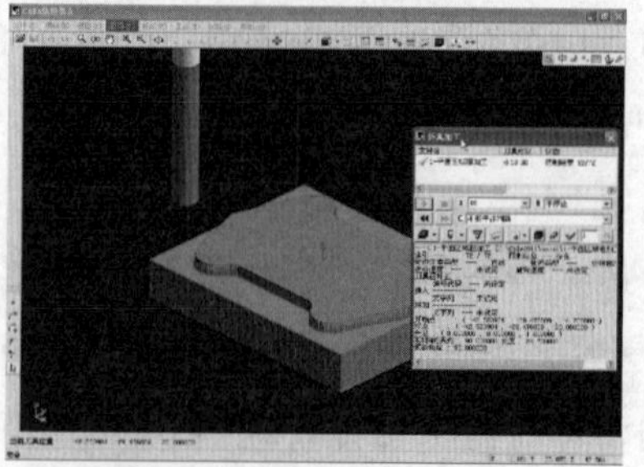

图 10-26　实体仿真过程

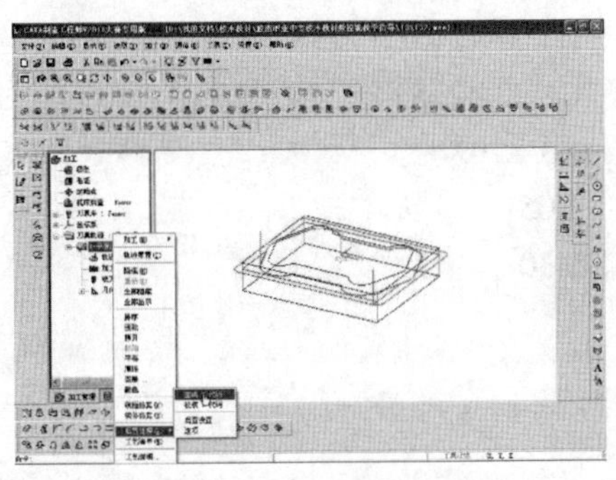

图 10-27　代码生成操作

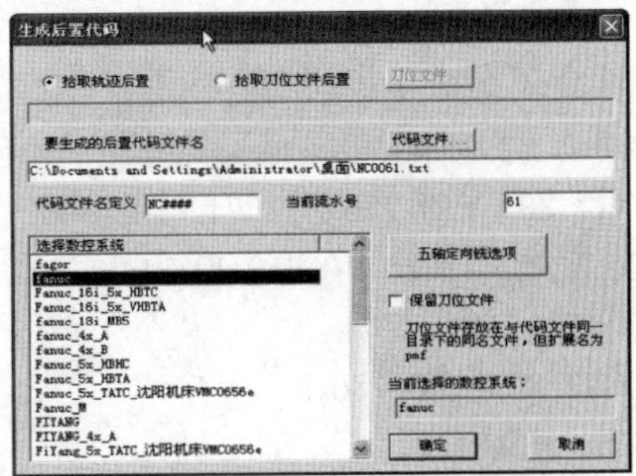

图 10-28　操作系统选择

在默认状态下选择“fanuc”数控系统，然后单击“确定”按钮并单击鼠标右键，生成粗加工程序。

```
%
O1200
G90 G54 G0 X50. Y-45. S3000 M03
Z20.
Z2.
G1 Z-4. 7 F1000
X-50. F2000
G17 G2 X-55. Y-40. I0. J5.
G1 Y40.
G2 X-50. Y45. I5. J0.
G1 X50.
G2 X55. Y40. I0. J-5.
G1 Y-40.
G2 X50. Y-45. I-5. J0.
G1 Y-40.
X-50.
Y-9. 157
X-42. 712 Y-29. 544
G3 X-17. 803 Y-30. 786 I12. 712 J4. 544
G2 X-17. 351 Y-30. 5 I0. 452 J-0. 214
G1 X17. 351
G2 X17. 803 Y-30. 786 I0. J-0. 5
G3 X42. 712 Y-29. 544 I12. 197 J5. 786
G1 X50. Y-9. 157
Y-40.
Y-8. 562
X51. 581 Y-4. 14
G3 Y4. 14 I-11. 582 J4. 14
G3 X-42. 712 Y29. 544 I-12. 197 J-5. 786
G1 X-50. Y9. 157
Y40.
X50.
Y9. 157
X49. 815 Y9. 079
X51. 581 Y4. 14
G2 Y-4. 14 I-11. 582 J-4. 14
G1 X42. 524 Y-29. 477
G2 X17. 983 Y-30. 7 I-12. 524 J4. 477
G3 X17. 351 Y-30. 3 I-0. 632 J-0. 3
G1 X-17. 351
G3 X-17. 983 Y-30. 7 I0. J-0. 7
G2 X-42. 524 Y-29. 477 I-12. 017 J5. 7
G3 X-17. 983 Y-30. 7 I12. 524 J4. 477
G2 X-17. 351 Y-30. 3 I0. 632 J-0. 3
G1 X17. 351
G2 X17. 983 Y-30. 7 I0. J-0. 7
G3 X42. 524 Y-29. 477 I12. 017 J5. 7
G1 X51. 581 Y-4. 14
G3 Y4. 14 I-11. 582 J4. 14
G1 X42. 524 Y29. 477
G3 X17. 983 Y30. 7 I-12. 524 J-4. 477
G2 X17. 351 Y30. 3 I-0. 632 J0. 3
G1 X-17. 351
G2 X-17. 983 Y30. 7 I0. J0. 7
G3 X-42. 524 Y29. 477 I-12. 017 J-5. 7
G1 X-51. 581 Y4. 14
```

```
G1 X50. Y8. 562
Y9. 157
X42. 712 Y29. 544
G3 X17. 803 Y30. 786 I-12. 712 J-4. 544
G2 X17. 351 Y30. 5 I-0. 452 J0. 214
G1 X-17. 351
G2 X-17. 803 Y30. 786 I0. J0. 5
G3 Y-4. 14 I11. 582 J-4. 14
G1 X-42. 524 Y-29. 477
G0 Z20.
M05
M30
%
```

第二步:精加工。

在"加工管理"栏中的"平面区域粗加工"上单击右键并选取"拷贝"项,然后到"加工管理"栏中的 "刀具轨迹"上单击右键并选取"粘贴"项,操作过程如图 10-29 所示。

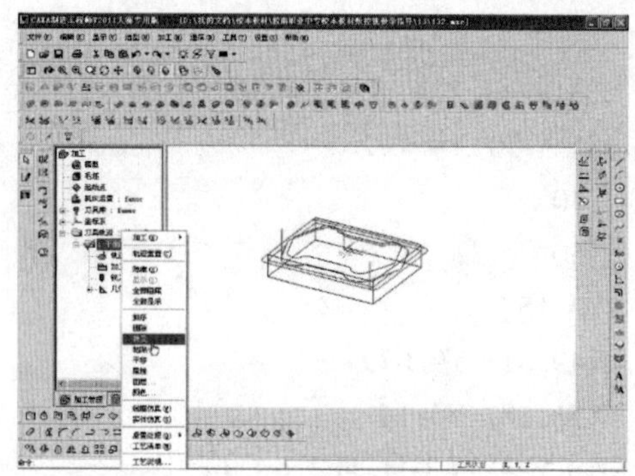

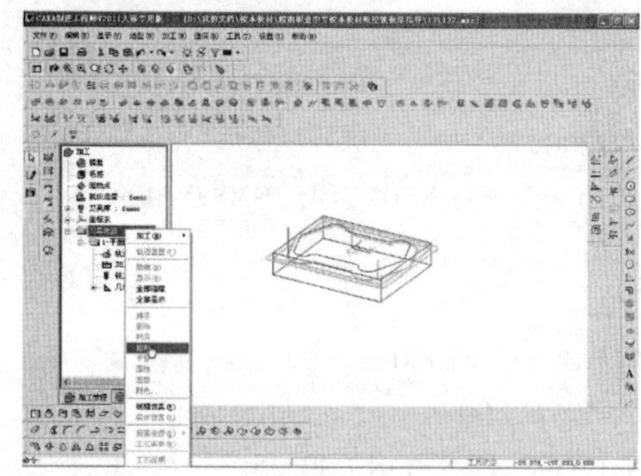

图 10-29　程序的拷贝与粘贴

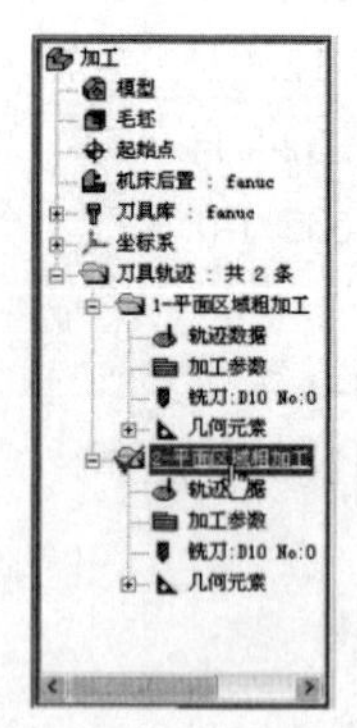

图 10-30　程序的拷贝结果

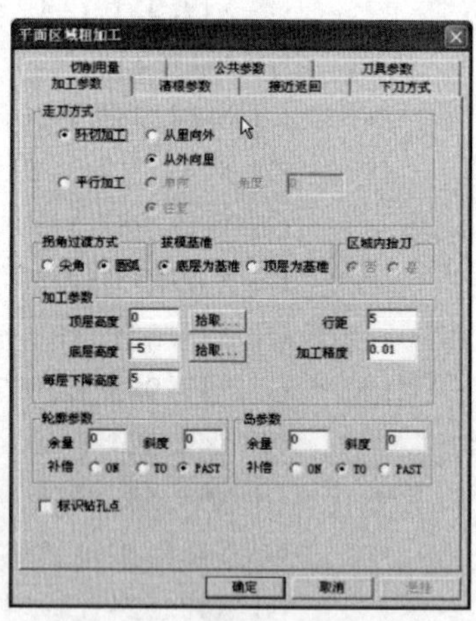

图 10-31　程序的加工参数修改

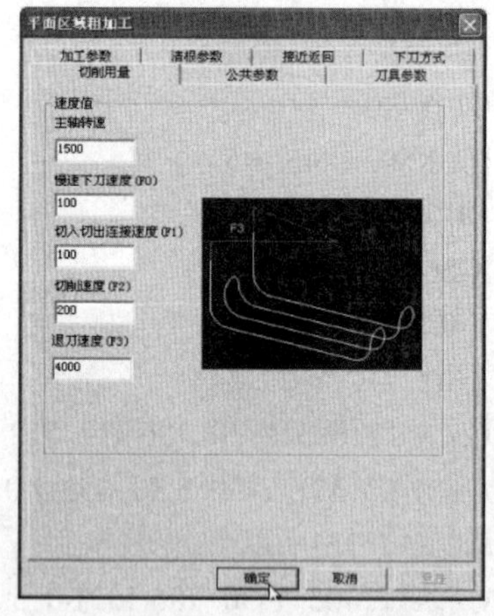

图 10-32　程序的切削参数修改

其结果如图 10-30 所示,双击"2-平面区域粗加工",然后设置"加工参数"选项卡如图 10-31 所示,设置"切削用量"选项卡如图 10-32 所示,单击"确定"按钮,生成精加工路径,按照原来的方法进行实体仿真并进行后置处理生成精加工程序。

```
%
O1201
G90 G54 G0 X50. Y-45. S1500 M03
Z20.
Z2.
G1 Z-5. F100
X-50. F200
G17 G2 X-55. Y-40. I0. J5.
G1 Y40.
G2 X-50. Y45. I5. J0.
G1 X50.
G2 X55. Y40. I0. J-5.
G1 Y-40.
G2 X50. Y-45. I-5. J0.
Y-40.
Y-7. 671
X51. 298 Y4. 039
G3 Y4. 039 I-11. 3 J4. 039
G1 X50. Y7. 671
Y8. 265
X42. 43 Y29. 443
G3 X18. 074 Y30. 657 I-12. 43 J-4. 443
G2 X17. 351 Y30. 2 I-0. 723 J0. 343
G1 X-17. 351
G2 X-18. 074 Y30. 657 I0. J0. 8
G3 X-42. 43 Y29. 443 I-11. 926 J-5. 657
G1 X-50. Y8. 265
Y40.
X50.
Y8. 265
X49. 815 Y8. 19
X51. 298 Y-4. 039
G2 Y-4. 039 I-11. 3 J-4. 039
G1 X42. 241 Y29. 376
G2 X18. 254 Y-30. 571 I-12. 241 J4. 376
G3 X17. 351 Y-30. I-0. 904 J-0. 429
G1 X-17. 351
G3 X-18. 254 Y-30. 571 I0. J-1.
G2 X-42. 241 Y-29. 376 I-11. 746 J5. 571
G3 X-18. 254 Y-30. 571 I12. 241 J4. 376
G1 Y-40.
X-50.
Y-8. 265
X-42. 43 Y-29. 443
G3 X-18. 074 Y-30. 657 I12. 43 J4. 443
G2 X-17. 351 Y-30. 2 I0. 723 J-0. 343
G1 X17. 351
G2 X18. 074 Y-30. 657 I0. J-0. 8
G3 X42. 43 Y-29. 443 I11. 926 J5. 657
G1 X50. Y-8. 265
G1 X51. 298 Y-4. 039
G3 Y-4. 039 I11. 3 J-4. 039
G1 X42. 241 Y-29. 376
G0 Z20.
M05
M30
%
```

```
G2 X-17.351 Y-30. I0.904 J-0.429
G1 X17.351
G2 X18.254 Y-30.571 I0. J-1.
G3 X42.241 Y-29.376 I11.746 J5.571
G1 X51.298 Y-4.039
G3 Y4.039 I-11.3 J4.039
G1 X42.241 Y-29.376
G3 X18.254 Y30.571 I-12.241 J-4.376
G2 X17.351 Y30. I-0.904 J0.429
G1 X-17.351
G2 X-18.254 Y30.571 I0. J1.
G3 X-42.241 Y29.376 I-11.746 J-5.571
```

3. 长圆内轮廓编程

长圆内轮廓如图 10-33 所示(换 $\phi16$ 的立铣刀)。

(1)CAD 造型

在“编辑”下拉菜单中选择“隐藏”选项,如图 10-34 所示,然后从左上到右下选取所有内容 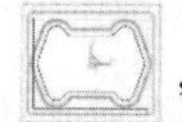,最后单击右键确认。

在“加工管理”栏中双击“毛坯”图标 毛坯,调出“定义毛坯”对话框,取消选中“显示毛坯”复选框,如图 10-35 所示,最后单击“确定”按钮。

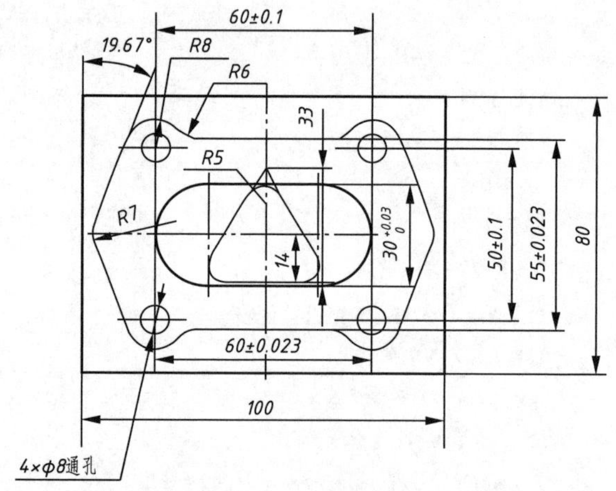

图 10-33　长圆内轮廓

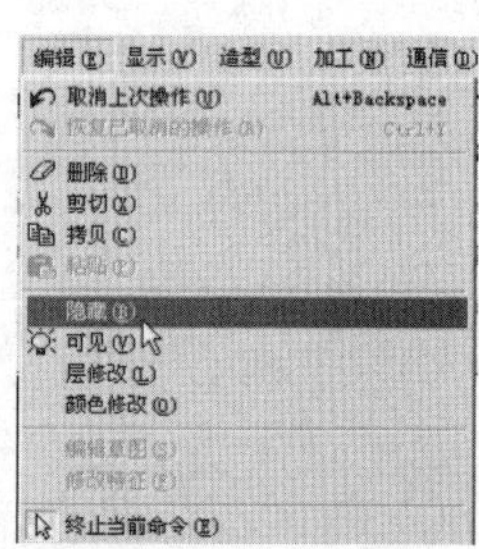

图 10-34　隐藏设置

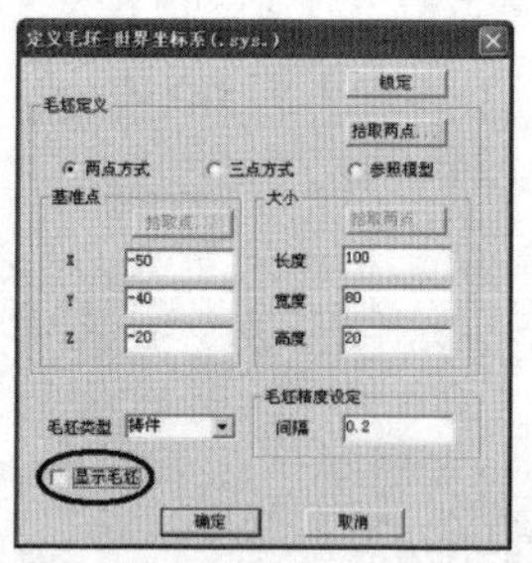

图 10-35　毛坯显示设置

在“曲线生成栏”中单击“整圆”按钮,然后输入圆心点“15,0” 15,0 并回车确认,再输入半径“15” 15 并回车确认,最后单击鼠标右键,得到;在“曲线生成栏”中单击“整圆”按钮,然后输入圆心点“-15,0” -15,0 并回车确认,再输入半径“15” 15 并回车确认,最后单击鼠标右键,得到;在“曲线生成栏”中单击

“直线”按钮，然后在英文输入状态下按【T】键，分别单击两个圆的上侧并右键确认，得到，然后再分别单击两个圆的下侧并右键确认，得到，在“线面编辑栏”中单击“曲线裁剪”按钮，并设置对话框快速裁剪 正常裁剪，分别单击多余曲线，得到。

(2)CAM 编程

第一步：粗加工。

在“三轴加工工具栏”中单击“平面轮廓精加工”按钮，弹出“平面轮廓精加工”对话框，然后对各参数进行设置，设置结果如图 10-36 所示。

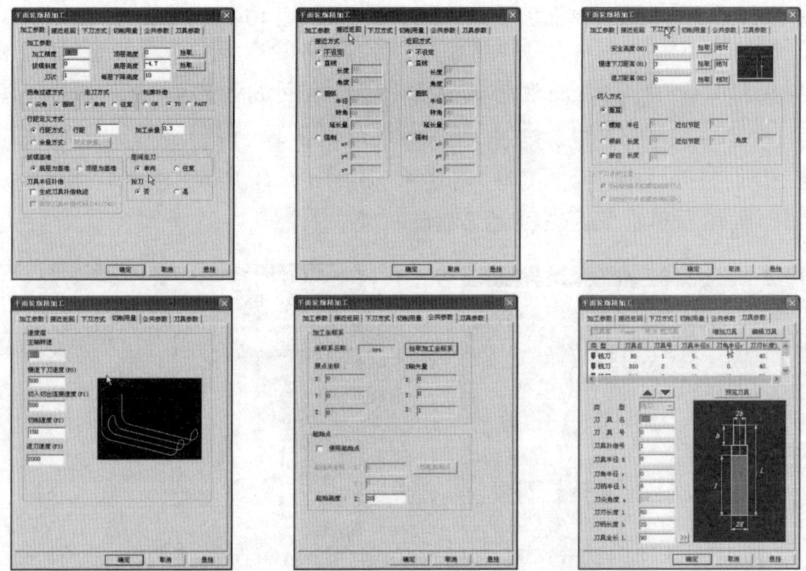

图 10-36　平面轮廓精加工各参数设置

设置完毕后单击“确定”按钮，单击长圆轮廓，单击鼠标右键，然后按【F8】键，结果为，在“加工管理”栏中的“平面轮廓精加工”上，单击鼠标右键，在弹出的快捷菜单中选择“实体仿真”选项，操作如图 10-37 所示，进入仿真界面，单击“仿真加工”按钮，弹出“仿真加工”对话框如图 10-38 所示，单击其中的“播放”按钮，进行仿真，结果如图 10-39 所示。

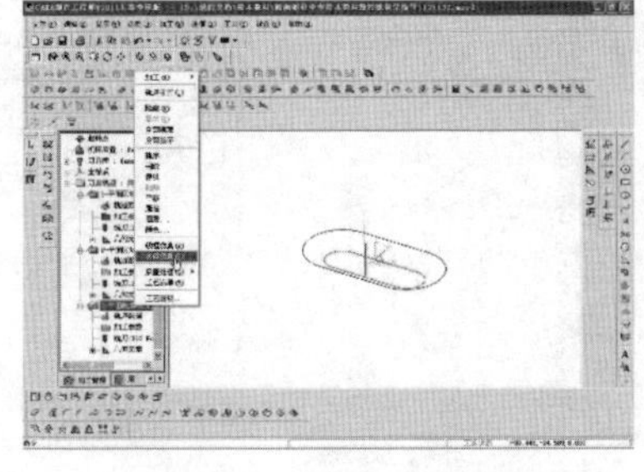

图 10-37　进入实体仿真

图 10-38　“仿真加工”对话框

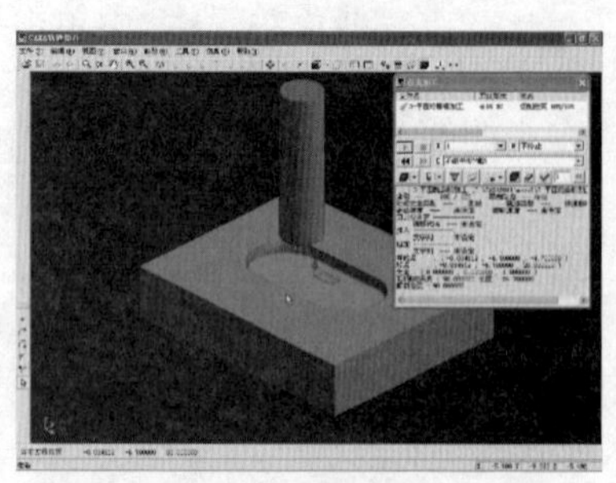

图 10-39　实体仿真控制面板

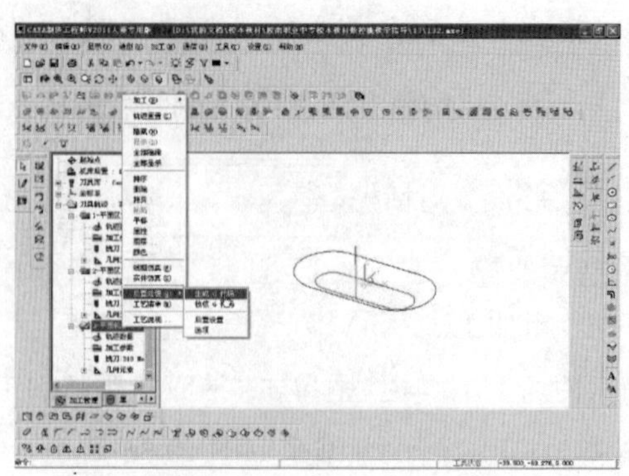

图 10-40　生成 G 代码

关闭“仿真控制面板”和“轨迹仿真界面”，返回编程界面，在“加工管理”栏中的“平面轮廓精加工”上，单击鼠标右键，在弹出的快捷菜单中选择“后置处理”中的“生成 G 代码”选项，如图 10-40 所示，打开“生成后置代码”对话框，如图 10-41 所示，选择其中的“fanuc”系统，最后单击“确定”按钮，然后单击鼠标右键，生成程序(略)。

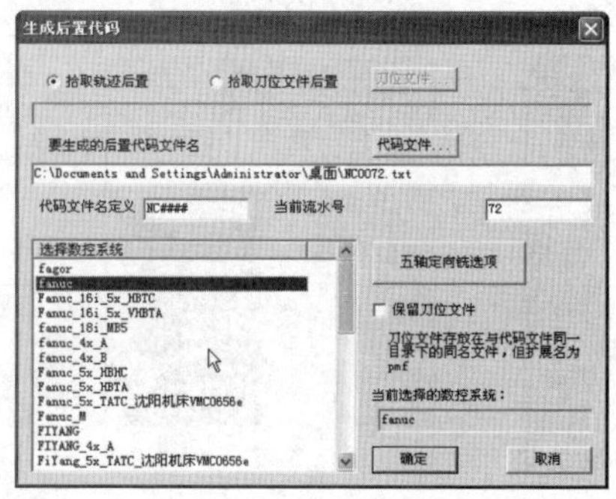

图 10-41　“生成后置代码”对话框

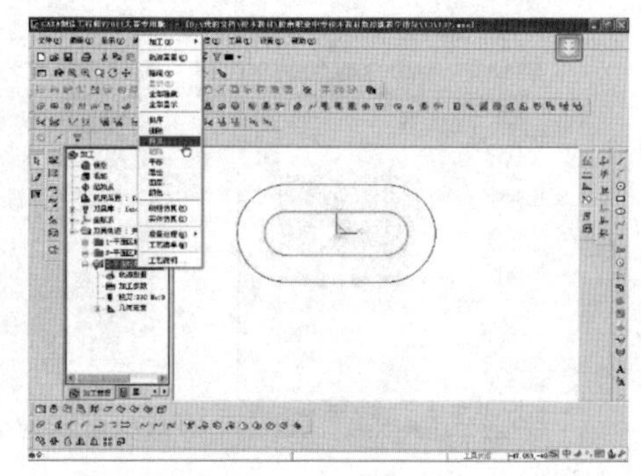

图 10-42　程序拷贝操作

第二步：精加工。

在“加工管理”栏中的“平面轮廓精加工”上，单击鼠标右键，在弹出的快捷菜单中选择“拷贝”选项，如图 10-42 所示。在“刀具轨迹”选项上，单击鼠标右键，在弹出的快捷菜单中选择“粘贴”选项，如图 10-43 所示。

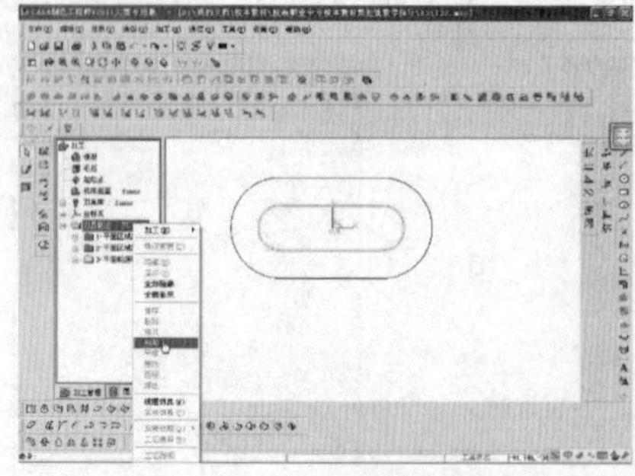

图 10-43　程序粘贴操作

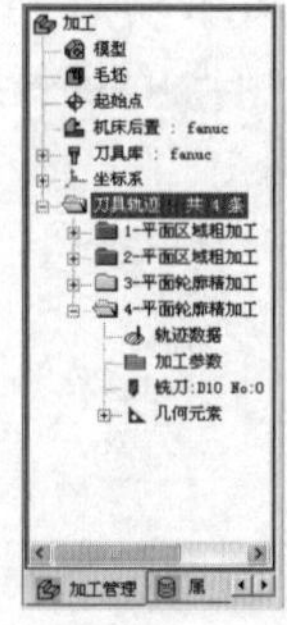

图 10-44　程序拷贝粘贴结果

程序拷贝粘贴结果如图 10-44 所示,双击轨迹 4 的“加工参数”,打开其控制对话框,并分别对其“加工参数”和“切削用量”选项卡进行设置,如图 10-45 和图 10-46 所示。

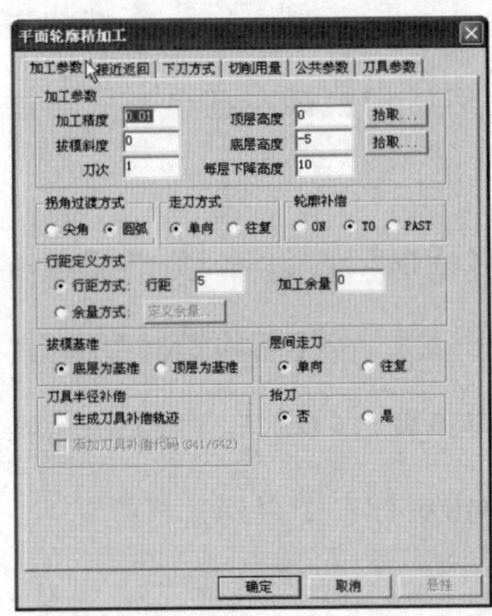

图 10-45 加工参数设置

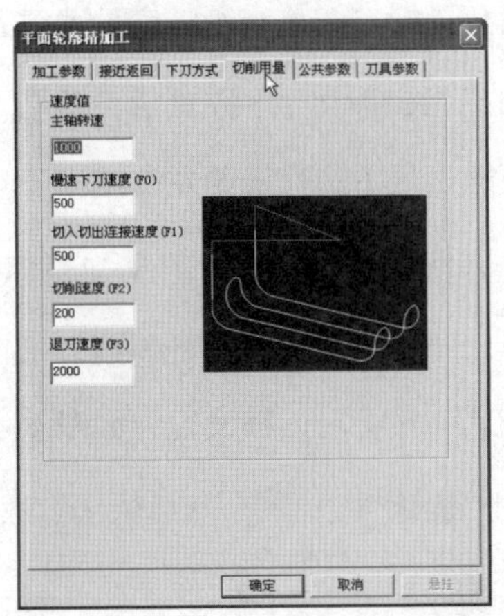

图 10-46 切削用量参数设置

最后单击“确定”按钮。在轨迹“4-平面轮廓精加工”上右键单击,选择“后置处理”下的“生成 G 代码”,选择“fanuc”系统并单击“确定”按钮,最后单击鼠标右键,生成精加工程序(略)。

4. 三角内轮廓编程

轮廓如图 10-47 所示(换 $\phi8$ 的立铣刀)。

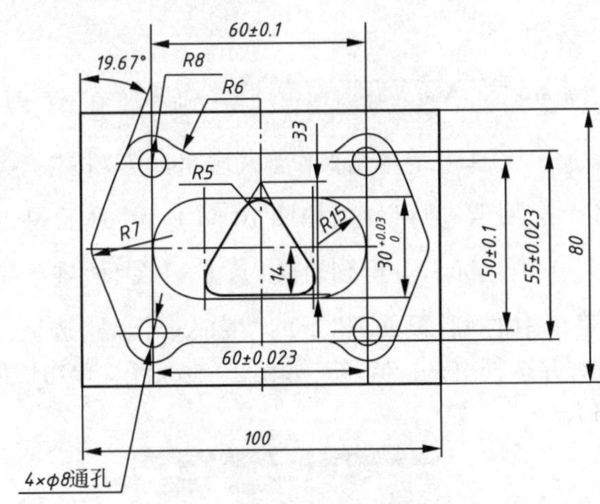

图 10-47 三角内轮廓

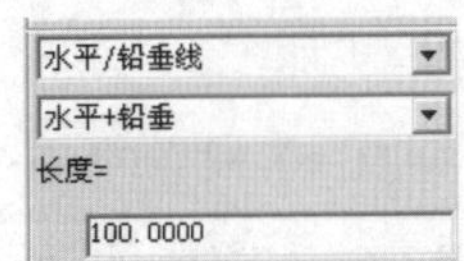

图 10-48 水平、垂直设置

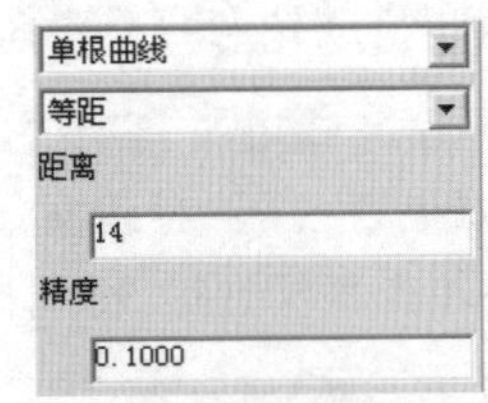

图 10-49 等距参数设置

(1)CAD 造型

单击主菜单中的“编辑”,在下拉菜单中选择“隐藏”选项,然后从左上向右下框选所有内容并单击右键,从而隐藏所有。在曲线生成栏中单击“直线”按钮,并将对话框设置为如图 10-48 所示,然后用鼠标左键单击坐标系原点并单击右键,其结果为,在曲线生成栏中单击“等距线”按钮,并将对话框设置为如图 10-49 所示,然后用鼠标左键单击水平线,拾取向下的箭头，，得到；在曲线生成栏中单击“等距线”按钮，并将对话框设置为如图 10-50 所示，然后用鼠标左键单击刚画完的水平线，拾取向上的箭头，，得到。在曲线生成栏中单击“直线”按钮，并将对话框设置为如图 10-51 所示，然后用鼠标左键单击最上边的交点，再单击最下边直线的左端点，其结果为。

在“几何变换”栏中单击“平面镜像”按钮，并设置对话框，然后单击原点和下面的点，再拾取左边的斜线，单击鼠标右键，得到。在线面编辑栏中单击“曲线过渡”按钮，并将对话框设置为如图 10-52 所示，分别依次单击要过渡的线，得到，在线面编辑栏单击“删除”按钮，然后依次点取多余的线条，单击鼠标右键得到。

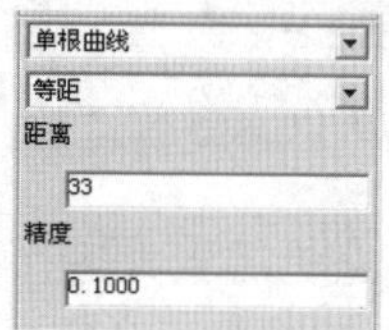

图 10-50　等距参数设置

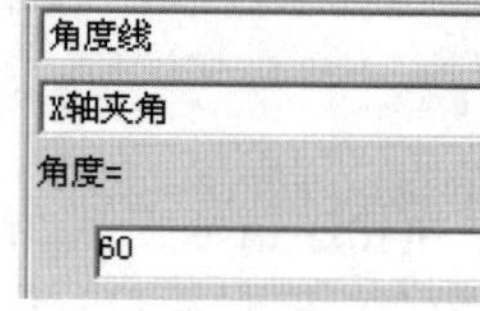

图 10-51　角度参数设置

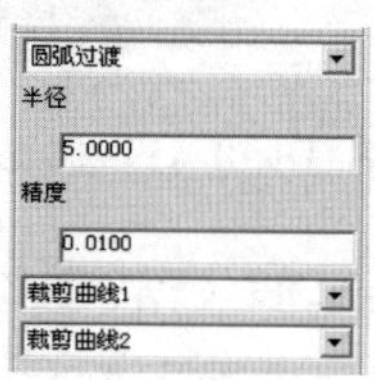

图 10-52　过渡参数设置

(2) CAM 编程

第一步：粗加工。

在“特征树栏”的下方单击左右箭头，调到“加工管理”栏，如图 10-53 所示，在三轴加工工具栏中单击“平面区域粗加工”按钮，打开“平面区域粗加工”对话框，并对其中的各个选项卡进行设置，如图 10-54 所示，最后单击“确定”按钮，再拾取轮廓并拾取向右的箭头，单击鼠标右键得到轨迹为。在“轨迹导航”栏中的“5-平面区域粗加工”上右击，选择下拉菜单中的“后置处理”下的“生成 G 代码”选项，从而打开“生成后置代码”对话框，如图 10-55 所示，并选择“fanuc”系统，如图 10-56 所示，单击“确定”按钮后并单击鼠标右键，得到粗加工程序（略）。

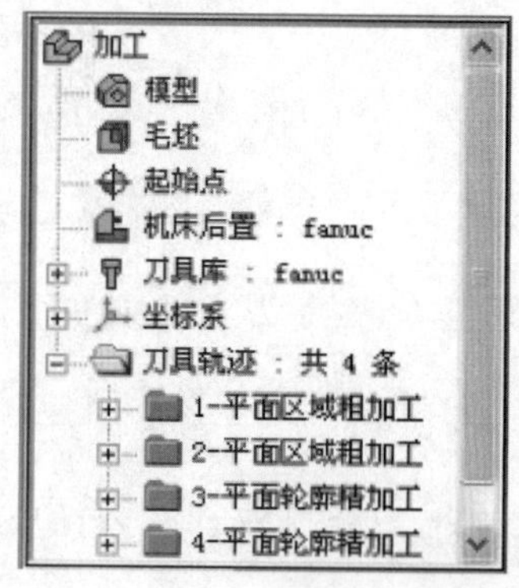

图 10-53　加工工具栏

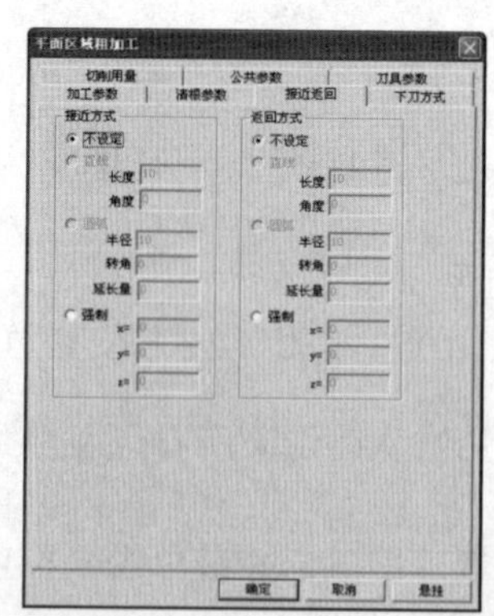

图 10-54　加工各选项卡设置

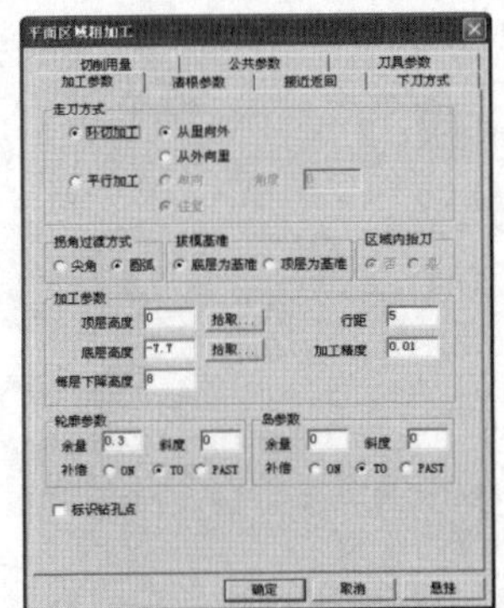
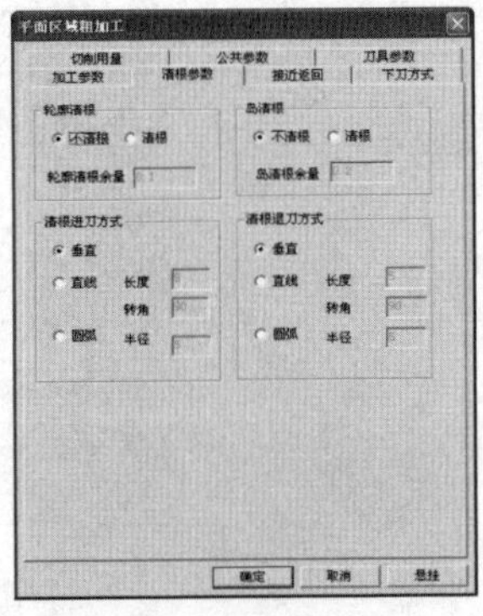
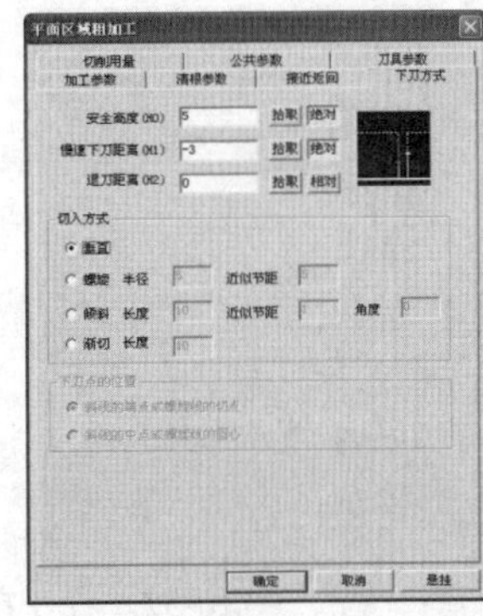
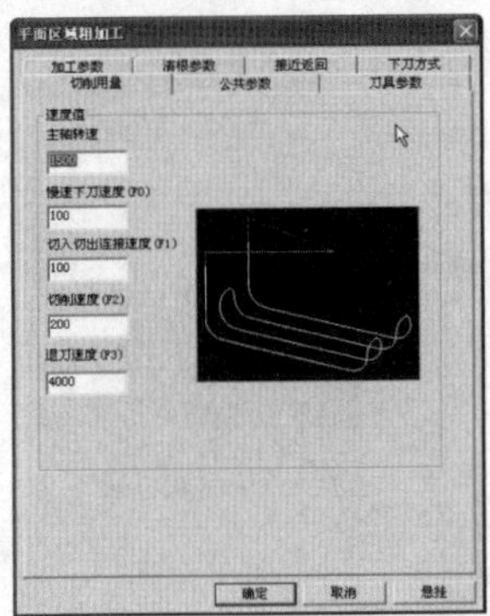
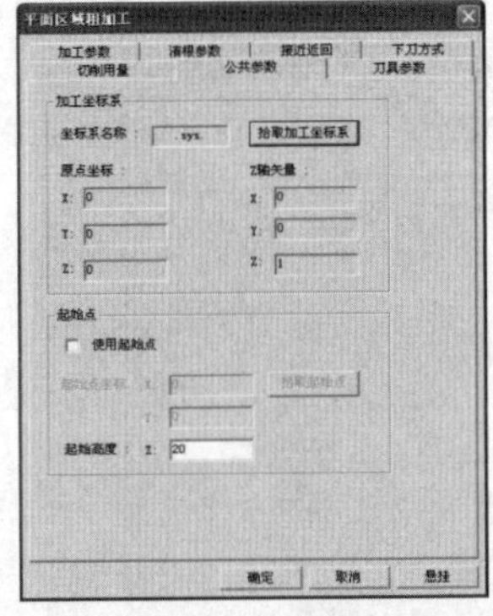
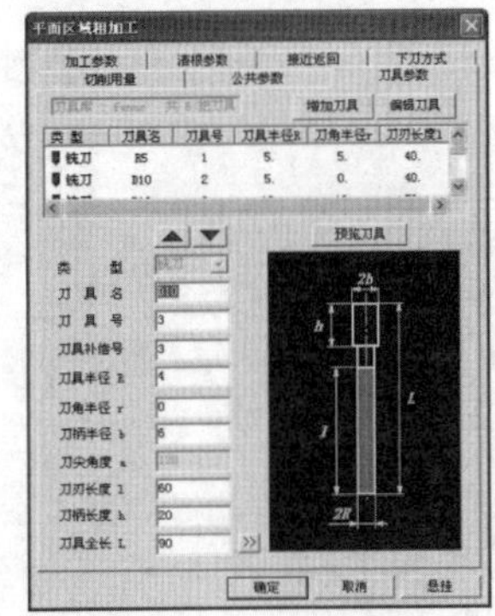

图 10-54 加工各选项卡设置(续)

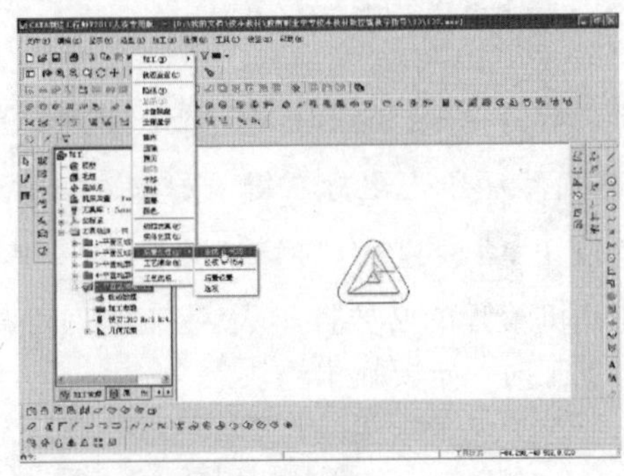

图 10-55 生成 G 代码菜单

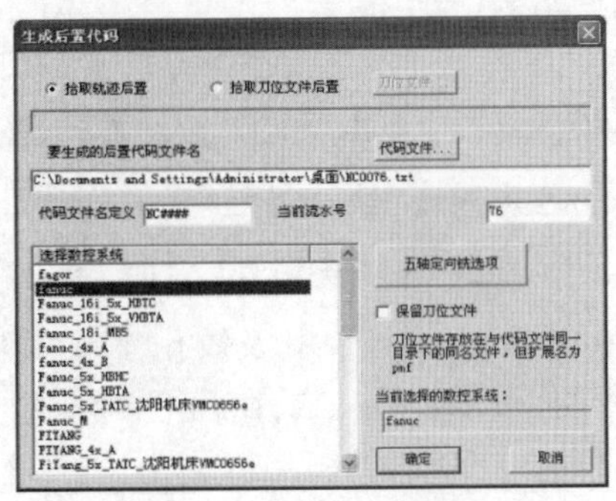

图 10-56 “生成后置代码”对话框

第二步:精加工。

在“加工管理”栏中的“平面区域粗加工”上,单击鼠标右键,在弹出的快捷菜单中选择“拷贝”选项,如图 10-57 所示。在“刀具轨迹”选项上单击鼠标右键,在弹出的快捷菜单中选择“粘贴”选项,如图 10-58 所示,得到的结果如图 10-59 所示,双击轨迹 6 的“加工参数”,打开其控制对话框,并分别对其“加工参数”和“切削用量”选项卡进行设置,如图 10-60 所示。

最后单击“确定”按钮。在轨迹“6-平面区域粗加工”上右键单击,选择“后置处理”下的“生成 G 代码”,选择“fanuc”系统并单击“确定”按钮,最后单击鼠标右键,生成精加工程序(略)。

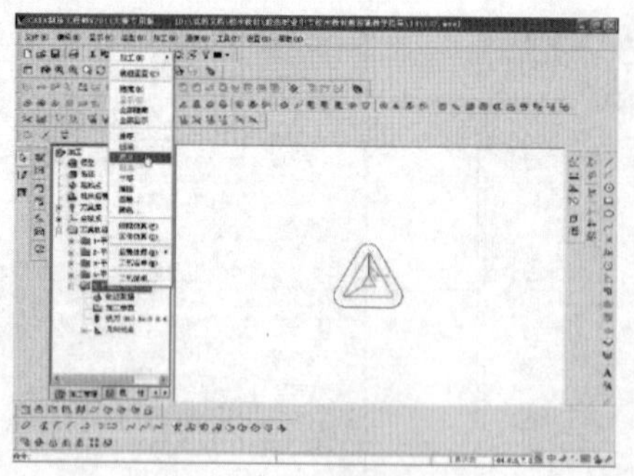

图 10-57　程序拷贝菜单

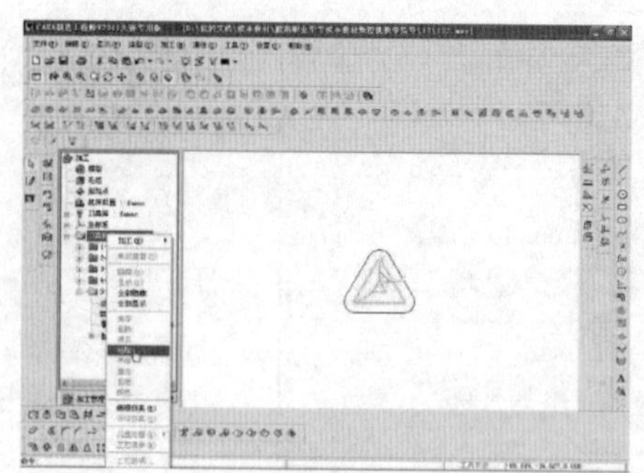

图 10-58　程序粘贴菜单

图 10-59　程序复制结果

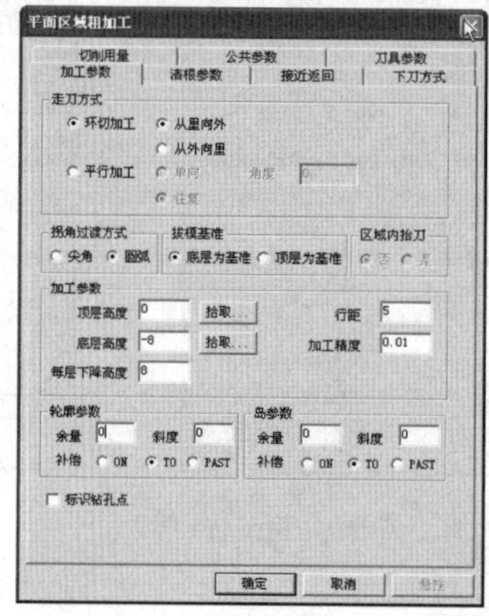

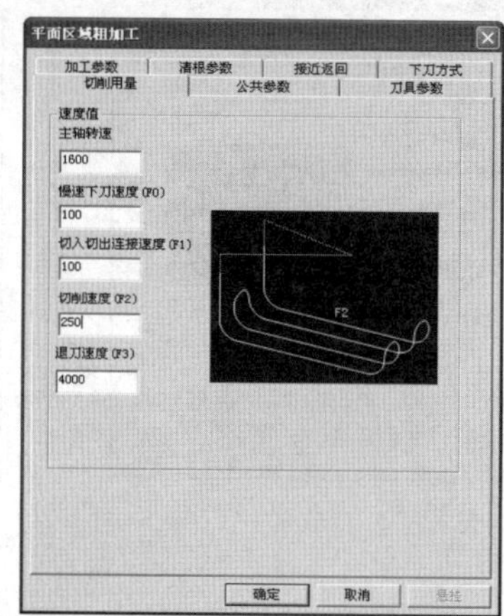

图 10-60　程序加工参数、切削用量设置

在标准工具栏中单击“可见”按钮，框选全部内容并单击，如图 10-61 所示，得到如图 10-62 所示结果。左键单击“轨迹导航”栏中的“刀具轨迹”，然后单击鼠标右键，选择其中的“实体仿真”选项，进入“CAXA 轨迹仿真”界面，单击“仿真”按钮，再单击“播放”按钮，其仿真结果如图 10-63 所示，关于钻孔及铰孔程序，其使用计算机编程的必要性不大，手工编即可，其手工编程序同学们可以自行完成，在此不再编写。注意：加工时一定要撤出垫块。

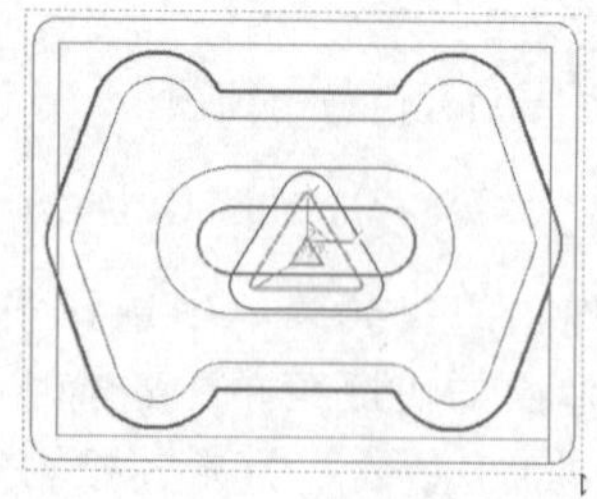

图 10-61　程序路径选择操作

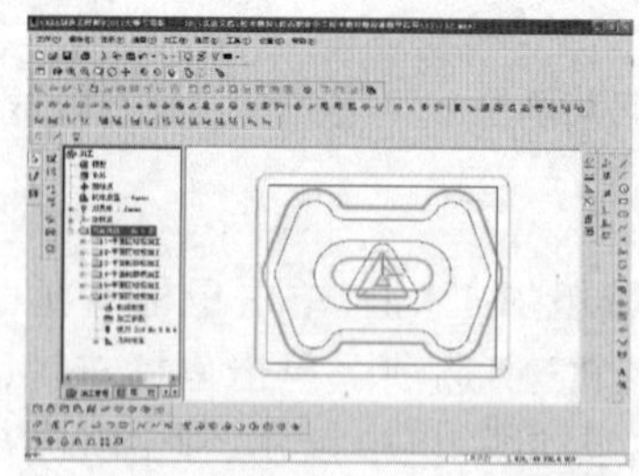

图 10-62　程序路径选择结果

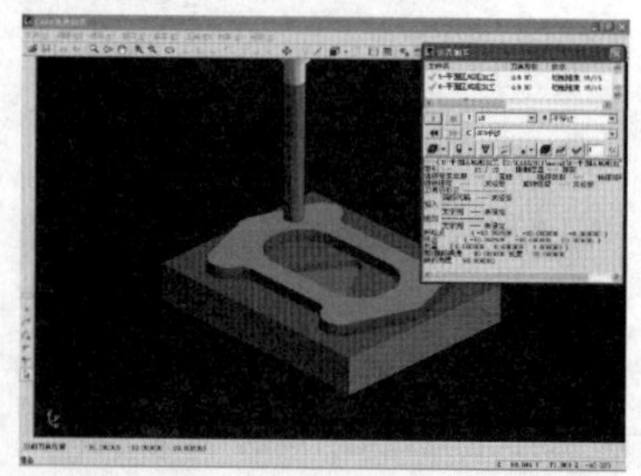

图 10-63　程序仿真结果

四、CAXA 制造工程师 2011 的 CAD/CAM 功能训练二

1. 读图

阅读图纸，如图 10-64 所示。

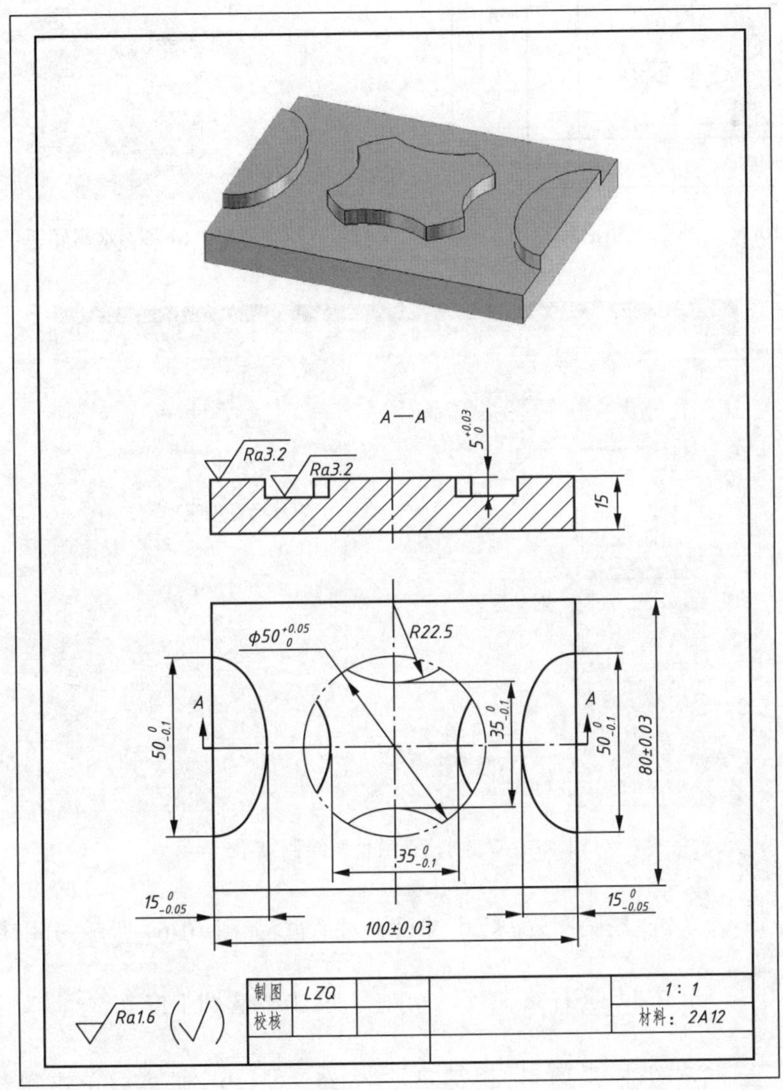

图 10-64 训练二图纸

2. 外轮廓编程

双击桌面上的[CAXA制造工程师2011 快捷方式]，进入编程操作界面。

外轮廓如图 10-65 所示(用 $\phi10$ 的立铣刀)。

(1)CAD 造型

单击“直线”按钮，设置好对话框，如图 10-66 所示，单击坐标系原点，得到如图 10-67 所示。单击“矩形”按钮，并设置对话框如图 10-68 所示，然后回车，鼠标单击坐标系原点并单击

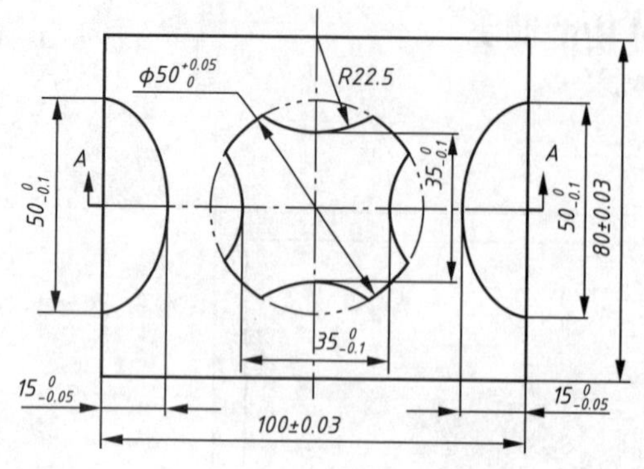

图 10-65　训练二外轮廓

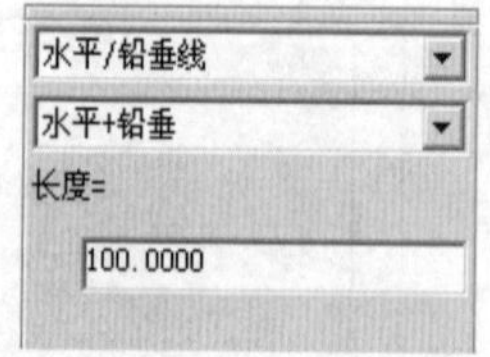

图 10-66　水平铅垂线设置

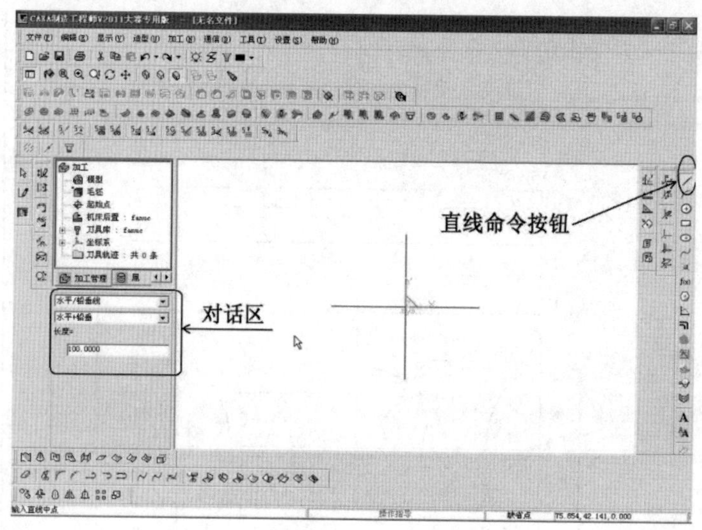

图 10-67　水平、铅垂线绘制结果

鼠标右键，得到 。单击“椭圆”按钮 ，并设置对话框，如图 10-69 所示，分别单击水平直线的左右端点 ，单击鼠标右键得到 ，单击“整圆”按钮 ，对话框设置为 圆心_半径 ，单击坐标系原点，用键盘输入 25 ，回车后单击鼠标右键，得到 ，单击上交点 ，键盘输入 22.5 ，回车后单击鼠标右键，得到 。在线面编辑区单击“曲线裁剪”按钮 ，对话框设置为 快速裁剪 正常裁剪 ，单击圆的上半部分 ，得到 ，单击半圆的左边和右边 ，得到 。在几何变换区单击“阵列”按钮 ，对话框设置为如图 10-70 所示，单击裁剪后的部分圆 ，然后单击鼠标右键，单击坐标系原点，得到。在线面编辑区单击“曲线裁剪”按钮，对话框设置为快速裁剪 正常裁剪，单击多余的线条，得到，到线面编辑区单击“删除”按钮，单击多余的线条，单击鼠标右键，得到，单击“矩形”按钮，并设置对话框，如图 10-71 所示，然后回车，单击坐标系原点并单击鼠标右键，得到。

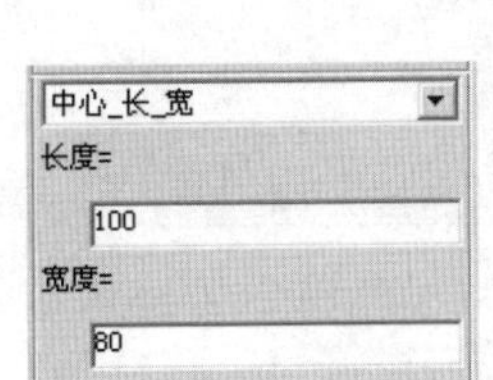

图 10-68　矩形设置

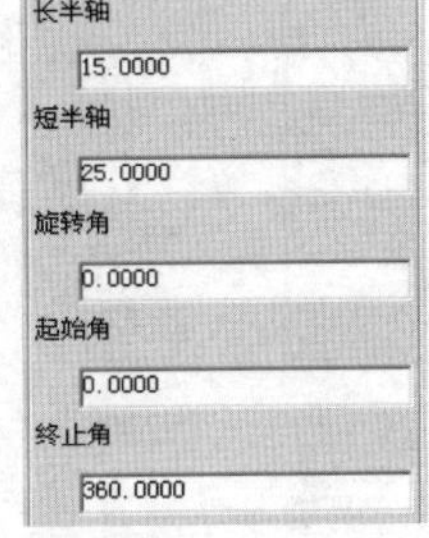

图 10-69　椭圆设置

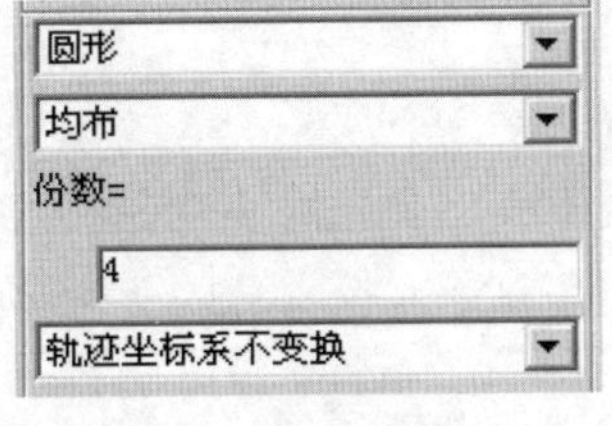

图 10-70　圆形阵列设置

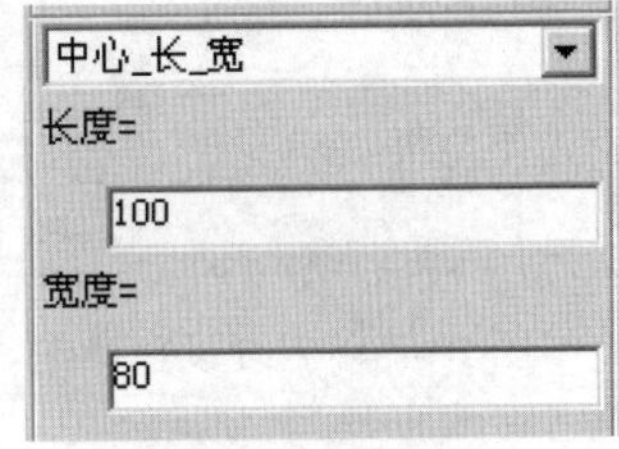

图 10-71　矩形设置

至此该外轮廓计算机编程的 CAD 造型就完成了。

(2)CAM 编程

第一步：粗加工。

①首先定义毛坯。

在“特征树栏”的下方单击左右箭头，调到“加工管理”栏，如图 10-72 所示，双击“毛坯”图标，弹出“定义毛坯”对话框，选择“两点方式”单选按钮，选择“显示毛坯”复选框，设置如图 10-73 所示。单击“拾取两点”按钮，分别点取左上角与右下角两个点，返回到“定义毛坯”对话框，并设置“Z”值与“高度”，如图 10-74 所示，单击下方的“确定”按钮后返回到“绘图区”，按【F8】键后，绘图区显示为。

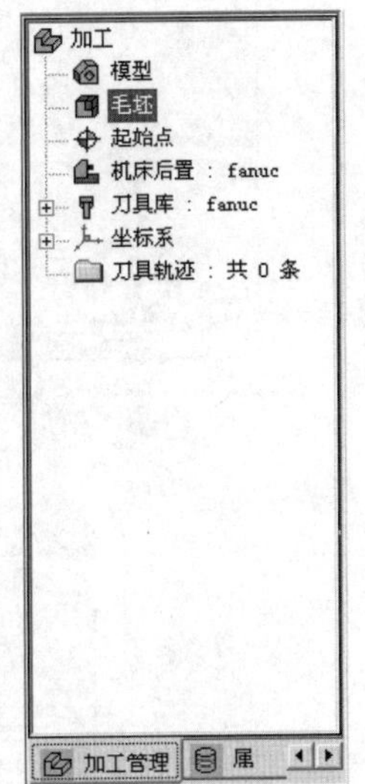

图 10-72　加工管理选项卡

②生成程序。

按【F5】键，在“三轴加工工具栏”中单击“平面区域粗加工”按钮，打开“平面区域粗加工”对话框，并对其中的“加工参数”选项卡进行设置，如图 10-75 所示，依次设置“清根参数”选项卡如图 10-76 所示，设置“接近返回”选项卡如图 10-77 所示，设置“下刀方式”选项卡如图 10-78 所示，设置“切削用量”选项卡如图 10-79 所示，设置“公共参数”选项卡如图 10-80 所示，设置“刀具参数”选项卡如图 10-81 所示，单击“确定”按钮，再单击拾取方轮廓，然后单击拾取三个岛轮廓，单击鼠标右键，生成程序轨迹为，按【F8】键，显示。

在加工管理栏中的“平面区域粗加工”上单击右键并选取“实体仿真”项，如图 10-82 所示，然后进入实体仿真界面，如图 10-83 所示，单击“仿真加工”按钮，出现界面如图 10-84 所示，在

“仿真加工”控制框中单击“播放”按钮▶,仿真结果如图 10-85 所示,关闭“仿真加工”控制框,然后关闭“CAXA 轨迹仿真”界面并回到初始界面;在加工管理栏中的 “平面区域粗加工”上单击右键并选取“后置处理”选项中的“生成 G 代码”,如图 10-86 所示。

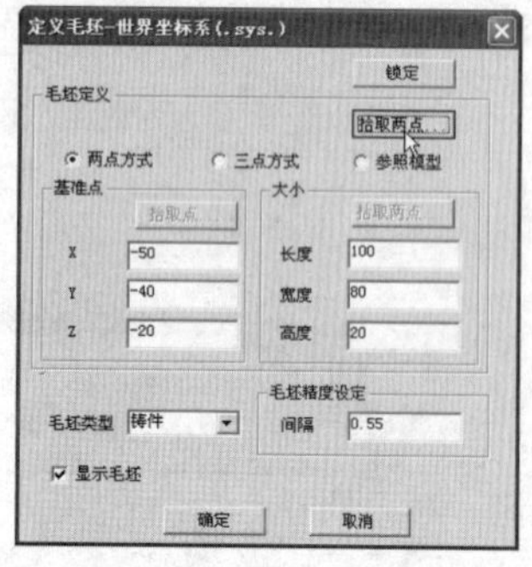

图 10-73　毛坯设置操作

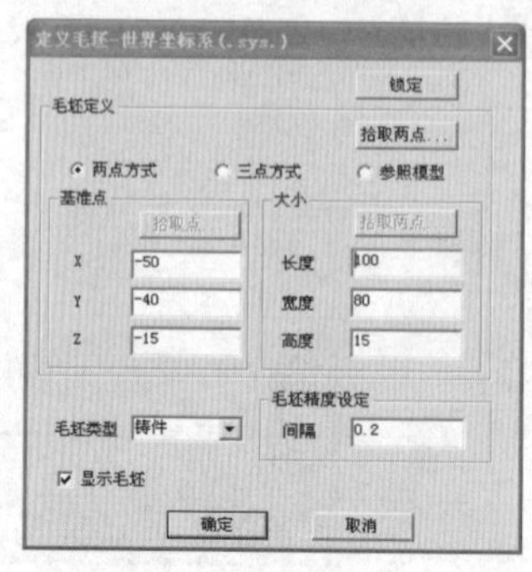

图 10-74　毛坯设置结果

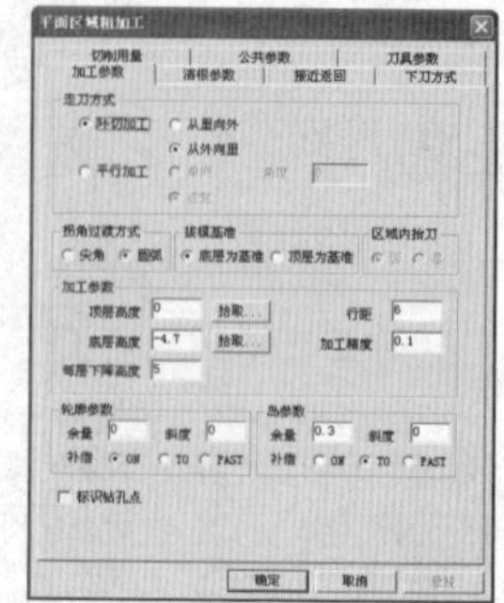

图 10-75　加工参数设置

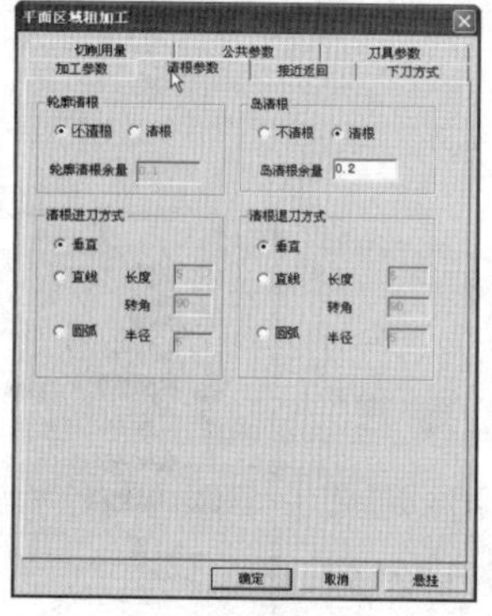

图 10-76　清根参数设置

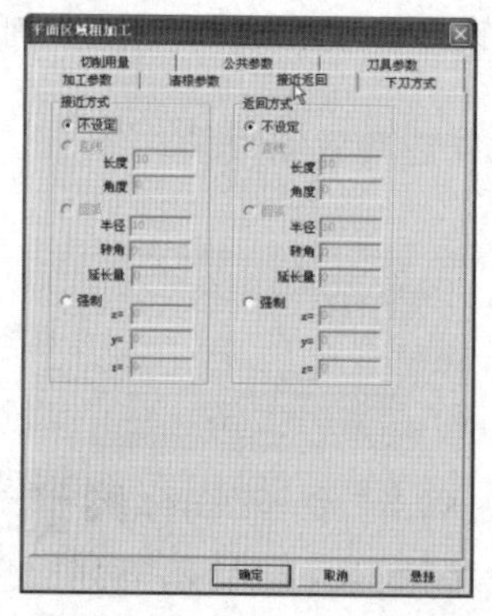

图 10-77　接近返回参数设置

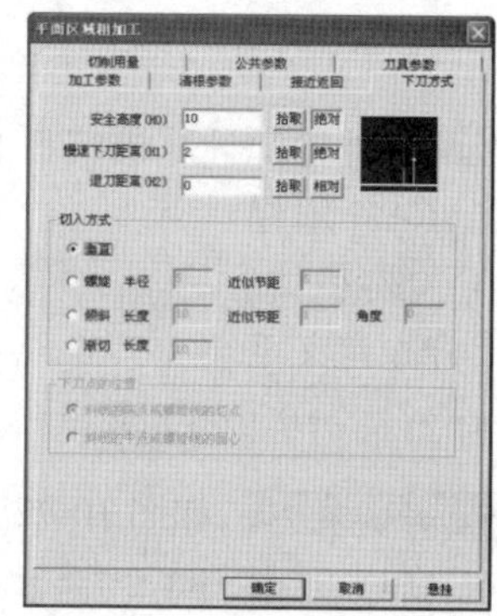

图 10-78　下刀参数设置

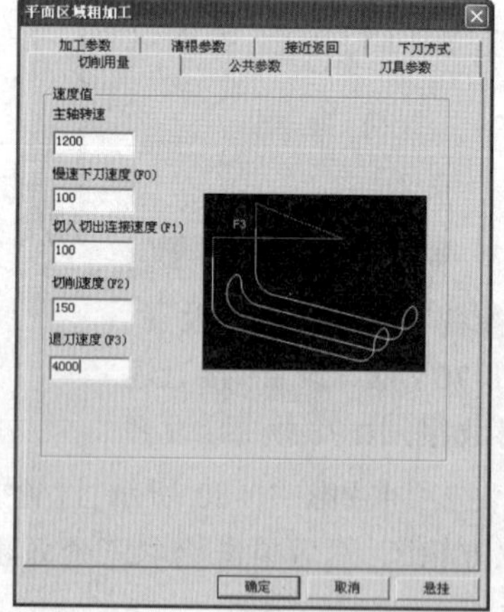

图 10-79　切削用量参数设置

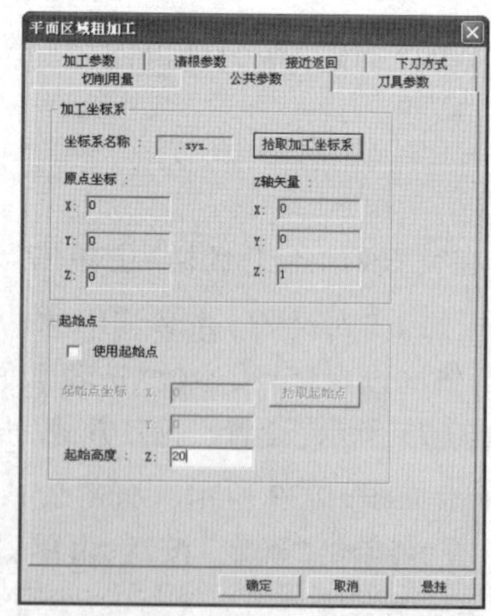

图 10-80　公共参数设置

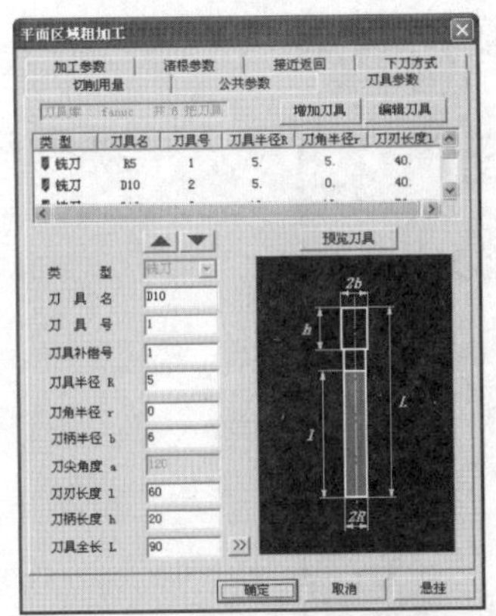
图 10-81 刀具参数设置

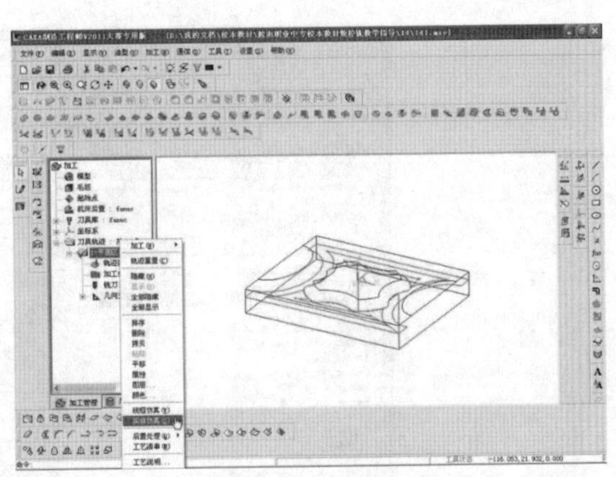
图 10-82 实体仿真选择

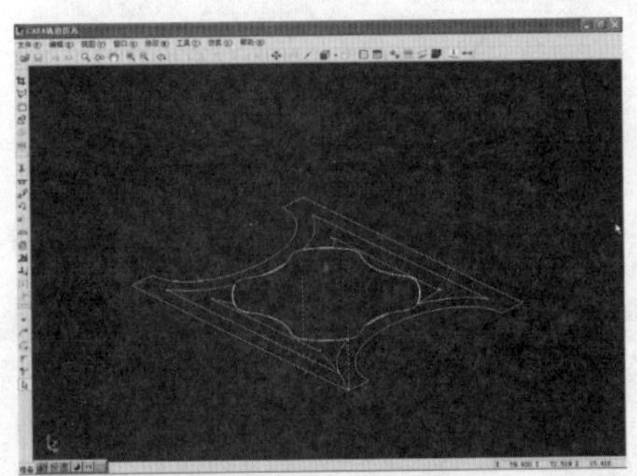
图 10-83 实体仿真界面

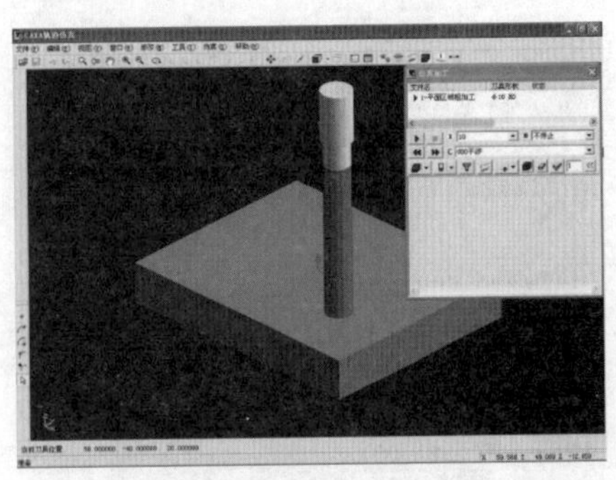
图 10-84 实体仿真操作

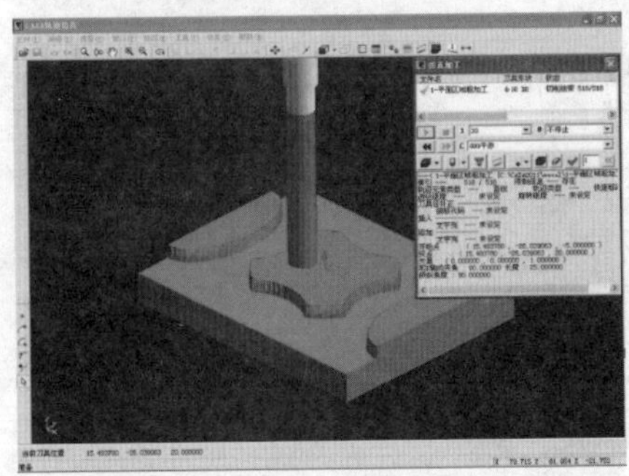
图 10-85 实体仿真过程

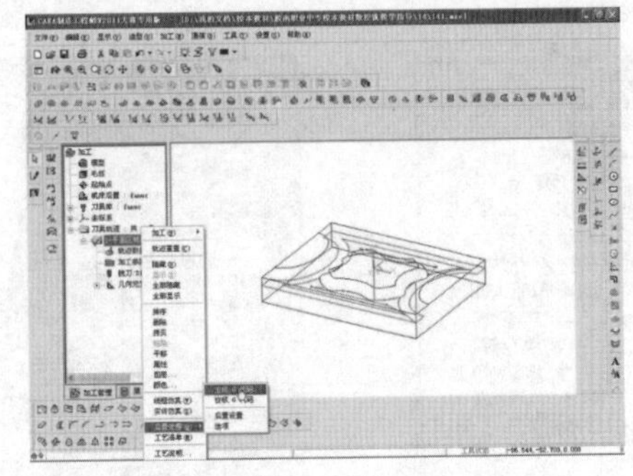
图 10-86 G 代码生成选择

从而出现“生成后置代码”对话框,如图 10-87 所示。在默认状态下选择“fanuc”数控系统,然后单击“确定”按钮并单击鼠标右键,生成粗加工程序(略)。

第二步:精加工。

在加工管理栏中的“平面区域粗加工”上单击右键并选取“拷贝”选项,如图 10-88 所示,然后在加工管理栏中的“刀具轨迹”上单击右键并选取“粘贴”选项,如图 10-89 所示,得到如图 10-90 所示,双击“2-平面区域粗加工”,然后设置“加工参数”选项卡如图 10-91 所示,设置“切削用量”选项卡如图 10-92 所示。

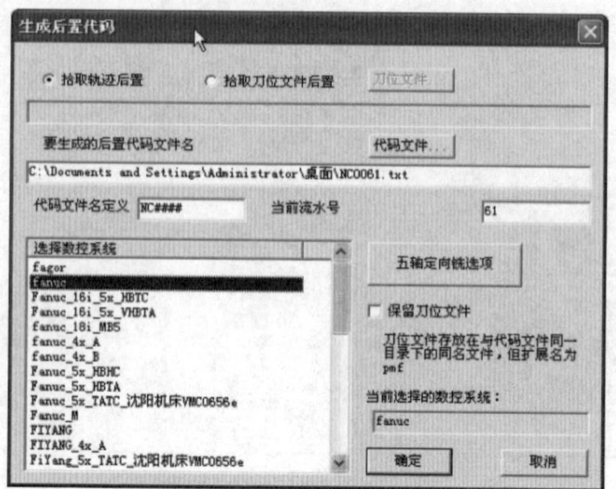

图 10-87　“生成后置代码”对话框

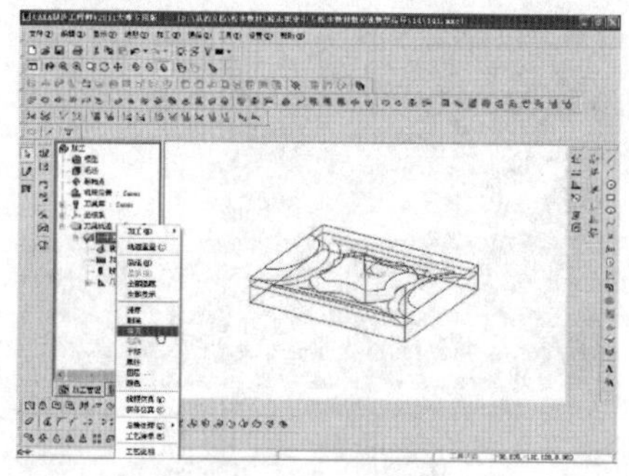

图 10-88　程序路径拷贝

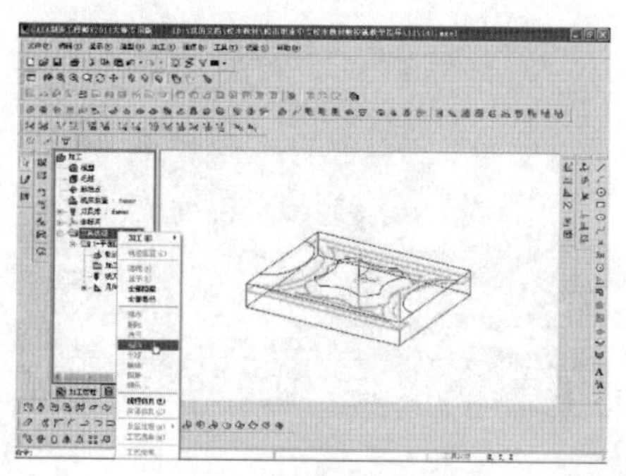

图 10-89　程序路径粘贴

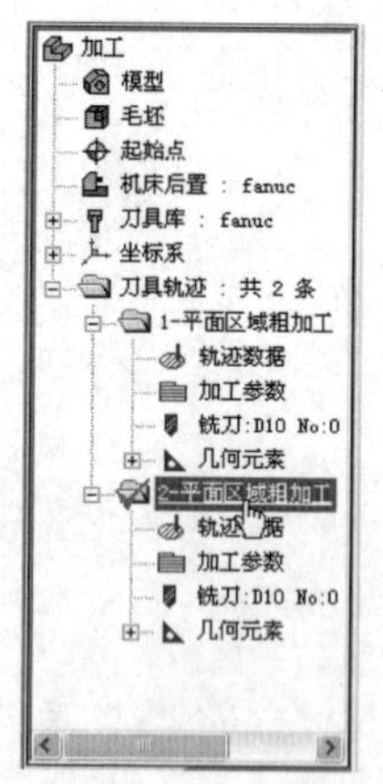

图 10-90　路径复制结果

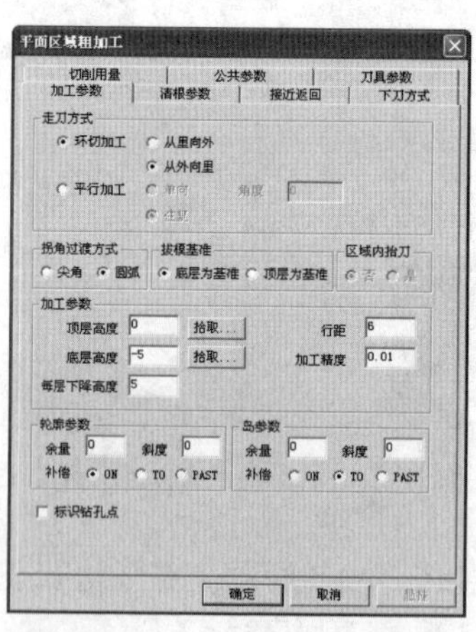

图 10-91　G 代码生成选择

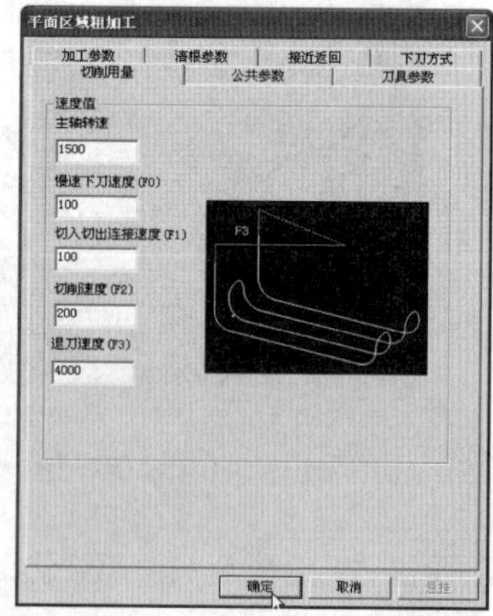

图 10-92　G 代码生成选择

单击“确定”按钮，生成精加工路径，按照原来的方法进行实体仿真并进行后置处理生成精加工程序（略）。

五、注意事项

(1)通常情况下铣刀不用来直接铣孔,防止刀具崩刃。对于没有型腔的内轮廓加工,尽量不要用铣刀直接向下铣削(除非是二刃立铣刀慢速进给),在没有特殊要求的情况下一般先加工预制工艺孔,让铣刀顺利地从预制工艺孔处下刀开始铣削。

(2)要注意刀具半径的影响,在 X、Y 向对刀时要根据具体情况加上或减去对刀使用的刀具半径。

(3)粗加工后要先测量,然后再确定如何修改软件参数控制栏中的“底层高度”“轮廓余量”,该例中精加工的参数都是理论值,实际加工中一定要注意测量确定,不要出现失误,引起工件报废。

六、CAXA 加工方法

CAXA 加工方法汇总如表 10-1 所示。

表 10-1 CAXA 加工方法

加工方法		加工对象	走刀方式	特点及应用
粗加工	区域粗加工	轮廓线	环切、平行线	直壁、平底件的分层加工。加工深度和刀具相对位置可调
	等高粗加工	体	环切、平行线	任意零件的分层粗加工。 深度可控、可稀疏化、平坦部位识别
	扫描线粗加工	体	平行线	分层粗加工。遇高点和侧壁时仿形走刀
	摆线粗加工	体	摆线	分层粗加工。摆线走刀
	插铣式粗加工	体	插铣	深腔钻孔式加工。刀具上下运动
	等壁厚粗加工	体	环切	锻造或铸造毛坯的粗加工。走刀与等高粗同,每层的走刀数与毛坯的厚度有关
	导动线粗加工	导动线和截面线	环切	分层粗加工。导动线控制加工的区域,截面线控制侧壁的形状
精加工	参数线精加工	面	U、V 方向	规则曲面的精加工
	等高线精加工	体	仿零件环切,平坦部位走刀单独设置	凸模及型腔的精加工。Z 向刀轨等距,平坦部位识别
	扫描线精加工	体	平行线	仿形精加工。xy 向刀轨等距
	浅平面精加工	体	平行线	平坦部位精加工。平坦程度由角度确定
	限制线精加工	体	平行线或限制线	部分加工。加工区域和轨迹受限制线的控制
	导动线精加工	导动线和截面线	环切	导动体的精加工。在截面线沿导动线运动生成的导动面上,生成 Z 方向等距的刀轨
	轮廓线精加工	轮廓线	仿轮廓	直壁的精加工。沿轮廓线在 Z 方向生成等距刀轨
	三维偏置精加工	体	环切	凸模及型腔的精加工。在加工区域表面生成空间等距的环切轨迹
	深腔侧壁精加工	轮廓线	竖直	直壁的精加工

思考与练习题十

1. 制定零件(见图10-93)加工工艺,并用CAXA制造工程师生成加工轨迹,然后仿真,最后生成加工程序。

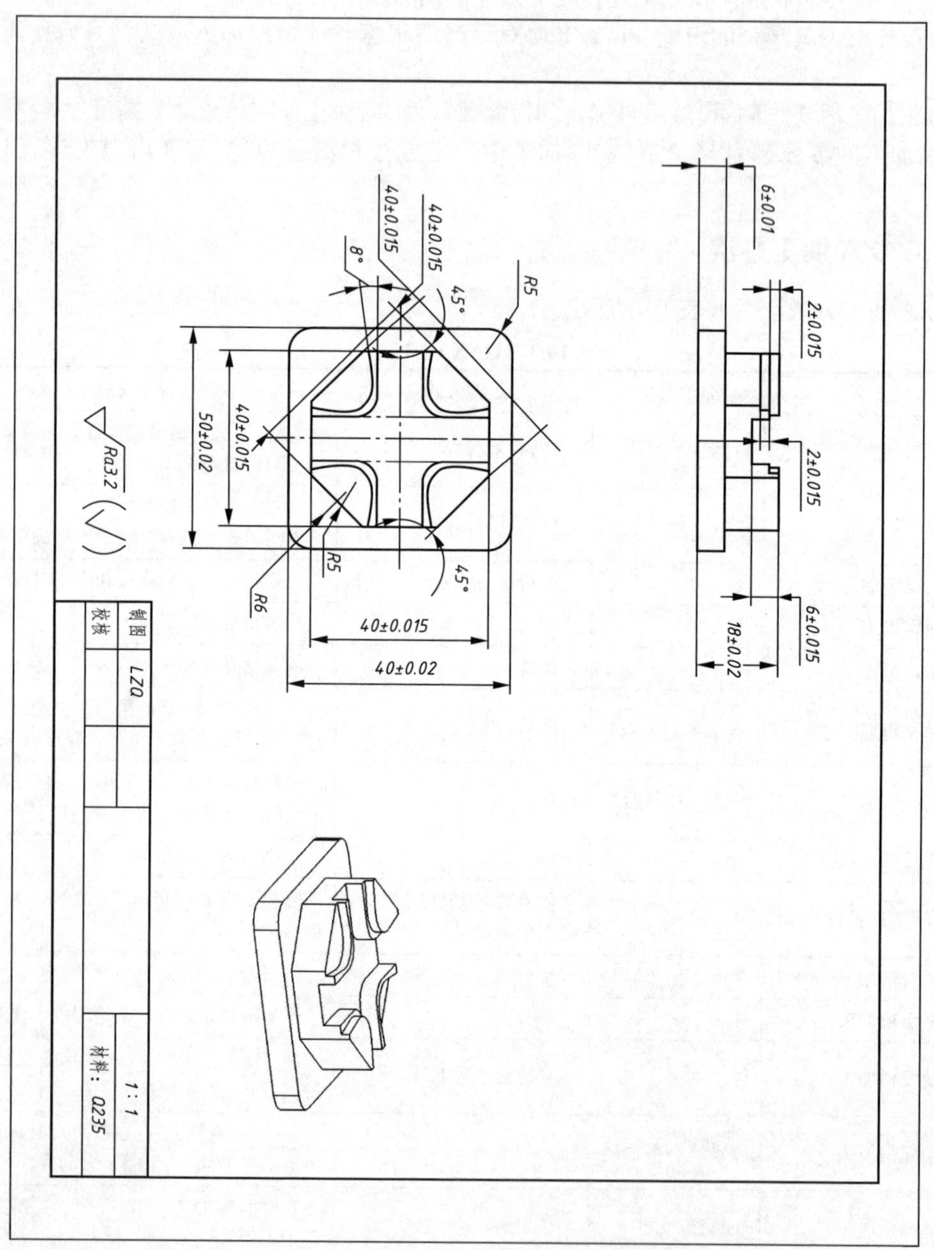

图10-93 零件1

2. 制定零件(见图10-94)加工工艺,并用CAXA制造工程生成加工轨迹,然后仿真,最后生成加工程序。

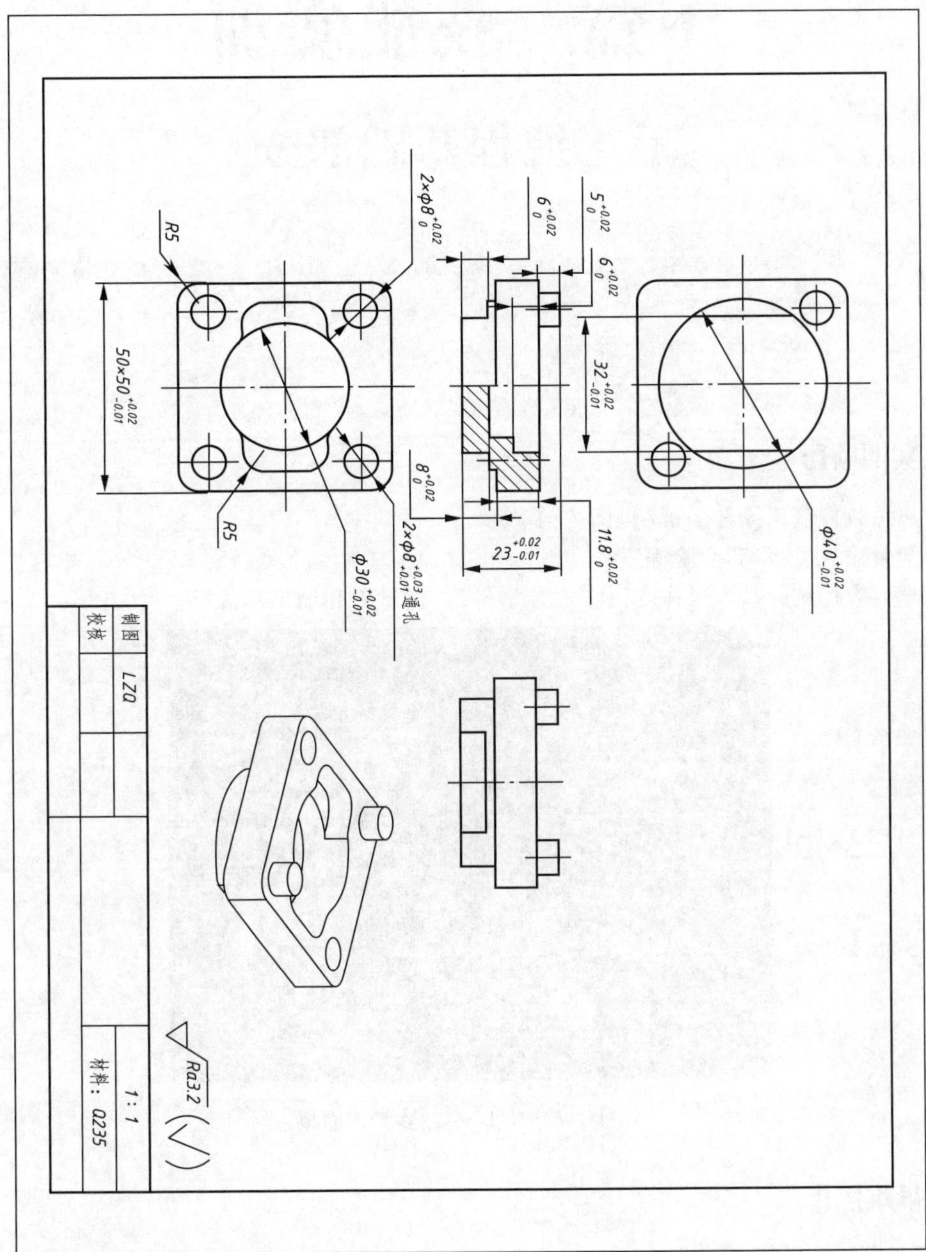

图10-94　零件2

下篇　技能实训

手工编程基础部分

项目一　数控铣床的基本操作（华中 HNC-22M）

一、实训项目

(1)熟悉数控铣床操作面板(见图 11-1)。

(2)学会输入、编辑和交验程序。

(3)学会数控铣床基本操作:开机、安装零件刀具、对刀和加工零件等。

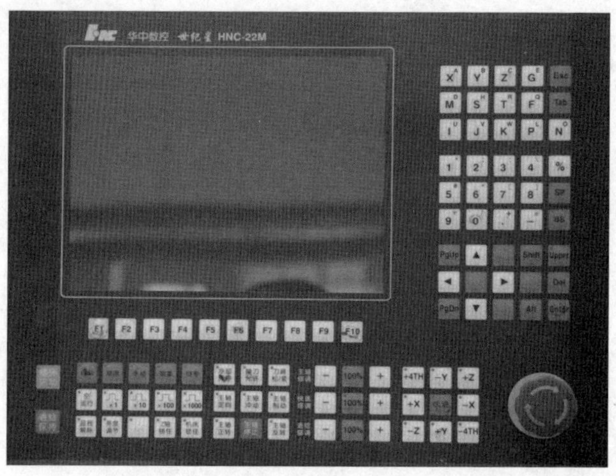

图 11-1　华中 HNC-22M 操作面板

二、基本操作

1. 开机前机床检查

(1)进行开机前各项检查,确定没有问题后,打开机床的总电源及系统电源。

(2)检查控制面板上的各指示灯是否正常,屏幕显示是否正常,各按钮开关是否处于正常位置,是否有报警显示。如有报警,系统可能发生故障,需立即检查。

2. 开机,回参考点

(1)开机

按下急停按钮,机床上电、数控上电后,左旋拔起急停按钮,系统复位。

(2)返回机床参考点

①按下控制面板的"回零"按键。

②按下"Z+"键,此时工作台以快速进给方式移向参考点。快速进给期间进给倍率有效。返回参考点后"Z+"按键内的指示灯亮。同样按"X+"键,完成 X 向返回参考点的操作;按"Y+"键,完成 Y 向返回参考点的操作。注意,回零操作应先回 Z 向,后回 X、Y 向。

3. 程序的建立与编辑

(1)新建程序

菜单命令"程序 F1"→"编辑程序 F2"→"新建程序 F3",系统提示"输入新建文件名",光标在"输入新建文件名"栏闪烁,输入文件名后,按"Enter"键确认后,就可编辑文件了。

(2)选择程序

菜单命令"程序 F1"→"选择程序 F1"→用"↑"、"↓"、"←"、"→"键及"Enter"键→选中程序。

(3)程序编辑

菜单命令"程序 F1"→"编辑程序 F2"→进入编辑状态。

Del:删除光标后的一个字符,光标位置不变,余下的字符左移一个字符位置。

PgUp:使编辑程序向程序头滚动一屏,光标位置不变。如果到了程序头,则光标移到文件首行的第一个字符处。

PgDn:使编辑程序向程序尾滚动一屏,光标位置不变。如果到了程序尾,则光标移到文件末行的第一个字符处。

BS:删除光标前的一个字符,光标向前移动一个字符位置,余下的字符左移一个字符位置。

↑:使光标向上移一行。

↓:使光标向下移一行。

←:使光标向左移一个字符位置。

→:使光标向右移一个字符位置。

操作完后,按"保存程序 F4"→按"Enter"键确认。

(4)程序校验

程序校验用于对调入加工缓冲区的文件进行校验,操作步骤如下。

①调入要校验的加工程序。

②按机床控制面板上的"自动"或"单段"按键进入程序运行方式。

③在程序菜单下,按"程序校验 F5",此时软件操作界面的工作方式显示为"校验运行"。

④按机床控制面板上的"循环启动"按键,程序校验开始。

⑤若程序正确,校验完后,光标返回程序头,且软件操作界面的工作方式显示为"自动"或"单段",若程序有错,命令行将提示程序的哪一行有错。

4. 对刀

按下控制面板中的"增量"按钮,此时系统处于手轮控制状态下。

(1)先对 X 轴,用手轮控制机床,将刀具靠近工件的左侧,下刀深度 5 mm 左右,调整手轮倍率,使刀具慢慢靠近工件,直至有铁(碎)削飞出,此时在显示器右端的"机床指令坐标"中 X 坐标对应一个值,将此值定义为 X1。

(2)用手轮控制机床使刀具移动到工件的右侧,下刀深度 5 mm 左右,调整手轮上的倍率开关,使刀具从右侧慢慢靠近工件,直至有铁(碎)削飞出,此时在显示器右端的"机床指令坐标"中

X 坐标对应另外一个值,将此值定义为 X2,抬起刀具。

(3)通过计算算出 X1、X2 的中间数值,定义为 X3,计算方法为 X3 = (X1 + X2)/2。

(4)点击控制面板中的"设置 F5"→"坐标系设定 F1"→"G54 坐标系 F1"→在 G54 坐标系中将 X3 输入到 X 值对应的位置,完成 X 向的对刀。用同样的方法完成 Y 向的对刀。

(5)Z 轴方向的对刀操作比较简单,只需将旋转的刀具靠近工件的上表面,直至刀具的断面切削到工件的上表面为止,将"机床指令坐标"中对应的 Z 值输入到 G54 坐标系中 Z 值对应的位置。

5. 刀具补偿量的设定

数控铣的刀具补偿分为半径补偿和长度补偿两类,设定方法如下:

(1)刀具半径补偿方法

按下导航键中的"刀具补偿 F4"→按"刀补表 F2"→在"半径"对应的竖栏里填入相应的刀具补偿值。

(2)刀具长度补偿方法

按下导航键中的"刀具补偿 F4"→按"刀补表 F2"→在"长度"对应的竖栏里填入相应的刀具补偿值。

6. 机床操作

(1)手动方式

①手动进给:按下"手动"按键(指示灯亮),系统处于手动运行方式,按压"X +"或"X -"按键(指示灯亮),X 轴将产生正向或负向连续移动,松开即减速停止。

②手动快速:手动进给时,同时按压"快进"按钮,则产生相应轴的正向或负向快速运动。

③手轮进给:按下控制面板上的"增量"按钮(指示灯亮),系统处于手轮控制进给方式。

(2)手动数据输入 MDI

菜单命令"MDI 运行 F3",输入完一个 MDI 程序段,并按"Enter"键后,按一下操作面板的"循环启动"按钮,系统即开始运行所输入的 MDI 指令。例如:输入"M03S800",则系统主轴正传,转速 800 r/min。

(3)自动运行方式

系统调入零件加工程序,经校验无误后,可正式启动运行,具体操作如下:

①调入加工程序。

②按下控制面板"自动"按键,进入程序运行状态。

③按下"循环启动"按键,机床开始自动运行调入的零件加工程序。

(4)单段运行

按下机床控制面板上的"单段"按键,系统处于单段自动运行方式,程序控制段将逐段执行。调入程序,按下"循环启动"按钮,运行一段程序,机床运动轴减速停止。再按一下"循环启动"按键,又执行下一程序段,执行完后再次停止。

三、注意事项

(1)操作时间 120 min。

(2)操作之前要学习数控机床安全操作规程。

四、知识链接

1. 华中数控简介

数控技术是关系到我国产业安全、经济安全和国防安全的国家战略性高新技术。从手机、家电、汽车的制造,到飞机、导弹、潜艇的制造,都离不开数控技术,是装备制造业中的核心技术,是我国加快转变经济发展方式,是实现我国机械产品从“制造”到“创造”升级换代的关键技术之一。数控系统是先进高端制造装备的“大脑”,华中数控的使命是用中国“大脑”,装备中国制造。

武汉华中数控股份有限公司创立于 1994 年,其主导产品有:

(1)数控系统

具有自主版权的华中Ⅰ型数控系统荣获了国家科技进步二等奖和国家教委科技进步一等奖;具有自主知识产权的华中“世纪星”高、中、低端系列数控系统产品,销售近万台套,与国内数十家著名主机厂实现了批量配套,其中五轴联动数控产品打破国外技术封锁,成为我国军工企业选用的首台全国产化高档数控设备。

(2)伺服系统

具有自主知识产权的数字交流伺服驱动单元和主轴伺服驱动单元系列产品,已列入军方采购目录,并已为军舰雷达和车载雷达的伺服驱动的配套合同。

(3)伺服电动机与伺服主轴

具有自主知识产权的 GK6、GK7 全系列永磁同步交流伺服电动机和 GM7 系列交流伺服主轴实现了批量生产,成为目前国内唯一拥有成套核心技术自主知识产权(包括数控系统、伺服单元和电机、主轴单元及主轴电动机等)和自主配套能力的企业。

(4)红外热像仪

具有自主知识产权的焦平面红外热像仪广泛应用于电力、化工、冶金、军工行业。

2. 文明生产

文明生产是现代企业管理的一项十分重要的内容,而数控加工是一种先进的加工方法,它与通用机床加工相比较,在许多方面遵循的原则基本一致,使用方法上也大致相同。但数控机床自动化程度较高,为了充分发挥机床的优越性,提高生产率、管好、用好、修好数控机床,显得尤为重要,操作者除了掌握数控机床的性能,精心操作以外,还必须养成文明生产的良好工作习惯和严谨工作作风,具有较好的职业素质、责任心和良好的合作精神。

操作时应做到以下几点;

①严格遵守数控机床的安全操作规程,熟悉数控机床的操作顺序。

②保持数控机床周围的环境整洁。

③操作人员应穿戴好工作服、工作鞋等,不得穿、戴有危险性的服饰品。

3. 安全操作技术

(1)机床启动前的注意事项

①数控机床启动前,要熟悉数控机床的性能、结构、传动原理、操作顺序及紧急停车方法。

②检查润滑油和齿轮箱内的油量情况。

③检查紧固螺钉,不得松动。

④清扫机床周围环境,机床和控制部分经常保持清洁,不得取下罩盖而开动机床。

⑤校正刀具,并达到使用要求。

(2)调整程序时的注意事项

①使用正确的刀具,严格检查机床原点、刀具参数是否正常。

②确认运转程序和加工顺序是否一致。

③不得承担超出机床加工能力的作业。

④在机床停机时进行刀具调整,确认刀具在换刀过程中不要和其他部位发生碰撞。

⑤确认工件的夹具是否有足够的强度。

⑥程序调整好后,要再次检查,确认无误后,方可开始加工。

(3)机床运转中的注意事项

①机床启动后,在机床自动连续运转前,必须监视其运转状态。

②确认冷却液输出通畅,流量充足。

③机床运转时,应关闭防护罩,不得调整刀具和测量工件尺寸,手不得靠近旋转的刀具和工件。

④停机时除去工件或刀具上的切屑。

(4)加工完毕时的注意事项

①清扫机床。

②防锈油润滑机床。

③关闭系统,关闭电源。

4. 机床操作注意事项

使用数控机床之前,应仔细阅读机床使用说明书以及其他有关资料,以便正确操作使用机床,并注意以下几点:

①机床操作、维修人员必须是掌握相应机床专业知识的专业人员或经过技术培训的人员,且必须按安全操作规程及安全操作规定操作机床。

②非专业人员不得打开电柜门,打开电柜门前必须确认已经关掉了机床总电源开关。只有专业维修人员才允许打开电柜门,进行通电检修。

③除一些供用户使用并可以改动的参数外,其他系统参数、主轴参数、伺服参数等,用户不能私自修改,否则将给操作者带来设备、工件、人身等伤害。

④修改参数后,进行第一次加工时,机床在不装刀具和工件的情况下用机床锁住、单程序段等方式进行试运行,确认机床正常后再使用机床。

⑤机床的 PLC 程序是机床制造商按机床需要设计的,不需要修改。不正确的修改,操作机床可能造成机床的损坏,甚至伤害操作者。

⑥建议机床连续运行最多 24 h,如果连续运行时间太长会影响电气系统和部分机械器件的寿命,从而会影响机床的精度。

⑦机床全部连接器、接头等,不允许带电拔、插操作,否则将产生严重的后果。

项目二 数控铣床的基本操作（FANUC0i Mate—MC）

一、实训项目

(1)熟悉数控铣床操作面板(见图12-1)。

(2)学会输入、编辑和交验程序。

(3)学会数控铣床基本操作:开机、安装零件刀具、对刀和加工零件等。

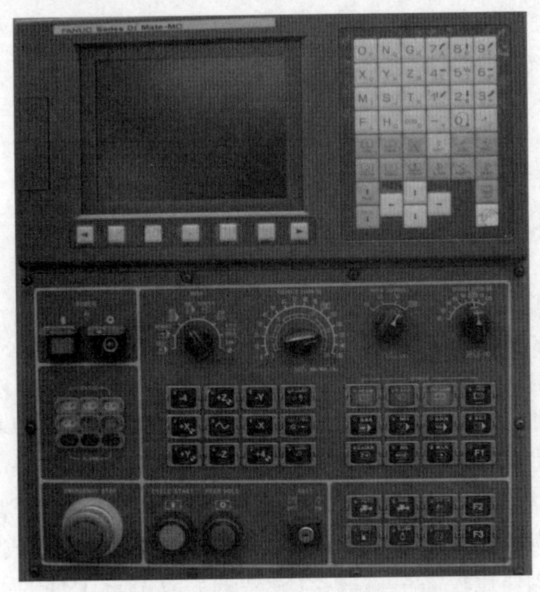

图12-1 FANUC0i Mate—MC机床面板

二、基本操作

1. 开机前机床检查

(1)进行开机前各项检查,确定没有问题后,打开机床的总电源及系统电源。

(2)检查控制面板上的各指示灯是否正常,屏幕显示是否正常,各按钮开关是否处于正常位置,是否有报警显示。如有报警,系统可能发生故障,需立即检查。

2. 开机,回参考点

(1)开机

按下急停按钮,机床上电、数控上电后,左旋拔起急停按钮,系统复位。

(2)返回机床参考点

①按下控制面板的“回零”按键。

②按“Z+”键,此时工作台以快速进给方式移向参考点。快速进给期间进给倍率有效。返回

参考点后"Z +"按键内的指示灯亮。同样按"X +"键,完成 *X* 向返回参考点的操作;按"Y +"键,完成 *Y* 向返回参考点的操作。注意,回零操作应先回 *Z* 向,再回 *X*、*Y* 向。

3. 程序的建立与编辑

(1)新建程序

将 MODE 旋钮旋至"EDIT",按下控制面板中的"PROG"通过控制面板输入新建文件名(例如:01234),按"INSERT"键,此时就可编辑新文件了。

(2)选择程序

将 MODE 旋钮旋至"EDIT",按下控制面板中的"PROG"键,"输入要选择的程序号"按"↓"键选择的程序就会出现在屏幕中。

(3)程序编辑

将 MODE 旋钮旋至"EDIT",按下控制面板中的"PROG"键,"输入要选择的程序号"按"↓"键,对程序进行编辑。

(4)程序校验

①按下 Z 轴锁,将机床 Z 轴锁住。

②调入要校验的程序。

③将 MODE 旋钮旋至"MEMORY",进入程序自动运行方式。

④按下机床面板上的"循环启动"按钮,程序开始校验。

⑤按下控制面板中的"CSTM/GR",观察走刀路线正确与否。

4. 对刀

将 MODE 旋钮旋至"HANDLE",进入手轮控制方式。

(1)先对 *X* 轴,用手轮控制机床,将刀具靠近工件的左侧,下刀深度 5 mm 左右,调整手轮倍率,使刀具慢慢靠近工件,直至有铁(碎)削飞出,然后按下控制面中的"POS"键→选择"相对"→通过控制面板按"X"→选择"起源",此时 X 值归零。用同样的方法将刀具靠近工件的右侧,记下此时显示器中 X 的数值(例如:106.6),抬刀,使刀具在工件上表面 10 mm 左右,用手轮控制机床在 *X* 方向上移动,直至到达工件的中间位置(例如:53.3)。点击 OFF/SET→坐标系→在 G54 坐标系的 X 值中输入"X0"→点击测量,完成对刀。用同样的方法在 *Y* 向完成对刀。

(2)*Z* 轴方向的对刀操作比较简单,只需将旋转的刀具靠近工件的上表面,直至刀具的断面切削到工件的上表面为止,点击 OFF/SET→坐标系→在 G54 坐标系的 Z 值中输入"Z0"→点击测量,完成对刀。

5. 刀具补偿量的设定

数控铣的刀具补偿分为半径补偿和长度补偿两类,设定方法如下:

(1)刀具半径补偿方法

将 MODE 旋钮旋至"EDIT"→按下控制面板上的"OFF/SET"键→选择"补正"→在"形状(D)"中对应的地方输入数值(加点)→按下"INPUT"键,完成刀具半径补偿的建立。

(2)刀具长度补偿方法

将 MODE 旋钮旋至"EDIT"→按下控制面板上的"OFF/SET"键→选择"补正"→在"形状(H)"中对应的地方输入数值(加点)→按下"INPUT"键,完成刀具长度补偿的建立。

6. 机床操作

(1)手动方式

①手动进给:按下"手动"按键(指示灯亮),系统处于手动运行方式,按压"X +"或"X -"按

键(指示灯亮),X 轴将产生正向或负向连续移动,松开即减速停止。

②手动快速:手动进给时,同时按压“快进”按钮,则产生相应轴的正向或负向快速运动。

③手轮进给:按下控制面板上的“手轮”按钮(指示灯亮),系统处于手轮控制进给方式,手动数据输入 MDI。

将 MODE 旋钮旋至“MDI”→按下控制面板中的“PROG”键→输入程序段→光标回到程序名→按下循环启动按钮,系统即运行输入的 MDI 指令。例如:输入“M03S800”,则系统主轴正传,转速 800 r/min。

(2)自动运行方式

系统调入零件加工程序,经校验无误后,可正式启动运行,具体操作如下:

①调入加工程序。

②将 MODE 旋钮旋至“MEMORY”,机床进入程序运行状态。

③按下“循环启动”按键,机床开始自动运行调入的零件加工程序。

(3)单段运行

将 MODE 旋钮旋至“MEMORY”,同时按下 S. B. K(单段)按钮,机床系统处于单段自动运行状态,程序控制将逐段执行。调入程序,按下“循环启动”按钮,运行一段程序,机床运动轴减速停止。再按一下“循环启动”按键,又执行下一程序段,执行完后再次停止。

三、注意事项

(1)操作时间 120 min。

(2)操作之前要学习数控机床安全操作规程。

四、知识链接

1. 数控机床的起源

1948 年,美国帕森斯公司接受美国空军委托,研制飞机螺旋桨叶片轮廓样板的加工设备。由于样板形状复杂多样,精度要求高,一般加工设备难以适应,于是提出计算机控制机床的设想。1949 年,该公司在美国麻省理工学院(MIT)伺服机构研究室的协助下,开始数控机床研究,并于 1952 年试制成功第一台由大型立式仿形铣床改装而成的三坐标数控铣床,不久即开始正式生产,于 1957 年正式投入使用。这是制造技术发展过程中的一个重大突破,标志着制造领域中数控加工时代的开始。数控加工是现代制造技术的基础,这一发明对于制造行业而言,具有划时代的意义和深远的影响。

2. 数控机床的兴起

1952 年,美国麻省理工学院和吉丁斯·路易斯公司首先联合研制出世界上第一台数控升降台铣床,随后德国、日本、苏联等于 1956 年分别研制出本国的第一台数控机床。20 世纪 60 年代初,美国、日本、德国、英国相继进入商品化试生产,由于当时数控系统处于电子管、晶体管和集成电路初期,设备体积大、线路复杂、价格昂贵、可靠性差,数控机床大多是控制简单的数控钻床,数控技术没有普及推广,数控机床技术发展整体进展缓慢。20 世纪 70 年代,出现了大规模集成电路和小型计算机,特别是微处理器的研制成功,实现了数控系统体积小、运算速度快、可靠性提高、价格下降,使数控系统总体性能、质量有了很大提高,同时,数控机床的基础理论和关键技术有了新的突破,从而给数控机床发展注入了新的活力,世界发达国家的数控机床产业开始进入了发展阶段。20 世纪 80 年代以来,数控系统微处理器运算速度快速提高,功能不断完善、可靠性进一步提高，监控、检测、换刀、外围设备得到了应用，使数控机床得到了全面发展，数控机床品种迅速扩展，发达国家数控机床产业进入了发展应用阶段。20 世纪 90 年代，数控机床得到了普遍应用，数控机床技术有了进一步发展，柔性单元、柔性系统、自动化工厂开始应用，标志着数控机床产业化进入成熟阶段。

我国于 1958 年研制出第一台数控机床，发展过程大致可分为两大阶段。1958 ~ 1979 年间为第一阶段，1979 年至今为第二阶段。第一阶段中对数控机床特点、发展条件缺乏认识，在人员素质不高、基础薄弱、配套件不过关的情况下，曾三起三落，终因表现欠佳，无法用于生产而停顿。主要存在的问题是盲目性大，缺乏实事求是的科学精神。在第二阶段，从日本、德国、美国、西班牙先后引进数控系统技术，从日本、美国、德国、意大利、英国、法国、瑞士、匈牙利、奥地利、韩国等引进数控机床先进技术和合作、合资生产，解决了可靠性、稳定性问题，数控机床开始正式生产和使用，并逐步向前发展。在 20 余年间，数控机床的设计和制造技术有较大提高，主要表现在三大方面：培训一批设计、制造、使用和维护的人才；通过合作生产先进数控机床，使设计、制造、使用水平大大提高，缩小了与世界先进技术的差距；通过利用国外先进元部件、数控系统配套，开始能自行设计及制造高速、高性能、五面或五轴联动加工的数控机床，供应国内市场的需求，但对关键技术的试验、消化、掌握及创新却较差。至今许多重要功能部件、自动化刀具、数控系统依靠国外技术支撑，不能独立发展，基本上处于从仿制走向自行开发阶段，与日本数控机床的水平差距很大。

3. 数控机床的高潮

进入 21 世纪，军事技术和民用工业的发展对数控机床的要求越来越高，应用现代设计技术、测量技术、工序集约化、新一代功能部件以及软件技术，使数控机床的加工范围、动态性能、加工精度和可靠性有了极大的提高。科学技术特别是信息技术的发展迅速，高速高精控制技术、多通道开放式体系结构、多轴控制技术、智能控制技术、网络化技术、CAD/CAM 与 CNC 的综合集成，使数控机床技术进入了智能化、网络化、敏捷制造、虚拟制造的更高阶段。

4. 机床操作注意事项

使用数控机床之前，应仔细阅读机床使用说明书以及其他有关资料，以便正确操作使用机床，并注意以下几点：

①机床操作、维修人员必须是掌握相应机床专业知识的专业人员或经过技术培训的人员，且必须按安全操作规程及安全操作规定操作机床。

②非专业人员不得打开电柜门，打开电柜门前必须确认已经关掉了机床总电源开关。只有专业维修人员才允许打开电柜门，进行通电检修。

③除一些供用户使用并可以改动的参数外，其他系统参数、主轴参数、伺服参数等，用户不能私自修改，否则将给操作者带来设备、工件、人身等伤害。

④修改参数后，进行第一次加工时，机床在不装刀具和工件的情况下用机床锁住、单程序段等方式进行试运行，确认机床正常后再使用机床。

⑤机床的 PLC 程序是机床制造商按机床需要设计的，不需要修改。不正确的修改，操作机床可能造成机床的损坏，甚至伤害操作者。

⑥建议机床连续运行最多 24 h，如果连续运行时间太长会影响电气系统和部分机械器件的寿命，从而会影响机床的精度。

⑦机床全部连接器、接头等，不允许带电拔、插操作，否则将产生严重的后果。

项目三 平面的铣削加工

平面的铣削加工零件图如图13-1所示。

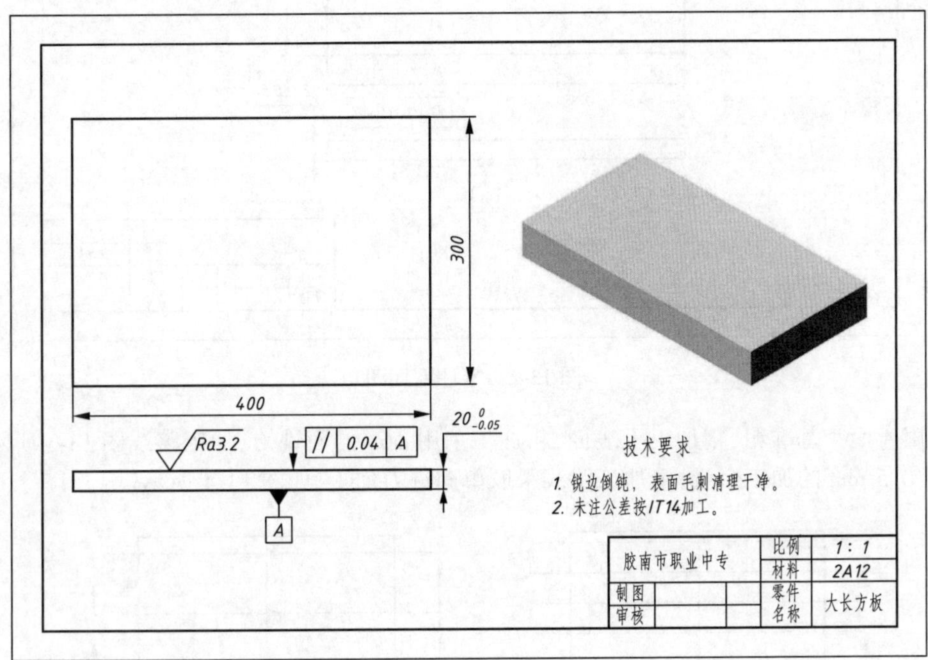

图13-1　零件图

零件的毛坯图如图13-2所示。

一、实训目标

(1)掌握(大)平面轮廓的加工工艺。

(2)学会正确选用大平面的加工刀具及合理的切削用量。

(3)掌握粗、精行切大平面的走刀路线安排,充分理解粗、精加工的区别。

二、工艺分析

1. 加工方案

(1)装夹:本项目需以工件两个长侧面定位,装在虎钳上并用标准垫块垫起,露出钳口5 mm,用百分表打表找正。

(2)加工路线根据"基面先行,先粗后精"的原则,用尽量少的切除量先加工基面A,先粗铣后精铣,从右下角开始,头尾双向加工,粗、精加工采用一把$\phi63$的面铣刀。

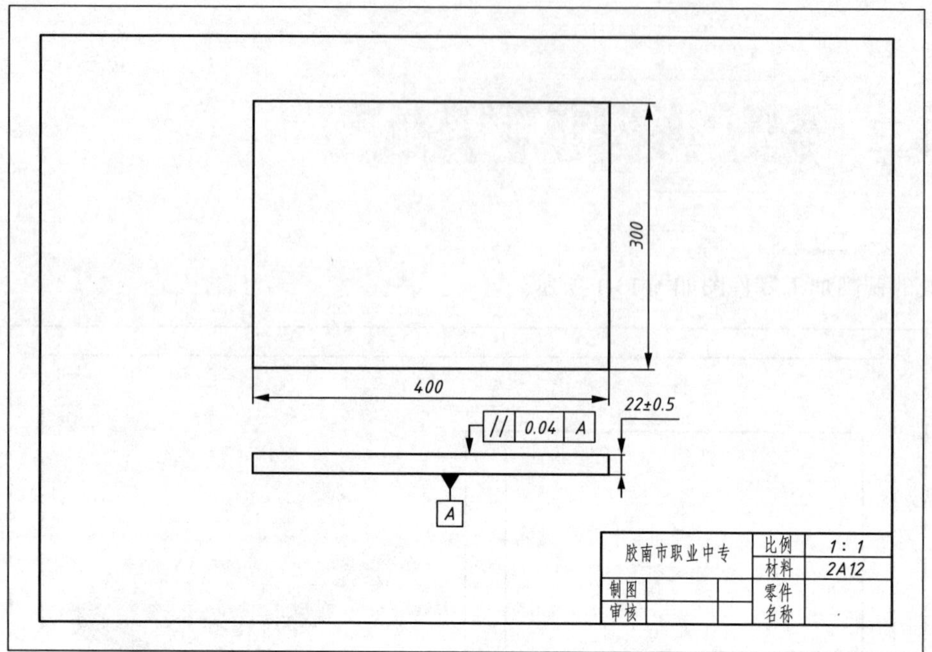

图 13-2　零件毛坯图

(3)用 A 面为基准粗、精加工上表面,粗加工采用 $\phi63$ 的面铣刀,加工路线图 13-3 所示,为精加工留下 0.5 mm 的加工余量,精加工路线采取单向进刀加工,如图 13-4 所示。

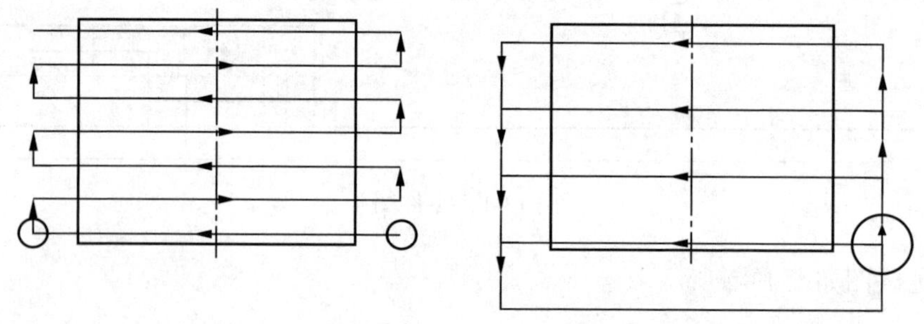

图 13-3　粗加工　　　　图 13-4　精加工

2. 工、量、刃具清单(见表 13-1)

表 13-1　工、量、刃具清单

序　　号	名　　称	规　　格	精　　度	单　　位	数　　量
1	游标卡尺	0 ~ 150	0.02	把	1
2	游标深度尺	0 ~ 200	0.02	把	1
3	杠杆百分表	0 ~ 0.8	0.01	套	1
4	粗糙度样板	N0 ~ N1	12 级	副	1
5	平行垫板			副	若干

续表

序　　号	名　　称	规　　格	精　　度	单　　位	数　　量
6	塑胶榔头			个	1
7	防护眼镜			副	1
8	面铣刀	Φ63		把	1
9	面铣刀	Φ125		把	1

3. 刀具与参考切削用量(见表 13-2)

表 13-2　刀具与参考切削用量表

刀具号	刀具规格	工序内容	f/(mm/min)	a_p/mm	n/(r/min)
T01	可转位硬质合金面铣刀直径 Φ63	粗铣	60	2	100
T02	可转位硬质合金面铣刀直径 Φ125	精铣	80	0.5	150

三、注意事项

(1)加工时间为 120 min。

(2)一定要注意图样上标注尺寸与编程时刀具轨迹之间还有一个刀具半径差,否则会发生碰撞。

(3)行切编程方面:切削过程中,粗加工时为提高工作效率,采取双向工作进给;精加工时为提高零件的表面质量,采取单向工作进给 。

另外,垫块的位置要合适,虎钳夹紧力大小要恰当,避免工件在加工过程中弯曲。

五、实训报告

实训报告见表 13-3。

表 13-3　数控铣削实训报告

数控铣削实训报告					
机床号		班级		姓名	
编程点计算					
零件程序					
问题分析					

续表

数控铣削实训报告	
学习心得	
教师评价	指导老师：

六、评分标准

评分标准见表 13-4。

表 13-4　评分标准

检测项目		技术要求	配分	评分标准	实测结果	得分
长度	1	400(IT14),*Ra*6.3	5/4	超差 0.01 扣 1 分,降级无分		
	2	400(IT14),*Ra*6.3	5/4	超差 0.01 扣 1 分,降级无分		
宽度	3	400(IT14),*Ra*6.3	5/4	超差 0.01 扣 1 分,降级无分		
	4	400(IT14),*Ra*6.3	5/4	超差 0.01 扣 1 分,降级无分		
厚度	5	$20^{\ 0}_{-0.05}$,*Ra*3.2	8/8	超差 0.01 扣 2 分,降级无分		
	6	平行度 0.04	8	降级无分		
其他	7	安全操作规程	10	违反扣 1~10 分		
	8	编程	30			
总配分			100	总得分		
零件名称			加工时间			
加工开始时间			停工时间		实际加工时间	
加工结束时间			停工原因			
班级			学生姓名		检测教师	

七、知识链接

1. 行切与行距

(1)行切

行切是指每次走刀的路径都相互平行的加工方式,包括往复行切、单方向行切、直线行切、曲线行切。

(2)行距

行距是指刀具相邻两次走刀中心线之间的最短距离。

2. 顺铣与逆铣

(1)顺铣

顺铣是指铣刀的切削速度方向与工件的进给方向相同时的铣削,如图 13-5 所示。

顺铣时,每把刀的切削厚度都是由大到小逐渐变化的。当刀齿刚与工件接触时,切削厚度为零,只有当刀齿在前一刀齿留下的切削表面上滑过一段距离,切削厚度达到一定数值后,刀齿才真正开始切削。

当工件表面无硬皮、机床进给机构无间隙时,应该选择顺铣加工方式,因为采用顺铣,零件加工表面质量好,刀齿磨损小。

(2)逆铣

逆铣是指铣刀的切削速度方向与工件的进给运动方向相反时的铣削,如图 13-6 所示。

逆铣使得切削厚度是由小到大逐渐变化的,刀齿在切削表面上的滑动距离也很小。当工件表面有硬皮、机床进给机构有间隙时,应选择逆铣加工方式,因为逆铣时,刀齿是从已加工表面切入,不会崩刃,机床进给机构的间隙不会引起震动和爬行。

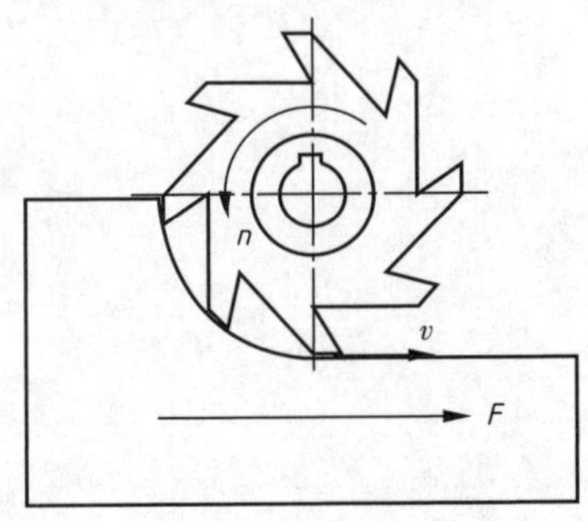

图 13-5　顺铣

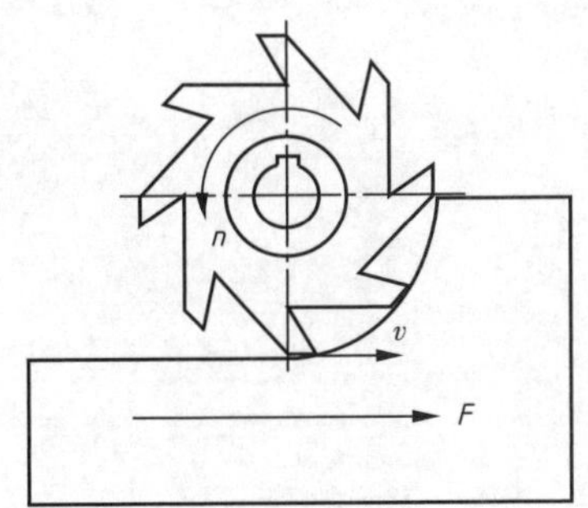

图 13-6　逆铣

总之,顺铣时刀齿在工件上走过的路程也比逆铣短。因此,在相同的切削条件下,采用逆铣时,刀具易磨损。逆铣时,由于铣刀作用在工件上的水平切削力方向与工件进给运动方向相反,所以工作台丝杠与螺母能始终保持螺纹的一个侧面紧密贴合。而顺铣时则不同,由于水平铣削力的方向与工件进给运动方向一致,当刀齿对工件的作用力较大时,由于工作台丝杠与螺母间间隙的存在,工作台会产生窜动,这样不仅破坏了切削过程的平稳性,影响工件的加工质量,而且严重时会损坏刀具。逆铣时,由于刀齿与工件间的摩擦较大,因此已加工表面的冷硬现象较严重。顺铣时,刀齿每次都是由工件表面开始切削,所以不宜用来加工有硬皮的工件。

3. 粗加工与精加工

(1)粗加工

粗加工是指快速去除零件余量的工艺。粗加工主要考虑加工效率,一般主轴转速比较高而且刀具进给比较快,同时行距比较大而且切削深度也比较深,以便在较短的时间内切除尽可能多的切屑,所以会产生大量的切削热,从而要选用以冷却为主的切削液。粗加工对表面质量的要求不高。

粗加工一般采用逆铣(平面加工采用往复行切)。

(2)精加工

精加工是指去除零件精加工余量(0.2～0.5 mm)而保证零件精度和表面粗糙度的工艺。精加工主要考虑加工精度,所以要尽量减小刀具与工件加工表面之间的摩擦与磨损及加工震动,因而一般主轴转速比较高而刀具进给比较慢,同时行距比较小而且切削深度也比较浅(0.2～0.5 mm)。精加工时通常要选用以润滑清洗为主的切削液。

精加工一般采用顺铣(平面加工采用单方向切削)。

项目四 外轮廓的铣削加工

外轮廓的铣削加工零件图如图 14-1 所示。

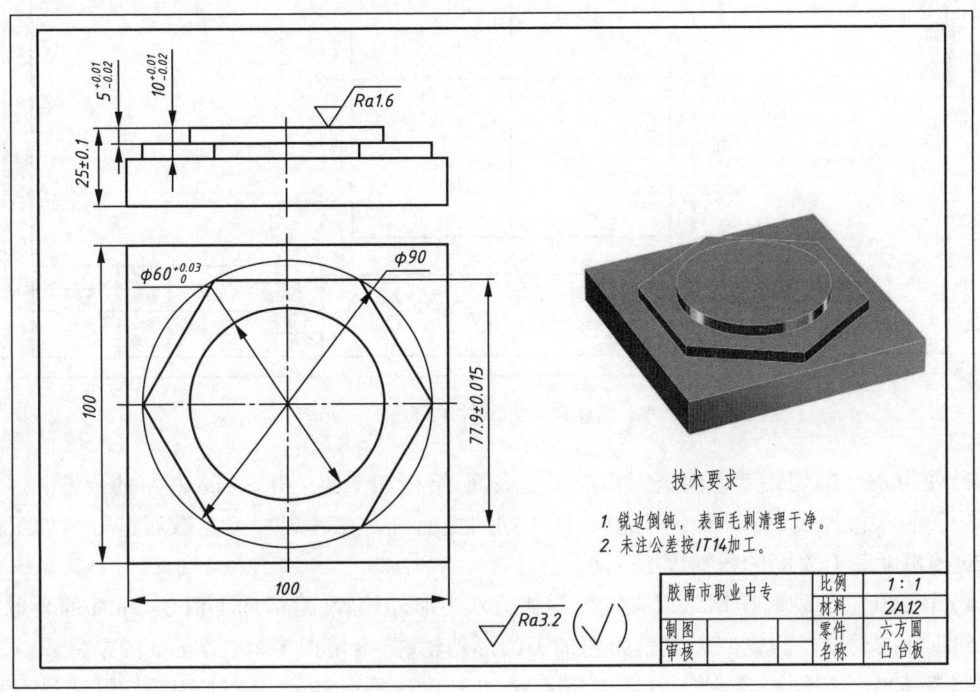

图 14-1　零件图

零件的毛坯图如图 14-2 所示。

一、实训目标

(1)根据工艺要求掌握外轮廓的加工方案。

(2)掌握加工外轮廓的刀具及切削用量的选择。

(3)掌握外轮廓精加工编程方法,正确使用刀具半径补偿。

(4)掌握使用刀具半径补偿功能保证尺寸精度的方法。

(5)掌握极坐标编程方法。

二、工艺分析

1. 加工方案

(1)装夹:本项目需以工件两个侧面定位,装在虎钳上并用标准垫块垫起,露出钳口 15 mm,用百分表打表找正。

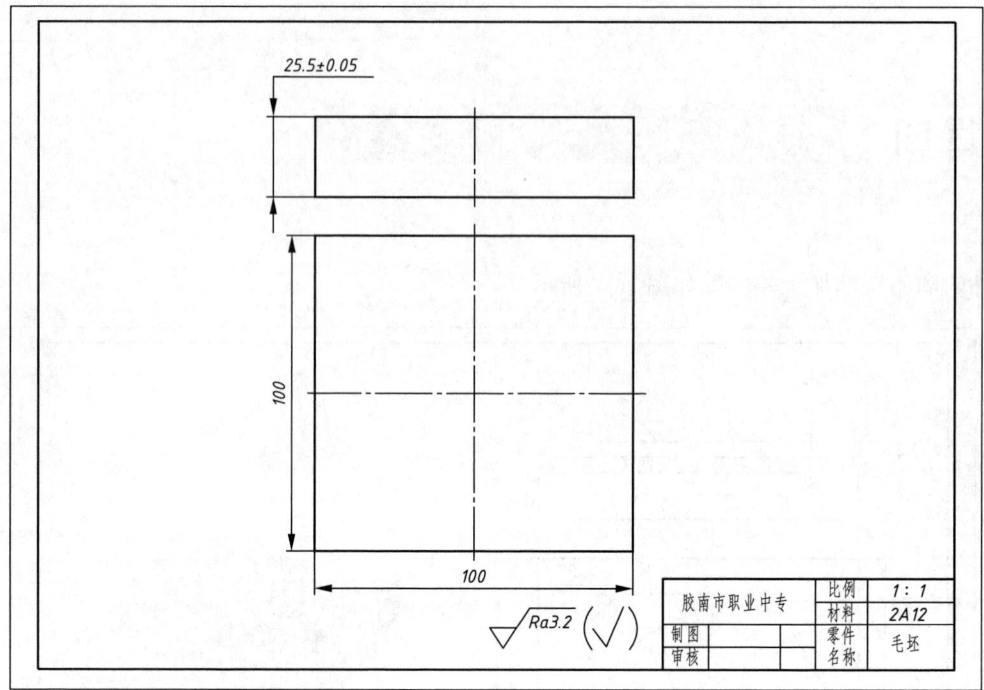

图 14-2　零件毛坯图

(2)使用 $\phi63$ 的切铝专用面铣刀粗加工上表面,给精加工留下 0.2 mm 左右的余量。

(3)测量零件厚度后,确定下刀深度,使用同一把面铣刀在确定加工参数后进行精加工,保证厚度 25 的精度和上表面的粗糙度 *Ra*1.6。

(4)用 $\phi20$ 的超硬高速钢二刃立铣刀粗加工六边形外轮廓,给精加工留 0.2 mm 的余量。

(5)$\phi20$ 的超硬高速钢二刃立铣刀粗加工圆形外轮廓,给精加工留 0.2 mm 的余量。

(6)换 $\phi20$ 的超硬高速钢三刃新立铣刀精加工六边形外轮廓及对应底面,保证尺寸 10 和 77.9 的精度及相应的表面粗糙度。

(7)用同一把 $\phi20$ 的超硬高速钢三刃立铣刀精加工圆形外轮廓及对应底面,保证尺寸 5 和 $\phi60$ 的精度及相应的表面粗糙度。

2. 工、量、刃具清单(见表 14-1)

表 14-1　工、量、刃具清单

序　号	名　称	规　格	精　度	单　位	数　量
1	游标卡尺	0～150	0.02	把	1
2	游标深度尺	0～150	0.02	把	1
3	杠杆百分表	0～0.8	0.01	套	1
4	深度百分尺	0～25	0.01	把	1
5	粗糙度样板	N0～N1	12 级	套	1
6	平行垫铁			副	若干
7	塑胶榔头			个	1

续表

序　号	名　称	规　格	精　度	单　位	数　量
8	防护眼镜			副	1
9	面铣刀	Φ63		把	1
10	二刃 HSS 平底立铣刀	Φ20		把	1
11	三刃 HSS 平底立铣刀	Φ20		把	1

3. 刀具与参考切削用量(见表 14-2)

表 14-2　刀具与参考切削用量表

刀具号	刀具规格	工序内容	f/(mm/min)	a_p/mm	n/(r/min)
T01	可转位切铝专用面铣刀 Φ63	粗铣/精铣	100/150	0.3/0.2	300/500
T02	二刃 HSS 平底立铣刀 Φ20	粗铣	80/120	10/5	600
T03	三刃 HSS 平底立铣刀 Φ20	精铣	150	0.2	800

三、注意事项

(1)加工时间为 180 min。

(2)为保证零件表面粗糙度,在最后精加工时要采用顺铣编程。

(3)为防止加工轮廓时划伤已加工好的工件表面,建议加工轮廓时比编程深度提高 0.02 mm。

另外,垫块的位置高度要合适,虎钳夹紧力大小要恰当,避免工件在加工过程中弯曲。

四、实训报告

实训报告见表 14-3。

表 14-3　数控铣削实训报告

数控铣削实训报告					
机床号		班级		姓名	
编程点计算					
零件程序					
问题分析					
学习心得					
教师评价	指导老师:				

五、评分标准

评分标准见表 14-4。

表 14-4 评分标准

检测项目		技术要求	配分	评分标准	实测结果	得分
六边形	1	77.9±0.015,*Ra*3.2	5/4	超差 0.01 扣 1 分,降级无分		
	2	77.9±0.015,*Ra*3.2	5/4	超差 0.01 扣 1 分,降级无分		
	3	77.9±0.015,*Ra*3.2	5/4	超差 0.01 扣 1 分,降级无分		
圆台	4	$60^{+0.03}_{0}$,*Ra*1.6	5/5	超差 0.01 扣 1 分,降级无分		
厚度	5	25±0.1	5	超差 0.01 扣 1 分,降级无分		
	6	$5^{+0.01}_{-0.02}$,*Ra*3.2	5/4	超差 0.01 扣 2 分,降级无分		
	7	$10^{+0.01}_{-0.02}$,*Ra*3.2	5/4	降级无分		
其他	8	安全生产	10	违反规定扣 1~10 分		
	9	编程	30			
总配分			100	总得分		
零件名称			加工时间			
加工开始时间			停工时间		实际加工时间	
加工结束时间			停工原因			
班级			学生姓名		检测教师	

六、知识链接

1. 坐标变换极坐标编程指令 G15、G16

当工件的轮廓尺寸是以半径和角度来标注时,要用数学方法来计算其坐标点的值,这时可使用另一种坐标点指定方式,即极坐标系,通过指定 G16 极坐标编程指令,可直接以半径和角度的方式指定编程。

(1)极坐标编程指令及格式

G16　　　　(极坐标系生效指令)

路径程序

G15　　　　(极坐标系取消指令)

注意:G16 指令生效后,路径程序中的 X 值是指编程点的极半径,Y 值指极角。

(2)极坐标系的原点和平面

与直角坐标系中一样,极坐标系原点也有绝对和增量两种指定方式,G90 绝对值编程方式是以工件坐标系的原点为极点,所有目标点位置的极半径是指目标点到编程原点的距离,角度值是指目标点与编程原点的连线与 +*X* 轴的夹角。

选择合适的平面对正确使用极坐标编程方式坐标指定非常关键,极坐标方式编程时必须指定所在平面,甚至默认的 G17 平面也要指定。

2. 比较检测法测量表面粗糙度

比较检测法是指将被测表面与表面粗糙度样板(见图 14-3)相比较,判断工件表面粗糙度是否合格的检验方法。

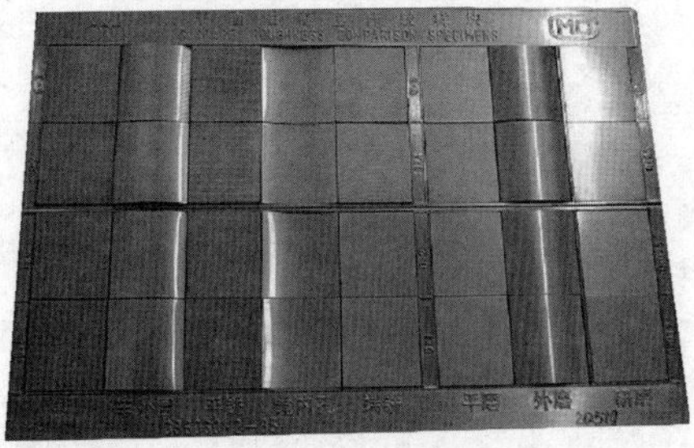

测量步骤具体如下:

(1)根据被测对象选择样板。

(2)比较检测法检测零件表面质量。

通过视觉比较和触觉比较进行表面质量评定。

图 14-3　表面粗糙度样板

3. 平面加工的常用加工方式

(1)双向横坐标平行法

该方法为刀具沿平行于横坐标方向加工,并且可以变换方向,如图 14-4(a)所示。

(2)单向横坐标平行法

该方法为刀具仅沿一个方向平行于横坐标加工,如图 14-4(b)所示。

(3)单向纵坐标平行法

该方法为刀具仅沿一个方向平行于纵坐标加工,如图 14-4(c)所示。

(4)双向纵坐标平行法

该方法为刀具沿平行于纵坐标方向加工,并且可以变换方向,如图 14-4(d)所示。

(5)内向环切法

该方法为刀具以矩形轨迹分别平行于纵坐标、横坐标由外向内加工,并且可以变换方向,如图 14-4(e)所示。

(6)外向环切法

该方法为刀具以矩形轨迹分别平行于纵坐标、横坐标由内向外加工,并且可以变换方向,如图 14-4(f)所示。

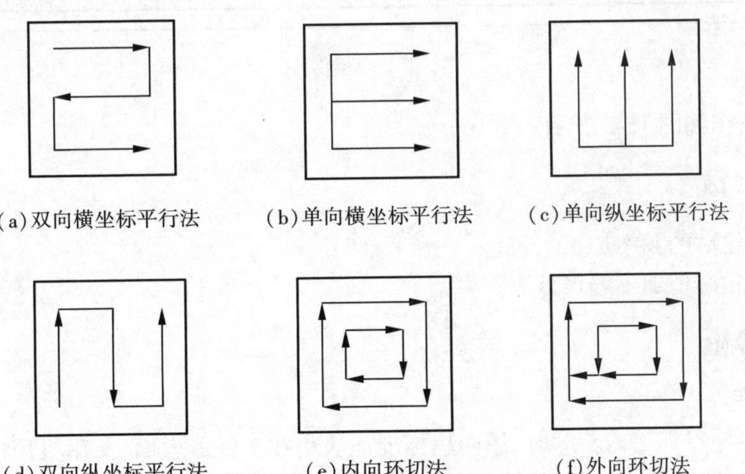

(a)双向横坐标平行法　(b)单向横坐标平行法　(c)单向纵坐标平行法

(d)双向纵坐标平行法　(e)内向环切法　(f)外向环切法

图 14-4　平面加工的常用方法

项目五 内轮廓的铣削加工

内轮廓的铣削加工零件图如图15-1所示。

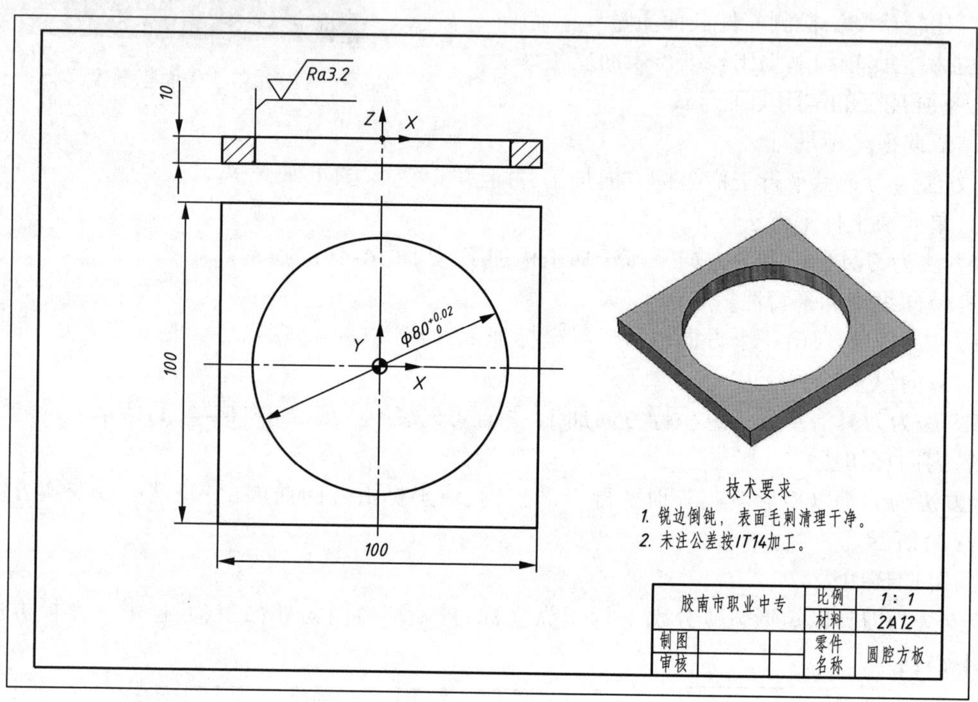

图15-1　零件图

零件的毛坯图如图15-2所示。

一、实训目标

(1)掌握内轮廓的基本加工工艺。

(2)掌握内轮廓精加工编程方法。

二、工艺分析

1. 加工方案

(1)装夹:本项目加工内轮廓时,用两块标准垫块垫在工件下表面,使用机用虎钳夹持工件侧面,并用百分表打表找正。注意,垫起位置在零件轮廓的外侧,要防止在加工过程中妨碍刀具切削(也可用压板装夹固定)。

(1)先钻削工艺孔在距毛坯右边40 mm、顶边30 mm处,采用$\phi10$的麻花钻加工一个预制工艺孔。

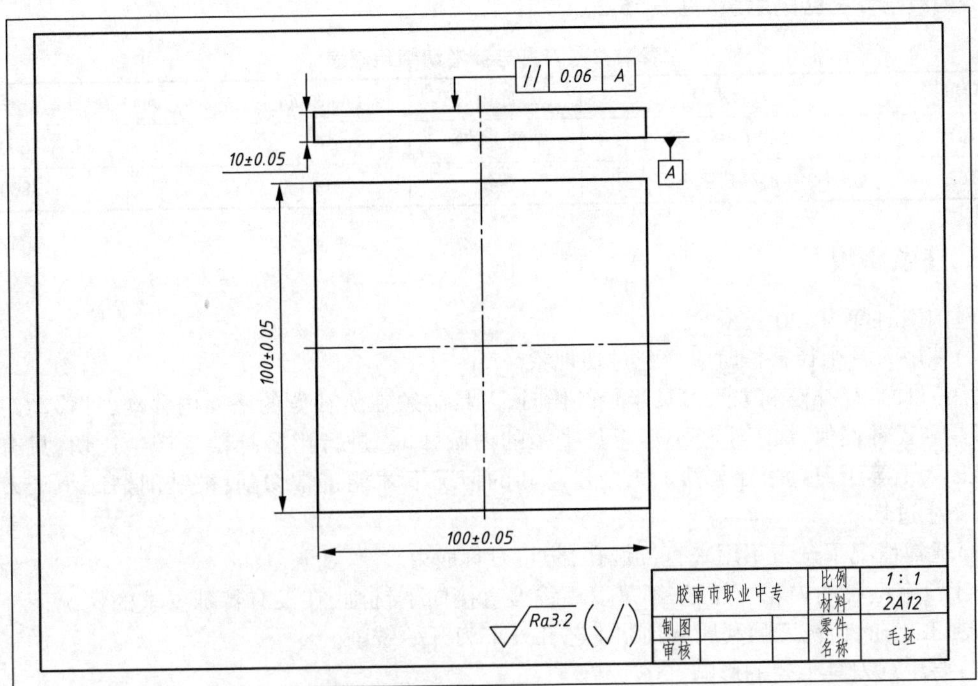

图 15-2　零件毛坯图

(2)进行粗加工,轮廓粗加工走刀路线,利用 $\phi10$ 三刃高速钢立铣刀从预制孔处利用 $R20$ 的圆弧软切入,逆铣。对轮廓沿顺时针加工,从切入点软切出,Z 方向分两次进刀执行轮廓加工程序,一次下刀 5 mm,同时保证内轮廓精加工余量为 0.2 mm。

(3)最后半精、精加工轮廓,精加工走刀路线,利用同一把刀从距毛坯右边 30 mm;底边 30 mm 处利用 $R20$ 的圆弧软切入,顺铣。对轮廓沿逆时针加工,从切入点软切出。

2. 工、量、刃具清单(见表 15-1)

表 15-1　工、量、刃具清单

序　号	名　称	规　格	精　度	单　位	数　量
1	内径百分表	50～100	0.01	套	1
2	游标深度尺	0～200	0.02	把	1
3	杠杆百分表	0～0.8	0.01	套	1
4	粗糙度样板	N0～N1	12 级	副	1
5	平行垫铁			副	若干
6	寻边器			个	1
7	塑胶榔头			个	1
8	铜皮	0.2		块	2
9	压板			套	4
10	高速钢三刃平底立铣刀	Φ10		把	1
11	麻花钻	Φ10		把	1
12	机用虎钳	QH160		个	1

3. 刀具与参考切削用量(见表 15-2)

表 15-2　刀具与参考切削用量表

刀具号	刀具规格	工序内容	f/(mm/min)	a_p/mm	n/(r/min)
T01	Φ10 的麻花钻	钻削工艺孔	50	10	600
T02	直径 Φ10 的高速钢三刃立铣刀	粗铣	100	5	800

三、注意事项

(1)加工时间为 120 min。

(2)使用刀具半径补偿时应避免过切现象。

使用刀具半径补偿和去除刀具半径补偿时,刀具必须在所补偿的平面内移动,且移动距离应大于刀具半径补偿值;加工半径小于刀具半径的内圆弧时,进行半径补偿将产生过切,只有过渡圆角半径大于等于刀具半径与精加工余量总和的情况下才能正常切削;被铣削槽底小于刀具半径时将产生过切。

(3)通常情况下铣刀不用来直接铣孔,防止刀具崩刃。

对于没有型腔的内轮廓加工,不可以用铣刀直接向下铣削,在没有特殊要求的情况下一般先加工预制工艺孔,让铣刀顺利地从预制工艺孔处下刀开始铣削。

(4)要注意刀具半径的影响。

在 X、Y 向对刀时,要根据具体情况加上或减去对刀使用的刀具半径。

四、实训报告

实训报告见表 15-3。

表 15-3　数控铣削实训报告

<table>
<tr><td colspan="6">数控铣削实训报告</td></tr>
<tr><td>机床号</td><td></td><td>班级</td><td></td><td>姓名</td><td></td></tr>
<tr><td>编程点计算</td><td colspan="5"></td></tr>
<tr><td>零件程序</td><td colspan="5"></td></tr>
<tr><td>问题分析</td><td colspan="5"></td></tr>
<tr><td>学习心得</td><td colspan="5"></td></tr>
<tr><td>教师评价</td><td colspan="5">指导老师:</td></tr>
</table>

五、评分标准

评分标准见表15-4。

表15-4　评分标准

<table>
<tr><td colspan="2">检测项目</td><td>技术要求</td><td>配分</td><td>评分标准</td><td>实测结果</td><td>得分</td></tr>
<tr><td>内孔</td><td>1</td><td>$\Phi80^{+0.02}_{0}$,$Ra3.2$</td><td>40/20</td><td>超差0.01扣20分,降级无分</td><td></td><td></td></tr>
<tr><td rowspan="2">其他</td><td>2</td><td>安全操作规程</td><td>10</td><td>违反扣1～10分</td><td></td><td></td></tr>
<tr><td>3</td><td>编程</td><td>30</td><td></td><td></td><td></td></tr>
<tr><td colspan="3">总配分</td><td>100</td><td>总得分</td><td colspan="2"></td></tr>
<tr><td colspan="2">零件名称</td><td></td><td>加工时间</td><td colspan="3"></td></tr>
<tr><td colspan="2">加工开始时间</td><td></td><td>停工时间</td><td></td><td rowspan="2">实际加工时间</td><td rowspan="2"></td></tr>
<tr><td colspan="2">加工结束时间</td><td></td><td>停工原因</td><td></td></tr>
<tr><td colspan="2">班级</td><td></td><td>学生姓名</td><td></td><td>检测教师</td><td></td></tr>
</table>

六、知识链接

1. 轮廓加工路线的确定

铣刀在铣削轮廓表面时,一般采用立铣刀侧面刃口进行切削。对于二维轮廓加工,通常采用的加工路线为:

(1)从起刀点下刀到下刀点。

(2)沿切向切入工件(以免产生接刀痕)。

(3)轮廓切削。

(4)沿切向切出工件(以免产生接刀痕)。

(5)刀具向上抬刀,退离工件。

(6)返回起刀点。

2. 三刃立铣刀加工内轮廓的下刀方法

当用三刃立铣刀加工内轮廓时,不能直接垂直切入毛坯的材料内部,通常利用钻头提前钻制工艺孔,然后才可以下刀。

型腔开始切削的方法主要有以下三种:

(1)预钻削起始孔。一般不推荐这种方法。这需要增加一种刀具,从切削的观点看,刀具通过预钻削孔时因切削力而产生不利的振动。当使用预钻削孔时,常常会导致刀具损坏。

(2)最佳的方法之一是使用 X 和 Z 方向或者 Y 和 Z 方向的线性坡走切削,以达到全部轴向深度的切削。

(3)可以以螺旋形式进行圆插补铣削。这是一种非常好的方法,因为它可产生光滑平稳的切削作用,而只要求很小的切削空间。

项目六　槽的铣削加工

槽的铣削加工零件图如图 16-1 所示。

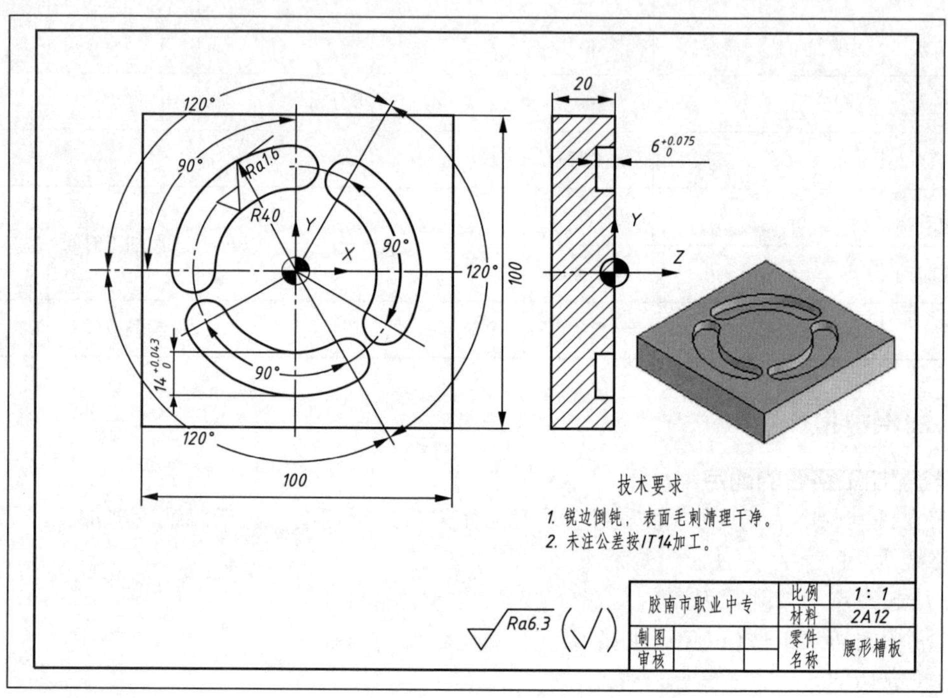

图 16-1　零件图

零件的毛坯图如图 16-2 所示。

一、实训目标

(1)了解凹槽加工工艺,能正确选用刀具及合理的切削用量。

(2)能正确设置刀具参数和工件零点偏置。

(3)能使用坐标系旋转指令编制程序。

二、工艺分析

1. 加工方案

(1)装夹:采用机用虎钳装夹,底部用标准垫块垫起,露出钳口 5 mm,并用杠杆百分表打表找正。

(2)用 $\Phi12$ 的超硬高速钢键槽铣刀粗铣凹槽,留单边余量 1 mm,底面余量 0. 2 mm。

(3)用 $\Phi10$ 的超硬高速钢三刃立铣刀半精铣凹槽,留单边余量 0. 2 mm。

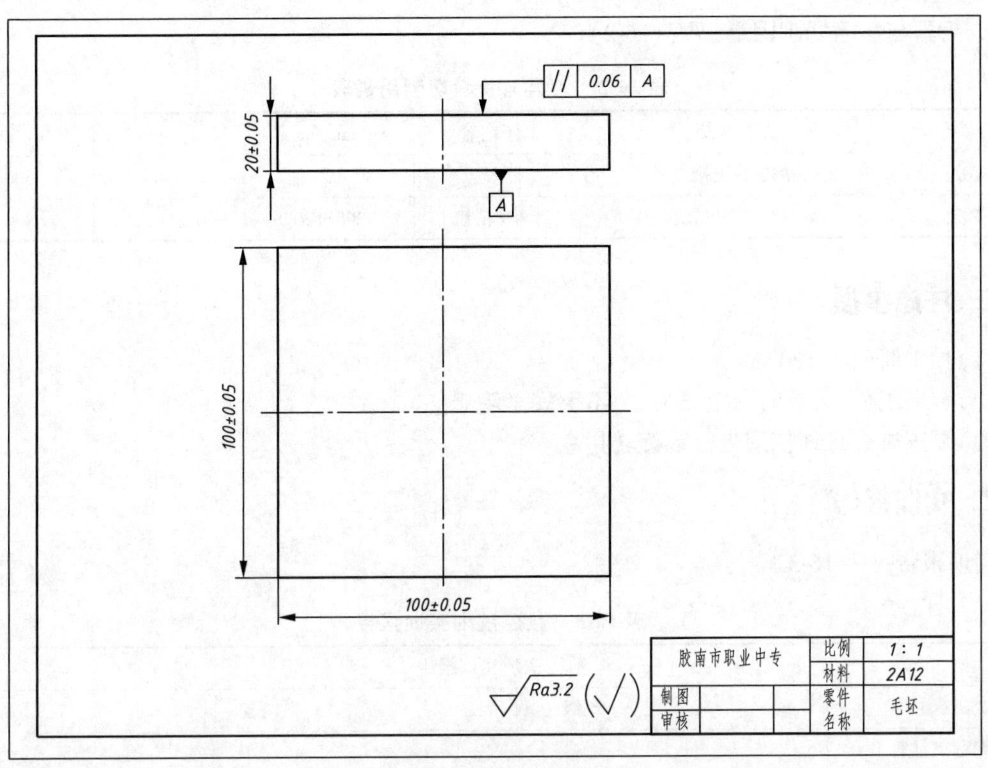

图 16-2 零件毛坯图

(4)用同一把刀精铣凹槽至要求尺寸。

2. 工、量、刃具清单(见表 16-1)

表 16-1 工、量、刃具清单

序号	名称	规格	精度	单位	数量
1	游标卡尺	0~150	0.02	把	1
2	游标深度尺	0~150	0.02	把	1
3	深度百分尺	0~25	0.01		
4	内径百分尺	5~25	0.01	把	1
5	杠杆百分表	0~0.8	0.01	个	1
6	粗糙度样板	N0~N1	12 级	副	1
7	平行垫铁			副	若干
8	寻边器	机械		支	1
9	铜皮	0.2		块	2
10	塑胶榔头			个	1
11	三刃超硬高速钢平底立铣刀	$\Phi10$		把	1
12	超硬高速钢键槽铣刀	$\Phi12$		把	1
13	机用虎钳	QH160		个	1
14	R 规	$R7 \sim R14.5$		套	1

3. 刀具与参考切削用量(见表16-2)

表16-2　刀具与参考切削用量表

刀具号	刀具规格	工序内容	f/(mm/min)	a_p/mm	n/(r/min)
T02	直径 Φ12 的键槽立铣刀	粗铣	100	5.8	600
T03	Φ10 的三刃立铣刀	半精/精铣	200/120	0.8/0.2	800

三、注意事项

(1)加工时间为120 min。

(2)装夹工件、刀具时一定要夹牢,不留安全隐患。

(3)要正确合理地使用坐标系旋转指令。

四、实训报告

实训报告见表16-3。

表16-3　数控铣削实训报告

数控铣削实训报告					
机床号		班级		姓名	
编程点计算					
零件程序					
问题分析					
学习心得					
教师评价	指导老师:				

五、评分标准

评分标准见表16-4。

表 16-4　评分标准

检测项目		技术要求	配分	评分标准	实测结果	得分
深度	1	$6^{+0.075}_{0}$,*Ra*6.3	9/6	超差 0.01 扣 2 分,降级无分		
沟槽	2	$14^{+0.043}_{0}$,*Ra*1.6(3 处)	8/7(3 处)	超差 0.01 扣 2 分,降级无分		
其他	3	安全操作规程	10	违反扣 1 ~ 10 分		
	4	编程	30			
总配分			100	总得分		
零件名称			加工时间			
加工开始时间			停工时间		实际加工时间	
加工结束时间			停工原因			
班级			学生姓名		检测教师	

六、知识链接

1. 旋转变换指令 G68、G69

(1)格式:

G17 G68 X__Y__P__ (G18 G68 X__Z__P__ \ G19 G68 Y__Z__P__)

M98 P_

G69

(2)说明:

G68:建立旋转。

G69:取消旋转。

X、Y、Z:旋转中心的坐标值。

P:旋转角度,单位是°(度,顺时针为负,逆时针为正),0≤P≤360°在有刀具补偿的情况下,先旋转后刀补(刀具半径补偿、长度补偿),在有缩放功能的情况下,先缩放后旋转。

G68、G69:模态指令,可相互注销,G69 为缺省值。

2. 夹具、工件安装找正

为了使工件合理地固定安装,必须先将夹具正确地安装并固定于机床的工作台上,使平口虎钳的固定钳口面平行于机床的 *X* 轴并垂直于工作台,使平口虎钳的底面平行于工作台面,也就是保证机床的主轴垂直于机床工作台。夹具(平口虎钳)的安装找正步骤如下:

(1)先将平口虎钳用 T 型螺栓紧固于工作台上,同时松开刻度转盘上的紧固螺母,以方便调整。

(2)将百分表固定在机床主轴上,然后使用手轮移动工作台和主轴,使百分表的接触头靠上平口虎钳的固定钳口面。

(3)沿 *X* 轴方向往返移动,调整固定钳口面的平行度,使百分表的表针跳动范围在允许的误差范围内。

(4)当 *X* 轴方向平行度调整好以后,将刻度转盘上的紧固螺母上紧。

(5)使百分表的接触头靠上平口,左右移动工作台,观察虎钳底面平行度,一般不需要调整。

(6)将工件安装在虎钳上,使工件高出钳口面尽量少一些,但必须保证满足工件的加工要求。

(7)主要以底面和固定钳口面为定位面,这样就可以既方便又准确地装夹工件。

项目七 孔的（钻、铰、攻）铣削加工

孔的(钻、铰、攻)铣削加工零件图如图 17-1 所示。

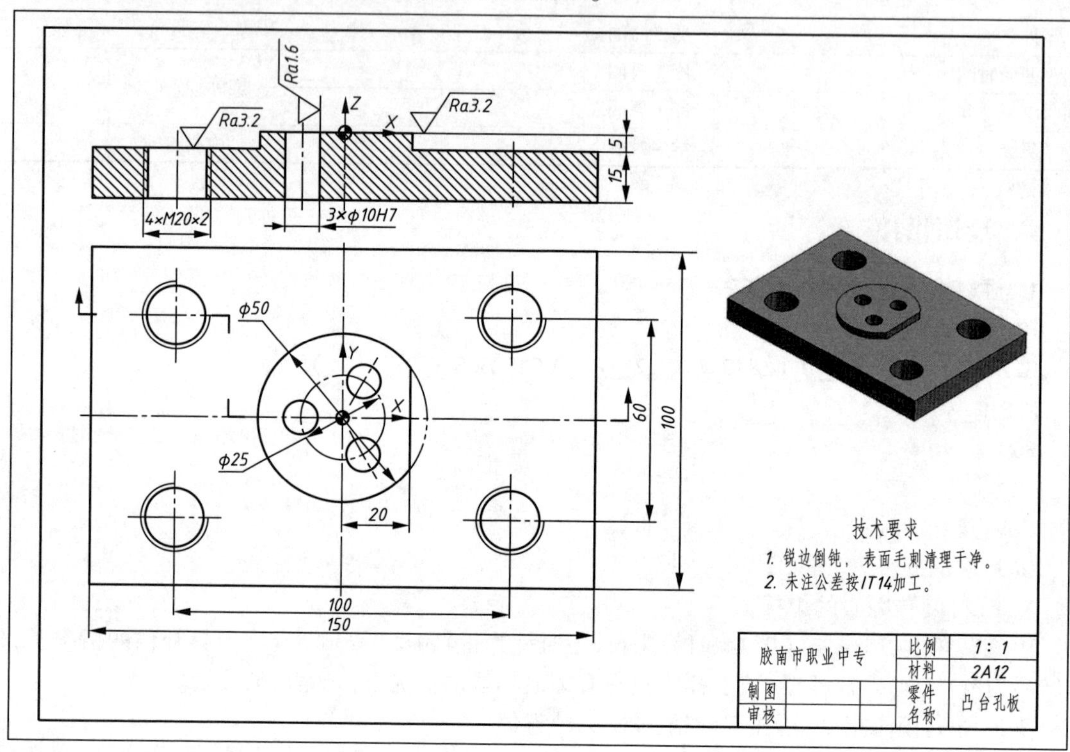

图 17-1　零件图

零件的毛坯图如图 17-2 所示。

一、实训目标

(1)掌握钻孔的加工工艺。

(2)学会正确选用钻孔的刀具、夹具,合理选择切削用量。

(3)掌握孔的铰削加工方法。

(4)掌握攻螺纹加工的方法与注意事项。

(5)熟悉运用孔加工固定循环指令编程。

二、工艺分析

1. 加工方案

(1)装夹:采用机用虎钳装夹的方法,底部用标准垫块垫起,露出钳口 10 mm,并用百分表打

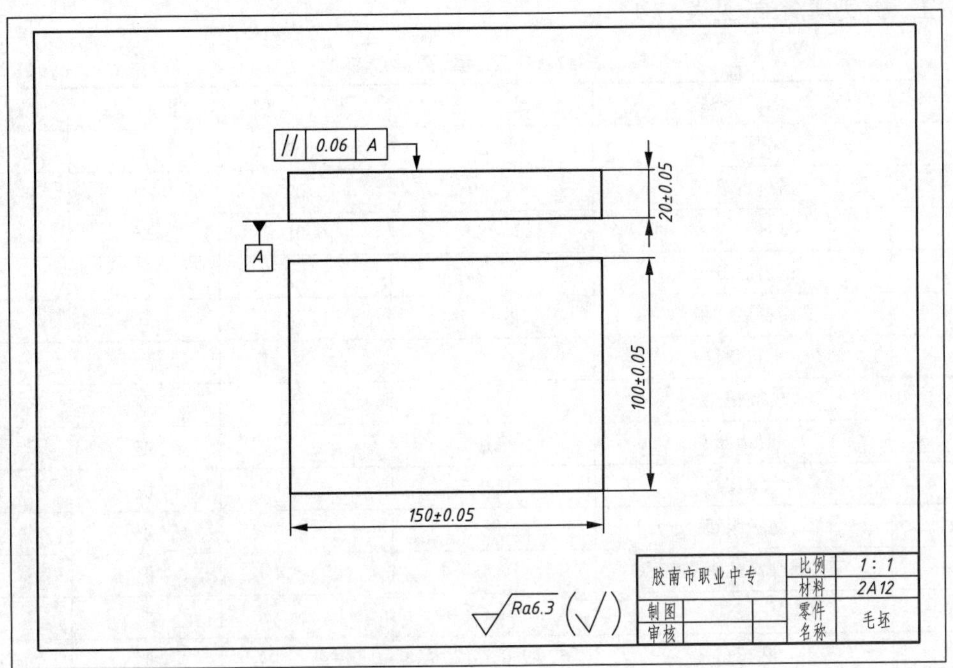

图 17-2 零件毛坯图

表找正。

(2)用 ϕ20 的三刃超硬高速钢立铣刀粗、精铣削高为 5 mm 的圆凸台及对应底面,其效果如图 17-3 所示。

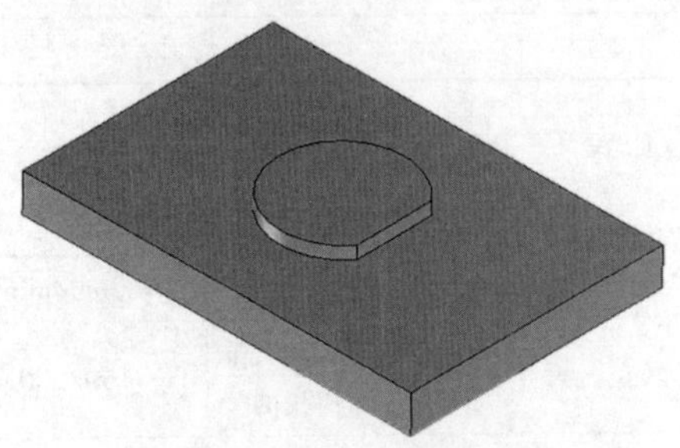

图 17-3 效果图

(3)用 A4 的中心钻为右下角 M20 的螺纹打中心孔,然后按逆时针顺序,依次钻削其余 3 个。然后为右下角 ϕ10 的孔打中心孔,然后按逆时针顺序,依次钻削其余 2 个。

(4)用 Φ6 的钻头为右下角 Φ10 的孔进行预钻孔,然后按逆时针顺序,依次钻削其余 2 个。

用 Φ9. 8 的钻头扩钻右下角 Φ10 的孔,然后按逆时针顺序,依次钻削其余 2 个。最后用 Φ10 的铰刀铰右下角 Φ10 的孔,然后按逆时针顺序,依次钻削。

(5)用 Φ12 的钻头为右下角 M20 的孔进行预钻孔,然后按逆时针顺序,依次钻削其余 3 个。接着用 Φ18 的钻头扩钻削右下角 M20 的孔,然后按逆时针顺序,依次钻削其余 3 个。最后用 M20 的丝锥攻削右下角 M20 的孔,然后按逆时针顺序,依次钻削其余 3 个。

2. 工、量、刃具清单(见表 17-1)

表 17-1 工、量、刃具清单

序 号	名 称	规 格	精 度	单 位	数 量
1	游标卡尺	0 ~ 150	0.02	把	1
2	游标深度尺	0 ~ 150	0.02	把	1
3	杠杆百分表	0 ~ 0.8	0.01	套	1
4	深度百分尺	0 ~ 25	0.01	把	1
5	粗糙度样板	N0 ~ N1	12 级	副	1
6	平行垫铁			副	若干
7	塑胶榔头			个	1
8	寻边器	机械		把	1
9	铜皮	0.2		块	2
10	防护眼镜			副	1
11	三刃超硬高速钢立铣刀	$\Phi20$		把	1
12	中心钻	A4		把	1
13	麻花钻	$\Phi6$、$\Phi9.8$、$\Phi12$、$\Phi18$		把	各 1
14	铰刀	$\Phi10$		把	1
15	丝锥	M20 × 2	6h	把	1
16	螺纹塞规	M20 × 2	6g	个	1
17	内径百分表	10 ~ 18、18 ~ 35	0.01	套	2
18	机用虎钳	QH160		个	1
19	呆扳手			把	

3. 刀具与参考切削用量(见表 17-2)

表 17-2 刀具与参考切削用量表

刀具号	刀具规格	工序内容	f/(mm/min)	a_p/mm	n/(r/min)
T01	$\Phi20$ 的三刃超硬高速钢立铣刀	粗、精铣削高为 5 mm 的圆凸台和底面	150/200	4.8/0.2	600/800
T02	A4 中心钻	打 $\Phi10$ 的 3 个孔和 M20 的 4 个孔	50	3 ~ 5	3 000
T03	直径 $\Phi6$ 的麻花钻	钻 $\Phi10$ 的 3 个孔	30	20	1 000
T04	直径 $\Phi9.8$ 的麻花钻	扩 $\Phi10$ 的 3 个孔	50	20	800
T05	直径 $\Phi12$ 的麻花钻	钻 M20 的 4 个孔	50	20	800
T06	直径 $\Phi18$ 的麻花钻	扩 M20 的 4 个孔	50	3	800
T07	直径 $\Phi10$ 的铰刀	铰 $\Phi10$ 的 3 个孔	25	0.2	600
T08	M20 × 2 的丝锥	攻 M20 × 2 的 4 个螺纹孔	1 200	1	600

三、注意事项

(1)加工时间为 240 min。

(2)毛坯装夹时,一定要考虑垫铁与加工部位是否干涉。

(3)孔加工时,要正确选择切削用量,合理使用钻孔循环指令。

四、实训报告

实训报告见表 17-3。

表 17-3　数控铣削实训报告

数控铣削实训报告					
机床号		班级		姓名	
编程点计算					
零件程序					
问题分析					
学习心得					
教师评价	指导老师:				

五、评分标准

评分标准见表 17-4。

表 17-4　评分标准

检测项目		技术要求	配分	评分标准	实测结果	得分
深度	1	5(IT14),*Ra*3.2	3/3	超差 0.01 扣 0.5 分,降级无分		
外圆	2	*Φ*50 (IT14),*Ra*3.2	3/2	超差 0.01 扣 0.5 分,降级无分		
距离	3	20(IT14),*Ra*1.6 (4 处)	4/3	超差 0.01 扣 0.5 分,降级无分		
孔	4	M20×2(4 处)	4/2(4 处)	超差 0.01 扣 1 分		
	5	*Φ*10H7(3 处),*Ra*1.6	6/2(3 处)	超差 0.01 扣 1 分,降级无分		

续表

<table>
<tr><td colspan="2">检测项目</td><td>技术要求</td><td>配分</td><td>评分标准</td><td>实测结果</td><td>得分</td></tr>
<tr><td rowspan="2">其他</td><td>6</td><td>安全操作规程</td><td>10</td><td>违反扣1~10分</td><td></td><td></td></tr>
<tr><td>7</td><td>编程</td><td>30</td><td></td><td></td><td></td></tr>
<tr><td colspan="3">总配分</td><td>100</td><td>总得分</td><td colspan="2"></td></tr>
<tr><td>零件名称</td><td colspan="2"></td><td>加工时间</td><td colspan="3"></td></tr>
<tr><td>加工开始时间</td><td colspan="2"></td><td>停工时间</td><td></td><td rowspan="2">实际加工时间</td><td rowspan="2"></td></tr>
<tr><td>加工结束时间</td><td colspan="2"></td><td>停工原因</td><td></td></tr>
<tr><td>班级</td><td colspan="2"></td><td>学生姓名</td><td></td><td>检测教师</td><td></td></tr>
</table>

六、知识链接

1. 孔加工方法的选择

(1)对于直径大于 Φ30 mm 的已铸出或锻出的毛坯孔的孔加工，一般采用粗镗——半精镗——孔口倒角——精镗的加工方案。

(2)孔径较大的可采用立铣刀粗铣——精铣加工方案。

(3)孔中空刀槽可用锯片铣刀在孔半精镗之后、精镗之前铣削完成，也可用镗刀进行单刀镗削，但单刀镗削效率较低。

(4)对于直径小于 Φ30 mm 的无底孔的孔加工，通常采用锪平端面——打中心孔——钻——扩——孔口倒角——铰加工方案。

(5)对有同轴度要求的小孔，需采用锪平端面——打中心孔——钻——半精镗——孔口倒角——精镗(或铰)加工方案。

2. 孔加工固定循环

数控加工中，某些加工动作循环已经典型化。例如，钻孔、镗孔的动作是孔位平面定位、快速引进、工作进给、快速退回等一系列典型的加工动作已经预先编好程序，存储在内存中，可用称为固定循环的一个 G 代码程序段调用，从而简化编程工作。

(1)X、Y 轴定位。

(2)定位到 R 点(定位方式取决于上次是 G00 还是 G01)。

(3)孔加工。

(4)在孔底的动作。

(5)退回到 R 点(参考点)。

(6)快速返回到初始点。

固定循环的数据表达形式可以用绝对坐标(G90)和相对坐标(G91)表示。

固定循环的程序格式包括数据形式、返回点平面、孔加工方式、孔位置数据、孔加工数据和循环次数。数据形式(G90 或 G91)在程序开始时就已指定，因此，在固定循环程序格式中可不注出。固定循环的程序格式如下：

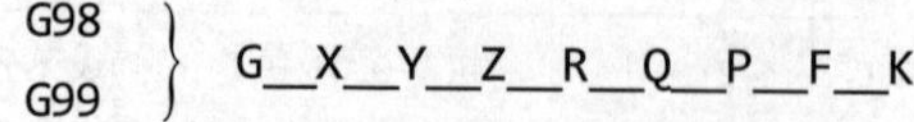

参数说明:

G98:返回初始平面,为缺省方式。

G99:返回 R 点平面。

G:固定循环代码 G73、G74、G76 和 G81 ~ G89 之一。

X、Y:孔位坐标(G90)或加工起点到孔位的距离(G91)。

R:R 点的坐标(G90)或初始点到 R 点的距离(G91)。

Q:每次的进给深度(G73/G83)或刀具在轴反向的位移量(G76/G87)。

P:刀具在孔底的暂停时间。

F:切削进给速度。

K:固定切削循环的次数。

固定循环代码 G73、G74、G76、G81 ~ G89、X、Y、Z、R、P、F、Q、K 都是模态指令。G80、G01、G02、G03 等代码可以取消固定循环。

3. G81 钻孔循环(中心钻)

(1)格式

$$\left.\begin{matrix}G98\\G99\end{matrix}\right\}\ G81X\_\_Y\_\_Z\_\_R\_\_F\_\_K$$

(2)说明

X__Y__:孔的位置,可以放在 G81 指令后面,也可以放在 G81 指令的前面。

Z:孔底位置。

F:进给速度(mm/min)。

R:参考平面位置高度。

K:重复次数,仅在需要重复时才指定,K 的数据不能保存,没有指定 K 时,可认为 K=1。

G81 在到达孔底位置后,主轴以 G00 的速度退出。

注意:如果 Z 的移动量为零,该指令不执行。

4. 镗孔、铰孔循环指令 G85

(1)格式

$$\left.\begin{matrix}G98\\G99\end{matrix}\right\}\ G85X\_\_Y\_\_Z\_\_R\_\_F\_\_K$$

(2)说明

X__Y__:孔的位置,可以放在 G85 指令后面,也可以放在 G85 指令的前面。

Z:镗孔、铰孔的 Z 向终点坐标。

F:进给速度(mm/min)。

R:参考平面位置高度。

K:为循环次数。

该指令同样有 G98 和 G99 两种方式。

G85 与 G81 的区别是 G85 在到达孔底位置后,主轴以 F 的速度退出。

用于表面粗糙度与精度较高的孔(无刀痕)。

5. 右旋攻螺纹循环指令 G84

(1)格式

$$\left.\begin{matrix}G98\\G99\end{matrix}\right\}\ G84X\_\_Y\_\_Z\_\_R\_\_F\_\_K$$

(2)说明

X__Y__:孔的位置,可以放在G84指令后面,也可以放在G84指令的前面。

Z:攻螺纹 Z 向终点坐标。

F:攻螺纹进给速度(G94时单位为mm/min)(攻螺纹时速度倍率,进给保持等均不起作用)。

R:参考平面位置高度,应选距工件表面7~8 mm。

K:循环次数。

用于普通螺纹的攻螺纹,主轴正转,孔底暂停后主轴反转,然后以F的速度退回。

(3)注意事项

攻螺纹过程要求主轴转速与进给速度成严格的比例关系,否则就会乱扣,因此,要求编程序时根据主轴转速计算进给速度。

$$\underset{\substack{\text{(进给速度)}\\ \text{mm/min}}}{F} = \underset{\substack{\text{(主轴转速)}\\ \text{r/min}}}{S} \times \underset{\substack{\text{(螺距)}\\ \text{mm}}}{P}$$

攻螺纹时,螺纹的底孔直径应稍大于螺纹小径,以防止攻螺纹时因挤压、扭转作用而损坏丝锥。底孔直径通常根据经验公式来确定:

加工塑性金属时:$D_{底} = D - P$

加工脆性金属时:$D_{底} = D - 1.05P$

式中 $D_{底}$——攻螺纹时钻螺纹的底孔直径(不等同于钻头直径),mm;

D——螺纹公称直径,mm;

P——螺纹螺距,mm。

攻盲孔螺纹时,由于丝锥的头部有锥度,其牙型不完整,攻不出完整的螺纹,所以钻孔深度要大于螺纹的有效深度。

$$H = h + 0.7D$$

式中 H——钻的底孔深度;

h——螺纹的有效(标称长度)深度;

D——螺纹的公称直径。

在数控机床上攻螺纹时,应选择合适的螺纹导入长度和导出长度,一般导入长度取2~3倍的螺距;导出长度取1~2倍的螺距,对于大螺距和高精度的螺纹要取大值,加工通孔螺纹时,其导出量还要考虑丝锥端部锥角的影响。

项目八 非圆曲线轮廓（椭圆）的加工

非圆曲线轮廓(椭圆)的加工零件图如图 18-1 所示。

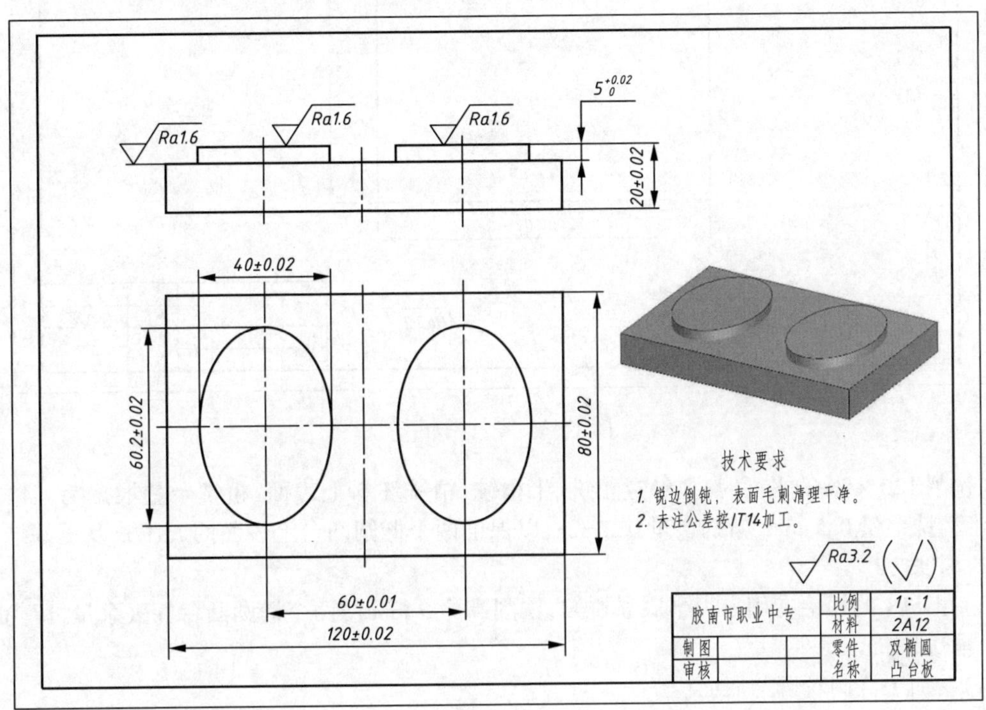

图 18-1 零件图

零件的毛坯图如图 18-2 所示。

一、实训目标

(1)掌握数控宏程序编制的基本常识,并会编制简单的数控宏程序。

(2)掌握对称编程指令 G51.1、G50.1(华中系统:G24、G25)的使用方法并会编制程序。

(3)掌握旋转指令的实际应用,并能区分旋转指令与镜像指令的加工区别。

二、工艺分析

1. 加工方案

(1)装夹:采用机用虎钳装夹的方法,底部用标准垫块垫起,露出钳口 8 mm,并用百分表打表找正。

(2)用 $\phi125$ 的切铝专用面铣刀,铣削上表面,保证 20 ±0.02 的总厚度。

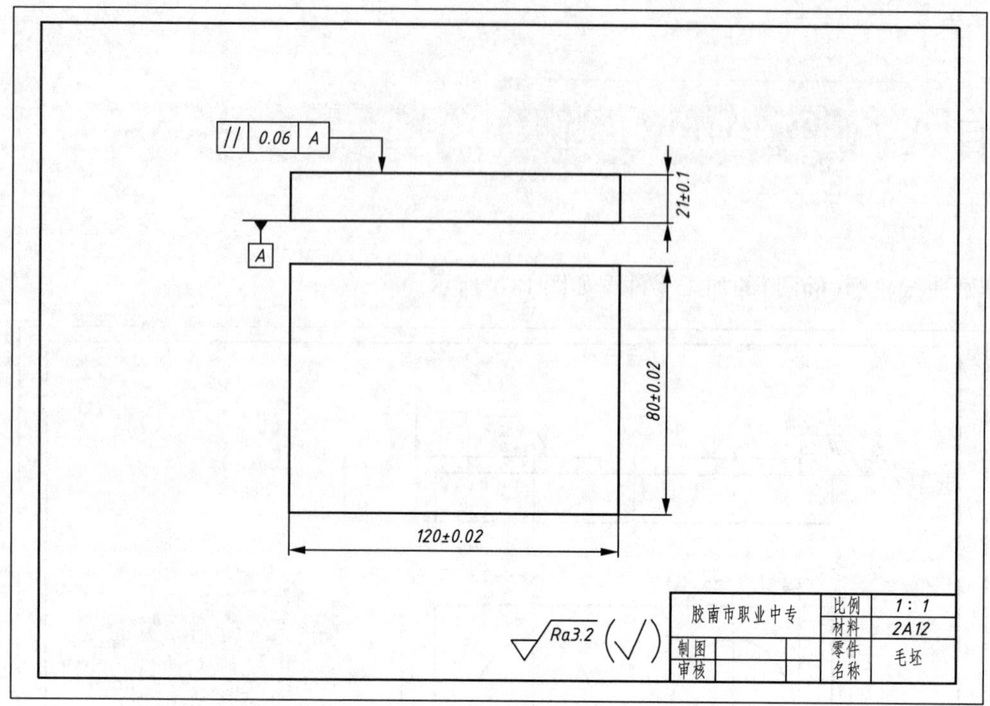

图 18-2　零件毛坯图

在铣削 120×80 的平面时，要经过粗铣、半精铣、精铣坯料上表面，粗铣余量根据毛坯情况确定，留半精铣余量 0.5 mm、精铣余量 0.2 mm，以保证两个椭圆凸台上表面的 *Ra*1.6 及更好地保证 5 mm 的深度。

(3)用 ϕ18 的切铝专用三刃平底立铣刀，铣削高为 5 mm 的两个椭圆凸台并去余量，留轮廓精加工余量 0.2 mm。

(4)精加工椭圆轮廓与底面。

为了真正保证 5 mm 的两个凸台的高度精度，在高度方向要经过粗加工、半精加工(余量 0.3 mm)、精加工(余量 0.1 mm)，以保证高度精度与表面粗糙度 *Ra*1.6。

可以将右边的轮廓编为宏程序作为子程序，利用镜像来加工左边。

2. 工、量、刃具清单(见表 18-1)

表 18-1　工、量、刃具清单

序　　号	名　　称	规　　格	精　　度	单　　位	数　　量
1	游标卡尺	0～150	0.02	把	1
2	深度千分尺	0～25	0.01	把	1
3	杠杆百分表及表座	0～10	0.01	套	1
4	粗糙度样板	N0～N1	12 级	副	1
5	平行垫铁			副	若干
6	塑胶榔头			个	1
7	防护眼镜			副	1
8	方肩切铝专用面铣刀	Φ125		把	1

续表

序　号	名　称	规　格	精　度	单　位	数　量
9	切铝专用三刃平底立铣刀	Φ18		把	1
10	寻边器	机械		支	1
11	Z 轴设定器	50	0.01	个	1
12	机用虎钳	QH160		个	1
13	呆扳手			把	

3. 刀具与参考切削用量(见表 18-2)

表 18-2　刀具与参考切削用量表

刀具号	刀具规格	工序内容	f/(mm/min)	a_p/mm	n/(r/min)
T01	直径 Φ125 的方肩切铝专用面铣刀	粗/半精/精铣上表面	80/100/100	0.5/0.2	400/600/800
T02	直径 Φ18 的切铝专用三刃平底立铣刀	粗/精铣椭圆轮廓,粗/半精/精铣表面	200/150,200/200/200	18/0.2,4.6/0.3/0.1	1 000/1 500,1 000/1 500/1 500

三、注意事项

(1)加工时间为 180 min。

(2)加工时一定要注意采取合理的工艺与切削参数,保证 Ra1.6 与深度 5 mm 的精度。

(3)编写椭圆宏程序时,步距要合理,不要过大,否则难以保证表面粗糙度。

四、实训报告

实训报告见表 18-3。

表 18-3　数控铣削实训报告

数控铣削实训报告					
机床号		班级		姓名	
编程点计算					
零件程序					
问题分析					
学习心得					
教师评价	指导老师:				

五、评分标准

评分标准见表 18-4。

表 18-4 评分标准

<table>
<tr><td colspan="2">检测项目</td><td>技术要求</td><td>配分</td><td>评分标准</td><td>实测结果</td><td>得分</td></tr>
<tr><td>高度</td><td>1</td><td>20 ±0.02, Ra1.6</td><td>4/6</td><td>超差 0.01 扣 1 分,降级无分</td><td></td><td></td></tr>
<tr><td>深度</td><td>2</td><td>$5^{+0.02}_{0}$, Ra1.6</td><td>8/6</td><td>超差 0.01 扣 1 分,降级无分</td><td></td><td></td></tr>
<tr><td rowspan="2">椭圆</td><td>3</td><td>40 ±0.02, Ra3.2(2 处)</td><td>5/4(2 处)</td><td>超差 0.01 扣 1 分,降级无分</td><td></td><td></td></tr>
<tr><td>4</td><td>60 ±0.02, Ra3.2(2 处)</td><td>5/4(2 处)</td><td>超差 0.01 扣 1 分,降级无分</td><td></td><td></td></tr>
<tr><td rowspan="2">其他</td><td>5</td><td>安全操作规程</td><td>10</td><td>违反扣 1 ~ 10 分</td><td></td><td></td></tr>
<tr><td>6</td><td>编程</td><td>30</td><td></td><td></td><td></td></tr>
<tr><td colspan="3">总配分</td><td>100</td><td>总得分</td><td colspan="2"></td></tr>
<tr><td colspan="2">零件名称</td><td></td><td>加工时间</td><td colspan="3"></td></tr>
<tr><td colspan="2">加工开始时间</td><td></td><td>停工时间</td><td></td><td rowspan="2">实际加工时间</td><td rowspan="2"></td></tr>
<tr><td colspan="2">加工结束时间</td><td></td><td>停工原因</td><td></td></tr>
<tr><td colspan="2">班级</td><td></td><td>学生姓名</td><td></td><td>检测教师</td><td></td></tr>
</table>

六、知识链接

1. 宏程序

随着我国现代制造技术的发展,数控机床应用的普及,从事数控加工的人员不断增加,数控加工越来越受到人们的重视。数控程序编制的效率和质量在很大程度上决定了产品的加工精度和生产效率,它既是数控技术的重要组成部分,也是数控加工的关键技术之一。在我国,有相当多数控铣床(包括加工中心)应用在模具行业,大部分模具厂都应用 CAD/CAM 软件,手工编程、宏程序应用的空间日趋缩小,究其原因就是大家对手工编程不重视,对宏程序不熟悉。其实,手工编程是自动编程的基础,宏程序是手工编程的高级形式,是手工编程的精髓,也是手工编程的最大亮点和最后堡垒。编制简洁合理的数控宏程序,有着非常重大的现实意义,既能锻炼从业人员的编程能力,又能解决自动编程在生产实际工作中存在的不足。

宏程序(Macroprogram)是以变量的组合,通过各种算术和逻辑运算、转移和循环等命令,而编制的一种可以灵活运用的程序,只要改变变量的值,即可以完成不同的加工和操作。宏程序可以简化程序的编制,提高工作效率。宏程序可以像子程序一样用一个简单的指令调用。

宏程序包括 A 类宏程序和 B 类宏程序两种。

2. 椭圆编程的相关常识

椭圆的解析方程:

$\frac{x^2}{a^2}+\frac{y^2}{b^2}=1$　　　a:长半轴　　b:短半轴

椭圆的参数方程:$x=a\times\cos t$

$y=b\times\sin t$(t 为极角)

如加工一椭圆,如图 18-3 所示。

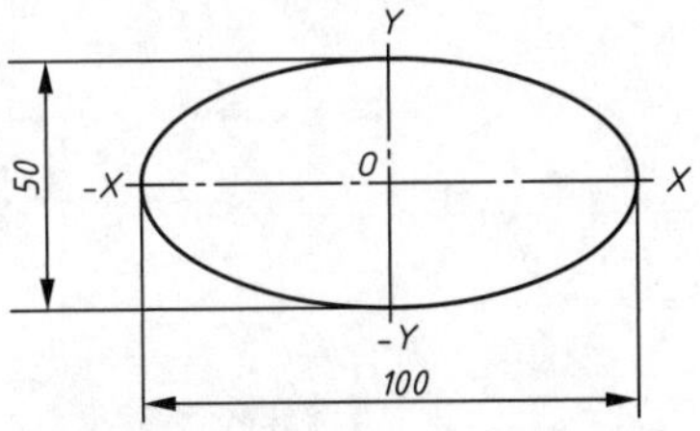

图 18-3　椭圆编程举例

程序如下:

```
00001
N10 G54 G17 G90 S1200 M03 ;      确定坐标系
N20  G01 G41 X50 D01 F100 ;      图 18-3 中 OX 距离
N30  #1 =0 ;                     将角度设为自变量,赋初值为 0
N40  X[50 * COS[#1]] Y[25 * SIN[#1]] F200 ;  XY 轴联动的步距
N50  #1 = #1 +1 ;                自变量每次自加 1°
N60  IF[#1LT360] GOTO 40 ;       如果变量自加后不足 360°,则转到第 40 段
                                 执行,否则执行下一段;(40 前不用加行号 N)
N70  G00 G40 X0 ;                撤销刀补,回到起点
N80  G00Z100                     提刀
N90  M30 ;                       程序结束
```

3. 镜像指令 G51.1\G50.1

当工件(或某部分)具有相对于某一轴对称的形状时,可以利用镜像功能和子程序的方法,简化编程。

镜像指令能将数控加工刀具轨迹沿某坐标轴作镜像变换而形成对称零件的刀具轨迹。

对称轴可以是 X 轴、Y 轴或原点。

(1)格式

```
            G51.1  X__Y__Z__            建立镜像
被镜像的程序段
    或
 (M98  P_)
            G50.1  X__Y__Z__            取消镜像
```

(2)说明

建立镜像由指令坐标轴后的坐标值指定镜像位置(对称轴、线、点)。

G51.1、G50.1 为模态指令,可相互注销,G50.1 为缺省值。

有刀补时,先镜像,然后进行刀具长度补偿、半径补偿。

(3)编程举例

当采用绝对编程方式时 G51.1 X-9.0 表示图形将以 $X=-9.0$ 的直线(//Y 轴的线)作为对称轴。G51.1 X6.0 Y4.0 表示先以 $X=6.0$ 对称,然后再以 $Y=4.0$ 对称,两者综合结果即相当于以点(6.0,4.0)为对称中心的原点对称图形。

G50.1 X0 表示取消前面的由 G51.1 X__　产生的关于 Y 轴方向的对称。

手工编程提高部分

项目九　中级操作工实训练习一

实训练习一加工零件图如图 19-1 所示。

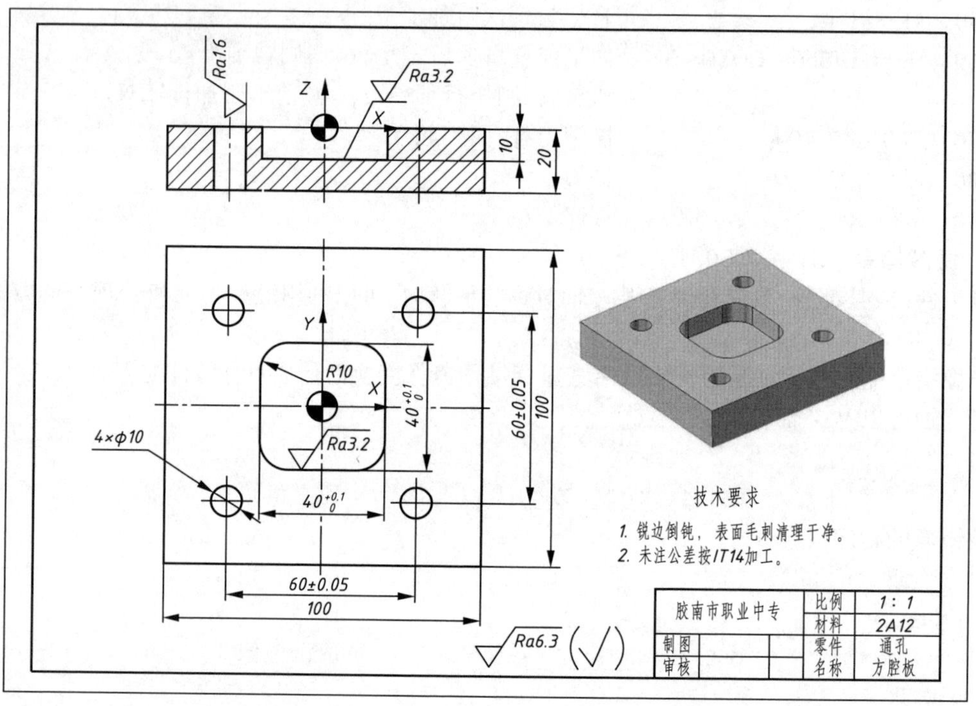

图 19-1　零件图

零件的毛坯图如图 19-2 所示。

一、实训目标

(1)掌握内轮廓的基本加工工艺。

(2)掌握内轮廓精加工编程方法。

(3)掌握余量去除方法。

(4)掌握孔加工工艺及保证孔表面粗糙度的方法。

(5)加强熟练使用量具的锻炼及提高打表找正的精度与速度。

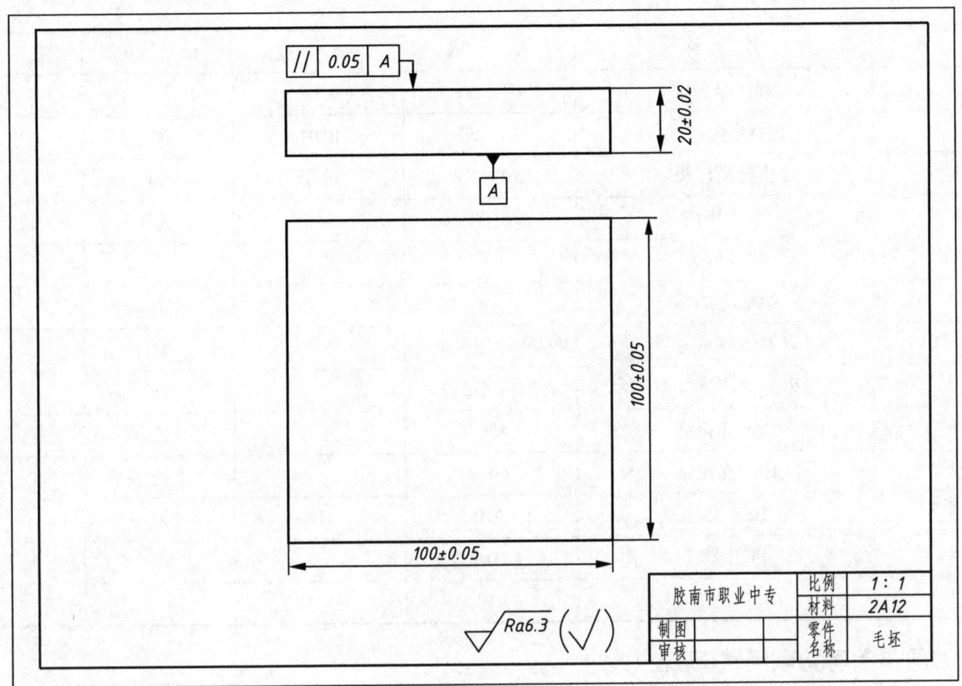

图 19-2　零件毛坯图

二、工艺分析

1. 加工方案

(1)装夹:本项目使用机用虎钳夹持工件侧面,两块标准垫块垫在工件下表面,调整工件露出钳口 5 mm 左右,并用杠杆百分表打表找正毛坯。

(2)粗加工轮廓和内腔底面

粗加工走刀路线,利用 $\Phi16$ 的二刃高速钢立铣刀从中心直接下刀,加刀补后利用 $R10$ 的圆弧软切入,顺铣。对轮廓沿逆时针加工,从切入点软切出。同时保证底面和内轮廓精加工单边余量为 0.2 mm。

(3)精加工轮廓及底面

精加工走刀路线,利用 $\Phi16$ 三刃高速钢立铣刀和粗加工程序(在测量后,对粗加工程序中的下刀深度进行修改,同时修改刀补量)进行精加工。

(4)钻、扩、铰 $\Phi10$ 的通孔

首先用 $\Phi8$ 的钻头钻 4 个 $\Phi10$ 的通孔,然后用 $\Phi9.7$ 的钻头扩 4 个 $\Phi10$ 的通孔,最后用 $\Phi10$ 的铰刀铰 4 个 $\Phi10$ 的通孔。

2. 工、量、刃具清单(见表 19-1)

表 19-1　工、量、刃具清单

序　号	名　称	规　格	精　度	单　位	数　量
1	游标卡尺	0~150	0.02	把	1
2	杠杆百分表	0~0.8	0.01	套	1

续表

序　号	名　称	规　格	精　度	单　位	数　量
3	游标深度尺	0～150	0.02	把	1
4	内侧千分尺	25～50	0.01	套	1
5	粗糙度样板	N0～N1	12 级	副	1
6	平行垫铁			副	若干
7	塑胶榔头			个	1
8	机械寻边器			支	1
9	二刃 HSS 平底立铣刀	Φ16(粗铣)		把	1
10	三刃 HSS 平底立铣刀	Φ16(精铣)		把	1
11	HSS 麻花钻	Φ8		把	1
12	HSS 麻花钻	Φ9.7		把	1
13	HSS 铰刀	Φ10	H7	把	1
14	机用虎钳	QH160		个	1
15	R 规	R10		个	1

3. 刀具与参考切削用量(见表 19-2)

表 19-2　刀具与参考切削用量表

刀　号	刀具规格	工序内容	f/(mm/min)	a_p/mm	n/(r/min)
T01	直径 Φ16 的二刃立铣刀	粗铣	150	9.7	800
T02	直径 Φ16 的三刃立铣刀	精铣	100	0.3	1 000
T03	Φ8 的 HSS 麻花钻	钻孔	50	8	600
T04	Φ9.7HSS 的麻花钻	扩孔	100	0.85	800
T05	Φ10HSS 的铰刀	铰孔	30	0.3	300

三、注意事项

(1)加工时间为 120 min。

(2)要注意刀具半径的影响。

在 X、Y 向对刀时要根据具体情况加上或减去对刀使用的刀具半径。

(3)粗加工后要先测量,然后再确定如何修改程序 Z 值及刀补值。

(4)装夹时为防夹伤工件,最好垫上铜皮。

四、实训报告

实训报告见表 19-3。

表 19-3　数控铣削实训报告

数控铣削实训报告					
机床号		班级		姓名	
编程点计算					
零件程序					
问题分析					
学习心得					
教师评价	指导老师：				

五、评分标准

评分标准见表 19-4。

表 19-4　评分标准

检测项目		技术要求	配分	评分标准	实测结果	得分
深度	1	10(IT14),*Ra*3.2	3/3	超差 0.01 扣 1 分,降级无分		
内腔	2	$40^{+0.1}_{0}$,*Ra*3.2(2 处)	4/3(2 处)	超差 0.01 扣 1 分,降级无分		
	3	*R*10,*Ra*3.2(4 处)	1.5/2(4 处)	超差 0.01 扣 1 分,降级无分		
孔	4	*Φ*10(IT14),*Ra*1.6(4 处)	1/3(4 处)	超差 0.01 扣 1 分,降级无分		
孔距	5	60±0.05	5	超差 0.01 扣 2 分		
	6	60±0.05	5	超差 0.01 扣 2 分		
其他	7	安全操作规程	10	违反扣 1~10 分		
	8	编程	30			

续表

检测项目	技术要求	配分	评分标准	实测结果	得分
总配分		100	总得分		
零件名称		加工时间			
加工开始时间		停工时间		实际加工时间	
加工结束时间		停工原因			
班级		学生姓名		检测教师	

六、知识链接

1. 使用刀具半径补偿时应避免过切现象

使用刀具半径补偿和去除刀具半径补偿时，刀具必须在所补偿的平面内移动，且移动距离应大于刀具半径补偿值；加工半径小于刀具半径的内圆弧时，进行半径补偿将产生过切，只有过渡圆角半径大于等于刀具半径与精加工余量总和的情况下才能正常切削。

2. 铣刀一般不用来直接铣孔，防止刀具崩刃

对于没有型腔的内轮廓加工，尽量不要用铣刀直接向下铣削（除非是二刃立铣刀慢速进给），在没有特殊要求的情况下，一般先加工预制工艺孔，让铣刀顺利地从预制工艺孔处下刀开始铣削。

项目十 中级操作工实训练习二

中级操作工实训练习二加工零件图如图 20-1 所示。

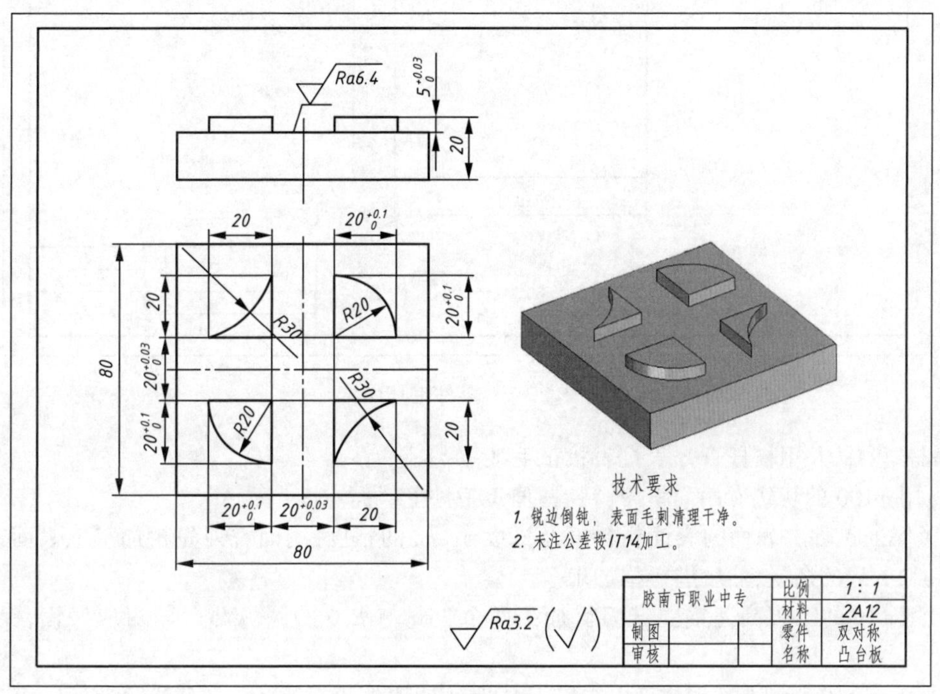

图 20-1　零件图

零件的毛坯图如图 20-2 所示。

一、实训目标

(1)掌握铣面的基本工艺。

(2)掌握外轮廓加工编程方法及刀补的调整方法和保证槽宽精度的方法。

(3)掌握深度精度保证的方案。

(4)进一步熟练旋转与镜像指令的使用。

(5)深刻体会精度决定工艺的理念。

(6)加强熟练使用量具的锻炼及提高打表找正的精度与速度。

二、工艺分析

1. 加工方案

(1)装夹:本项目使用机用虎钳夹持工件侧面,两块标准垫块垫在工件下表面,调整毛坯露出

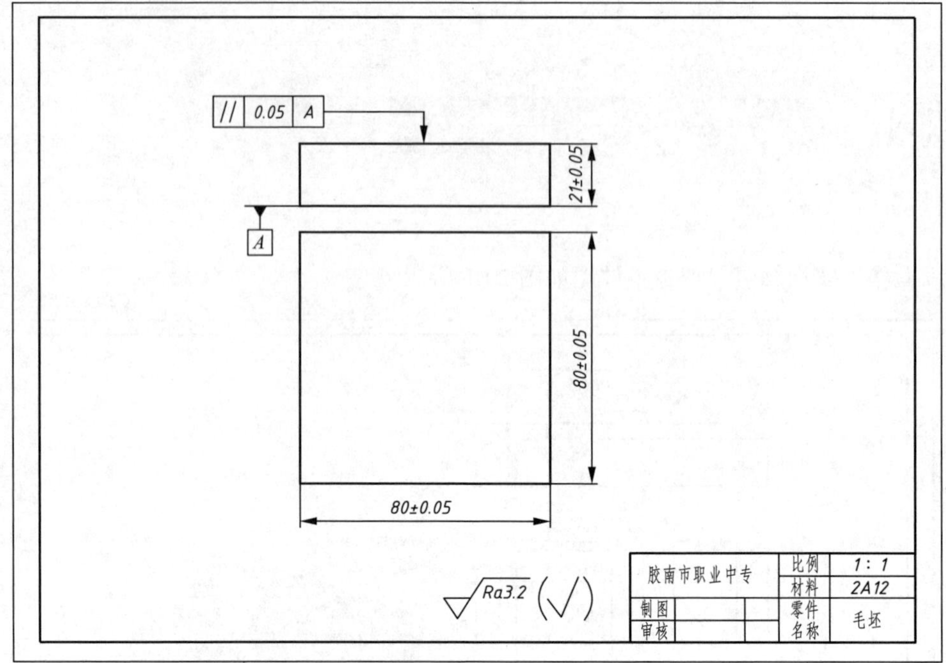

图 20-2　零件毛坯图

钳口 8 mm 左右，并用杠杆百分表打表找正毛坯。

(2)用 ϕ100 的切铝专用面铣刀，粗、精加工工件上表面。

为了保证工件上表面的表面粗糙度及深度 5 mm 的精度，用面铣刀先粗加工上表面，给精加工留下 0.2 mm 的余量，然后进行精加工。

(3)用 ϕ16 的三刃高速钢立铣刀粗加工两个 *R*20 与 *R*30 的圆弧凸台与对应底面，保证宽度精度。

粗加工走刀路线，利用 ϕ16 三刃立铣刀从毛坯外侧处直接下刀，加刀补后沿任一直边切入，顺铣。对轮廓沿顺时针加工，沿切入时的直边切出。同时保证底面和内轮廓精加工单边余量为 0.2 mm。

(4)用同一把刀，精加工 *R*20 与 *R*30 的两个圆弧凸台与对应底面(保证宽度精度与深度尺精度)。

精加工走刀路线，利用 ϕ16 立铣刀和粗加工程序(在测量后，对粗加工程序中的下刀深度进行修改，同时修改刀补量)进行精加工。

2. 工、量、刃具清单(见表 20-1)

表 20-1　工、量、刃具清单

序　号	名　称	规　格	精　度	单　位	数　量
1	游标卡尺	0～150			
2	杠杆百分表	0～0.8	0.01	套	1
3	深度百分尺	0～25	0.01	套	1

续表

序　号	名　称	规　格	精　度	单　位	数　量
4	机械游标卡尺	1～150	0.02	把	1
5	内测百分尺	5～30	0.01	套	1
6	粗糙度样板	N0～N1	12 级	副	1
7	平行垫铁			副	若干
8	塑胶榔头			个	1
9	机械寻边器			支	1
10	方肩面铣刀	Φ100		把	1
11	四刃 HSS 平底立铣刀	Φ16(粗精铣)		把	1
12	机用虎钳	QH160		个	1
13	R 规	R15～R35		套	1

3. 刀具与参考切削用量(见表 20-2)

表 20-2　刀具与参考切削用量表

刀　号	刀具规格	工序内容	f/(mm/min)	a_p/mm	n/(r/min)
T01	Φ100 的切铝专用面铣刀	粗/精铣上表面	200/150	0.8/0.2	350/500
T02	直径 Φ16 的三刃立铣刀	粗/精铣轮廓	250/200	4.8/0.2	800/1 000

三、注意事项

(1)加工时间为 120 min。

(2)使用刀具半径补偿时应避免过切现象:使用刀具半径补偿和去除刀具半径补偿时,刀具必须在所补偿的平面内移动,且移动距离应大于刀具半径补偿值;加工半径小于刀具半径的内圆弧时,进行半径补偿将产生过切,只有过渡圆角半径大于等于刀具半径与精加工余量总和的情况下才能正常切削。

(3)毛坯外侧下刀时可以用 G00,但要注意下刀点的正确确定,不要碰到工件,以免撞刀。

(4)要注意刀具半径的影响,在 X、Y 向对刀时要根据具体情况加上或减去对刀使用的刀具半径。

(5)粗加工后要先测量,然后再确定如何修改程序 Z 值及刀补值。

(6)使用 G68 后不要忘记用 G69 取消。

四、实训报告

实训报告见表 20-3。

表 20-3　数控铣削实训报告

<table>
<tr><td colspan="6">数控铣削实训报告</td></tr>
<tr><td>机床号</td><td></td><td>班级</td><td></td><td>姓名</td><td></td></tr>
<tr><td>编程点计算</td><td colspan="5"></td></tr>
<tr><td>零件程序</td><td colspan="5"></td></tr>
<tr><td>问题分析</td><td colspan="5"></td></tr>
<tr><td>学习心得</td><td colspan="5"></td></tr>
<tr><td>教师评价</td><td colspan="5">指导老师：</td></tr>
</table>

五、评分标准

评分标准见表 20-4。

表 20-4　评分标准

检测项目		技术要求	配分	评分标准	实测结果	得分
高度	1	20(IT14),*Ra*3.2	2.5/2	超差 0.01 扣 0.5 分,降级无分		
深度	2	$5^{+0.03}_{0}$,*Ra*3.2(4 处)	3/1(4 处)	超差 0.01 扣 1 分,降级无分		
凸台	3	$20^{+0.1}_{0}$,*Ra*3.2(4 处)	2/1(4 处)	超差 0.01 扣 0.5 分,降级无分		
	4	$20^{+0.03}_{0}$,*Ra*3.2(4 处)	2/1(4 处)	超差 0.01 扣 0.5 分,降级无分		
	5	*R*30(IT14),*Ra*3.2(2 处)	1/1.5(2 处)	超差 0.01 扣 0.5 分,降级无分		
	6	*R*20(IT14),*Ra*3.2(2 处)	1/1.5(2 处)	超差 0.01 扣 1 分,降级无分		
其他	7	安全操作规程	10	违反扣 1 ~ 10 分		
	8	编程	30			

续表

<table>
<tr><td>检测项目</td><td>技术要求</td><td>配分</td><td>评分标准</td><td>实测结果</td><td>得分</td></tr>
<tr><td colspan="2">总配分</td><td>100</td><td>总得分</td><td colspan="2"></td></tr>
<tr><td>零件名称</td><td></td><td>加工时间</td><td colspan="3"></td></tr>
<tr><td>加工开始时间</td><td></td><td>停工时间</td><td></td><td rowspan="2">实际加工时间</td><td rowspan="2"></td></tr>
<tr><td>加工结束时间</td><td></td><td>停工原因</td><td></td></tr>
<tr><td>班级</td><td></td><td>学生姓名</td><td></td><td>检测教师</td><td></td></tr>
</table>

六、知识链接

1. 粗加工

粗加工是指快速去除零件余量的工艺。粗加工主要考虑加工效率，一般主轴转速比较高而且刀具进给比较快，同时行距比较大而且切削深度也比较深，以便在较短的时间内切除尽可能多的切屑，所以会产生大量的切削热，要选用以冷却为主的切削液。粗加工对表面质量的要求不高。

粗加工一般采用逆铣。

2. 精加工

精加工是指去除零件精加工余量(0.2～0.5 mm)而保证零件精度和表面粗糙度的工艺。精加工主要考虑加工精度，所以要尽量减小刀具与工件加工表面之间的摩擦与磨损及加工震动，因而一般主轴转速比较高而刀具进给比较慢。精加工时通常要选用以润滑清洗为主的切削液。

精加工一般采用顺铣。

项目十一 中级操作工实训练习三

加工零件图如图 21-1 所示。

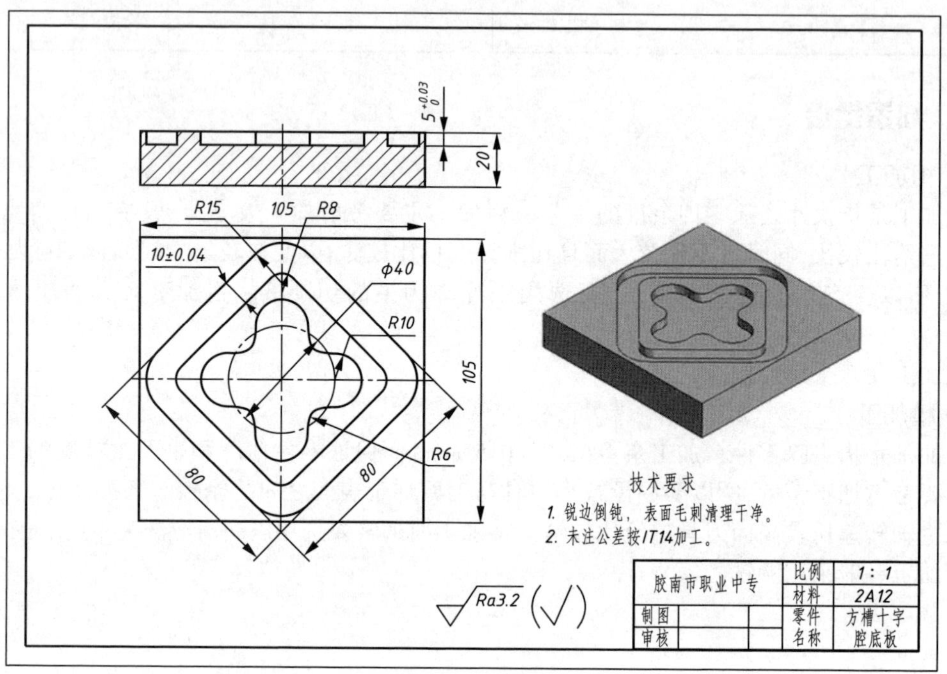

图 21-1　零件图

零件的毛坯图如图 21-2 所示。

一、实训目标

(1)加强练习平面铣削的加工工艺。

(2)掌握槽加工的基本加工工艺。

(3)掌握槽加工编程方法及刀补的调整方法和保证槽宽精度的方法。

(4)掌握深度精度保证的方案。

(5)进一步熟练型腔加工方法及 G68、G69 指令的深层应用。

(6)加强熟练使用量具的锻炼及提高打表找正的精度与速度。

二、工艺分析

1. 加工方案

(1)装夹：本项目使用机用虎钳夹持工件侧面，两块标准垫块垫在工件下表面，调整毛坯露出

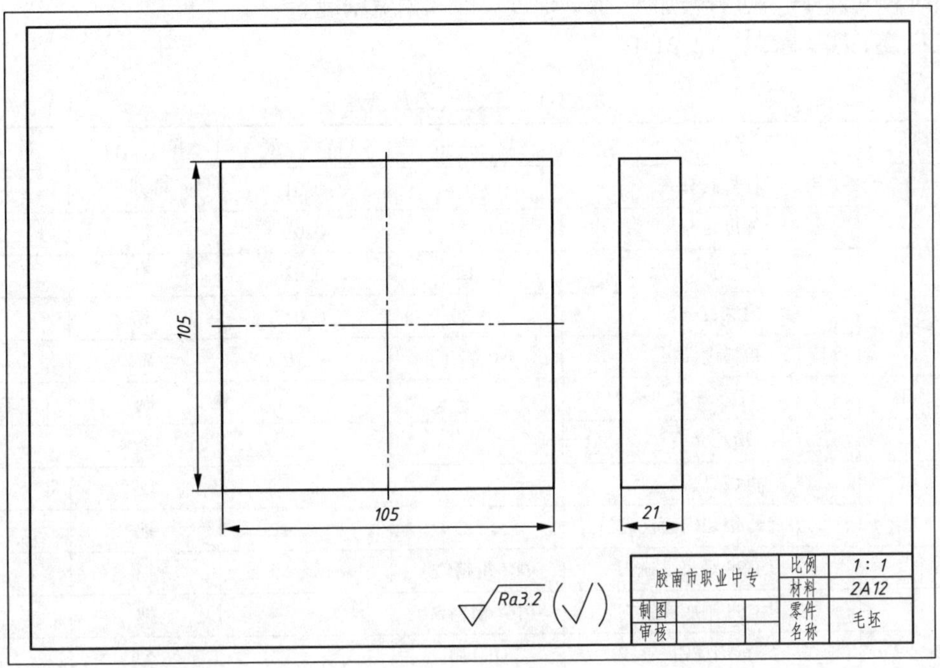

图 21-2　零件毛坯图

钳口 5 mm 左右,并用杠杆百分表打表找正毛坯。

(2)用 $\phi125$ 的切铝专用面铣刀,粗、精加工工件上表面。

为了保证工件上表面的表面粗糙度及 5 mm 的深度精度,用面铣刀先粗加工上表面,给精加工留下 0.2 mm 的余量,然后进行精加工。

(3)用 $\phi16$ 的高速钢二刃立铣刀粗加工十字型腔与对应底面。

利用 $\phi16$ 二刃立铣刀从毛坯内侧(20,0)处直接下刀,加刀补后沿 $R9$ 的圆弧切入,顺铣。对轮廓沿逆时针加工,沿 $R9$ 圆弧切出。同时保证底面和内轮廓精加工单边余量为 0.2 mm。

(4)精加工十字型腔与对应底面(保证深度尺寸)。

利用前面的立铣刀及其粗加工程序(在测量后,对粗加工程序中的下刀深度进行修改,同时修改刀补量)进行精加工。

(5)用 $\phi8$ 的高速钢二刃立铣刀粗加工 80 mm×80 mm 的圆角四边形内轮廓与对应底面。

粗加工走刀路线,利用 $\phi8$ 立铣刀从毛坯内侧直接下刀,加刀补后沿 $R5$ 的圆弧切入,顺铣。对内轮廓沿逆时针加工,从 $R5$ 的圆弧切出。同时保证底面和内轮廓精加工单边余量为 0.2 mm。

(6)精加工 80 mm×80 mm 的圆角四边形内轮廓与对应底面(保证深度尺寸)。

精加工走刀路线,利用 $\phi8$ 立铣刀和粗加工程序(在测量后,对粗加工程序中的下刀深度进行修改,同时修改刀补量)进行精加工,保证深度尺寸。

(7)粗加工 60 mm×60 mm 的圆角四边形外轮廓与对应底面。

粗加工走刀路线,利用 $\phi8$ 立铣刀从毛坯内侧直接下刀,加刀补后沿 $R5$ 的圆弧切入,顺铣。对轮廓沿顺时针加工,从 $R5$ 的圆弧切出。同时保证底面和外轮廓精加工单边余量为 0.3 mm。

(8)精加工 60 mm×60 mm 的圆角四边形外轮廓与对应底面(保证深度尺寸与槽宽尺寸)。

精加工走刀路线,利用 $\phi8$ 立铣刀和粗加工程序(在测量后,对粗加工程序中的下刀深度进行修改,同时修改刀补量)进行精加工,保证深度尺寸和槽宽精度。

2. 工、量、刃具清单(见表21-1)

表21-1 工、量、刃具清单

序号	名称	规格	精度	单位	数量
1	杠杆百分表	0~0.8	0.01	套	1
2	深度百分尺	0~25	0.01	套	1
3	机械游标卡尺	1~150	0.02	把	1
4	内测百分尺	5~30	0.01	套	1
5	粗糙度样板	N0~N1	12级	副	1
6	平行垫铁			副	若干
7	塑胶榔头			个	1
8	机械寻边器			支	1
9	方肩专用切铝面铣刀	Φ125		把	1
10	二刃HSS平底立铣刀	Φ8(粗精铣)		把	1
11	二刃HSS平底立铣刀	Φ16(粗精铣)		把	1
12	机用虎钳	QH160		个	1
13	R规	$R8\sim R15$		套	1

3. 刀具与参考切削用量(见表21-2)

表21-2 刀具与参考切削用量表

刀号	刀具规格	工序内容	f/(mm/min)	a_p/mm	n/(r/min)
T01	Φ125的切铝专用面铣刀	粗、精铣上面	80/100	0.8/0.2	350/500
T02	直径Φ16的二刃立铣刀	粗、精铣轮廓	150/200	4.8/0.2	600/800
T03	直径Φ8的二刃立铣刀	粗、精铣轮廓	80/120	4.8/0.2	1 000/1 200

三、注意事项

(1)加工时间为180 min。

(2)使用刀具半径补偿时应避免过切现象:使用刀具半径补偿和去除刀具半径补偿时,刀具必须在所补偿的平面内移动,且移动距离应大于刀具半径补偿值;加工半径小于刀具半径的内圆弧时,进行半径补偿将产生过切,只有过渡圆角半径大于等于刀具半径与精加工余量总和的情况下才能正常切削。

(3)在通常情况下铣刀不用来直接铣孔,防止刀具崩刃。对于没有型腔的内轮廓加工,尽量不要用铣刀直接向下铣削(除非是二刃立铣刀慢速进给),在没有特殊要求的情况下一般先加工预制工艺孔,让铣刀顺利地从预制工艺孔处下刀开始铣削。

(4)要注意刀具半径的影响,在X、Y向对刀时要根据具体情况加上或减去对刀使用的刀具半径。

(5)粗加工后要先测量,然后再确定如何修改程序Z值及刀补值。

(6)使用G68后不要忘记用G69取消。

四、实训报告

实训报告见表21-3。

表21-3　数控铣削实训报告

数控铣削实训报告					
机床号		班级		姓名	
编程点计算					
零件程序					
问题分析					
学习心得					
教师评价	指导老师：				

五、评分标准

评分标准见表21-4。

表21-4　评分标准

检测项目		技术要求	配分	评分标准	实测结果	得分
高度	1	20(IT14),*Ra*3.2	2/1	超差0.01扣1分,降级无分		
深度	2	$5^{+0.03}_{0}$,*Ra*3.2	5/1	超差0.01扣2分,降级无分		
	3	$5^{+0.03}_{0}$,*Ra*3.2	5/1	超差0.01扣2分,降级无分		
方槽	4	80(IT14),*Ra*3.2	3/1	超差0.01扣1分,降级无分		
	5	80(IT14),*Ra*3.2	3/1	超差0.01扣1分,降级无分		
	6	10±0.04,*Ra*3.2	4/1	超差0.01扣1分,降级无分		

续表

检测项目		技术要求	配分	评分标准	实测结果	得分
方槽	7	R15(IT14),Ra3.2(4处)	1/1(4处)	超差0.01扣0.5分,降级无分		
	8	R8(IT14),Ra3.2(4处)	1/1(4处)	超差0.01扣0.5分,降级无分		
十字内腔	9	R10(IT14),Ra3.2(4处)	1/1(4处)	超差0.01扣0.5分,降级无分		
	10	R6(IT14),Ra3.2(4处)	1/1(4处)	超差0.01扣0.5分,降级无分		
其他	11	安全操作规程	10	违反扣1~10分		
	12	编程	30			
总配分			100	总得分		
零件名称			加工时间			
加工开始时间			停工时间		实际加工时间	
加工结束时间			停工原因			
班级			学生姓名		检测教师	

六、知识链接

1. 切削用量三要素背吃刀量 a_p 或侧吃刀量 a_e 的选择

背吃刀量或侧吃刀量的选取主要由加工余量和对表面质量的要求决定:

(1)当工件表面粗糙度值要求为 $Ra=12.5\sim25\ \mu m$ 时,如果圆周铣削加工余量小于5 mm,端面铣削加工余量小于6 mm,粗铣一次进给就可以达到要求。但是在余量较大,工艺系统刚性较差或机床动力不足时,可分为两次进给完成。

(2)当工件表面粗糙度值要求为 $Ra=3.2\sim12.5\ \mu m$ 时,应分为粗铣和半精铣两步进行。粗铣时背吃刀量或侧吃刀量选取同前。粗铣后留0.5~1.0 mm余量,在半精铣时切除。

(3)当工件表面粗糙度值要求为 $Ra=0.8\sim3.2\ \mu m$ 时,应分为粗铣、半精铣、精铣三步进行。半精铣时背吃刀量或侧吃刀量取1.5~2 mm;精铣时,圆周铣侧吃刀量取0.3~0.5 mm,面铣刀背吃刀量取0.5~1 mm。

2. f 的选择

粗加工时,f 主要受刀柄、机床、工件等强度、刚度所承受的切削力限制,一般根据刚度来选。工艺系统刚度好时,可用大些的 f;反之,适当降低 f;精加工、半精加工时,f 应根据工件的 Ra 要求选。Ra 要求小的,取较小的 f,但又不能过小,因为 f 过小,切削厚度过薄,Ra 反而增大,且刀具磨损加剧。若刀具的半径愈大,则 f 可选较大值。

3. V_c 的选择

V_c 主要根据工件材料、刀具材料和机床功率来选择,刀具材料好,可选得高些;Ra 值要求小的,要避开积屑瘤、鳞刺产生的 V_c,高速钢刀取较小的 $V_c<50$ m/min,硬质合金取较大的 $V_c=130\sim160$ m/min;表面有硬皮或断续切削时,应适当降低;系统刚性差时,应适应降低。

项目十二　中级操作工实训练习四

加工零件图如图 22-1 所示。

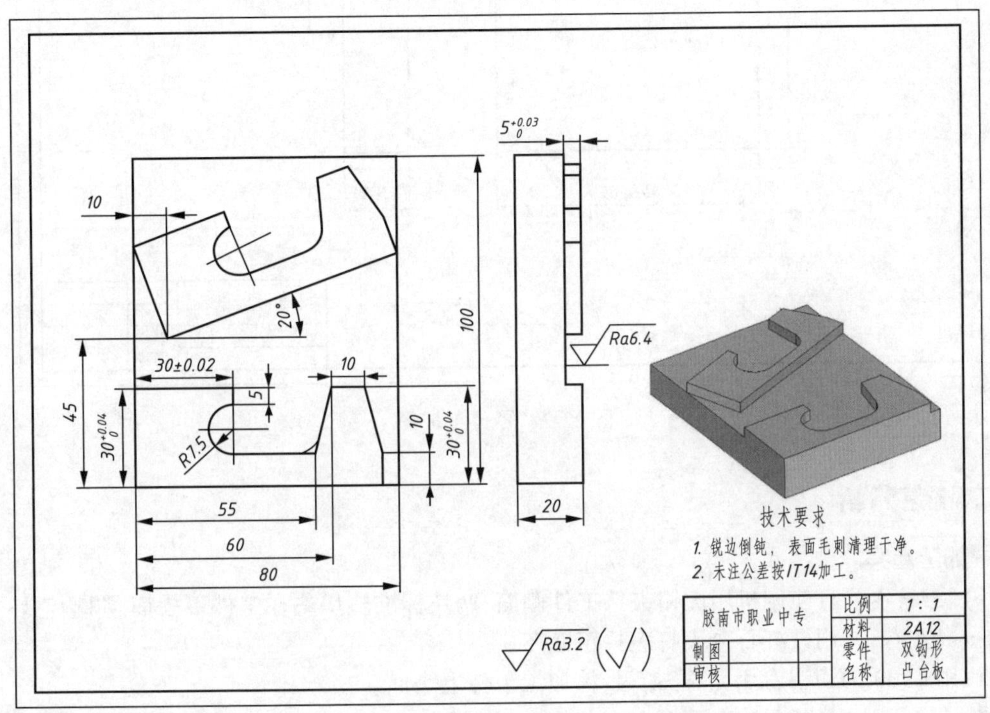

图 22-1　零件图

零件的毛坯图如图 22-2 所示。

一、实训目标

(1)掌握铣面的基本工艺。

(2)掌握非对称工件对刀的对刀方法。

(3)掌握外轮廓加工的基本加工工艺。

(4)掌握外轮廓加工编程方法及刀补的调整方法。

(5)掌握深度精度保证的方案。

(6)更深一步理解 G68、G69 指令的应用(特别是在非对称工件中)。

(7)加强熟练使用量具的锻炼及提高打表找正的精度与速度。

(8)掌握光电寻边器的使用方法。

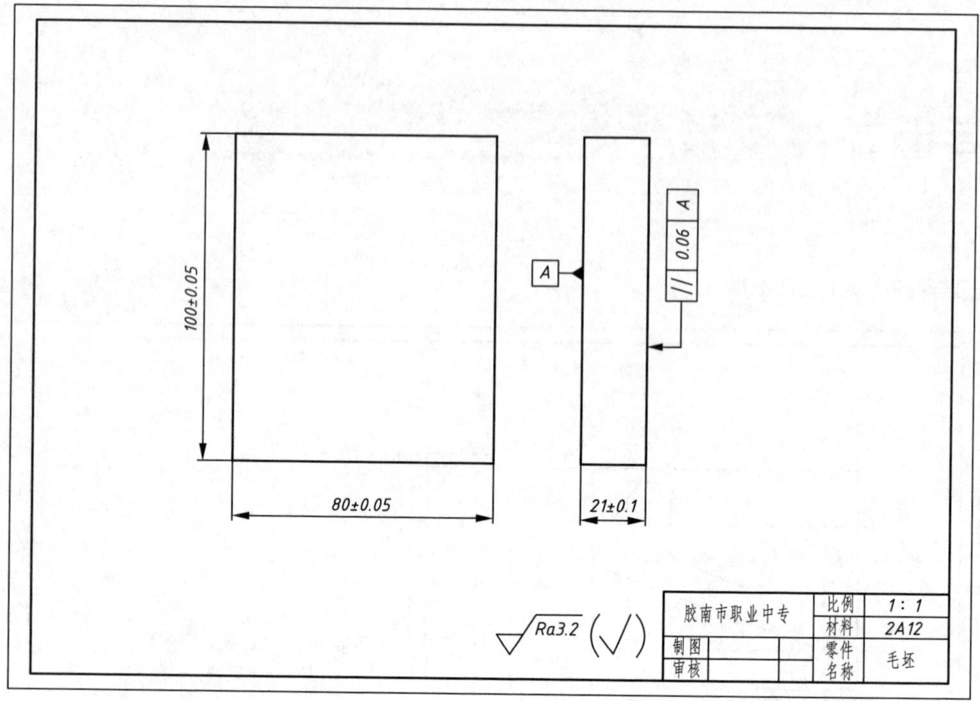

图 22-2　零件毛坯图

二、工艺分析

1. 加工方案

(1)装夹:本项目使用机用虎钳夹持工件侧面,两块标准垫块垫在工件下表面,调整毛坯露出钳口 8 mm 左右,并用杠杆百分表打表找正毛坯。

(2)用 $\phi100$ 的切铝专用面铣刀,粗、精加工工件上表面。

为了保证工件上表面的表面粗糙度及 5 mm 的深度精度,用面铣刀先粗加工上表面,给精加工留下 0.2 mm 的余量,然后进行精加工。

(3) $\phi12$ 的高速钢三刃立铣刀粗加工两个钩形外轮廓与对应底面。

利用 $\phi12$ 四刃立铣刀从毛坯外侧任一直边处直接下刀,加刀补后沿轮廓直边切入,顺铣。对轮廓沿顺时针加工,沿切入时的直边处切出。同时保证底面和外轮廓精加工单边余量为 0.2 mm。

(4)精加工两个钩形外轮廓与对应底面 (保证深度尺寸与表面粗糙度)。

利用同一把立铣刀和粗加工程序(在测量后,对粗加工程序中的下刀深度进行修改,同时修改刀补量)进行精加工。

2. 工、量、刃具清单(见表 22-1)

表 22-1　工、量、刃具清单

序　号	名　称	规　格	精　度	单　位	数　量
1	杠杆百分表	0 ~ 0.8	0.01	套	1
2	深度百分尺	0 ~ 25	0.01	套	1

续表

序　号	名　称	规　格	精　度	单　位	数　量
3	机械游标卡尺	1～150	0.02	把	1
4	深度游标卡尺	0～200	0.02	把	1
5	粗糙度样板	N0～N1	12级	副	1
6	平行垫铁			副	若干
7	铜皮	0.2		块	2
8	塑胶榔头			个	1
9	光电寻边器			支	1
10	切铝专用方肩面铣刀	$\Phi100$		把	1
11	四刃HSS平底立铣刀	$\Phi12$（粗精铣）		把	1
12	机用虎钳	QH160		个	1
13	R规	$R5$～$R15$		套	1

3. 刀具与参考切削用量（见表22-2）

表22-2　刀具与参考切削用量表

刀　号	刀具规格	工序内容	f/(mm/min)	a_p/mm	n/(r/min)
T01	$\Phi100$的切铝专用面铣刀	粗铣上面	80/120	0.8/0.2	350/500
T02	$\Phi12$的四刃高速钢立铣刀	粗铣轮廓	160/200	4.7/0.3	800/1 000

三、注意事项

(1)加工时间为120 min。

(2)要注意刀具半径的影响，在X、Y向对刀时要根据具体情况加上或减去对刀使用的刀具半径。

(3)粗加工后要先测量，然后再确定如何修改程序Z值及刀补值。

(4)使用G68后不要忘记用G69取消。

(5)不对称工件的旋转，要注意坐标系的设定及旋转中心的设置。

四、实训报告

实训报告见表22-3。

表22-3　数控铣削实训报告

数控铣削实训报告					
机床号		班级		姓名	
编程点计算					
零件程序					

续表

数控铣削实训报告	
问题分析	
学习心得	
教师评价	指导老师：

五、评分标准

评分标准见表 22-4。

表 22-4　评分标准

检测项目		技术要求	配分	评分标准	实测结果	得分
高度	1	20(IT14)，*Ra*3.2	1/1.5	超差 0.01 扣 0.5 分，降级无分		
深度	2	5(IT14)，*Ra*3.2	2/1	超差 0.01 扣 1 分，降级无分		
	3	5(IT14)，*Ra*3.2	2/1	超差 0.01 扣 1 分，降级无分		
凸台	4	75(IT14)，*Ra*3.2(2 处)	1/1(2 处)	超差 0.01 扣 0.5 分，降级无分		
	5	60(IT14)，*Ra*3.2(2 处)	1/1(2 处)	超差 0.01 扣 0.5 分，降级无分		
	6	30 ±0.02，*Ra*3.2(2 处)	4/1(2 处)	超差 0.01 扣 1 分，降级无分		
	7	$30^{+0.04}_{0}$，*Ra*3.2 (4 处)	2/1(4 处)	超差 0.01 扣 1 分，降级无分		
	8	*R*7.5(IT14)，*Ra*3.2(2 处)	1/1(2 处)	超差 0.01 扣 0.5 分，降级无分		
	9	*R*8(IT14)，*Ra*3.2(2 处)	1/1(2 处)	超差 0.01 扣 0.5 分，降级无分		
	10	10(IT14)，*Ra*3.2(5 处)	1/1(5 处)	超差 0.01 扣 0.5 分，降级无分		
	11	45(IT14)，*Ra*3.2	1/1	超差 0.01 扣 0.5 分，降级无分		
	12	5(IT14)，*Ra*3.2(2 处)	2(2 处)	超差 0.01 扣 1 分，降级无分		
	13	20 ±0.2°	1	超差 0.01 扣 1 分		
其他	14	安全操作规程	10	违反扣 1 ~ 10 分		
	15	编程	30			

续表

<table>
<tr><td>检测项目</td><td>技术要求</td><td>配分</td><td>评分标准</td><td>实测结果</td><td>得分</td></tr>
<tr><td colspan="2">总配分</td><td>100</td><td>总得分</td><td colspan="2"></td></tr>
<tr><td>零件名称</td><td></td><td>加工时间</td><td colspan="3"></td></tr>
<tr><td>加工开始时间</td><td></td><td>停工时间</td><td></td><td rowspan="2">实际加工时间</td><td rowspan="2"></td></tr>
<tr><td>加工结束时间</td><td></td><td>停工原因</td><td></td></tr>
<tr><td>班级</td><td></td><td>学生姓名</td><td></td><td>检测教师</td><td></td></tr>
</table>

六、知识链接

1. 用寻边器找毛坯对称中心

将电子寻边器和普通刀具一样装夹在主轴上，其柄部和触头之间有一个固定的电位差，当触头与金属工件接触时，即通过床身形成回路电流，寻边器上的指示灯就被点亮；逐步降低步进增量，使触头与工件表面处于极限接触（进一步即点亮，退一步则熄灭），即认为定位到工件表面的位置处。

先后定位到工件正对的两侧表面，记下对应的 X_1、X_2、Y_1、Y_2 坐标值，则对称中心在机床坐标系中的坐标应是$((X_1+X_2)/2,(Y_1+Y_2)/2)$。

2. 面铣刀直径选择

（1）最佳面铣刀直径（ΦD）应根据工件切削宽度来选择，$D\approx1.3\sim1.5\ W$（切削宽度）。

（2）如果机床功率有限或工件太宽，应根据两次走刀或依据机床功率来选择面铣刀直径，当铣刀直径不够大时，选择适当的铣削加工位置也可获得良好的效果。一般可按 $W=3/4D$ 选择。

按照惯例，在机床功率满足加工要求的前提下，可以根据工件尺寸，主要是工件宽度来选择铣刀直径，同时也要考虑刀具加工位置和刀齿与工件接触类型等。一般说来，面铣刀的直径应比切削宽度大 20%～50%；如果是三面刃铣刀，推荐切深是最大切深的 40%，并尽量使用顺铣以利于提高刀具寿命。

项目十三 中级操作工实训练习五

加工零件图如图 23-1 所示。

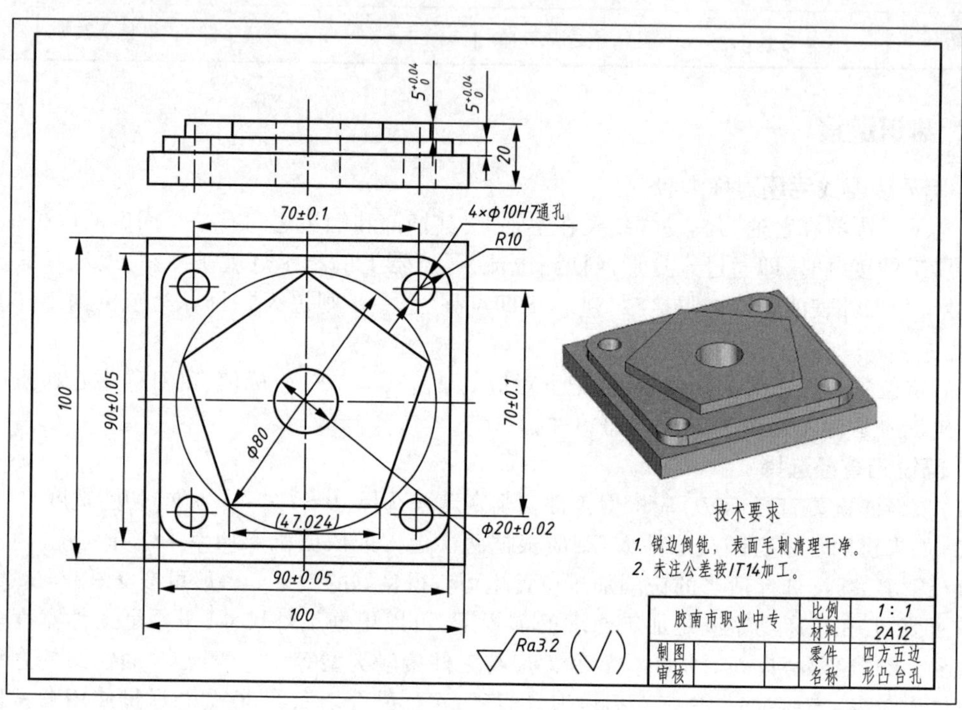

图 23-1　零件图

零件的毛坯图如图 23-2 所示。

一、实训目标

(1)熟练掌握铣面的基本工艺。

(2)掌握外轮廓基本加工工艺与精加工编程方法及刀补的调整方法。

(3)掌握深度精度保证的方案。

(4)掌握孔加工工艺,及保证孔精度的方法。

(5)掌握孔的铣削加工方法。

(6)加强熟练使用量具的锻炼及提高打表找正的精度与速度。

二、工艺分析

1. 加工方案

(1)装夹:本项目使用机用虎钳夹持工件侧面,两块标准垫块垫在工件下表面,调整毛坯露出

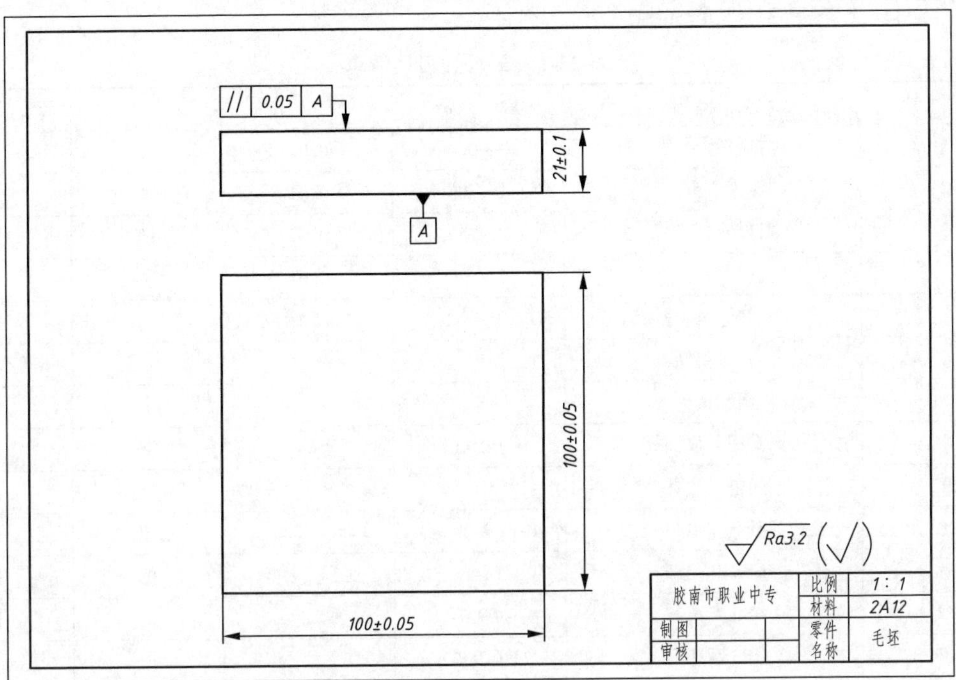

图 23-2　零件毛坯图

钳口 13 mm 左右,并用杠杆百分表打表找正毛坯。

(2)用 $\Phi100$ 的切铝专用面铣刀,粗、精加工工件上表面。

为了保证工件上表面的表面粗糙度及 5 mm 的深度精度,用面铣刀先粗加工上表面,给精加工留下 0.2 mm 的余量,然后进行精加工。

(3)用 $\Phi16$ 的三刃高速钢立铣刀粗加工圆角四边形外轮廓与对应底面。

利用 $\Phi16$ 立铣刀从毛坯外侧直接下刀,加刀补后沿 $R20$ 的圆弧切入,顺铣。对轮廓沿顺时针加工,从 $R20$ 的圆弧切出。同时保证底面和外轮廓精加工单边余量为 0.2 mm。

(4)用同一把刀精加工圆角四边形外轮廓与对应底面(保证深度尺寸)。

利用 $\Phi16$ 立铣刀和粗加工程序(在测量后,对粗加工程序中的下刀深度进行修改,同时修改刀补量)进行精加工。

(5)用同一把刀粗加工五边形外轮廓与对应底面。

利用 $\Phi16$ 立铣刀从毛坯外侧直接下刀,加刀补后沿五边形的平行于 X 轴的直边切入,顺铣。对轮廓沿顺时针加工,从直边切出。同时保证底面和外轮廓精加工单边余量为 0.2 mm。

(6)用同一把刀精加工五边形轮廓与对应底面(保证深度尺寸)。

利用 $\Phi16$ 立铣刀和粗加工程序(在测量后,对粗加工程序中的下刀深度进行修改,同时修改刀补量)进行精加工。

(7)钻、铣 $\Phi20$ 的通孔(改为二刃刀后可以合为一步)。

首先用 $\Phi19.5$ 的钻头粗钻 $\Phi20$ 的通孔,然后用 $\Phi16$ 的三刃高速钢立铣刀精铣 $\Phi20$ 的通孔。

(8)钻、扩、铰 $\Phi10$ 的通孔

首先用 $\Phi8$ 的钻头钻 4 个 $\phi10$ 的通孔,然后用 $\phi9.7$ 的钻头扩 4 个 $\Phi10$ 的通孔,最后用 $\Phi10$ 的铰刀铰 4 个 $\Phi10$ 的通孔。

2. 工、量、刃具清单(见表23-1)

表 23-1 工、量、刃具清单

序号	名称	规格	精度	单位	数量
1	杠杆百分表	0~0.8	0.01	套	1
2	深度百分尺	0~25	0.01	套	1
3	机械游标卡尺	1~150	0.02	把	1
4	内测百分尺	5~30	0.01	套	1
5	粗糙度样板	N0~N1	12级	副	1
6	平行垫铁			副	若干
7	塑胶榔头			个	1
8	切铝专用方肩面铣刀	Φ100		把	1
9	光电寻边器			支	1
10	三刃HSS平底立铣刀	Φ16(粗精铣)		把	1
11	HSS麻花钻	Φ8		把	1
12	HSS麻花钻	Φ9.7		把	1
13	HSS麻花钻	Φ19.5		把	1
14	HSS铰刀	Φ10	H7	把	1
15	机用虎钳	QH160		个	1
16	R规	R10		个	1

3. 刀具与参考切削用量(见表23-2)

表 23-2 刀具与参考切削用量表

刀号	刀具规格	工序内容	f/(mm/min)	a_p/mm	n/(r/min)
T01	Φ100的切铝专用面铣刀	粗铣上面	100/120	0.8/0.2	350/500
T02	直径Φ16的三刃立铣刀	粗/精铣轮廓	120/150	4.8/0.2	800/1 000
T02	直径Φ16的四刃立铣刀	精铣孔	50	0.25	600
T03	Φ8的麻花钻	钻孔	50	8	600
T04	Φ9.7的麻花钻	扩孔	100	0.9	800
T05	Φ19.5的麻花钻	钻孔	100	19.5	600
T06	Φ10的铰刀	铰孔	30	0.3	300

三、注意事项

(1)加工时间为240 min。

(2)铣孔时要将进给速度调慢,以免进给过快,将圆孔的圆柱度降低。

(3)要合理利用极坐标编程,以简化编程提高加工效率。

(4)粗加工后要先测量,然后再确定如何修改程序Z值及刀补值。

(5)毛坯外侧下刀时可以用G00,但要注意下刀点的正确确定,不要碰到工件,以免撞刀。

四、实训报告

实训报告见表23-3。

表23-3　数控铣削实训报告

数控铣削实训报告					
机床号		班级		姓名	
编程点计算					
零件程序					
问题分析					
学习心得					
教师评价	指导老师:				

五、评分标准

评分标准见表23-4。

表23-4　评分标准

检测项目		技术要求	配分	评分标准	实测结果	得分
高度	1	20(IT14),*Ra*3.2	4/2	超差0.01扣1分,降级无分		
深度	2	$50^{+0.04}_{0}$,*Ra*3.2	4/2	超差0.01扣2分,降级无分		
	3	$50^{+0.04}_{0}$,*Ra*3.2	4/2	超差0.01扣2分,降级无分		
方凸台	4	90±0.05,*Ra*3.2	3/2	超差0.01扣1分,降级无分		
	5	90±0.05,*Ra*3.2	3/2	超差0.01扣1分,降级无分		
	6	*R*10,*Ra*3.2	2/2	超差0.01扣0.5分,降级无分		

续表

<table>
<tr><th colspan="2">检测项目</th><th>技术要求</th><th>配分</th><th>评分标准</th><th>实测结果</th><th>得分</th></tr>
<tr><td rowspan="2">孔</td><td>7</td><td>Φ10（IT14），Ra3.2（4处）</td><td>2/2(4处)</td><td>超差0.01扣0.5分,降级无分</td><td></td><td></td></tr>
<tr><td>8</td><td>Φ20 ±0.02,Ra1.6</td><td>2/4</td><td>超差0.01扣0.5分,降级无分</td><td></td><td></td></tr>
<tr><td rowspan="2">孔距</td><td>9</td><td>70 ±0.1</td><td>3</td><td>超差0.01扣1分</td><td></td><td></td></tr>
<tr><td>10</td><td>70 ±0.1</td><td>3</td><td>超差0.01扣1分</td><td></td><td></td></tr>
<tr><td rowspan="2">其他</td><td>11</td><td>安全操作规程</td><td>10</td><td>违反扣1～10分</td><td></td><td></td></tr>
<tr><td>12</td><td>编程</td><td>30</td><td></td><td></td><td></td></tr>
<tr><td colspan="3">总配分</td><td>100</td><td>总得分</td><td colspan="2"></td></tr>
<tr><td colspan="2">零件名称</td><td></td><td>加工时间</td><td colspan="3"></td></tr>
<tr><td colspan="2">加工开始时间</td><td></td><td>停工时间</td><td></td><td rowspan="2">实际加工时间</td><td rowspan="2"></td></tr>
<tr><td colspan="2">加工结束时间</td><td></td><td>停工原因</td><td></td></tr>
<tr><td colspan="2">班级</td><td></td><td>学生姓名</td><td></td><td>检测教师</td><td></td></tr>
</table>

六、知识链接

R规(半径样板)(见图23-3)是利用光隙法测量圆弧半径的工具。测量时必须使R规的测量面与工件的圆弧完全紧密地接触,当测量面与工件的圆弧中间没有间隙时,工件的圆弧半径则为此时对应的R规所表示的数字。由于是目测,故准确度不是很高,只能作定性测量。每个量规上有五个测量点,虽然存在局限性,但相对来说使用方便,避免了无法测量的苦恼。

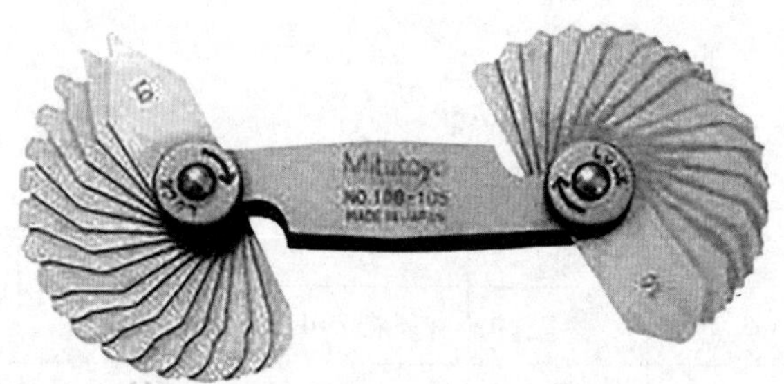

图23-3　R规(半径样板)

1. 使用方法

使用半径样板检验工件圆弧半径有两种方法:

一是当已知被检验工件的圆弧半径时,可选用相应尺寸的半径样板去检验。

二是事先不知道被检工件的圆弧半径时,则要用试测法进行检验。

方法是首先用目测估计被检工件的圆弧半径,依次选择半径样板去试测。当光隙位于圆弧的中间部分时,说明工件的圆弧半径 r 大于样板的圆弧半径 R,应换一片半径大一些的样板去检验。若光隙位于圆弧的两边,说明工件的半径 r 小于样板的半径 R,则换一片小一点的样板去检验,直到两者吻合 $r=R$,则此样板的半径就是被测工件的圆弧半径。

如果根据工件圆弧半径的公差选两片极限样板,对于凸面圆弧,用上限半径样板去检验时,允许其两边沿漏光,用下限半径样板检验时,允许其中间漏光,均可确定该工件的圆弧半径在公差范围内。对于凹面圆弧,漏光情况则相反。

2. 维护保养

半径样板使用后应擦净,擦净时要从铰链端向工作端方向擦,切勿逆擦,以防止样板折断或者弯曲。半径样板要定期检定,如果样板上标明的半径数值不清时千万不要使用,以防错用。

项目十四 中级操作工实训练习六

中级操作工实训练习六的铣削加工零件图如图 24-1 所示。

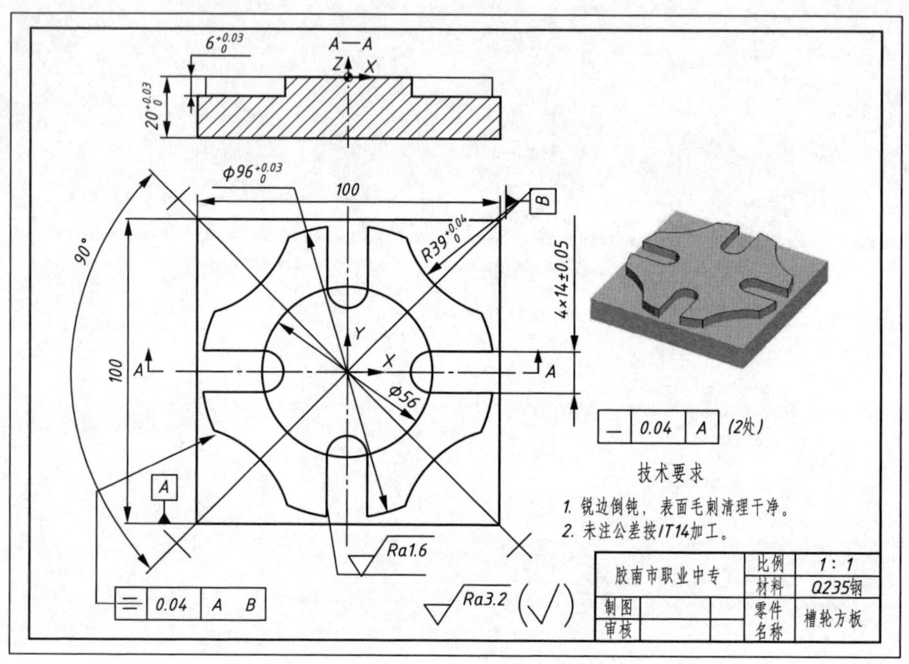

图 24-1 零件图

零件的毛坯图如图 24-2 所示。

一、实训目标

(1)根据工艺要求掌握外轮廓的加工方案。

(2)掌握加工钢件时刀具及切削用量的选择。

(3)掌握方肩立铣刀的使用方法和注意事项。

(4)掌握根据精度要求确定不同工艺的方法。

二、工艺分析

1. 加工方案

(1)装夹:采用机用虎钳装夹的方法,底部用垫铁垫起,露出钳口 10 mm,用百分表打表找正。

(2)用 $\phi25$ 的二刃硬质合金方肩立铣刀粗铣 $\phi96$ 的外圆,并去除余量,单边及底面留 0.2 mm 的精加工余量。

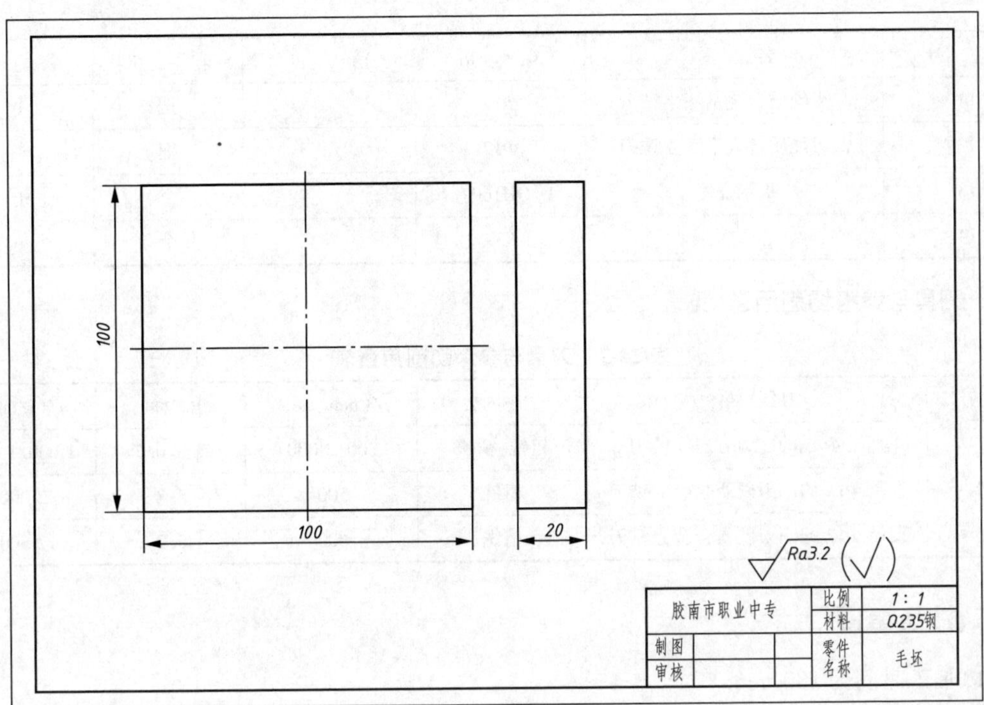

图 24-2　零件毛坯图

(3)使用 $\phi25$ 的二刃硬质合金方肩立铣刀(注意:最好换新刀片)精铣 $\phi96$ 的外圆底面。

(4)用 $\phi12$ 的二刃的硬质合金立铣刀对 4 个开口槽及 4 个圆弧轮廓粗加工,单边留 0.2 mm 的余量。

(5)用 $\phi12$ 的四刃的硬质合金立铣刀对 $\phi96$ 的外圆及 4 个开口槽和 4 个圆弧轮廓分别进行精加工到要求尺寸。

2. 工、量、刃具清单(见表 24-1)

表 24-1　工、量、刃具清单

序　号	名　称	规　格	精　度	单　位	数　量
1	游标卡尺	0 ~ 150	0.02	把	1
2	游标深度尺	0 ~ 200	0.02	把	1
3	杠杆百分表	0 ~ 0.8	0.01	套	1
4	深度百分尺	0 ~ 25	0.01	把	1
5	内径百分尺	5 ~ 30	0.01	把	1
6	粗糙度样板	N0 ~ N1	12 级	副	1
7	平行垫板			副	若干
8	塑胶榔头			个	1
9	防护眼镜			副	1
10	二刃方肩立铣刀	Φ25		把	1

续表

序号	名称	规格	精度	单位	数量
11	二刃硬质合金平底立铣刀	$\Phi12$		把	1
12	四刃硬质合金平底立铣刀	$\Phi12$		把	1
13	机用虎钳	QH160		个	1
14	R规	$R39$		个	1

3. 刀具与参考切削用量(见表24-2)

表24-2　刀具与参考切削用量表

刀具号	刀具规格	工序内容	f/(mm/min)	a_p/mm	n/(r/min)
T01	直径$\Phi25$的二刃方肩立铣刀	粗铣/精铣	200/2 000	5.8/0.2	1 000/1 800
T02	直径$\Phi12$的二刃硬质合金立铣刀	粗铣	500	5.8	2 000
T03	直径$\Phi12$的四刃硬质合金立铣刀	精铣	600	0.2	2 500

三、注意事项

(1)加工时间为180 min。

(2)铣削内轮廓时要注意内轮廓的圆弧大小,刀具半径要小于或等于内圆弧半径与精加工余量的和。

(3)为保证圆弧处有比较好的垂直度和表面粗糙度,最后一次精加工时,刀具可以相对基准面在Z向提高0.02 mm,采用顺铣加工,这样可以防止刀具在精加工中受到轴向力的作用而划伤不加工表面。

(4)不要用方肩立铣刀精加工轮廓。

四、实训报告

实训报告见表24-3。

表24-3　数控铣削实训报告

<table>
<tr><td colspan="6">数控铣削实训报告</td></tr>
<tr><td>机床号</td><td></td><td>班级</td><td></td><td>姓名</td><td></td></tr>
<tr><td>编程点计算</td><td colspan="5"></td></tr>
<tr><td>零件程序</td><td colspan="5"></td></tr>
<tr><td>问题分析</td><td colspan="5"></td></tr>
</table>

续表

数控铣削实训报告	
学习心得	
教师评价	指导老师：

五、评分标准

评分标准见表24-4。

表24-4　评分标准

检测项目		技术要求	配分	评分标准	实测结果	得分
高度	1	20(IT14),*Ra*3.2	2/2	超差0.01扣0.5分,降级无分		
	2	6(IT14),*Ra*3.2	2/2	超差0.01扣0.5分,降级无分		
外圆	3	Φ96(IT14),*Ra*3.2	2/2	超差0.01扣0.5分,降级无分		
沟槽	4	14±0.05,*Ra*1.6(4处)	2/2(4处)	超差0.01扣0.5分,降级无分		
圆弧槽	5	$R39^{+0.04}_{0}$,*Ra*1.6(4处)	2/2(4处)	超差0.01扣0.5分,降级无分		
对称度	6	沟槽0.04(2处)	6(2处)	超差0.01扣0.5分		
	7	外圆0.04	6	超差0.01扣0.5分		
其他	8	安全操作规程	10	违反扣1~10分		
	9	编程	30			
总配分			100	总得分		
零件名称			加工时间			
加工开始时间			停工时间		实际加工时间	
加工结束时间			停工原因			
班级			学生姓名		检测教师	

六、知识链接

1. 硬质合金立铣刀的使用

高速钢立铣刀的使用范围要求较为宽泛，即使切削条件的选择略有不当，也不至于出现太大的问题。而硬质合金立铣刀虽然在高速切削时具有很好的耐磨性，但它的使用范围不及高速钢立铣刀广泛，且切削条件必须严格符合刀具的使用要求。

2. 方肩立铣刀(见图24-3)

方肩立铣刀在目前铣削工序中所占的比重最大。同样，在生产效率、可靠性以及质量水平方面的持续改进也拥有巨大的潜力。在很多需要进行端面、边沿和槽切削的立铣应用中经常采用方肩立铣的方式。几乎每个生产企业的加工车间都或多或少需要执行其中某种形式的工序，并且应用次数也在不断增长中。

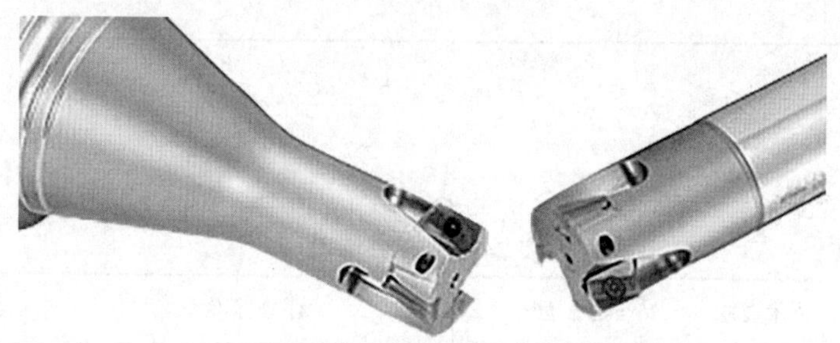

图24-3　方肩立铣刀

可转位刀片立铣刀有较多的节约成本的优点。最明显的是它们较好地削减刀具替换成本。钴高速钢和整体硬质合金都是很昂贵的。当它们断裂时，整个刀具必须以新刀具的成本更换。相反，破裂的刀片只需较少的费用就能换新的。

可转位刀片立铣刀还消除了重磨的需求，那是一个劳动密集型的劳动并且它本身成本很高。重磨还引起刀具直径大小的损失。

可转位刀片立铣刀提供很广的通用性来削减成本。在多数情况下，仅仅只需在同一个刀体简单地改变刀片材质或槽形就能用于不同的工件材料或加工。

总体来说，可转位刀片立铣刀最适合于涉及较小的轴向切深的加工。但是它们不局限于小直径加工。

使用该种铣刀的主要限制是无法进行轴向切削，特别是对于型腔加工来说尤为如此。

项目十五 中级操作工实训练习七

加工零件图如图25-1所示。

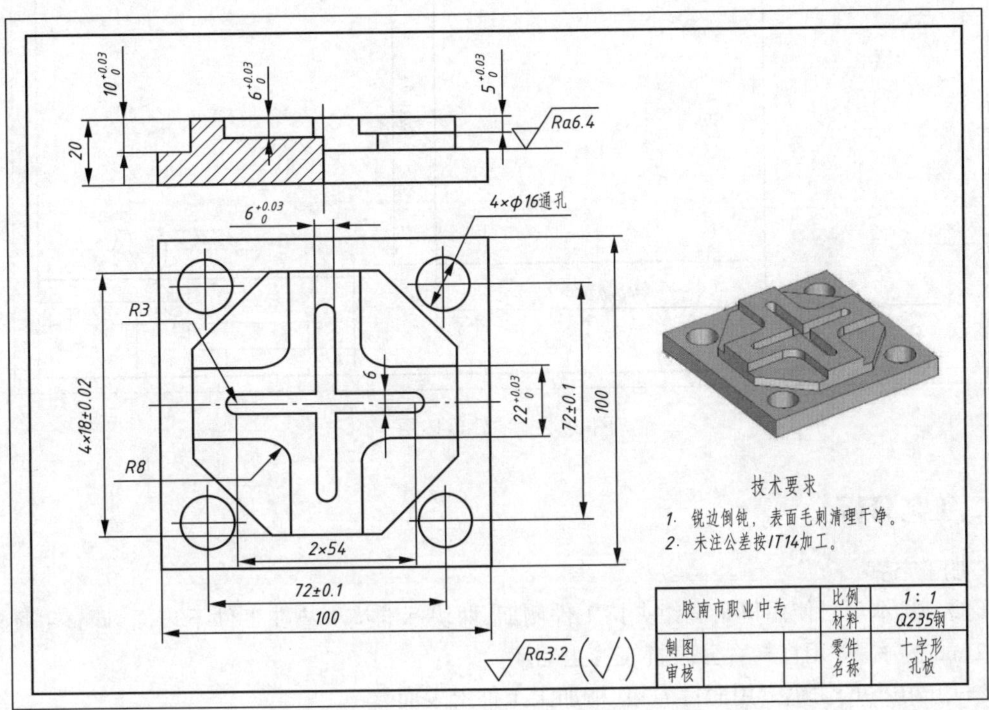

图25-1 零件图

零件的毛坯图如图25-2所示。

一、实训目标

(1)掌握铣面与槽加工的基本工艺。

(2)掌握槽加工编程方法及刀补的调整方法和保证槽宽精度的方法。

(3)掌握深度精度保证的方案。

(4)进一步熟练外轮廓的加工方法及G68、G69指令的使用。

(5)进一步加深对G81指令中参数意义的理解。

(6)加强熟练使用量具的锻炼及提高打表找正的精度与速度。

(7)掌握钢件加工刀具的选择与切削参数的确定。

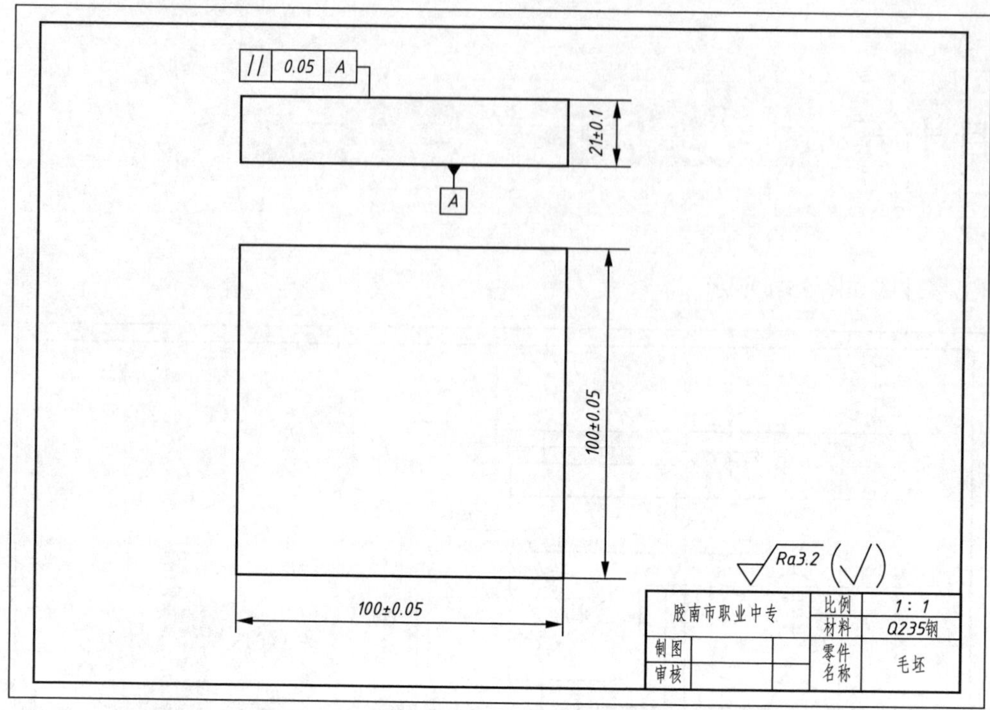

图 25-2　零件毛坯图

二、工艺分析

1. 加工方案

(1)装夹:本项目使用机用虎钳夹持工件侧面,两块标准垫块垫在工件下表面,调整毛坯露出钳口 12 mm 左右,并用杠杆百分表打表找正毛坯。

(2)用 Φ125 的切铝专用面铣刀粗、精加工工件上表面。

为了保证工件上表面的表面粗糙度及 10 mm、6 mm、5 mm 的深度精度,用面铣刀先粗加工上表面,给精加工留下 0.2 mm 的余量,然后进行精加工。

(3)用 Φ12 的二刃硬质合金立铣刀粗加工八边形外轮廓、四个圆角内轮廓与对应底面。

利用 Φ12 的四刃硬质合金立铣刀从毛坯外侧直接下刀,加刀补后沿平行于 X 轴的直边切入,顺铣。对轮廓沿顺时针加工,从切入时的直边切出。同时保证底面和外轮廓精加工单边余量为 0.15 mm。

(4)用 Φ12 的四刃硬质合金立铣刀精加工八边形外轮廓、四个圆角内轮廓与对应底面。

利用 Φ12 立铣刀和粗加工程序(在测量后,对粗加工程序中的下刀深度进行修改,同时修改刀补量)进行精加工到精度要求。

(5)用 Φ4 二刃硬质合金立铣刀粗加工十字槽与对应底面。

用 Φ4 二刃立铣刀从毛坯内侧处直接下刀,加刀补后沿槽的直边切入,顺铣。对轮廓沿逆时针加工,沿槽的直边切出。同时保证底面和内轮廓精加工单边余量为 0.1 mm。

(6)用 Φ4 四刃硬质合金立铣刀精加工十字型腔与对应底面(保证深度与槽宽尺寸)。

精加工走刀路线,利用 Φ4 立铣刀和粗加工程序(在测量后,对粗加工程序中的下刀深度进行修改,同时修改刀补量)进行精加工。

(7)用 Φ16 的高速钢钻头钻 4 个 Φ16 的通孔,注意钻孔路线,以保证孔距。

2. 工、量、刃具清单(见表 25-1)

表 25-1　工、量、刃具清单

序　号	名　称	规　格	精　度	单　位	数　量
1	杠杆百分表	0 ~ 0.8	0.01	套	1
2	深度百分尺	0 ~ 25	0.01	套	1
3	机械游标卡尺	1 ~ 150	0.02	把	1
4	内测百分尺	5 ~ 30	0.01	套	1
5	粗糙度样板	N0 ~ N1	12 级	副	1
6	平行垫铁			副	若干
7	塑胶榔头			个	1
8	机械寻边器			支	1
9	方肩面铣刀	Φ63		把	1
10	二刃 HSS 平底立铣刀	Φ4(粗精铣)		把	1
11	四刃 HSS 平底立铣刀	Φ12(粗精铣)		把	1
12	四刃 HSS 平底立铣刀	Φ16(粗精铣)		把	1
13	HSS 钻头	Φ16(钻孔)		支	1
14	机用虎钳	QH160		个	1
15	R 规	$R8 \sim R15$		套	1

3. 刀具与参考切削用量(见表 25-2)

表 25-2　刀具与参考切削用量表

刀　号	刀具规格	工序内容	f/(mm/min)	a_p/mm	n/(r/min)
T01	Φ125 切铝专用面铣刀	粗/精铣上面	120/150	0.8/0.2	350/500
T02	直径 Φ4 的二刃立铣刀	粗铣槽	80	5.85	2 000
T02	直径 Φ4 的四刃立铣刀	精铣槽	150	0.15	2 500
T03	直径 Φ12 的二刃立铣刀	粗铣轮廓	200	4.8	1 500
T03	直径 Φ12 的四刃立铣刀	精铣轮廓	300	0.2	2 000
T05	直径 Φ16 的钻头	粗钻孔	80	16	600

三、注意事项

(1)加工时间为 240 min。

(2)铣刀一般不用来直接铣孔,防止刀具崩刃。

对于没有型腔的内轮廓加工，尽量不要用铣刀直接向下铣削（除非是二刃立铣刀慢速进给），在没有特殊要求的情况下，一般先加工预制工艺孔，让铣刀顺利地从预制工艺孔处下刀开始铣削。

（3）要注意刀具半径的影响。

在毛坯外侧下刀确定下刀点时，要根据具体情况加上或减去加工的刀具半径。

（4）粗加工后要先测量，然后再确定如何修改程序Z值及刀补值。

（5）使用G68后不要忘记用G69取消。

（6）同样的结构（如槽），精度要求不同时，为保证精度，所用的工艺也不一定相同，一定要掌握保证精度的各种不同工艺与方法。

四、实训报告

实训报告见表25-3。

表25-3　数控铣削实训报告

数控铣削实训报告					
机床号		班级		姓名	
编程点计算					
零件程序					
问题分析					
学习心得					
教师评价	指导老师：				

五、评分标准

评分标准见表25-4。

表 25-4 评分标准

检测项目		技术要求	配分	评分标准	实测结果	得分
高度	1	20(IT14),*Ra*3.2	2/2	超差 0.01 扣 1 分,降级无分		
深度	2	$5^{+0.03}_{0}$,*Ra*3.2	2/2	超差 0.01 扣 0.5 分,降级无分		
	3	$6^{+0.03}_{0}$,*Ra*3.2	2/2	超差 0.01 扣 0.5 分,降级无分		
	4	$10^{+0.03}_{0}$,*Ra*3.2	2/2	超差 0.01 扣 0.5 分,降级无分		
十字槽	5	*R*3,*Ra*3.2(4 处)	0.5/0.5(4 处)	超差 0.01 扣 0.5 分,降级无分		
	6	$6^{+0.03}_{0}$,*Ra*3.2(4 处)	1/0.5(4 处)	超差 0.01 扣 0.5 分,降级无分		
	7	54(IT14)(2 处)	1(2 处)	超差 0.01 扣 0.5 分		
十字凸台	8	*R*8,*Ra*3.2 (4 处)	0.5/0.5(4 处)	超差 0.01 扣 0.5 分,降级无分		
	9	$22^{+0.03}_{0}$,*Ra*3.2(4 处)	0.5/0.5(4 处)	超差 0.01 扣 0.5 分,降级无分		
八方凸台	10	80 ±0.02,*Ra*3.2(4 处)	1/1(4 处)	超差 0.01 扣 1 分,降级无分		
孔	11	*Φ*16(IT14),*Ra*3.2(4 处)	0.5/0.5(4 处)	超差 0.01 扣 0.5 分,降级无分		
	12	72 ±0.1(4 处)	3(4 处)	超差 0.01 扣 2 分		
其他	13	安全操作规程	10	违反扣 1 ~10 分		
	14	编程	30			
总配分			100	总得分		
零件名称			加工时间			
加工开始时间			停工时间		实际加工时间	
加工结束时间			停工原因			
班级			学生姓名		检测教师	

六、知识链接

1. 数控机床维护与保养的目的和意义

数控机床是一种综合应用计算机技术、自动控制技术、自动检测技术和精密机械设计和制造等先进技术的高新技术的产物,是技术密集度及自动化程度都很高的、典型的机电一体化产品。与普通机床相比较,数控机床不仅具有零件加工精度高、生产效率高、产品质量稳定、自动化程度极高的特点,而且它还可以完成普通机床难以完成或根本不能加工的复杂曲面的零件加工,因而数控机床在机械制造业中的地位显得越来越重要。甚至可以认为在机械制造业中,数控机床的档次和拥有量,是反映一个企业制造能力的重要标志。但是,我们应当清醒地认识在企业生产中,数控机床能否达到加工精度高、产品质量稳定、提高生产效率的目标,这不仅取决于机床本身的精度和性能,很大程度上也与操作者在生产中能否正确地对数控机床进行维护保养和使用密切相关。与此同时,我们还应当注意数控机床维修的概念,不能单纯地理解为数控系统或者是数控机床的机械部分和其他部分在发生故障时,仅仅是依靠维修人员如何排除故障和及时修复,使数控机床能够尽早地投入使用就可以了,还应包括正确使用和日常保养等工作。综上两方面所述,只有坚持做好对机床的日常维护保养工作,才可以延长元器件的使用寿命,延长机械部件的磨损周期,防止意外恶性事故的发生,争取机床长时间稳定工作;这样才能充分发挥数控机床的加工优势,达到数控机床的技术性能,确保数控机床能够正常工作。因此,无论是对数控机床的操作者,还是对数控机床的维修人员来说,数控机床的维护与保养就显得非常重要,必须高度重视。

(1)维护保养的意义。数控机床使用寿命的长短和故障的高低,不仅取决于机床的精度和性能,很大程度上也取决于它的正确使用和维护。正确的使用能防止设备非正常磨损,避免突发故障,精心的维护可使设备保持良好的技术状态,延缓劣化进程,及时发现和消除隐患于未然,从而保障安全运行,保证企业的经济效益,实现企业的经营目标。因此,机床的正确使用与精心维护是贯彻设备管理以防为主的重要环节。

(2)维护保养必备的基本知识。数控机床具有机、电、液集于一体,技术密集和知识密集的特点。因此,数控机床的维护人员不仅要有机械加工工艺及液压、气动方面的知识,也要具备电子计算机、自动控制、驱动及测量技术等知识,这样才能全面了解、掌握数控机床以及做好机床的维护保养工作。维护人员在维修前应详细阅读数控机床有关说明书,对数控机床有一个详细的了解,包括机床的结构特点、数控的工作原理和框图及其电路连接。

2. 数控机床维护与保养的基本要求

懂得了数控机床的维护与保养的目的和意义后,还必须明确其基本要求。主要包括:

(1)在思想上要高度重视数控机床的维护与保养工作,尤其是对数控机床的操作者更应如此,我们不能只管操作,而忽视对数控机床的日常维护与保养。

(2)提高操作人员的综合素质。数控机床的使用比普通机床的使用难度要大,因为数控机床是典型的机电一体化产品,它涉及的知识面较宽,即操作者应具有机、电、液、气等更宽广的专业知识;再有,由于其电气控制系统中的 CNC 系统升级、更新换代比较快,如果不定期参加专业理论培训学习,则不能熟练掌握新的 CNC 系统应用。因此,对操作人员提出的素质要求是很高的。为此,必须对数控操作人员进行培训,使其对机床原理、性能、润滑部位及其方式,进行较系统的学习,为更好地使用机床奠定基础。同时,在数控机床的使用与管理方面,制定一系列切合实际、行之有效的措施。

(3)要为数控机床创造一个良好的使用环境。由于数控机床中含有大量的电子元件,它们最怕阳光直接照射,也怕潮湿、粉尘和振动等,这些均可使电子元件受到腐蚀变坏或造成元件间的短路,引起机床运行不正常。为此,数控机床的使用环境应保持清洁、干燥、恒温和无振动;电源应保持稳压,一般只允许 ±10% 的波动。

(4)严格遵循正确的操作规程。无论是什么类型的数控机床,它都有一套自己的操作规程,这既是保证操作人员人身安全的重要措施之一,也是保证设备安全使用、产品质量等的重要措施。因此,使用者必须按照操作规程正确操作,如果机床在第一次使用或长期没有使用时,应先使其空转几分钟;并特别注意使用中开机、关机的顺序和注意事项。

(5)在使用中尽可能提高数控机床的开动率。对于新购置的数控机床应尽快投入使用,设备在使用初期故障率相对来说往往大一些,用户应在保修期内充分利用机床,使其薄弱环节尽早暴露出来,在保修期内得以解决。如果在缺少生产任务时,也不能空闲不用,要定期通电,每次空运行 1 h 左右,利用机床运行时的发热量来去除或降低机内的湿度。

(6)制订并且严格执行数控机床管理的规章制度。除了对数控机床的日常维护外,还必须制订并且严格执行数控机床管理的规章制度,主要包括定人、定岗和定责任的“三定”制度,定期检查制度,规范地交接班制度等。这也是数控机床管理、维护与保养的主要内容。

项目十六　中级操作工实训练习八

实训练习八加工零件图如图 26-1 所示。

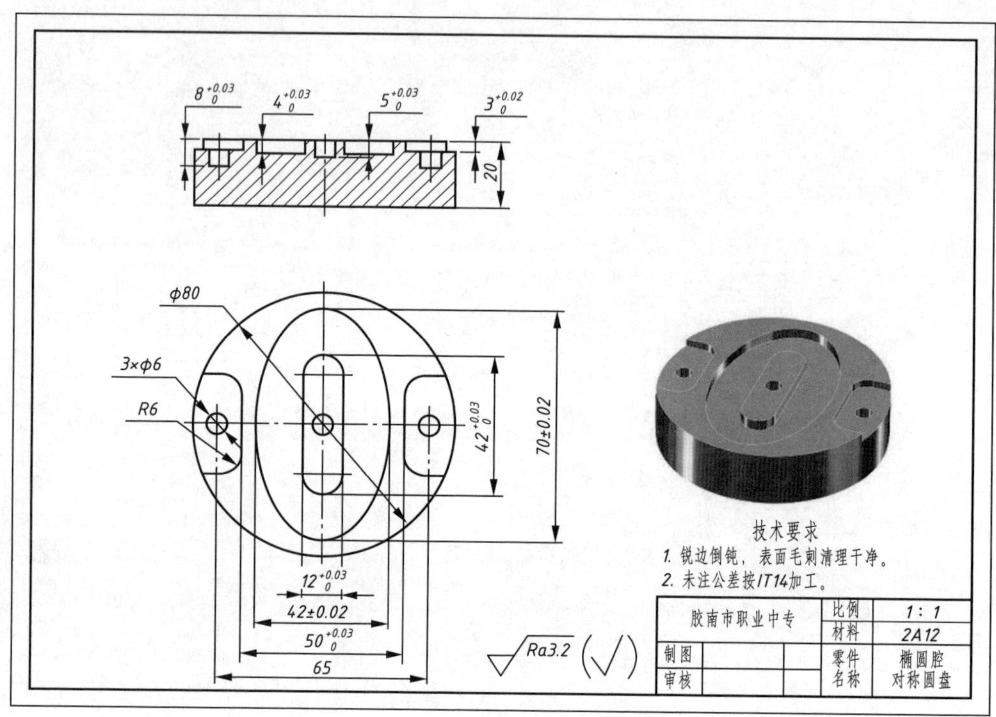

图 26-1　零件图

实训练习八毛坯图如图 26-2 所示。

一、实训目标

(1)掌握盘类零件的装夹方法。

(2)掌握保证零件加工精度的方法。

(3)掌握利用刀具半径补偿功能对内、外轮廓进行编程和加工。

(4)掌握盘类零件加工工艺路线及切削用量的确定。

二、工艺分析

1. 加工方案

(1)装夹：根据零件图纸分析，本件为盘类零件，毛坯尺寸 $\phi80\times20$，需以毛坯的圆周定位，装在三爪卡盘上并用标准垫块垫起，露出钳口 3 mm，用百分表打表找正。

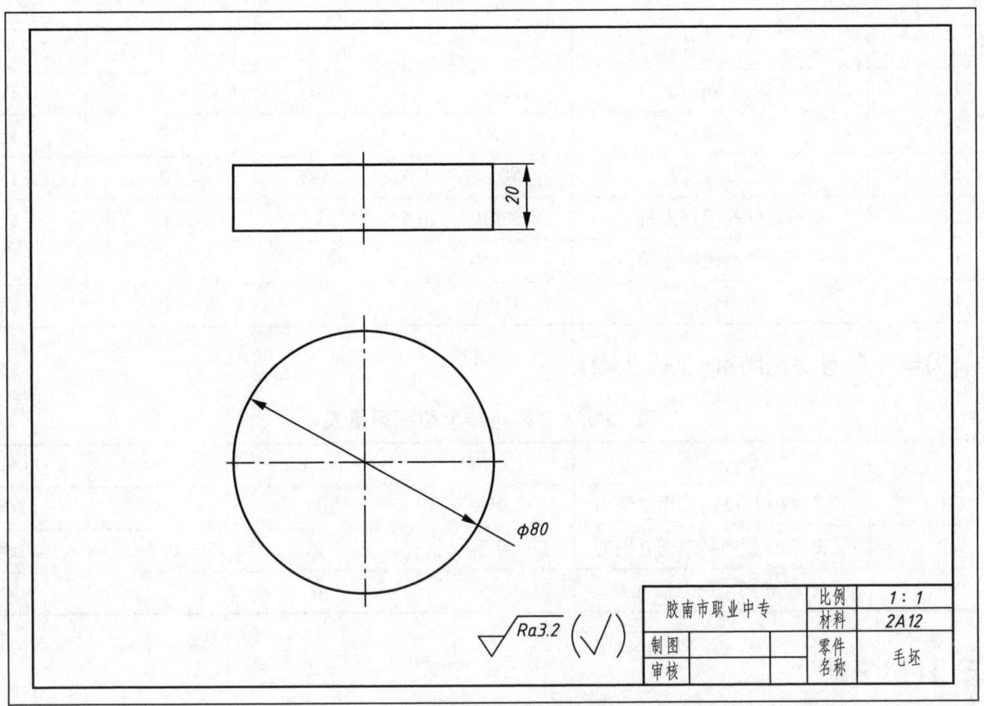

图 26-2　毛坯图

(2)用 ϕ10 二刃超硬高速钢立铣刀粗加工左右对称开放式凹槽,留精加工余量 0.2 mm。

(3)用同一把刀粗加工椭圆形封闭凹槽及条形凸台,留精加工余量 0.2 mm。

(4)用 ϕ10 三刃超硬高速钢立铣刀精加工左右对称开放式凹槽,保证对应尺寸精度与表面粗糙度。

(5)用同一把刀精加工中间椭圆形封闭凹槽和凸台,保证对应尺寸精度与表面粗糙度。

(6)ϕ6 键槽立铣刀加工 3 × ϕ6 盲孔。

2. 工、量、刃具清单(见表 26-1)

表 26-1　工、量、刃具清单

序　号	名　称	规　格	精　度	单　位	数　量
1	游标卡尺	0~150	0.02	把	1
2	深度尺	0~100	0.02	把	1
3	杠杆百分表	0~0.3	0.01	个	1
4	三爪卡盘	160		个	1
5	铜皮	0.2		块	2
6	平行垫铁			套	1
7	塑胶榔头			把	1
8	护目镜			副	1
9	寻边器	机械		把	1
10	深度百分尺	0~25	0.01	把	1

续表

序　号	名　称	规　格	精　度	单　位	数　量
11	内测百分尺	25～50	0.01	把	1
12	R规	$R6$		套	1
13	粗糙度样板	N0～N1	12级	副	1
14	二刃超硬高速钢立铣刀	$\Phi10$		把	1
15	三刃超硬高速钢立铣刀	$\Phi10$		把	1
16	键槽铣刀	$\Phi6$		把	1

3. 刀具与参考切削用量(见表26-2)

表26-2　刀具与参考切削用量表

刀具号	刀具规格	工序内容	f/(mm/min)	a_p/mm	n/(r/min)
T01	二刃 $\Phi10$ 超硬高速钢立铣刀	粗铣	200	3/4	1 000
T02	三刃 $\Phi10$ 超硬高速钢立铣刀	精铣	150	0.2	1 000
T03	$\Phi6$ 超硬高速钢键槽铣刀	加工孔	50	6	800

三、注意事项

(1)加工时间为180 min。

(2)精铣时采用顺铣法,以提高表面加工质量。

(3)铣削加工时,铣刀应尽量沿轮廓切向进刀和退刀。

(4)应根据加工情况随时调整进给修调开关和主轴转速倍率开关。

(5)加工时应选择正确的站位和操作手势,密切注意加工情况,随时准备处理突发情况。

(6)使用键槽铣刀时的垂直进给量不能太大,为平面进给量的1/3～1/2,同时转速也不易过高,以免过热粘刀。

(7)装夹时以免夹伤工件,不但要垫铜皮,而且要控制夹紧力的大小。

四、实训报告

实训报告见表26-3。

表26-3　数控铣削实训报告

数控铣削实训报告					
机床号		班级		姓名	
编程点计算					
零件程序					

续表

数控铣削实训报告	
问题分析	
学习心得	
教师评价	指导老师：

五、评分标准

评分标准见表 26-4。

表 26-4　评分标准

检测项目		技术要求	配分	评分标准	实测结果	得分
长度与宽度	1	70 ± 0.02, *Ra*3.2	3/2	超差 0.01 扣 1 分，降级不得分		
	2	42 ± 0.02, *Ra*3.2	3/2	超差 0.01 扣 1 分，降级不得分		
	3	4 × *R*6, *Ra*3.2	3/2	超差 0.01 扣 1 分，降级不得分		
	4	$42^{+0.03}_{0}$, *Ra*3.2	3/2	超差 0.01 扣 1 分，降级不得分		
	5	$50^{+0.03}_{0}$, *Ra*3.2	3/2	超差 0.01 扣 1 分，降级不得分		
	6	65	1	超差 0.01 扣 1 分，降级不得分		
	7	$12^{+0.03}_{0}$, *Ra*3.2	3/2	超差 0.01 扣 1 分，降级不得分		
	8	3 × ϕ6, *Ra*3.2	3/2	超差 0.01 扣 1 分，降级不得分		
深度	9	$5^{+0.03}_{0}$, *Ra*3.2	3/2	超差 0.01 扣 1 分，降级不得分		
	10	$3^{+0.02}_{0}$, *Ra*3.2	3/2	超差 0.01 扣 1 分，降级不得分		
	11	$3^{+0.02}_{0}$, *Ra*3.2	3/2	超差 0.01 扣 1 分，降级不得分		
	12	$4^{+0.03}_{0}$, *Ra*3.2	3/2	超差 0.01 扣 1 分，降级不得分		
	13	$8^{+0.04}_{0}$, *Ra*3.2	1/1	超差 0.01 扣 1 分，降级不得分		
	14	$8^{+0.04}_{0}$, *Ra*3.2	1/1	超差 0.01 扣 1 分，降级不得分		
其他	15	安全生产	10	违反规定扣 1 ~ 10 分		
	16	编程	30			

续表

检测项目	技术要求	配分	评分标准	实测结果	得分
总配分		100	总　分		
零件名称		加工时间			
加工开始时间		停工时间		实际加工时间	
加工结束时间		停工原因			

六、知识链接

1. 三爪(自定心)卡盘

三爪自定心卡盘适合夹紧圆形零件,夹紧后自动定心,三爪(自定心)卡盘用于回转工件的(自动)装卡,如图 26-3 所示。

(a)普通卡盘

(b)液压卡盘

图 26-3　三爪卡盘

2. 数控铣床的加工精度

数控铣床加工的零件,在机床本身精度较高的前提下,其加工精度主要反映在尺寸精度、形位精度和表面精度三个方面。

(1)保证尺寸精度的方法

①合理选用加工刀具与切削参数,增加工艺系统的刚性。

②通过工件粗加工或半精加工后的测量,合理确定精加工余量。

③根据尺寸精度的不同正确选用精度不同的量具,使用量具前,必须检查和调整零位。

④避免工件发热时作精加工测量。

(2)保证形位公差的方法

①工件与刀具应具有足够的刚度,刚度不足会引起零件的变形,影响平行度、垂直度等要求。

②工件坐标系设置正确,粗加工后可根据测量结果加以调整,如对称度要求等。

③合理安排加工工艺,减少零件装夹次数。

④定位夹具设计准确合理,安装时必须进行校正。

(3)保证表面粗糙度的方法

①工艺合理。根据零件表面的具体要求,合理安排粗加工、半精加工和精加工。

②正确选用刀具。精加工时可依照轮廓选择小直径铣刀,要求刀具切削刃锋利,可尽量选用新刀。

③选择合理的切削参数。精加工时,主轴转速较高,进给量较小,加工余量也要适当。

④合理使用切削液。

项目十七　中级操作工实训练习九

实训练习九加工零件图如图 27-1 所示。

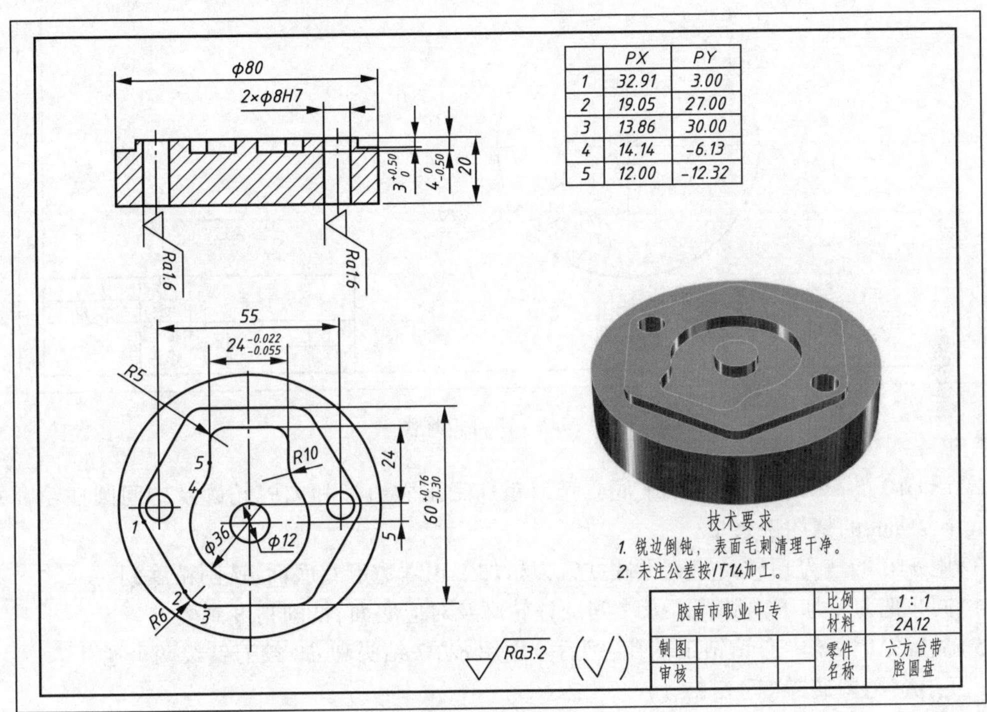

图 27-1　零件图

实训练习九毛坯图如图 27-2 所示。

一、实训目标

（1）掌握盘类零件的装夹方法与加工工艺。

（2）学会正确选用合适的加工刀具及合理的切削用量。

（3）能熟练应用坐标系偏置进行编程加工。

（4）熟练使用极坐标进行编程加工。

二、工艺分析

1. 加工方案

（1）装夹：本项目需要用三爪卡盘固定，将圆柱形毛坯料打表找正后用三爪卡盘固定住，毛坯料上表面露出卡盘上表面 5 mm。

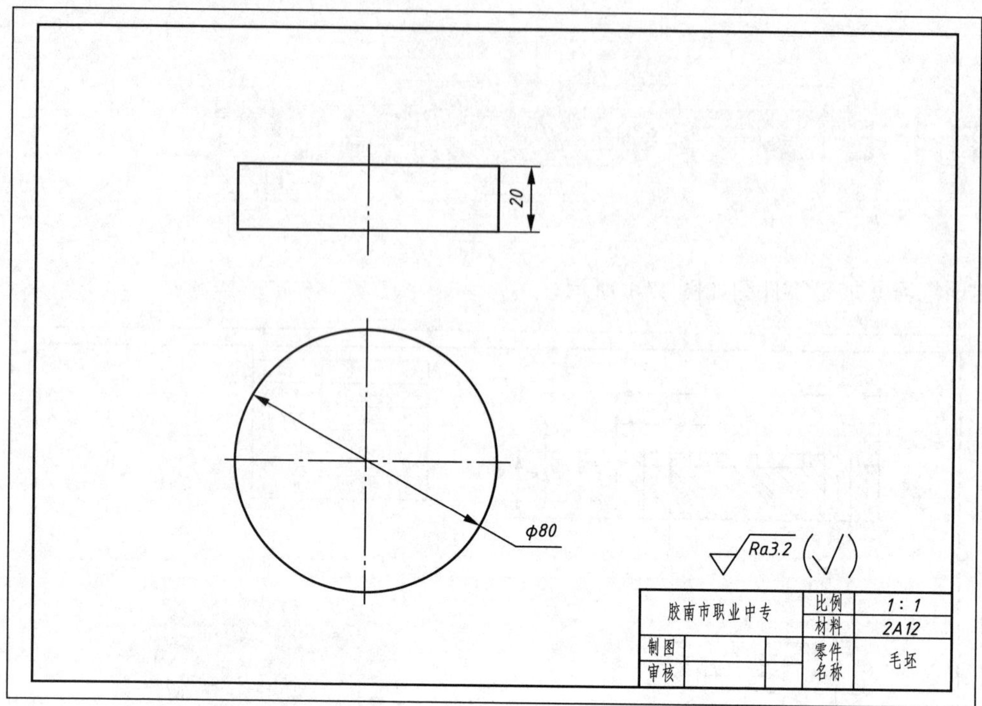

图 27-2　零件毛坯图

(2)用 $\phi10$ 的二刃超硬高速钢平底立铣刀粗加工正六边形和内腔轮廓及中间圆柱轮廓并去余量,留 0.2 mm 的精加工余量。

(3)用 $\phi10$ 的三刃超硬高速钢平底立铣刀精加工正六边形及底面,铣削精度到要求。

(4)同一把刀精加工内腔轮廓及中间圆柱轮廓及对应底面,铣削精度到要求。

(5)最后先用 A5 中心钻钻工艺孔,然后分别用 $\phi7.7$ 钻头和 $\phi8$ 绞刀钻绞两个通孔。

2. 工、量、刃具清单(见表 27-1)

表 27-1　工、量、刃具清单

序　号	名　称	规　格	精　度	单　位	数　量
1	游标卡尺	0~150	0.02	把	1
2	游标深度尺	0~150	0.02	把	1
3	深度百分尺	0~25	0.01	把	1
4	杠杆百分表	0~0.8	0.01	把	1
5	三爪卡盘	160		个	1
6	粗糙度样板	N0~N1	12 级	副	1
7	R 规	*R5~R6*		套	1
8	铜皮	0.2		块	2
9	塑胶榔头			个	1
10	超硬高速钢二刃平底立铣刀	*Φ*10		把	1
11	超硬高速钢三刃平底立铣刀	*Φ*10		把	1

续表

序　　号	名　　称	规　　格	精　　度	单　　位	数　　量
12	中心钻	A5		把	1
13	钻头	Φ7.7		把	1
14	绞刀	Φ8H6		把	1

3. 刀具与参考切削用量(见表 27-2)

表 27-2　刀具与参考切削用量表

刀具号	刀具规格	工序内容	f/(mm/min)	a_p/mm	n/(r/min)
T01	Φ10 超硬二刃高速钢立铣刀	粗铣	200	4/3	1 000
T02	Φ10 超硬三刃高速钢立铣刀	精铣	120	0.2	1 000
T03	A5 高速钢中心钻	打中心孔	100	3	2 000
T05	Φ7.7 钻头	钻孔	80	7.7	800
T06	Φ8H6 绞刀	绞孔	40	0.3	300

三、注意事项

(1)加工时间为 180 min。

(2)装夹工件时需用铜皮垫在卡盘与工件之间,防止将工件夹伤。

(3)用坐标系偏置加工工件时应注意参数的修改。

(4)工件测量时,要注意清理毛刺。

四、实训报告

实训报告见表 27-3。

表 27-3　数控铣削实训报告

数控铣削实训报告					
机床号		班级		姓名	
编程点计算					
零件程序					
问题分析					

续表

<table>
<tr><td colspan="2">数控铣削实训报告</td></tr>
<tr><td>学习心得</td><td></td></tr>
<tr><td>教师评价</td><td>指导老师：</td></tr>
</table>

五、评分标准

评分标准见表27-4。

表27-4　评分标准

检测项目		技术要求	配分	评分标准	实测结果	得分
正六边形	1	$60^{+0.076}_{+0.03}$，$Ra3.2$	3/2	超差0.01扣1分，降级无分		
	2	$60^{+0.076}_{+0.03}$，$Ra3.2$	3/2	超差0.01扣2分，降级无分		
	3	$60^{+0.076}_{+0.03}$，$Ra3.2$	3/2	超差0.01扣1分，降级无分		
	4	$6\times R6$，$Ra3.2$	1/2	超差不得分		
内腔	5	$24^{-0.022}_{-0.055}$，$Ra3.2$	3/2	超差0.01扣1分，降级无分		
	6	47，$Ra3.2$	2/2	超差0.01扣1分，降级无分		
	7	24，$Ra3.2$	2/2	超差0.01扣1分，降级无分		
	8	$R18$，$Ra3.2$	2/2	超差不得分		
	9	$2\times R10$，$Ra3.2$	2/2	超差不得分		
	10	$2\times R5$，$Ra3.2$	2/2	超差不得分		
	11	$\Phi12$，$Ra3.2$	2/2	超差不得分		
孔	12	$2\times\Phi8$，$Ra1.6$	2/3	超差不得分		
	13	55	1/1	超差0.01扣0.5分，降级无分		
深度	14	$3^{+0.05}_{0}$，$Ra3.2$	2/1	超差0.01扣1分，降级无分		
	15	$4^{0}_{-0.05}$，$Ra3.2$	2/1	超差0.01扣2分，降级无分		

续表

检测项目		技术要求	配分	评分标准	实测结果	得分
其他	16	安全操作规程	10	违反扣1~10分		
	17	编程	30			
总配分			100	总得分		
零件名称			加工时间			
加工开始时间			停工时间		实际加工时间	
加工结束时间			停工原因			
班级			学生姓名		检测教师	

六、知识链接

1. 局部坐标系设定指令 G52

指令格式:G52　X　Y　Z;

例如:G52 X20 Y20,说明工件坐标原点移到 X20Y20 的地方,接下来的编程就以该点为原点,取消时用 G52 X0 Y0。

2. 内轮廓加工刀具半径的选择

内轮廓加工时要注意刀具半径的选择确定原则,原则上内轮廓加工刀具的半径要≤内轮廓的最小半径-精加工余量或半精加工余量(如果有),否则将留不出加工余量,无法进行精加工。本项目采用的是半径为 5 的刀具加工最小半径为 5 的内轮廓,因为 *R*5 的内圆弧尺寸精度要求不高,否则应该按照上面的选择原则来确定合理的刀具半径。

项目十八 中级操作工实训练习十

实训练习十的加工零件图如图 28-1 所示。

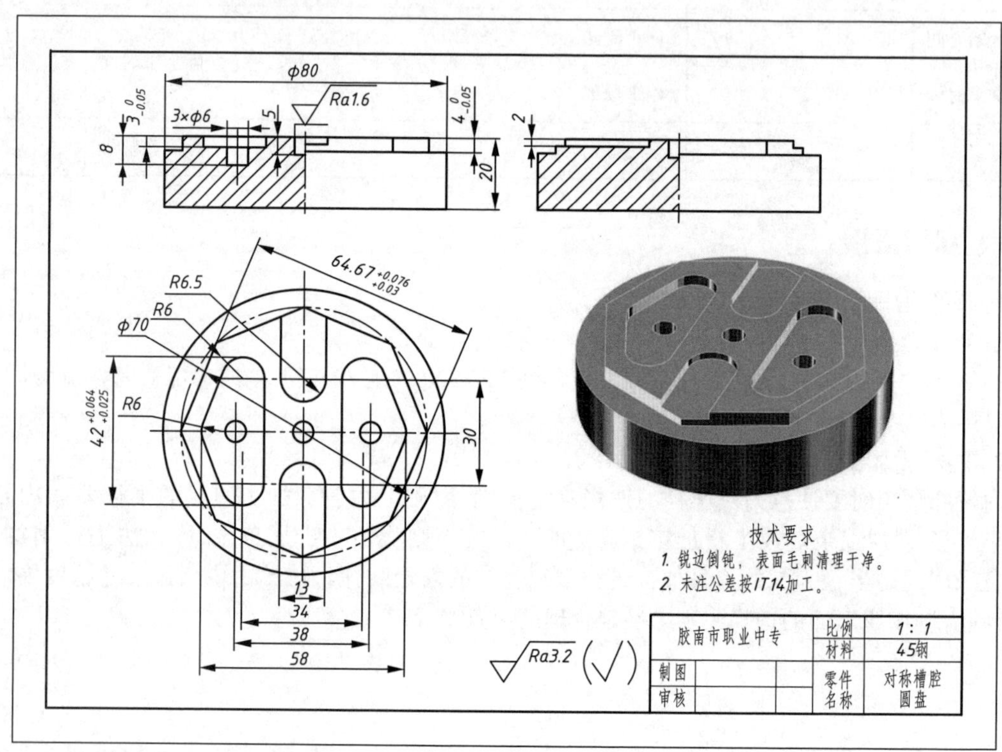

图 28-1　零件图

实训练习十的毛坯图如图 28-2 所示。

一、实训目标

(1)掌握盘类零件的加工工艺及加工切削参数的确定方法。

(2)熟练掌握使用坐标系旋转指令及镜像指令简化编程的技巧。

(3)正确选用钢件加工合适的刀具及合理的切削用量。

(4)熟练掌握使用极坐标指令简化编程的技巧。

二、工艺分析

1. 加工方案

(1)装夹:本项目需要用三爪卡盘固定,毛坯料上表面露出卡盘上表面 5 mm,打表找正并夹紧。

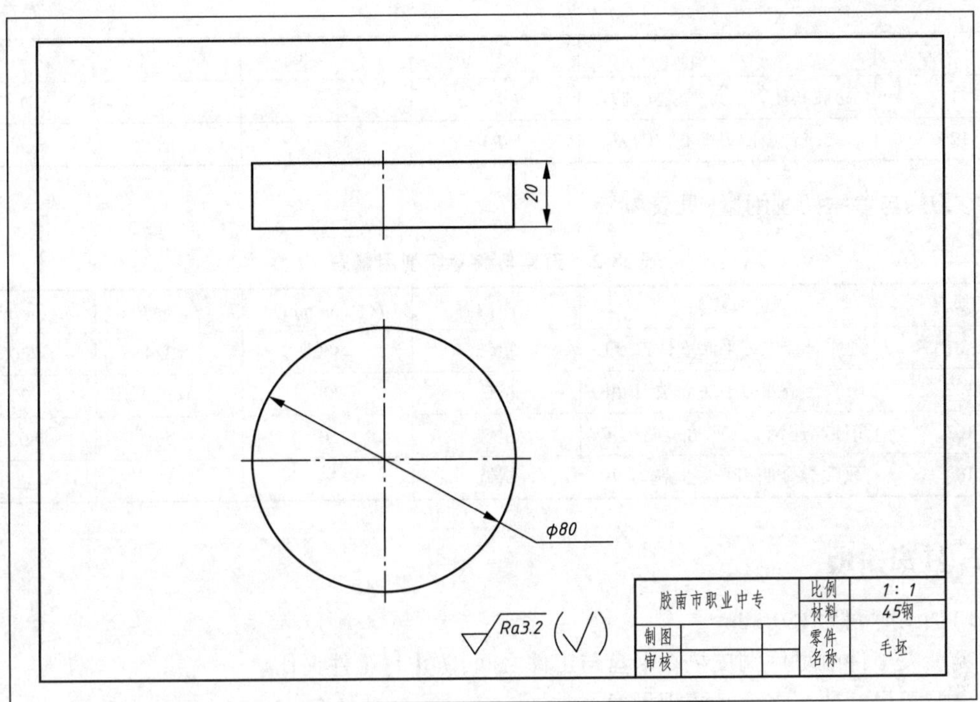

图 28-2　零件毛坯图

(2)用 $\phi10$ 的硬质合金二刃立铣刀对正八边形、两个开口槽、两个封闭内腔进行粗加工并去除余量,留 0.15 mm 左右的精加工余量。

(3)用 $\phi10$ 的硬质合金四刃立铣刀对正八边形、两个开口槽、两个封闭内腔的轮廓及对应底面进行精加工,铣削精度到要求。

(4)用 $\phi4$ 的超硬高速钢二刃立铣刀铣钻三个 $\phi6$ 的孔,然后用 $\phi4$ 的四刃平底立铣刀半精铣及精铣三个 $\phi6$ 的孔。

2. 工、量、刃具清单(见表 28-1)

表 28-1　工、量、刃具清单

序　号	名　称	规　格	精　度	单　位	数　量
1	游标卡尺	0 ~ 150	0.02	把	1
2	游标深度尺	0 ~ 150	0.02	把	1
3	深度百分表	0 ~ 25	0.01	把	1
4	杠杆百分表	0 ~ 0.8	0.01	套	1
5	三爪卡盘	160		个	1
6	粗糙度样板	N0 ~ N1	12 级	副	1
7	R 规	$R5 \sim R10$		套	1
8	塑胶榔头			个	1
9	硬质合金二刃平底立铣刀	$\Phi10$		把	1
10	硬质合金四刃平底立铣刀	$\Phi10$		把	1

续表

序　号	名　称	规　格	精　度	单　位	数　量
11	超硬高速钢二刃平底立铣刀	$\Phi4$		把	1
12	硬质合金四刃平底立铣刀	$\Phi4$		把	1

3. 刀具与参考切削用量(见表 28-2)

表 28-2　刀具与参考切削用量表

刀具号	刀具规格	工序内容	f/(mm/min)	a_p/mm	n/(r/min)
T01	硬质合金二刃平底立铣刀 $\Phi10$	粗铣	300	2/3/4	2 200
T02	硬质合金四刃平底立铣刀 $\Phi10$	精铣	200	0. 15	2 200
T03	超硬高速钢二刃平底立铣刀 $\Phi4$	粗铣	50	5	800
T04	硬质合金四刃平底立铣刀 $\Phi4$	精铣	50	1	4 000

三、注意事项

(1)加工时间为 180 min。

(2)装夹工件时可用铜皮垫在卡盘与工件之间,防止将工件夹伤。

(3)测量尺寸前要将毛刺清理干净。

(4)合理使用简化编程指令简化编程,提高加工效率。

四、实训报告

实训报告见表 28-3。

表 28-3　数控铣削实训报告

数控铣削实训报告					
机床号		班级		姓名	
编程点计算					
零件程序					
问题分析					
学习心得					
教师评价	指导老师:				

五、评分标准

评分标准见表 28-4。

表 28-4　评分标准

检测项目		技术要求	配分	评分标准	实测结果	得分
正八边形	1	$64.67^{+0.076}_{+0.03}$，$Ra3.2$	3/1	超差 0.01 扣 1 分，降级无分		
	2	$64.67^{+0.076}_{+0.03}$，$Ra3.2$	3/1	超差 0.01 扣 2 分，降级无分		
	3	$64.67^{+0.076}_{+0.03}$，$Ra3.2$	3/1	超差 0.01 扣 1 分，降级无分		
凹槽	4	$42^{+0.064}_{+0.025}$，$Ra3.2$	3/1	超差 0.01 扣 1 分，降级无分		
	5	$42^{+0.064}_{+0.025}$，$Ra3.2$	3/1	超差 0.01 扣 1 分，降级无分		
	6	58	2	超差 0.01 扣 1 分，降级无分		
	7	22	2	超差 0.01 扣 2 分，降级无分		
	8	$4\times R6$，$Ra3.2$	2/1	超差不得分		
U 型槽	9	13，$Ra3.2$	2/1	超差 0.01 扣 1 分，降级无分		
	10	13，$Ra3.2$	2/1	超差 0.01 扣 1 分，降级无分		
	11	$2\times R6.5$	2	超差不得分		
	12	17	2	超差 0.01 扣 1 分，降级无分		
孔	13	$2\times \Phi6$，$Ra1.6$	3/2	超差 0.01 扣 1 分，降级无分		
	14	$\Phi6$，$Ra1.6$	2/2	超差 0.01 扣 1 分，降级无分		
深度	15	$4^{\ 0}_{-0.05}$，$Ra3.2$	3/1	超差 0.01 扣 1 分，降级无分		
	16	$3^{\ 0}_{-0.05}$，$Ra3.2$	3/1	超差 0.01 扣 1 分，降级无分		
	17	8	2	超差 0.01 扣 1 分，降级无分		
	18	2	2	超差 0.01 扣 1 分，降级无分		
	19	5	2	超差 0.01 扣 1 分，降级无分		
其他	20	安全操作规程	10	违反扣 1～10 分		
	21	编程	30			
总配分			100	总得分		
零件名称			加工时间			

续表

检测项目	技术要求	配分	评分标准	实测结果	得分
加工开始时间		停工时间		实际加工时间	
加工结束时间		停工原因			
班级		学生姓名		检测教师	

六、知识链接

1. 螺旋下刀

内腔轮廓铣加工时，需要刀具垂直于材料表面进刀。按照进刀的要求，最直接的方法是选择键槽刀，因为键槽刀的端刃从侧刃贯穿至刀具中心，这样可以使用键槽刀直接向材料里进刀。而立铣刀的端刃为副切削刃，端刃主要在刀具的边缘部分，中心处没有切削刃，所以不能用立铣刀直接向材料里垂直进刀。但是有时考虑到，同样直径的立铣刀的刀体直径大于键槽刀的刀体直径，因此同样直径的立铣刀刚性要强于键槽刀，且立铣刀的侧刃一般有三齿或四齿，而键槽刀只有两齿，相同主轴转速下，齿数越多，每齿切削厚度越小，加工平顺性越好，所以在加工中要尽可能地使用立铣刀。那如何使用立铣刀在加工内腔轮廓时，向材料里进刀，又不损坏刀具呢？数控铣加工中常采用的方法有螺旋下刀和斜线下刀。

2. 用麻花钻钻孔时要提前打工艺孔

麻花钻是钻孔的主要工具，它由切削部分、导向部分和柄部组成。直径小于 12 mm 时一般为直柄钻头，大于 12 mm 时为锥柄钻头，如图 28-3 所示。

麻花钻有两条对称的螺旋槽，用来形成切削刃，且作输送切削液和排屑之用。前端的切削部分有两条对称的主切削刃，两刃之间的夹角 2ϕ 称为锋角。两个顶面的交线称为横刃。导向部分上的两条刃带在切削时起导向作用，同时又能减小钻头与工件孔壁的摩擦，如图 28-4 所示。

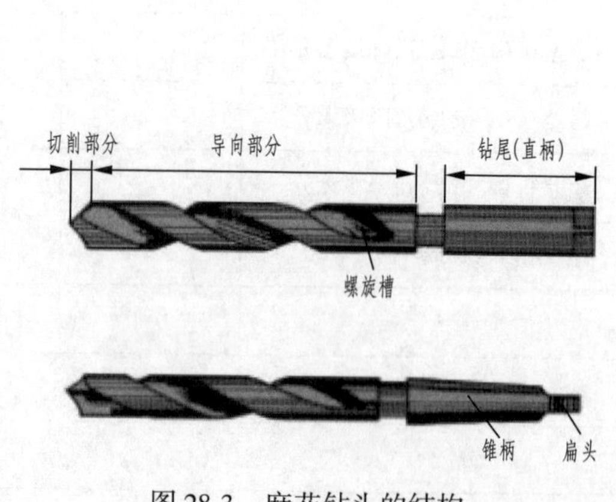

图 28-3　麻花钻头的结构

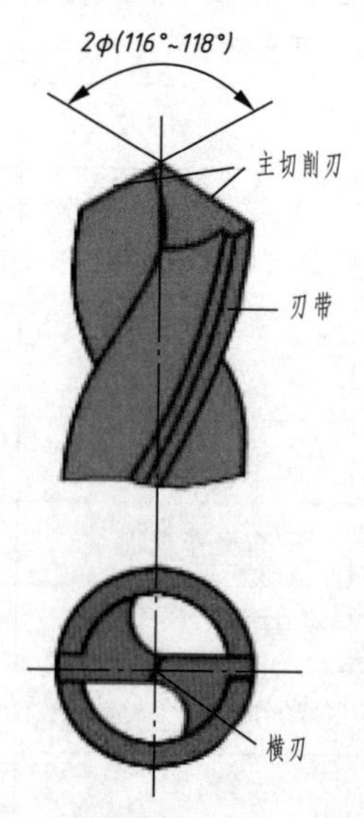

图 28-4　麻花钻头切削刃

项目十九　配合件加工训练一

配合件加工训练一装配图如图 29-1 所示。

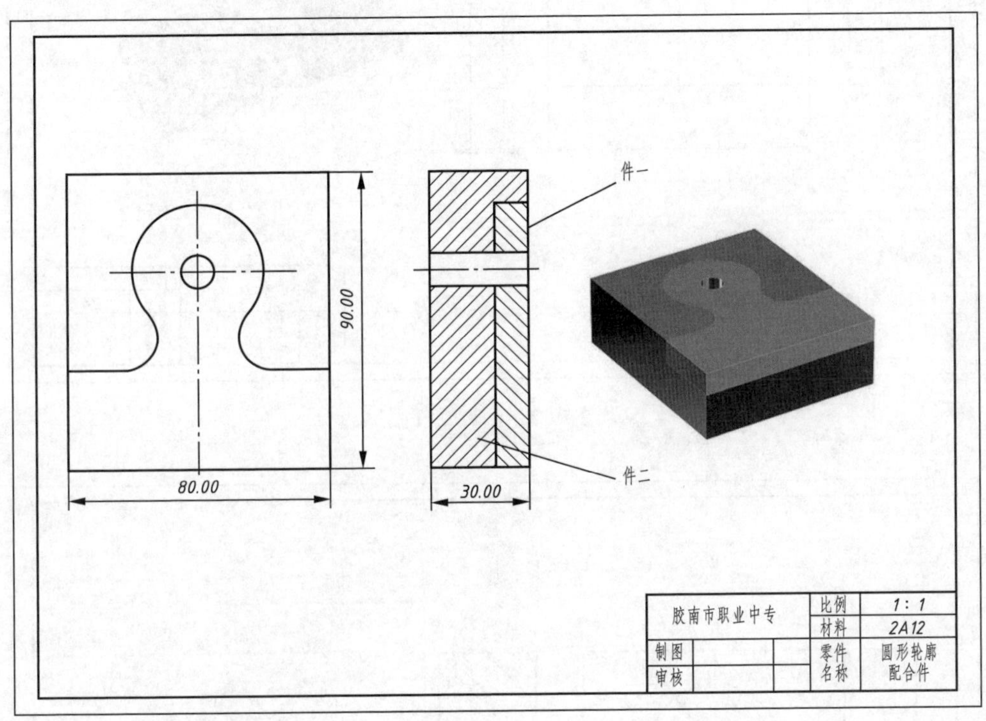

图 29-1　装配图

配合件加工训练一凸件零件图如图 29-2 所示。

配合件加工训练一凹件零件图如图 29-3 所示。

配合件加工训练一凸件毛坯图如图 29-4 所示。

配合件加工训练一凹件毛坯图如图 29-5 所示。

一、实训目标

(1)掌握配合件配合轮廓之间程序相互利用的方法。

(2)掌握控制零件加工质量的方法。

(3)熟练掌握正确的对刀方法。

(4)能够正确选择配合件的加工顺序，合理正确地处理配合轮廓的加工精度，保证正确顺利配合。

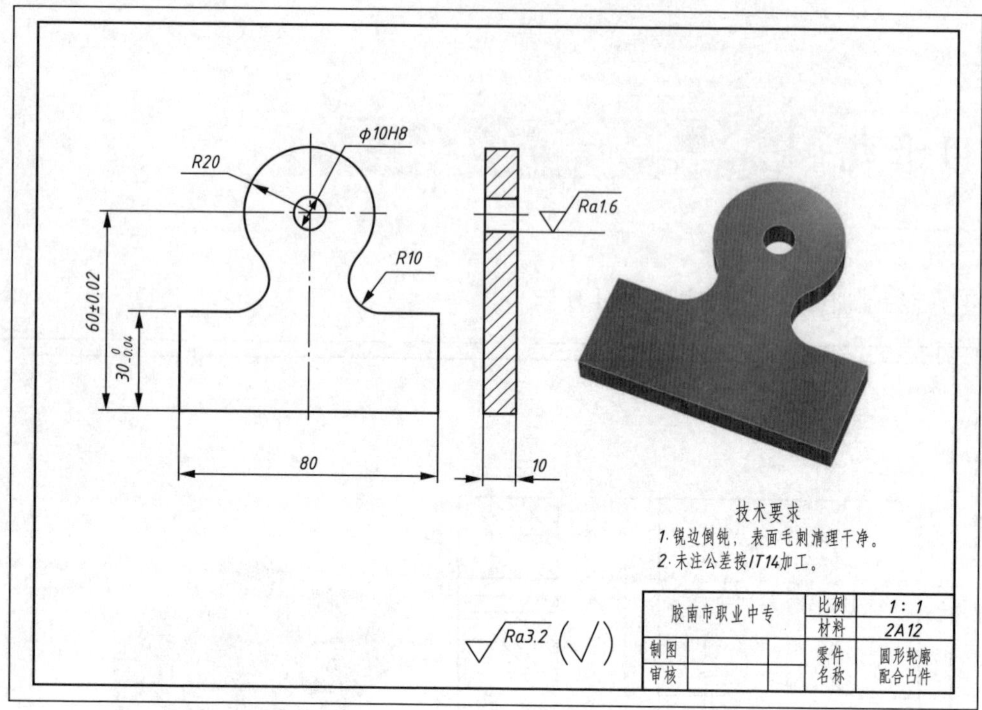

图 29-2　凸件零件图

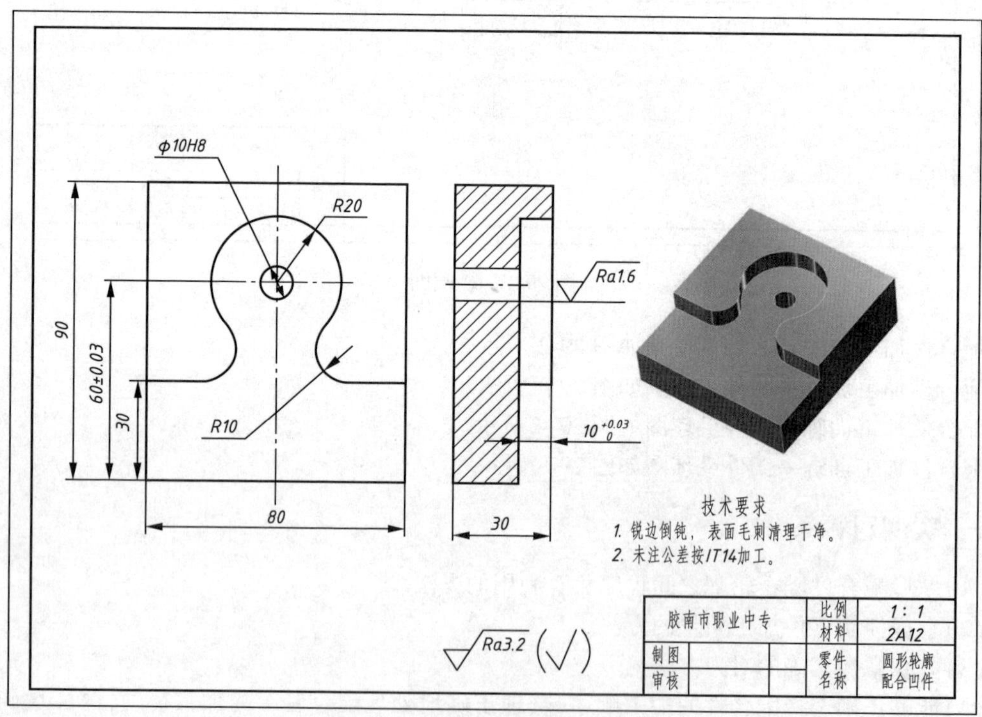

图 29-3　凹件零件图

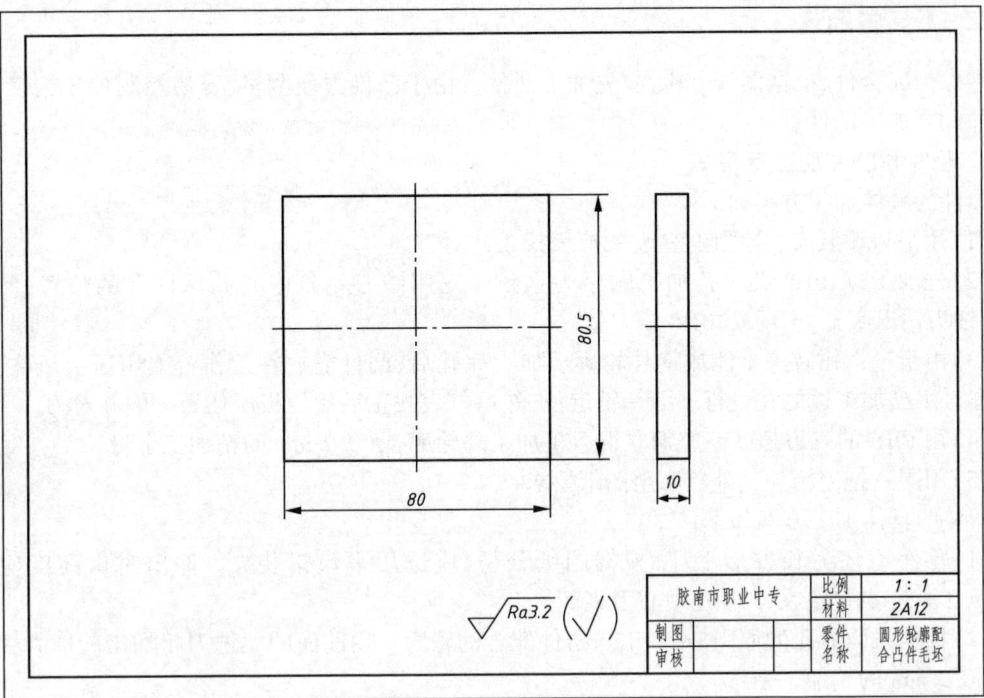

图 29-4　凸件毛坯图

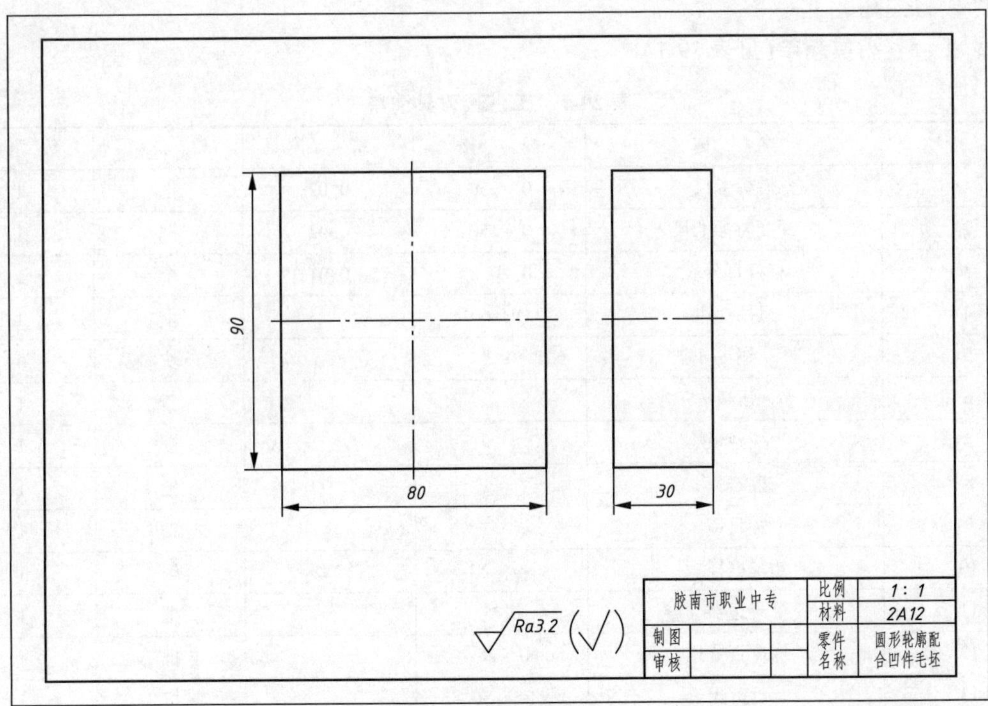

图 29-5　凹件毛坯图

二、工艺分析

零件为配合件，根据图纸分析，应先加工凸件。由于凸件方便测量，容易控制加工精度，然后用凸件配合加工凹件。

1. 凸件和凹件加工方案

凸件的具体加工方案如下：

(1)用平口钳装夹，合理调整垫块，打表找正并对刀。

(2)先加工 Φ10H8 孔。孔加工顺序为钻铰。先用中心钻打中心孔保证孔的位置，然后用 Φ9.7 钻头钻出底孔，再用 Φ10H8 铰刀铰孔。

(3)由于平口钳装夹不能加工外轮廓。加工完孔后，凸件需放在工作台上用压板压住，加工外轮廓。用已加工过的孔进行一面一销定位，然后打表找正后用压板压住另一侧并对刀。

(4)用 Φ18 的三刃超硬高速钢立铣刀粗加工外轮廓，留 0.2 mm 的精加工余量。

(5)用同一把刀精加工外轮廓至图纸要求。

凹件的具体加工方案如下：

(1)零件毛坯为长方形毛坯，根据图纸分析，应选用平口钳装夹。伸出钳口高度应大于 10 mm，工件零点设定在 Φ10 孔中心上表面。

(2)根据先面后孔的原则，先加工与凸件配合的轮廓。用前面的立铣刀粗加工轮廓并去除余量，留 0.2 mm 的精加工余量。

(3)用同一把刀精加工轮廓并保证与凸件配合。

(4)用钻铰的方法加工 Φ10H8 孔。先用中心钻打中心孔，再用 Φ9.7 钻头钻出底孔，然后用 Φ10H8 铰刀铰孔。

2. 工、量、刃具清单(见表 29-1)

表 29-1　工、量、刃具清单

序　号	名　称	规　格	精　度	单　位	数　量
1	游标卡尺	0 ~ 150	0.02	把	1
2	深度游标卡尺	0 ~ 150	0.02	把	1
3	杠杆百分表	0 ~ 0.8	0.01	个	1
4	机用虎钳	QH160		个	1
5	铜皮	0.2		块	4
6	压板			套	1
7	平行垫铁			套	1
8	塑胶榔头			把	1
9	护目镜			副	1
10	粗糙度样板	N0 ~ N1	12 级	副	1
11	寻边器	机械		把	1
12	深度百分尺	0 ~ 25		把	1
13	百分尺	25 ~ 50		把	1
14	百分尺	75 ~ 100		把	1

续表

序　号	名　称	规　格	精　度	单　位	数　量
15	R 规	R10		套	1
16	超硬高速钢三刃立铣刀	Φ18		把	1
17	中心钻	A5		把	1
18	钻头	Φ9.7		把	1
19	铰刀	Φ10H8		把	1

3. 刀具与参考切削用量(见表 29-2)

表 29-2　刀具与参考切削用量表

刀具号	刀具规格	工序内容	f/(mm/min)	a_p/mm	n/(r/min)
T01	Φ18 高速钢三刃平底立铣刀	粗铣/精铣	120/80	9.8	800
T02	A5 中心钻	钻中心孔	60	3	2 000
T03	Φ9.7 钻头	钻孔	60	9.7	800
T04	Φ10H8 铰刀	铰孔	30	0.3	200

三、注意事项

(1)加工时间为 240 min。

(2)使用寻边器确定工件零点时应采用碰双边的方法。

(3)精铣时采用顺铣法,以提高表面加工质量。

(4)铣削加工后,需要用锉刀或油石去除毛刺。

(5)应根据加工情况随时调整进给修调开关和主轴转速倍率开关。

(6)加工时应选择正确的站位和操作手势,密切注意加工情况,随时准备处理突发情况。

(7)为避免夹伤工件,装夹工件时最好垫铜皮。

四、实训报告

实训报告见表 29-3。

表 29-3　数控铣削实训报告

数控铣削实训报告					
机床号		班级		姓名	
编程点计算					
零件程序					

续表

<table>
<tr><td colspan="2">数控铣削实训报告</td></tr>
<tr><td>问题分析</td><td></td></tr>
<tr><td>学习心得</td><td></td></tr>
<tr><td>教师评价</td><td>指导老师：</td></tr>
</table>

五、评分标准

评分标准见表 29-4。

表 29-4 评分标准

<table>
<tr><td colspan="3">检测项目</td><td>技术要求</td><td>配分</td><td>评分标准</td><td>实测结果</td><td>得分</td></tr>
<tr><td rowspan="7">凸件
(23.5 分)</td><td rowspan="4">长度</td><td>1</td><td>$R20$,$Ra3.2$</td><td>2/1</td><td>超差 0.01 扣 1 分,降级不得分</td><td></td><td></td></tr>
<tr><td>2</td><td>$R10$,$Ra3.2$</td><td>2/1</td><td>超差 0.01 扣 1 分,降级不得分</td><td></td><td></td></tr>
<tr><td>3</td><td>$R10$,$Ra3.2$</td><td>2/1</td><td>超差 0.01 扣 1 分,降级不得分</td><td></td><td></td></tr>
<tr><td>4</td><td>$\phi10H8$,$Ra1.6$</td><td>4/2.5</td><td>超差 0.01 扣 1 分,降级不得分</td><td></td><td></td></tr>
<tr><td rowspan="2">宽度</td><td>5</td><td>80 ± 0.02,$Ra3.2$</td><td>3/1</td><td>超差 0.01 扣 1 分,降级不得分</td><td></td><td></td></tr>
<tr><td>6</td><td>$30^{\ 0}_{-0.04}$,$Ra3.2$</td><td>2/1</td><td>超差 0.01 扣 1 分,降级不得分</td><td></td><td></td></tr>
<tr><td>深度</td><td>7</td><td>10 ,$Ra3.2$</td><td>0/1</td><td>超差 0.01 扣 1 分,降级不得分</td><td></td><td></td></tr>
<tr><td rowspan="5">凹件
(21.5 分)</td><td rowspan="3">长度</td><td>8</td><td>$2 \times R10$,$Ra3.2$</td><td>3/1</td><td>超差 0.01 扣 1 分,降级不得分</td><td></td><td></td></tr>
<tr><td>9</td><td>10H8 ,$Ra1.6$</td><td>4/2.5</td><td>超差 0.01 扣 1 分,降级不得分</td><td></td><td></td></tr>
<tr><td>10</td><td>$R20$,$Ra3.2$</td><td>2/1</td><td>超差 0.01 扣 1 分,降级不得分</td><td></td><td></td></tr>
<tr><td>宽度</td><td>11</td><td>60 ± 0.03,$Ra3.2$</td><td>2/1</td><td>超差 0.01 扣 1 分,降级不得分</td><td></td><td></td></tr>
<tr><td>深度</td><td>12</td><td>10,$Ra3.2$</td><td>4/1</td><td>超差 0.01 扣 1 分,降级不得分</td><td></td><td></td></tr>
<tr><td>配合
(15 分)</td><td colspan="7">在保证精度的基础上,如果两件能够配合顺利得满分,配合不顺利,但能配合在一起得 10 分,否则不得分</td></tr>
</table>

续表

检测项目		技术要求	配分	评分标准	实测结果	得分
其他 (40分)	13	安全操作规程	10	违反扣1~10分		
	14	编程	30			
总配分			100	总得分		
零件名称			加工时间			
加工开始时间			停工时间		实际加工时间	
加工结束时间			停工原因			
班级			学生姓名		检测教师	

六、知识链接

切削加工时,影响表面粗糙度的因素主要有以下几个方面:

1. 工件材料

加工塑性材料时,由于刀具对金属的挤压产生了塑形变形,刀具迫使切屑与工件分离的撕裂作用使表面粗糙度加大。工件材料的韧性越好,金属的塑形变形越大,加工表面就越粗糙。对于同种材料,其晶粒组织越大,加工表面粗糙度就越大。

加工脆性材料时,其切屑呈碎粒状,由于切屑的崩碎而在加工表面留下了许多麻点,从而使表面粗糙。

减小加工表面粗糙度的方法:在切削加工前对材料进行调质或正火处理,以获得均匀、细密的晶粒组织和较大的硬度。

2. 刀具几何参数

刀具相对于工件做进给运动时,会在加工表面留下切削层的残留面积,所以,刀具的主偏角、副偏角、刀尖圆弧半径等对零件表面粗糙度有直接影响。

减小加工表面粗糙度的方法:减小进给量、主偏角和副偏角,可以减小刀面间的摩擦;增大刀尖圆弧半径,可以减小残留面积的高度;适当增大前角和后角,可以减小切削时的塑形变形程度,抑制积屑瘤的产生。

3. 切削用量

进给量越大,残留面积高度越高,零件的表面越粗糙。在中速加工塑形材料时,容易产生积屑瘤,且塑形变形较大,加工后的零件表面粗糙度较大。

减小加工表面粗糙度的方法:减小进给量可以有效地减小表面粗糙度。切削速度通常采用低速或高速切削塑形材料,可以避免积屑瘤的产生,对减小表面粗糙度有积极的作用。

4. 切削液

切削液的冷却作用可以使切削温度降低,切削液的润滑作用可以使摩擦状况得到改善,从而使塑形变形程度下降,抑制积屑瘤的生长。所以,正确选用切削液对降低表面粗糙度有很大的作用。

项目二十 配合件加工训练二

配合件加工训练二装配图如图 30-1 所示。

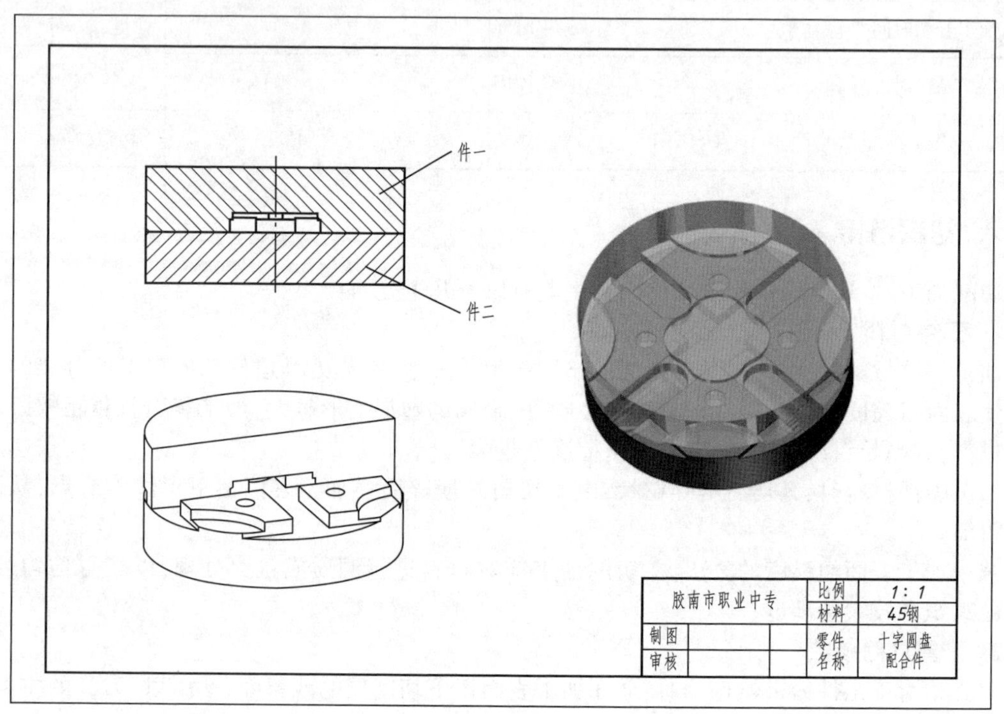

图 30-1　装配图

配合件加工训练二凸件零件图如图 30-2 所示。
配合件加工训练二凹件零件图如图 30-3 所示。
配合件加工训练二凸件、凹件毛坯图如图 30-4 所示。

一、实训目标

(1)合理安排配合件加工中件与件之间的加工顺序。
(2)掌握配合件加工中内、外轮廓配合尺寸公差的合理处理与保证。
(3)掌握根据工件尺寸的精度要求合理确定加工工艺。
(4)掌握刀具的选择方法及加工钢件切削参数的合理确定。
(5)熟练掌握使用刀具半径补偿功能保证尺寸精度的方法。
(6)继续提高利用旋转指令来简化编程、提高加工效率的能力。

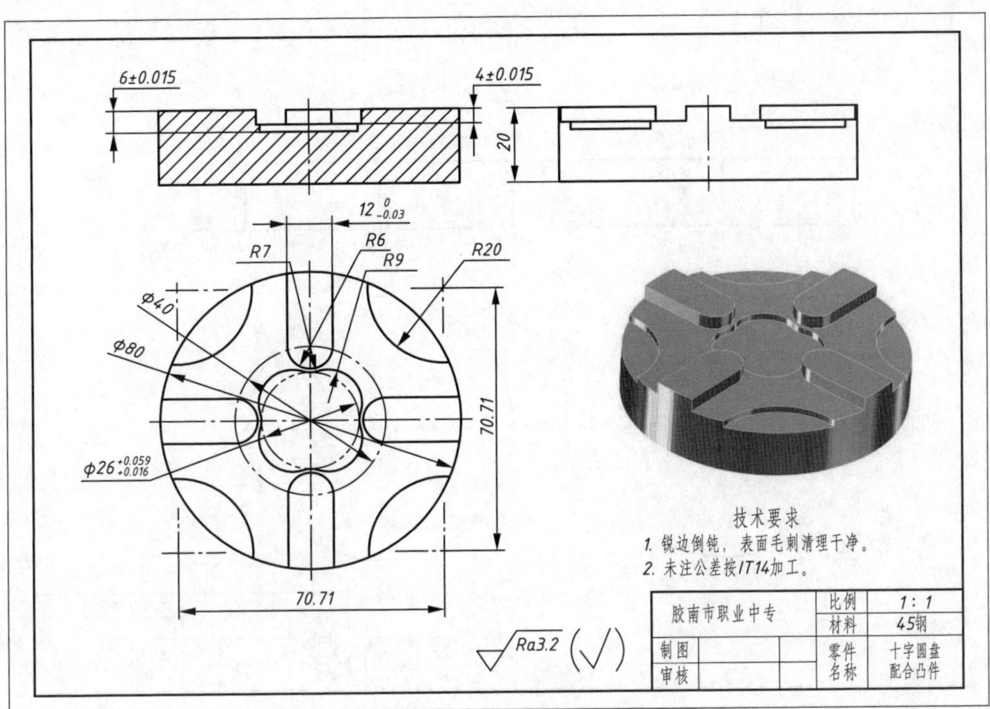

图 30-2　凸件零件图

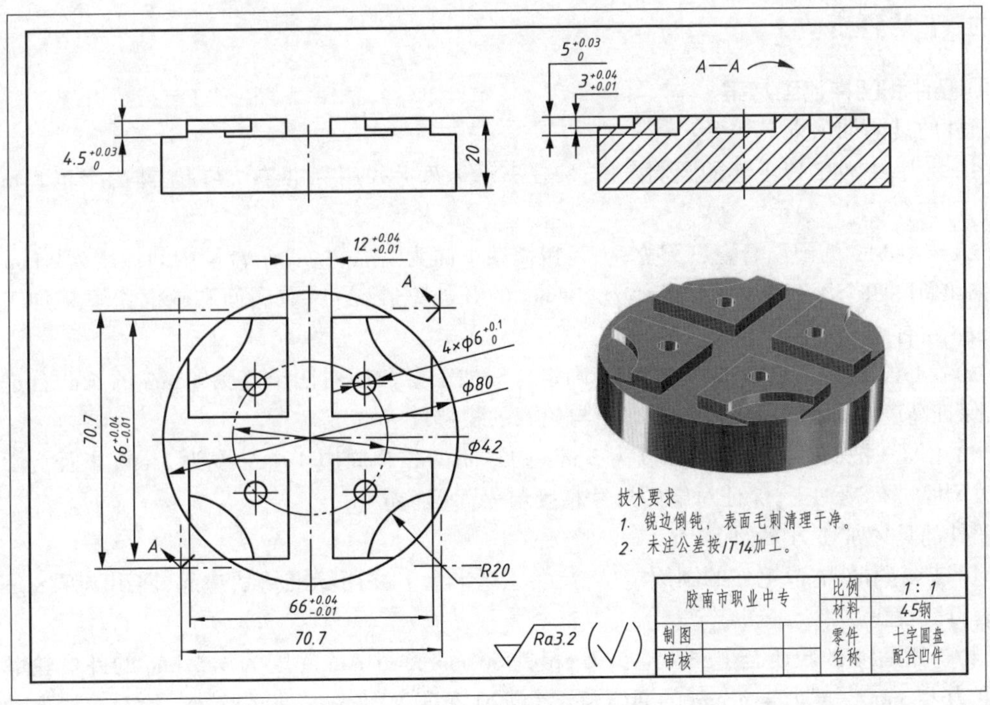

图 30-3　凹件零件图

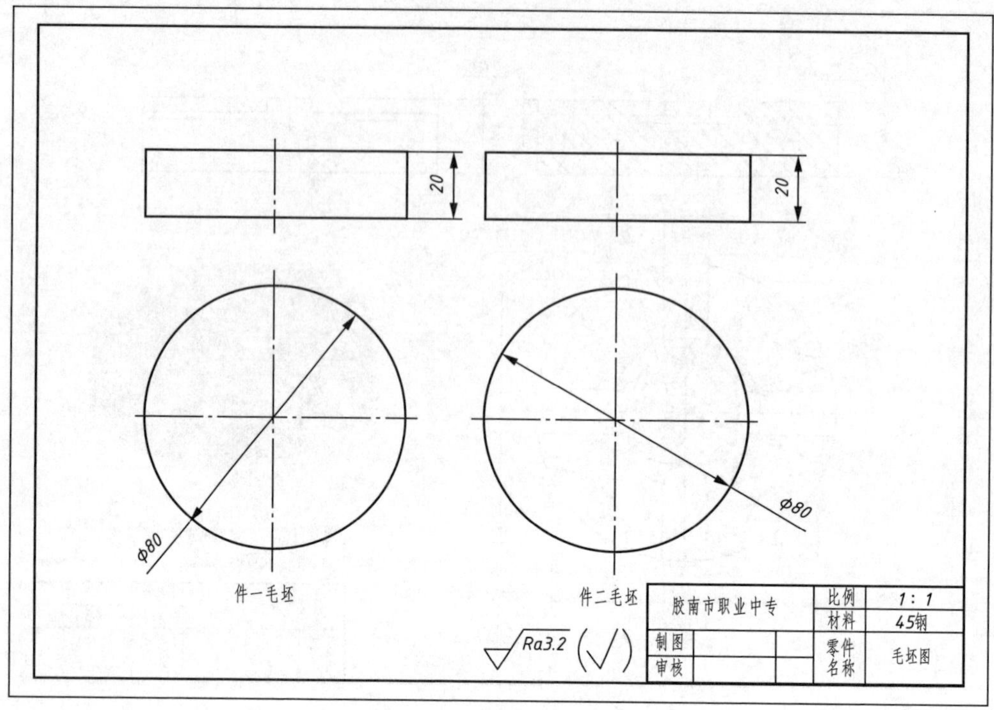

图 30-4　凸件、凹件毛坯图

二、工艺分析

1. 凸件和凹件加工方案

凸件的具体加工方案如下：

(1)装夹：本件需以毛坯的圆周定位，装在三爪卡盘上并用标准垫块垫起，露出卡爪 8 mm，用百分表打表找正。

(2)选用 $\phi12$ 的硬质合金二刃立铣刀，粗铣四个高为 4 mm 的长凸台及中间深度为 2 mm 的封闭型腔和周边四个深度为 2 mm 半径为 20 mm 的开放型腔，给对应底面和轮廓留下精加工余量 0.15 mm 左右。

(3)换 $\phi12$ 的硬质合金四刃立铣刀，确定合理加工参数后对四个高为 4 mm 的长凸台进行精加工，保证高度 4 mm 的精度和对应底面与轮廓的粗糙度 *Ra*3.2。

(4)用同一把四刃刀对中间深度为 2 mm 的封闭型腔和周边 4 个深度为 2 mm 半径为 20 mm 的开放型腔进行精加工，保证对应的尺寸精度与表面粗糙度。

凹件的具体加工方案如下：

(1)装夹：本件需以毛坯的圆周定位，装在三爪卡盘上并用标准垫块垫起，露出卡爪 8 mm，用百分表打表找正。

(2)选用 $\phi10$ 的硬质合金二刃立铣刀，粗铣 66 mm×66 mm 深度为 4.5 mm 的外形轮廓和两个宽度为 12 mm 深度为 4.5 mm 的通槽及 4 个 *R*20 深度为 3 mm 的圆弧轮廓，给对应底面和轮廓留下精加工余量 0.15 mm 左右。

(3)换 $\phi10$ 的硬质合金四刃立铣刀，确定合理加工参数后精铣 66 mm×66 mm 深度为 4.5 mm

的外形轮廓，以保证66 mm×66 mm的精度和对应粗糙度。

(4)用同一把四刃刀，确定合理加工参数后精铣2个宽度为12 mm深度为4.5 mm的通槽，以保证槽宽精度和槽深精度及对应粗糙度。

(5)用同一把四刃刀对4个$R20$深度为3 mm的圆弧轮廓进行精加工，保证对应的尺寸精度与表面粗糙度。

(6)用$\phi6$的二刃高速钢超硬立铣刀，直接下刀加工4个$\phi6$的盲孔。

2. 工、量、刃具清单(见表30-1)

表30-1 工、量、刃具清单

序 号	名 称	规 格	精 度	单 位	数 量
1	游标卡尺	0~150	0.02	把	1
2	深度百分尺	0~25	0.01	把	1
3	杠杆百分表	0~0.3	0.01	套	1
4	粗糙度样板	N0~N1	12级	副	1
5	平行垫铁			副	若干
6	塑胶榔头			个	1
7	防护眼镜			副	1
8	三爪卡盘	160		个	1
9	铜皮	0.2		块	2
10	R规	$R6$~$R20$		套	1
11	粗糙度样板	N0~N1	12级	副	1
12	二刃硬质合金平底立铣刀	$\Phi12$		把	1
13	四刃硬质合金平底立铣刀	$\Phi12$		把	1
14	二刃硬质合金平底立铣刀	$\Phi10$		把	1
15	四刃硬质合金平底立铣刀	$\Phi10$		把	1
16	二刃超硬高速钢平底立铣刀	$\Phi6$		把	1

3. 刀具与参考切削用量(见表30-2)

表30-2 刀具与参考切削用量表

刀具号	刀具规格	工序内容	f/(mm/min)	a_p/mm	n/(r/min)
T01	二刃硬质合金平底立铣刀$\Phi12$	粗铣	300	4/2	2 000
T02	四刃硬质合金平底立铣刀$\Phi12$	精铣	250	0.15	2 500
T03	二刃硬质合金平底立铣刀$\Phi10$	粗铣	250	4.5/3	2 000
T04	四刃硬质合金平底立铣刀$\Phi10$	精铣	200	0.15	2 500
T05	二刃超硬高速钢平底立铣刀$\Phi6$	粗铣	50	5	800

三、注意事项

(1)加工时间为300 min。

(2)工件装夹时要垫铜皮，以防夹伤已经加工过的圆周表面。

(3)为保证零件表面粗糙度,在最后精加工时要采用顺铣编程。

(4)对于配合尺寸,在保证尺寸精度的前提下,外轮廓尽量铣小些,内轮廓铣大些。

(5)为防止毛刺影响尺寸测量准确度,在测量尺寸前要将毛刺清理干净。

另外,垫块的位置高度要合适,以防铣到卡盘;卡盘夹紧力大小要恰当,以免夹伤工件。

四、实训报告

实训报告见表 30-3。

表 30-3 数控铣削实训报告

<table>
<tr><td colspan="6">数控铣削实训报告</td></tr>
<tr><td>机床号</td><td></td><td>班级</td><td></td><td>姓名</td><td></td></tr>
<tr><td>编程点计算</td><td colspan="5"></td></tr>
<tr><td>零件程序</td><td colspan="5"></td></tr>
<tr><td>问题分析</td><td colspan="5"></td></tr>
<tr><td>学习心得</td><td colspan="5"></td></tr>
<tr><td>教师评价</td><td colspan="5">指导老师:</td></tr>
</table>

五、评分标准

评分标准见表 30-4。

表 30-4 评分标准

<table>
<tr><td colspan="3">检测项目</td><td>技术要求</td><td>配分</td><td>评分标准</td><td>实测结果</td><td>得分</td></tr>
<tr><td rowspan="3">凸件
(27 分)</td><td rowspan="3">4 个长凸台</td><td>1</td><td>$12_{-0.03}^{0}$, $Ra3.2$</td><td>1/1</td><td>超差 0.01 扣 0.5 分,降级无分</td><td></td><td></td></tr>
<tr><td>2</td><td>$12_{-0.03}^{0}$, $Ra3.2$</td><td>1/1</td><td>超差 0.01 扣 0.5 分,降级无分</td><td></td><td></td></tr>
<tr><td>3</td><td>$12_{-0.03}^{0}$, $Ra3.2$</td><td>1/1</td><td>超差 0.01 扣 0.5 分,降级无分</td><td></td><td></td></tr>
</table>

续表

检测项目			技术要求	配分	评分标准	实测结果	得分
凸件(27 分)	4 个长凸台	4	$12^{0}_{-0.03}$,$Ra3.2$	1/1	超差 0.01 扣 0.5 分,降级无分		
	4 个 $R20$ 的圆弧轮廓	5	$R20$,$Ra3.2$	0.5/1	超差不得分,降级无分		
		6	$R20$,$Ra3.2$	0.5/1			
		7	$R20$,$Ra3.2$	0.5/1			
		8	$R20$,$Ra3.2$	0.5/1			
	封闭内腔	9	$26^{+0.059}_{-0.016}$,$Ra3.2$	1/1	超差 0.01 扣 0.5 分,降级无分		
		10	$26^{+0.059}_{-0.016}$,$Ra3.2$	1/1	超差 0.01 扣 0.5 分,降级无分		
		11	$R7$,$Ra3.2$	0.5/1	超差不得分,降级无分		
		12	$R9$,$Ra3.2$	0.5/1			
	厚度	13	6 ± 0.015,$Ra3.2$	1/1	超差 0.01 扣 0.5 分,降级无分		
		14	$4^{+0}_{-0.03}$,$Ra3.2$	1/1	超差 0.01 扣 0.5 分,降级无分		
		15	2 ± 0.015,$Ra3.2$	1/1	超差 0.01 扣 0.5 分,降级无分		
凹件(18 分)	4 个凸台部分	16	$66^{+0.04}_{-0.01}$,$Ra3.2$	1/1	超差 0.01 扣 0.5 分,降级无分		
		17	$66^{+0.04}_{-0.01}$,$Ra3.2$	1/1	超差 0.01 扣 0.5 分,降级无分		
		18	$12^{0.04}_{0.01}$,$Ra3.2$	1/1	超差 0.01 扣 0.5 分,降级无分		
		19	$12^{0.04}_{0.01}$,$Ra3.2$	1/1	超差 0.01 扣 0.5 分,降级无分		
		20	$R20$,3.2	1/1	超差 0.01 扣 0.5 分,降级无分		
	4 个 $\Phi6$ 的圆孔	21	$4\times\Phi6^{+0.1}_{0}$,3.2	1/1	超差不得分,降级无分		
	厚度	22	$3^{+0.04}_{+0.01}$,$Ra3.2$	1/1	超差 0.01 扣 0.5 分,降级无分		
		23	$4.5^{+0.03}_{0}$,$Ra3.2$	1/1	超差 0.01 扣 0.5 分,降级无分		
		24	$5^{+0.03}_{0}$,$Ra3.2$	1/1	超差 0.01 扣 0.5 分,降级无分		
配合(15 分)	在保证精度的基础上,如果两件能够配合顺利(但间隙不能太大)得满分,配合不顺利,但能配合在一起得 10 分,否则不得分						
其他(40 分)		25	安全操作规程	10	违反扣 1~10 分		
		26	编程	30			
总配分				100	总得分		

续表

检测项目	技术要求	配分	评分标准	实测结果	得分
零件名称		加工时间			
加工开始时间		停工时间		实际加工时间	
加工结束时间		停工原因			
班级		学生姓名		检测教师	

六、知识链接

加工中的操作要点

(1)在执行自动运行开始时,要将进给的倍率调整为最小范围,根据下刀的情况进行调整。

(2)根据刀片的材料,在需要时加冷却液,或者采用风冷,但不能在刀具进行铣削时或刀具发热时,进行冷却,这样容易损坏刀具。

(3)切削用量的选用要合理,以免加工时进给过大,从而造成进给运动卡死,机床不能运行。

(4)在加工过程中如果发现缺少油液,应给予及时的补充,使加工顺利进行。

(5)加工时,对刀具的走刀轨迹和运行程序进行观察,比较正在走刀的轨迹和运行程序是否一致。

(6)在加工过程中,要进行监控,严禁将机床的防护门打开,以免发生事故。

(7)加工以后,在机床上对工件进行检验,合格后才能将其工件卸下。

计算机自动编程部分

项目二十一　自动编程加工训练一

加工零件图如图 31-1 所示。

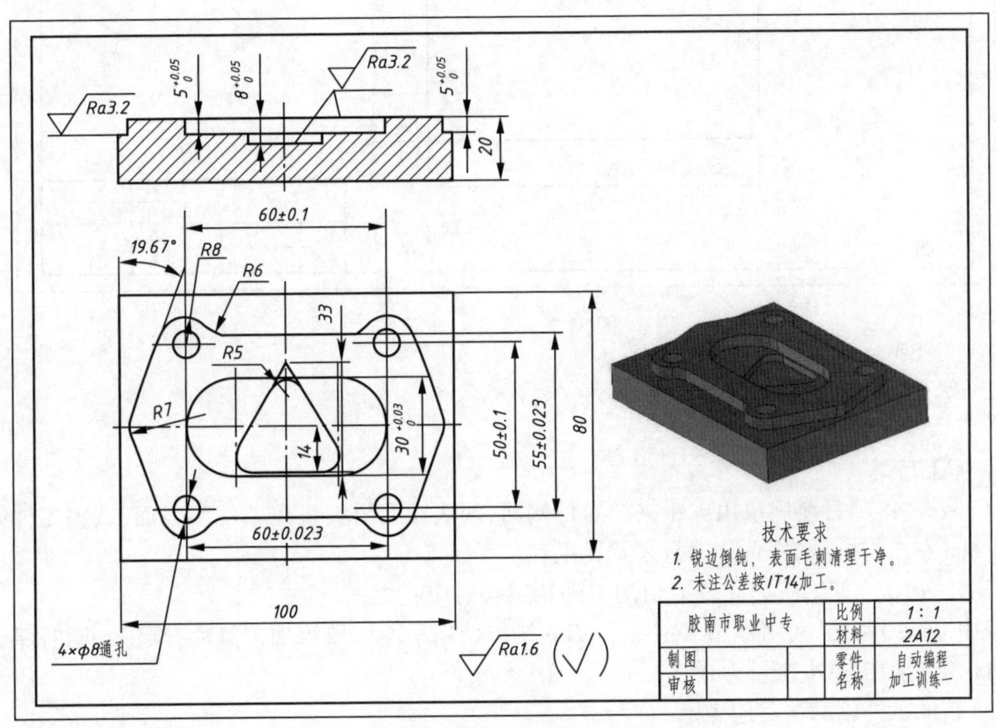

图 31-1　零件图

零件的毛坯图如图 31-2 所示。

一、实训目标

(1)掌握内、外轮廓的基本加工工艺。

(2)掌握内、外轮廓粗、精加工的 CAXA 制造工程师自动编程方法。

(3)掌握余量去除的计算机编程方法(开粗)。

(4)进一步熟练孔加工的手动编程方法。

(5)加强熟练使用量具的锻炼及提高打表找正的精度与速度。

(6)了解串口 RS232 程序传输的方法。

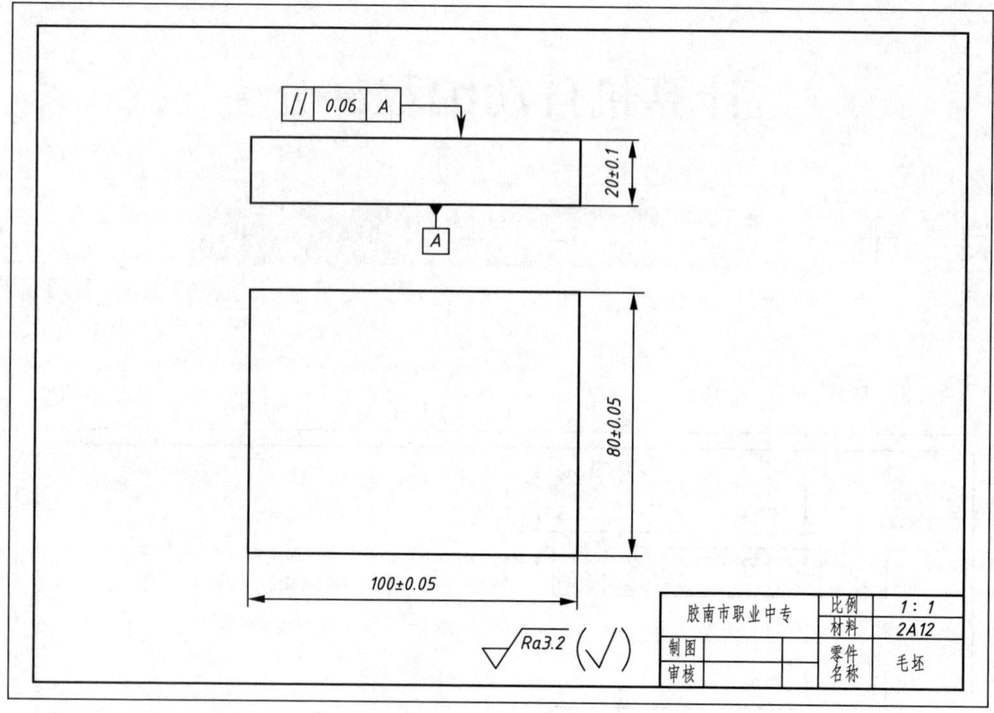

图 31-2　零件毛坯图

二、工艺分析

1. 加工方案

(1)装夹:本项目使用机用虎钳夹持工件侧面,两块标准垫块垫在工件下表面,调整工件露出钳口 8 mm 左右,并用杠杆百分表打表找正毛坯。

(2)用 Φ10 高速钢三刃立铣刀粗加工外轮廓与对应底面。

粗加工走刀路线,利用 Φ10 高速钢三刃立铣刀使用平面区域粗加工策略,顺铣。同时保证底面和内轮廓精加工单边余量为 0.2 mm。

(3)精加工外轮廓与对应底面。

精加工走刀路线,利用同一把刀使用平面区域粗加工策略,顺铣。(在测量后,对粗加工参数中的底层深度进行修改,同时修改轮廓余量)进行精加工。

(4)用 Φ16 高速钢二刃立铣刀粗加工内长圆轮廓与对应底面。

粗加工走刀路线,利用 Φ16 立铣刀使用平面轮廓精加工策略,顺铣。同时保证底面和内轮廓精加工单边余量为 0.2 mm。

(5)精加工内长圆轮廓与对应底面。

精加工走刀路线,利用同一把刀使用平面轮廓精加工策略,顺铣。(在测量后,对粗加工参数中的底层深度进行修改,同时修改加工余量)进行精加工。

(6)用 Φ8 的二刃高速钢立铣刀粗加工内三角轮廓与对应底面。

粗加工走刀路线,利用 Φ8 立铣刀使用平面区域粗加工策略,顺铣。同时保证底面和内轮廓精加工单边余量为 0.2 mm。

(7)精加工内三角轮廓与对应底面。

精加工走刀路线，利用同一把刀使用平面区域粗加工策略，顺铣。(在测量后，对粗加工参数中的下刀深度进行修改，同时修改精加工余量)进行精加工。

(8)钻 $\Phi8$ 的通孔并铰孔。

撤出垫块，用 $\phi8$ 的高速钢钻头钻 4 个 $\Phi8$ 的通孔，然后用 $\Phi8$ 的铰刀铰孔。

2. 工、量、刃具清单(见表 31-1)

表 31-1　工、量、刃具清单

序　号	名　称	规　格	精　度	单　位	数　量
1	杠杆百分表	0～0.8	0.01	套	1
2	游标深度尺	0～200	0.02	把	1
3	深度百分尺	0～25	0.01	套	1
4	内侧百分尺	25～50	0.01	套	1
5	机械游标卡尺	1～150	0.02	把	1
6	粗糙度样板	N0～N1	12 级	副	1
7	平行垫铁			副	若干
8	塑胶榔头			个	1
9	机械寻边器			支	1
10	三刃 HSS 平底立铣刀	$\Phi10$(粗精铣)		把	1
11	二刃 HSS 平底立铣刀	$\Phi8$(粗精铣)		把	1
12	二刃 HSS 平底立铣刀	$\Phi16$(粗精铣)		把	1
13	HSS 钻头	$\Phi7.7$		支	1
14	HSS 铰刀	$\Phi8$		支	1
15	机用虎钳	QH160		个	1
16	R 规	$R5$～$R30$		套	1

3. 刀具与参考切削用量(见表 31-2)

表 31-2　刀具与参考切削用量表

刀号	刀具规格	工序内容	f/(mm/min)	a_p/mm	n/(r/min)
T02	直径 $\Phi10$ 的三刃立铣刀	粗/精铣	150/200	4.8/0.2	1 000/1 200
T03	直径 $\Phi16$ 的二刃立铣刀	粗/精铣	150/200	4.8/0.2	800/1 000
T04	直径 $\Phi8$ 的二刃立铣刀	粗铣	200/250	2.8/0.3	1 200/1 500
T05	$\Phi7.7$ 的麻花钻	钻孔	60	7.7	800
T06	$\Phi8$ 的铰刀	铰孔	30	0.3	200

三、注意事项

(1)加工时间为 240 min。

(2)要注意程序传输格式，否则会因为程序格式不对导致程序无法传输。

(3)要注意刀具半径的影响，在 X、Y 向对刀时要根据具体情况加上或减去对刀使用的刀具半径。

(4)粗加工后要先测量,然后再确定如何修改软件参数对话框中的“底层高度”“轮廓余量”,该项目中精加工的参数都是理论值,实际加工中一定要注意测量确定,不要出现失误,引起工件报废。

(5)装夹时要垫铜皮,以防夹伤工件。

四、实训报告

实训报告见表31-3。

表31-3　数控铣削实训报告

数控铣削实训报告					
机床号		班级		姓名	
编程点计算					
零件程序					
问题分析					
学习心得					
教师评价	指导老师:				

五、评分标准

评分标准见表31-4。

表31-4　评分标准

检测项目		技术要求	配分	评分标准	实测结果	得分
深度	1	$50^{+0.05}_{0}$,*Ra*3.2	5/2	超差0.01扣0.5分,降级无分		
	2	$50^{+0.05}_{0}$,*Ra*3.2	5/2	超差0.01扣0.5分,降级无分		
	3	$80^{+0.05}_{0}$,*Ra*3.2	5/2	超差0.01扣0.5分,降级无分		
长圆槽	4	60±0.023,*Ra*1.6	2.5/1.5	超差0.01扣0.5分,降级无分		
	5	$30^{+0.05}_{0}$,*Ra*1.6	3.5/1.5	超差0.01扣0.5分,降级无分		

续表

检测项目		技术要求	配分	评分标准	实测结果	得分
外轮廓	6	55 ±0.023,*Ra*1.6(2处)	0.5/1(2处)	超差0.01扣0.5分,降级无分		
	7	*R*8,*Ra*1.6(4处)	0.5/0.5(4处)	超差0.01扣0.5分,降级无分		
	8	*R*7,*Ra*1.6(2处)	0.5/0.5(2处)	超差0.01扣0.5分,降级无分		
	9	*R*6,*Ra*1.6(4处)	0.5/0.5(4处)	超差0.01扣0.5分,降级无分		
三角内轮廓	10	*R*5,*Ra*1.6(3处)	0.5/0.5(3处)	超差0.01扣1分,降级无分		
孔	11	*Φ*8,*Ra*1.6(4处)	0.5/2(4处)	超差0.01扣0.5分,降级无分		
	12	60 ±0.1(2处)	0.5/0.5(2处)	超差0.1扣0.5分		
	13	50 ±0.1(2处)	0.5/0.5(2处)	超差0.1扣0.5分		
其他	14	安全操作规程	10	违反扣1~10分		
	15	编程	30			
总配分			100	总得分		
零件名称			加工时间			
加工开始时间			停工时间		实际加工时间	
加工结束时间			停工原因			
班级			学生姓名		检测教师	

六、知识链接

1. 串口 RS-232

串口是计算机上一种非常通用设备通信的协议(不要与通用串行总线 Universal Serial Bus 或者 USB 混淆)。大多数计算机包含两个基于 RS-232 的串口。串口同时也是仪器仪表设备通用的通信协议;很多 GPIB 兼容的设备也带有 RS-232 口。同时,串口通信协议也可以用于获取远程采集设备的数据。

串口通信的概念非常简单,串口按位(bit)发送和接收字节。尽管比按字节(byte)的并行通信慢,但是串口可以在使用一根线发送数据的同时用另一根线接收数据。它很简单并且能够实现远距离通信。例如,IEEE488 定义并行通行状态时,规定设备线总长不得超过 20 m,并且任意两个设备间的长度不得超过 2 m;而对于串口而言,长度可达 1 200 m。

串口用于 ASCII 码字符的传输。通信使用 3 根线完成:地线、发送线、接收线。由于串口通信是异步的,端口能够在一根线上发送数据同时在另一根线上接收数据。其他线用于握手,但不是必须的。串口通信最重要的参数是波特率、数据位、停止位和奇偶校验。对于两个进行通行的端口,这些参数必须匹配。

(1)波特率:它是一个衡量通信速度的参数。它表示每秒钟传送的 bit 的个数。例如,300 波特表示每秒钟发送 300 个 bit。当提到时钟周期时,就是指波特率。例如,如果协议需要 4 800 波特率,那么时钟是 4 800 Hz。这意味着串口通信在数据线上的采样率为 4 800 Hz。通常电话线的波特率为 14 400、28 800 和 36 600。波特率可以远远大于这些值,但是波特率和距离成反比。高波特率常常用于放置的很近的仪器间的通信,典型的例子就是 GPIB 设备的通信。

(2)数据位:它是衡量通信中实际数据位的参数。当计算机发送一个信息包,实际的数据不会是 8 位,标准的值是 5、7 和 8 位。如何设置取决于想传送的信息。例如,标准的 ASCII 码是 0 ~ 127(7 位)。扩展的 ASCII 码是 0 ~ 255(8 位)。如果数据使用简单的文本(标准 ASCII 码),那么每个数据包使用 7 位数据。每个包是指一个字节,包括开始/停止位、数据位和奇偶校验位。由于实际数据位取决于通信协议的选取,术语"包"指任何通信的情况。

(3)停止位:用于表示单个包的最后一位。典型的值为 1、1.5 和 2 位。由于数据是在传输线上定时的,并且每一个设备有其自己的时钟,很可能在通信中两台设备间出现了小小的不同步。因此,停止位不仅仅是表示传输的结束,并且提供计算机校正时钟同步的机会。适用于停止位的位数越多,不同时钟同步的容忍程度越大,但是数据传输率同时也越慢。

(4)奇偶校验位:在串口通信中一种简单的检错方式。有四种检错方式:偶、奇、高和低。当然,没有校验位也是可以的。对于奇偶校验的情况,串口会设置校验位(数据位后面的一位),用一个值确保传输的数据有偶数个或者奇数个逻辑高位。例如,如果数据是 011,那么对于偶校验,校验位为 0,保证逻辑高的位数是偶数个。如果是奇校验,校验位为 1,这样就有 3 个逻辑高位。高位和低位不真正检查数据,简单置位逻辑高或者逻辑低校验。这样使得接收设备能够知道一个位的状态,有机会判断是否有噪声干扰了通信,是否传输和接收数据,是否不同步。

2. 比特率和波特率

(1)比特率

在数字信道中,比特率是数字信号的传输速率,它用单位时间内传输的二进制代码的有效位(bit)数来表示,其单位为每秒比特数 bit/s(bps)、每秒千比特数(kbps)或每秒兆比特数(Mbps)来表示(此处 k 和 M 分别为 1 000 和 1 000 000,而不是涉及计算机存储器容量时的 1 024 和 1 048 576)。

(2)波特率

波特率指数据信号对载波的调制速率,它用单位时间内载波调制状态改变次数来表示,其单位为波特(Baud)。波特率与比特率的关系为:比特率 = 波特率 × 单个调制状态对应的二进制位数。

显然,两相调制(单个调制状态对应 1 个二进制位)的比特率等于波特率;四相调制(单个调制状态对应 2 个二进制位)的比特率为波特率的两倍;八相调制(单个调制状态对应 3 个二进制位)的比特率为波特率的三倍;依次类推。

RS-232 是要用在近距离传输上最大距离为 30 M。

RS-485 用在长距离传输最大距离 1 200 M。

项目二十二 自动编程加工训练二

加工零件图如图 32-1 所示。

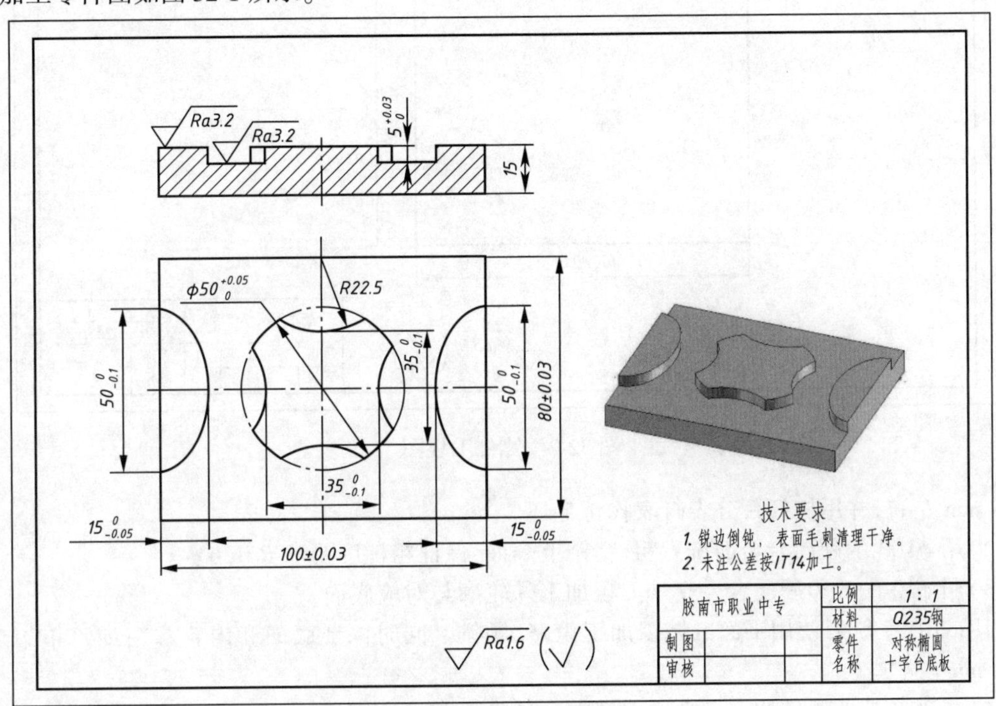

图 32-1　零件图

零件的毛坯图如图 32-2 所示。

一、实训目标

(1)掌握手动铣削平面的方法。

(2)掌握外轮廓的基本加工工艺。

(3)掌握外轮廓及带岛粗、精加工的计算机编程方法。

(4)掌握余量去除的计算机编程方法(开粗)。

(5)加强熟练使用量具的锻炼及提高打表找正的精度与速度。

(6)深刻体会自动编程在加工二次曲线轮廓时的便捷性。

二、工艺分析

1. 加工方案

(1)装夹:本项目使用机用虎钳夹持工件侧面,两块标准垫块垫在工件下表面,调整工件露出

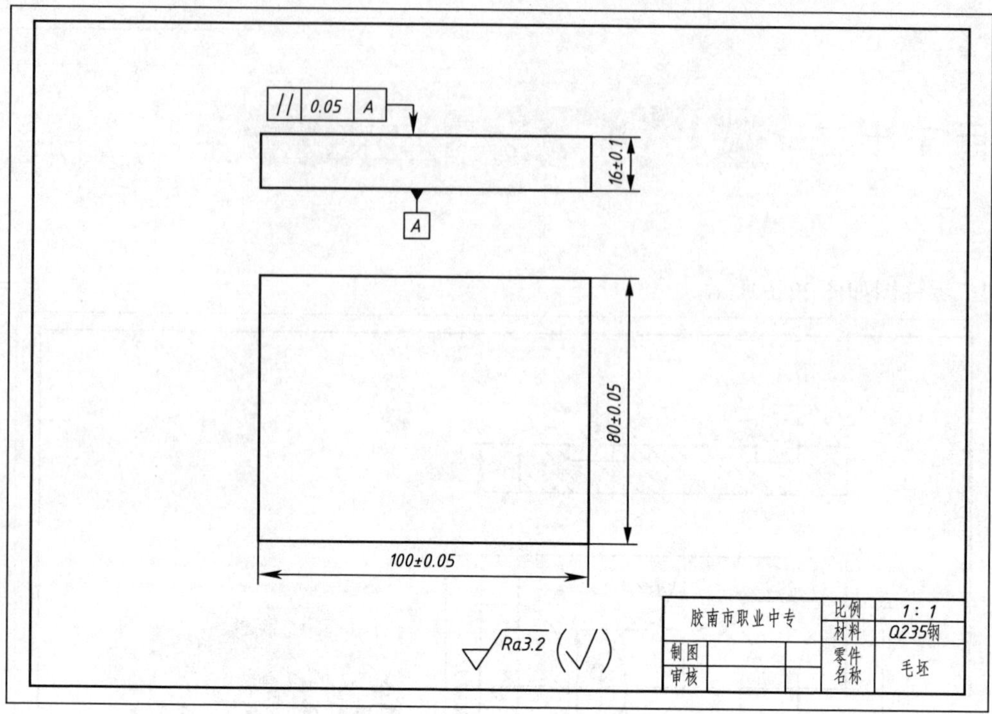

图 32-2　零件毛坯图

钳口 8 mm 左右,并用杠杆百分表打表找正毛坯。

(2)用 $\phi100$ 的硬质合金面铣刀粗、精铣上表面,保证粗糙度要求 $Ra1.6$。

(3)用 $\phi10$ 的二刃硬质合金立铣刀粗加工外轮廓与对应底面。

利用 $\phi10$ 立铣刀使用平面区域粗加工策略,顺铣。同时保证底面和内轮廓精加工单边余量为 0.2 mm。

(4)用 $\phi10$ 的四刃硬质合金立铣刀精加工外轮廓与对应底面,保证轮廓粗糙度 $Ra1.6$。利用 $\phi10$ 立铣刀使用平面区域粗加工策略,顺铣。(在测量后,对粗加工参数中的底层深度进行修改,同时修改轮廓余量)进行精加工。

2. 工、量、刃具清单(见表 32-1)

表 32-1　工、量、刃具清单

序　号	名　称	规　格	精　度	单　位	数　量
1	杠杆百分表	0 ~ 0.8	0.01	套	1
2	游标深度尺	0 ~ 200	0.02	把	1
3	深度百分尺	0 ~ 25	0.01	套	1
4	外测百分尺	25 ~ 50	0.01	套	1
5	机械游标卡尺	1 ~ 150	0.02	把	1
6	粗糙度样板	N0 ~ N1	12 级	副	1
7	平行垫铁			副	若干
8	塑胶榔头			个	1

续表

序　号	名　称	规　格	精　度	单　位	数　量
9	机械寻边器			支	1
10	硬质合金方肩面铣刀	Φ100		把	1
11	二刃硬质合金平底立铣刀	Φ10(粗铣)		把	1
12	四刃硬质合金平底立铣刀	Φ10(精铣)		把	1
13	机用虎钳	QH160		个	1
14	R 规	$R5 \sim R30$		套	1

3. 刀具与参考切削用量(见表 32-2)

表 32-2　刀具与参考切削用量表

刀　号	刀具规格	工序内容	f/(mm/min)	a_p/mm	n/(r/mm)
T01	Φ100 的面铣刀	粗/精铣上面	150/200	0.8/0.2	800/1 500
T02	直径 Φ10 的二刃立铣刀	粗铣	300	4.8	2 000
T03	直径 Φ10 的四刃立铣刀	精铣	200	0.2	2 500

三、注意事项

(1)加工时间为 120 min。

(2)半椭圆轮廓的精加工公差要设置为 0.01,否则很难达到要求的表面粗糙度。

(3)要注意刀具半径的影响,在 X、Y 向对刀时要根据具体情况加上或减去对刀使用的刀具半径。

(4)粗加工后要先测量,然后再确定如何修改软件参数对话框中的“底层高度”“轮廓余量”,该项目中精加工的参数都是理论值,实际加工中一定要注意,不要出现失误,引起工件报废。

(5)装夹时要垫铜皮,以防夹伤工件。

四、实训报告

实训报告见表 32-3。

表 32-3　数控铣削实训报告

数控铣削实训报告					
机床号		班级		姓名	
编程点计算					
零件程序					

续表

数控铣削实训报告	
问题分析	
学习心得	
教师评价	指导老师:

五、评分标准

评分标准见表32-4。

表32-4 评分标准

检测项目		技术要求	配分	评分标准	实测结果	得分
高度	1	15,Ra3.2	4/1	超差0.01扣1分,降级无分		
深度	2	$5^{+0.03}_{0}$,Ra3.2	4/1	超差0.01扣0.5分,降级无分		
	3	$5^{+0.03}_{0}$,Ra3.2	4/1	超差0.01扣0.5分,降级无分		
	4	$5^{+0.03}_{0}$,Ra3.2	4/1	超差0.01扣0.5分,降级无分		
椭圆	5	$50^{0}_{-0.1}$,Ra1.6(2处)	0.5/5(2处)	超差0.01扣0.5分,降级无分		
	6	$15^{0}_{-0.05}$,Ra1.6(2处)	0.5/5(2处)	超差0.01扣0.5分,降级无分		
十字外轮廓	7	$\Phi 50^{+0.05}_{0}$,Ra1.6	1/2	超差0.01扣0.5分,降级无分		
	8	R22.5,Ra1.6(4处)	0.5/2(4处)	超差0.01扣0.5分,降级无分		
	9	$35^{0}_{-0.1}$,Ra1.6(2处)	0.5/2(2处)	超差0.01扣0.5分,降级无分		
其他	10	安全操作规程	10	违反扣1~10分		
	11	编程	30			
		总配分	100	总得分		
零件名称			加工时间			
加工开始时间			停工时间		实际加工时间	
加工结束时间			停工原因			
班级			学生姓名		检测教师	

六、知识链接

为适应复杂形状零件的加工、多轴加工、高速加工，一般计算机辅助编程的步骤如下：

1. 零件的几何建模

对于基于图纸以及型面特征点测量数据的复杂形状零件数控编程，其首要环节是建立被加工零件的几何模型。

2. 加工方案与加工参数的合理选择

数控加工的效率与质量取决于加工方案与加工参数的合理选择，其中刀具、刀轴控制方式、走刀路线和进给速度的优化选择是满足加工要求、机床正常运行和刀具寿命的前提。

3. 刀具轨迹生成

刀具轨迹生成是复杂形状零件数控加工中最重要的内容，能否生成有效的刀具轨迹直接决定了加工的可能性、质量与效率。刀具轨迹生成的首要目标是使所生成的刀具轨迹能满足无干涉、无碰撞、轨迹光滑、切削负荷光滑并满足要求、代码质量高。同时，刀具轨迹生成还应满足通用性好、稳定性好、编程效率高、代码量小等条件。

4. 数控加工仿真

由于零件形状的复杂多变以及加工环境的复杂性，要确保所生成的加工程序不存在任何问题十分困难，其中最主要的是加工过程中的过切与欠切、机床各部件之间的干涉碰撞等。对于高速加工，这些问题常常是致命的。因此，实际加工前采取一定的措施对加工程序进行检验并修正是十分必要的。数控加工仿真通过软件模拟加工环境、刀具路径与材料切除过程来检验并优化加工程序，具有柔性好、成本低、效率高且安全可靠等特点，是提高编程效率与质量的重要措施。

5. 后置处理

后置处理是数控加工编程技术的一个重要内容，它将通用前置处理生成的刀位数据转换成适合于具体机床数据的数控加工程序。其技术内容包括机床运动学建模与求解、机床结构误差补偿、机床运动非线性误差校核修正、机床运动的平稳性校核修正、进给速度校核修正及代码转换等。因此，后置处理对于保证加工质量、效率与机床可靠运行具有重要作用。

参考文献

[1]徐夏民.数控铣工实习与考级[M].北京:高等教育出版社,2011.
[2]郑书华,张凤辰.数控铣削编程与操作训练[M].北京:高等教育出版社,2008.